유형책

KB185091

수학 마스터

체계적인 **문제 해결 학습서**

유형 베타 β

중학 수학 **1-2**

⬇ 정답과 풀이 PDF 파일은 EBS 중학사이트(mid.ebs.co.kr)에서 내려받으실 수 있습니다.

| 교 재 내 용 문 의 | 교재 내용 문의는 EBS 중학사이트 (mid.ebs.co.kr)의 교재 Q&A 서비스를 활용하시기 바랍니다. | 교 재 정 오 표 공 지 | 발행 이후 발견된 정오 사항을 EBS 중학사이트 정오표 코너에서 알려 드립니다. 교재 검색 → 교재 선택 → 정오표 | 교 재 정 정 신 청 | 공지된 정오 내용 외에 발견된 정오 사항이 있다면 EBS 중학사이트를 통해 알려 주세요. 교재 검색 → 교재 선택 → 교재 Q&A |

유형책

개념 정리   한눈에 보는 개념 정리와 문제가 쉬워지는 개념 노트
소단원 필수 유형   쌍둥이 유제와 함께 완벽한 유형 학습 문제
중단원 핵심유형 테스트   교과서와 기출 서술형으로 구성한 실전 연습

연습책

소단원 유형 익히기   개념책 필수 유형과 연동한 쌍둥이 보충 문제
중단원 핵심유형 테스트   실전 감각을 기르는 핵심 문제와 기출 서술형

**정답과
풀이**

빠른 정답   간편한 채점을 위한 한눈에 보는 정답
친절한 풀이   오답을 줄이는 자세하고 친절한 풀이

수학 마스터

체계적인 **문제 해결 학습서**

유형 베타 β

중학 수학 1-2

Structure 이 책의 구성과 특징

유형책

● 소단원 개념 정리
소단원별로 한눈에 보는 개념 정리

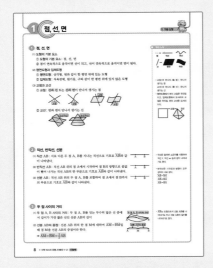

소단원별로 꼭 알아야 하는 핵심 개념을 예, 참고 등을 이용하여 이해하기 쉽게 설명하고 한눈에 보이게 정리하였습니다.

● 소단원 필수 유형
소단원별 핵심개념에 따른 필수 유형 문제

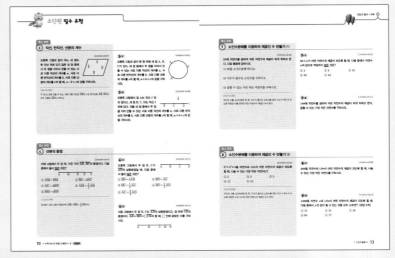

핵심 개념을 대표하는 엄선된 필수 유형 문제로 개념을 익힐 수 있습니다.
마스터 전략 필수 유형을 해결하는 핵심 도움말입니다.
딸림 문제 1 필수 유형보다 난이도가 낮은 유사 문제로 개념을 한 번 더 익힐 수 있도록 하였습니다.
딸림 문제 2 필수 유형보다 난이도가 높은 유사 문제로 개념을 다질 수 있도록 하였습니다.

● 중단원 핵심유형 테스트
필수 유형의 반복 학습과 이해 정도를 파악할 수 있는 테스트

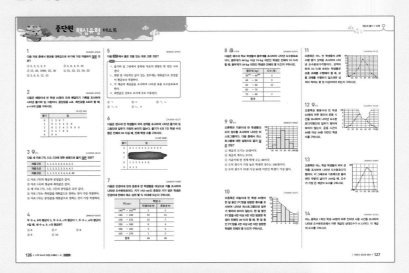

중단원별로 필수 유형을 한 번 더 학습하고 정리할 수 있도록 단원 테스트 형태로 제시하여 학교 시험을 완벽하게 대비할 수 있도록 하였습니다.
기출 서술형 학교 시험에서 자주 출제되는 유형의 문제로 서술형에 대비하도록 하였습니다.

연습책

● 소단원 유형 익히기

소단원별 교과서와 기출 문제로 구성한 개념별,
문제 형태별 유형 문제

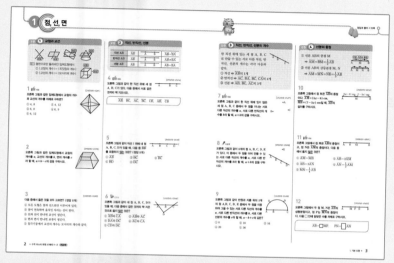

유형별 개념 정리 소단원별로 자주 출제되는 문제를 선별하여 유형을 세분화
하였고, 문제 해결에 필요한 핵심 개념 또는 풀이 전략을 제시하였습니다.
유형 문제 해당 유형의 기본 문제부터 대표 문제, 응용 문제까지 다양한 형태
와 난이도를 조절한 문제로 구성하여 실전 실력을 다질 수 있도록 하였습니다.

● 중단원 핵심유형 테스트

필수 유형을 한 번 더 반복하여 학습과
이해 정도를 파악할 수 있는 테스트

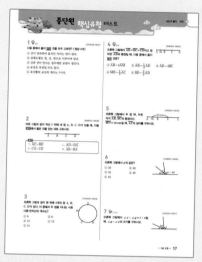

기출 서술형 학교 시험에서 자주 출제
되는 유형의 문제로 서술형에 대비하도
록 하였습니다.

정답과 풀이

● 빠른 정답

정답만 빠르게 확인

● 정답과 풀이

스스로 학습이 가능
하도록 단계적이고
자세한 풀이 제공

Contents 이 책의 차례

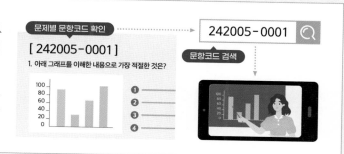

인공지능 DANCHQQ
푸리봇 문|제|검|색

EBS 중학사이트와 EBS 중학 APP 하단의 AI 학습도우미 푸리봇을 통해 문항코드를 검색하면 푸리봇이 해당 문제의 해설 강의를 찾아 줍니다.

문제별 문항코드 확인

[242005-0001]
1. 아래 그래프를 이해한 내용으로 가장 적절한 것은?
① ② ③ ④

242005-0001

문항코드 검색

1

기본 도형

1 점, 선, 면

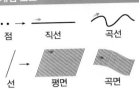

① 점, 선, 면

(1) 도형의 기본 요소

① 도형의 기본 요소: 점, 선, 면

② 점이 연속적으로 움직이면 선이 되고, 선이 연속적으로 움직이면 면이 된다.

(2) 평면도형과 입체도형

① 평면도형: 삼각형, 원과 같이 한 평면 위에 있는 도형

② 입체도형: 직육면체, 원기둥, 구와 같이 한 평면 위에 있지 않은 도형

(3) 교점과 교선

① 교점: 선과 선 또는 선과 면이 만나서 생기는 점

② 교선: 면과 면이 만나서 생기는 선

- 교점(交 만나다. 點 점): 만나서 생기는 점
  교선(交 만나다. 線 선): 만나서 생기는 선
- 평면도형에서 변의 교점은 꼭짓점이고, 입체도형에서 모서리의 교점은 꼭짓점, 면의 교선은 모서리이다.

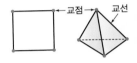

② 직선, 반직선, 선분

(1) **직선 AB**: 서로 다른 두 점 A, B를 지나는 직선으로 기호로 $\overleftrightarrow{AB}$와 같이 나타낸다.

(2) **반직선 AB**: 직선 AB 위의 점 A에서 시작하여 점 B의 방향으로 끝없이 뻗어 나가는 직선 AB의 한 부분으로 기호로 $\overrightarrow{AB}$와 같이 나타낸다.

(3) **선분 AB**: 직선 AB 위의 두 점 A, B를 포함하여 점 A에서 점 B까지의 부분으로 기호로 $\overline{AB}$와 같이 나타낸다.

- 직선은 알파벳 소문자를 사용하여 직선 l, 직선 m 등과 같이 나타내기도 한다.
- 반직선은 시작점과 방향이 모두 같아야 서로 같다.
  $\overrightarrow{AB} = \overrightarrow{BA}$
  $\overrightarrow{AB} \neq \overrightarrow{BA}$
  $\overline{AB} = \overline{BA}$

③ 두 점 사이의 거리

(1) **두 점 A, B 사이의 거리**: 두 점 A, B를 잇는 무수히 많은 선 중에서 길이가 가장 짧은 선인 선분 AB의 길이

(2) **선분 AB의 중점**: 선분 AB 위의 한 점 M에 대하여 $\overline{AM} = \overline{BM}$일 때 점 M을 선분 AB의 중점이라 한다.

➡ $\overline{AM} = \overline{BM} = \dfrac{1}{2}\overline{AB}$

- $\overline{AB}$는 도형으로서 선분 AB를 나타내기도 하고 선분 AB의 길이를 나타내기도 한다.

① 교점과 교선

[242005-0001]

오른쪽 그림과 같은 입체도형에서 교점의 개수를 x, 교선의 개수를 y, 면의 개수를 z 라 할 때, $x+y-z$의 값은?

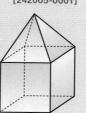

① 12
② 13
③ 14
④ 15
⑤ 16

[마스터 전략]

교점은 선과 선 또는 선과 면이 만나서 생기는 점이고, 교선은 면과 면이 만나서 생기는 선이다.

1-1

[242005-0002]

오른쪽 그림과 같은 오각기둥에서 교점의 개수를 a, 교선의 개수를 b라 할 때, $a+b$의 값을 구하시오.

1-2

[242005-0003]

다음 중에서 옳지 <u>않은</u> 것은? (정답 2개)

① 도형의 기본 요소는 점, 선, 면이다.
② 교점은 선과 선이 만나는 경우에만 생긴다.
③ 두 점을 지나는 직선은 오직 하나뿐이다.
④ 면과 면이 만나면 항상 직선이 생긴다.
⑤ 입체도형에서 교선의 개수는 모서리의 개수와 같다.

필수 유형

② 직선, 반직선, 선분

[242005-0004]

오른쪽 그림과 같이 직선 l 위에 네 점 A, B, C, D가 있다.

다음 중에서 옳지 <u>않은</u> 것을 모두 고르면? (정답 2개)

① $\overleftrightarrow{AB}=\overleftrightarrow{BC}$
② $\overrightarrow{AB}=\overrightarrow{AD}$
③ $\overrightarrow{BA}=\overrightarrow{CA}$
④ $\overleftrightarrow{AB}=\overleftrightarrow{BA}$
⑤ $\overline{AC}=\overline{BD}$

[마스터 전략]

$\overleftrightarrow{AB}$와 $\overleftrightarrow{BA}$는 같은 직선이고 $\overrightarrow{AB}$와 $\overrightarrow{BA}$는 서로 다른 반직선이다.

2-1

[242005-0005]

오른쪽 그림과 같이 직선 l 위에 네 점 A, B, C, D가 있을 때, 다음 중에서 $\overrightarrow{BD}$와 같은 것은?

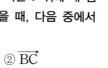

① $\overrightarrow{BA}$
② $\overrightarrow{BC}$
③ $\overrightarrow{CB}$
④ $\overrightarrow{CD}$
⑤ $\overrightarrow{DB}$

2-2

[242005-0006]

오른쪽 그림과 같이 직선 l 위에 네 점 A, B, C, D가 있을 때, 다음 중에서 $\overline{BC}$를 포함하는 것은 모두 몇 개인지 구하시오.

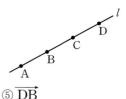

$$\overleftrightarrow{AB},\ \overrightarrow{AB},\ \overrightarrow{BD},\ \overrightarrow{CB},\ \overrightarrow{DA},\ \overline{BC}$$

필수 유형

(3) 직선, 반직선, 선분의 개수

[242005-0007]

오른쪽 그림과 같이 어느 세 점도 한 직선 위에 있지 않은 네 점 중에서 두 점을 이어서 만들 수 있는 서로 다른 직선의 개수를 a, 서로 다른 반직선의 개수를 b, 서로 다른 선분의 개수를 c 라 할 때, $a-b+c$의 값을 구하시오.

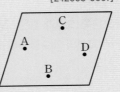

[마스터 전략]
두 점 A, B로 만들 수 있는 서로 다른 직선은 $\overleftrightarrow{AB}$의 1개, 반직선은 $\overrightarrow{AB}$, $\overrightarrow{BA}$의 2개, 선분은 $\overline{AB}$의 1개이다.

3-1

[242005-0008]

오른쪽 그림과 같이 한 원 위에 세 점 A, B, C가 있다. 세 점 중에서 두 점을 이어서 만들 수 있는 서로 다른 직선의 개수를 a, 서로 다른 반직선의 개수를 b, 서로 다른 선분의 개수를 c라 할 때, $a+b+c$의 값을 구하시오.

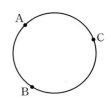

3-2

[242005-0009]

오른쪽 그림에서 점 A는 직선 l 밖의 점이고, 세 점 B, C, D는 직선 l 위에 있다. 이들 네 점 중에서 두 점을 이어 만들 수 있는 서로 다른 직선의 개수를 a, 서로 다른 반직선의 개수를 b, 서로 다른 선분의 개수를 c라 할 때, $a+b+c$의 값을 구하시오.

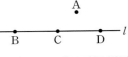

필수 유형

(4) 선분의 중점

[242005-0010]

아래 그림에서 두 점 M, N은 각각 $\overline{AB}$, $\overline{BC}$의 중점이다. 다음 중에서 옳지 <u>않은</u> 것은?

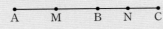

① $\overline{AM}=\overline{BM}$　　　　② $\overline{BC}=2\overline{NC}$

③ $\overline{AC}=2\overline{MN}$　　　　④ $\overline{AM}=\dfrac{1}{2}\overline{AB}$

⑤ $\overline{BM}=2\overline{BN}$

[마스터 전략]
점 M이 선분 AB의 중점이면 $\overline{AM}=\overline{BM}=\dfrac{1}{2}\overline{AB}$이다.

4-1

[242005-0011]

오른쪽 그림에서 두 점 B, C가 $\overline{AD}$의 삼등분점일 때, 다음 중에서 옳지 <u>않은</u> 것은?

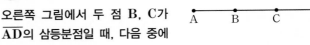

① $\overline{BD}=2\overline{AB}$　　　　② $\overline{BD}=\overline{AC}$

③ $\overline{BC}=\dfrac{1}{2}\overline{AC}$　　　　④ $\overline{BD}=\dfrac{1}{3}\overline{AD}$

⑤ $\overline{AC}=\dfrac{2}{3}\overline{AD}$

4-2

[242005-0012]

다음 그림에서 두 점 B, C는 $\overline{AD}$의 삼등분점이고, 점 M은 $\overline{CD}$의 중점이다. $\overline{AB}+\overline{MD}=\square\overline{CD}$라 할 때, $\square$ 안에 알맞은 수를 구하시오.

5 두 점 사이의 거리 (1)

[242005-0013]

다음 그림에서 두 점 M, N은 각각 $\overline{AB}$, $\overline{BC}$의 중점이다. $\overline{AN}=12$ cm, $\overline{NC}=2$ cm일 때, $\overline{MN}$의 길이는?

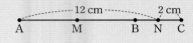

① $\dfrac{13}{2}$ cm   ② 7 cm   ③ $\dfrac{15}{2}$ cm

④ 8 cm   ⑤ $\dfrac{17}{2}$ cm

[마스터전략]

두 점 M, N이 각각 $\overline{AB}$, $\overline{BC}$의 중점일 때,

$\overline{MN}=\overline{MB}+\overline{BN}=\dfrac{1}{2}\overline{AB}+\dfrac{1}{2}\overline{BC}=\dfrac{1}{2}\overline{AC}$

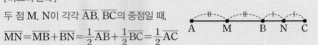

5-1

[242005-0014]

다음 그림에서 두 점 B, C는 $\overline{AD}$의 삼등분점이고, 점 M은 $\overline{AD}$의 중점이다. $\overline{BM}=4$ cm일 때, $\overline{AD}$의 길이를 구하시오.

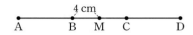

5-2

[242005-0015]

다음 그림에서 점 M은 $\overline{AB}$의 중점이고, 두 점 P, Q는 각각 $\overline{AM}$, $\overline{PB}$의 중점이다. $\overline{AB}=36$ cm일 때, $\overline{PQ}$의 길이를 구하시오.

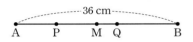

6 두 점 사이의 거리 (2)

[242005-0016]

다음 그림에서 두 점 M, N은 각각 $\overline{AB}$, $\overline{BC}$의 중점이고, $\overline{AC}=4\overline{AB}$이다. $\overline{MB}=5$ cm일 때, $\overline{BN}$의 길이는?

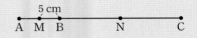

① 15 cm   ② 16 cm   ③ 17 cm

④ 18 cm   ⑤ 19 cm

[마스터전략]

$\overline{AC}:\overline{CB}=3:2$일 때,

$\overline{AC}:\overline{AB}=3:(3+2)$이다.

6-1

[242005-0017]

다음 그림에서 $2\overline{AB}=\overline{BD}$, $3\overline{BC}=\overline{CD}$이고 $\overline{AD}=12$ cm일 때, $\overline{CD}$의 길이를 구하시오.

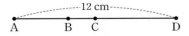

6-2

[242005-0018]

한 직선 위에 네 점 A, B, C, D가 왼쪽부터 순서대로 나열되어 있다. 이 점들이 다음 조건을 만족시킬 때, $\overline{AD}$의 길이를 구하시오.

> (가) $\overline{AB}$의 길이는 20 cm이다.
> (나) 점 C는 $\overline{BD}$의 중점이다.
> (다) $\overline{AB}:\overline{BC}=4:1$이다.

2 각

1 각

(1) **각 AOB**: 한 점 O에서 시작하는 두 반직선 OA, OB로 이루어진 도형을 각 AOB라 하고, 기호로 ∠AOB와 같이 나타낸다.

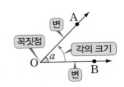

(2) **각의 분류**

① **평각**: 각의 두 변이 꼭짓점을 중심으로 반대쪽에 있고 한 직선을 이루는 각, 즉 크기가 180°인 각

② **직각**: 평각의 크기의 $\frac{1}{2}$인 각, 즉 크기가 90°인 각

③ **예각**: 크기가 0°보다 크고 90°보다 작은 각
➡ 0°<(예각)<90°

④ **둔각**: 크기가 90°보다 크고 180°보다 작은 각
➡ 90°<(둔각)<180°

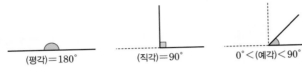

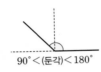

2 맞꼭지각

(1) **교각**: 서로 다른 두 직선이 한 점에서 만날 때 생기는 4개의 각
➡ ∠a, ∠b, ∠c, ∠d

(2) **맞꼭지각**: 교각 중에서 서로 마주 보는 두 각
➡ ∠a와 ∠c, ∠b와 ∠d

(3) **맞꼭지각의 성질**: 맞꼭지각의 크기는 서로 같다.
➡ ∠a=∠c, ∠b=∠d

• ∠a+∠b=180°,
∠b+∠c=180°이므로
∠a+∠b=∠b+∠c
즉, ∠a=∠c
같은 방법으로 ∠b=∠d

3 수직과 수선

(1) **직교**: 두 직선 AB와 CD의 교각이 직각일 때, 두 직선은 직교한다고 하고, 기호로 $\overleftrightarrow{AB}\perp\overleftrightarrow{CD}$와 같이 나타낸다.

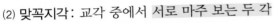

(2) **수직이등분선**: 선분 AB의 중점 M을 지나고 선분 AB에 수직인 직선 l을 선분 AB의 수직이등분선이라 한다.
➡ $l\perp\overline{AB}$, $\overline{AM}=\overline{BM}$

(3) **수선의 발**: 직선 l 위에 있지 않은 한 점 P에서 직선 l에 수선을 그었을 때, 그 교점 H를 점 P에서 직선 l에 내린 수선의 발이라 한다.

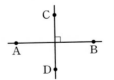

• 점 P와 직선 l 사이의 거리는 점 P와 직선 l 위의 점을 이은 선분 중 길이가 가장 짧은 선분의 길이이다.

소단원 필수 유형

필수 유형

7 각의 크기 — 직각

[242005-0019]

오른쪽 그림에서 x의 값은?

① 10   ② 15

③ 20   ④ 25

⑤ 30

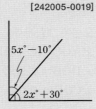

[마스터전략]

직각은 각의 크기가 90°인 각이므로 $\angle a + \angle b = 90°$를 이용한다.

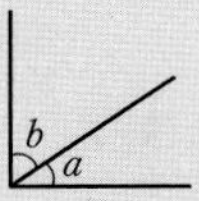

7-1

[242005-0020]

오른쪽 그림에서 $\angle AOC = \angle BOD = 90°$이고 $\angle COD = 62°$일 때, $\angle x$, $\angle y$의 크기를 각각 구하시오.

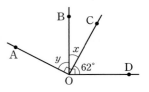

7-2

[242005-0021]

오른쪽 그림에서 $\overline{AO} \perp \overline{CO}$, $\overline{BO} \perp \overline{DO}$이고 $\angle AOB + \angle COD = 80°$일 때, $\angle BOC$의 크기는?

① 40°   ② 45°   ③ 50°

④ 55°   ⑤ 60°

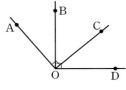

필수 유형

8 각의 크기 — 평각

[242005-0022]

오른쪽 그림에서 $x + y$의 값은?

① 165   ② 160

③ 155   ④ 150

⑤ 145

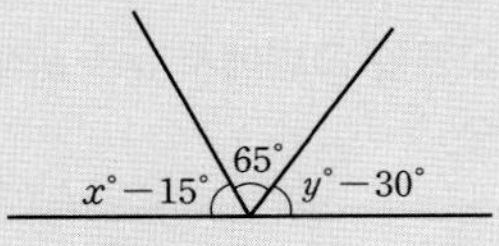

[마스터전략]

평각은 각의 크기가 180°인 각이므로 $\angle a + \angle b = 180°$를 이용한다.

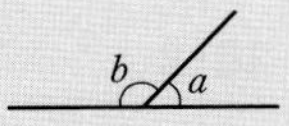

8-1

[242005-0023]

오른쪽 그림에서 $\angle AOB$의 크기는?

① 78°   ② 80°

③ 85°   ④ 88°

⑤ 90°

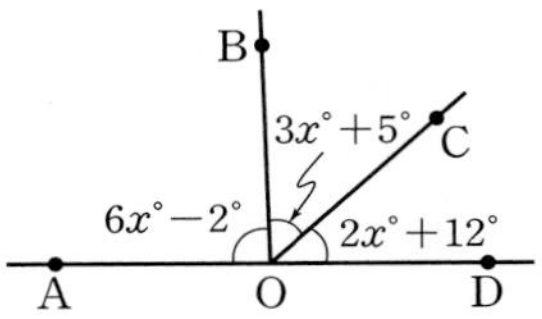

8-2

[242005-0024]

오른쪽 그림에서 $\overrightarrow{OC} \perp \overrightarrow{OE}$이고 $\angle COD = 32°$, $\angle DOB = 95°$일 때, $\angle x - \angle y$의 크기를 구하시오.

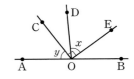

소단원 필수 유형

필수 유형 9 각의 크기 사이의 조건이 주어진 경우

[242005-0025]

오른쪽 그림에서
$\angle AOC = 2\angle COD$,
$\angle EOB = 2\angle DOE$일 때,
$\angle COE$의 크기는?

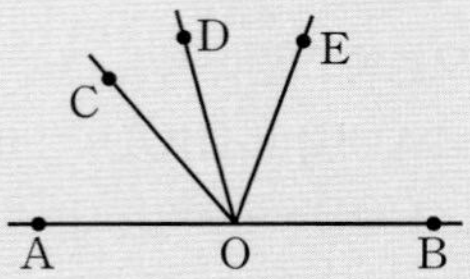

① $55°$ ② $60°$ ③ $65°$

④ $70°$ ⑤ $75°$

[마스터 전략]

오른쪽 그림에서 $\angle COD = a°$일 때
$\angle COB = 5\angle COD$이면
$\angle DOB = \angle COB - \angle COD$
$= 5a° - a° = 4a°$

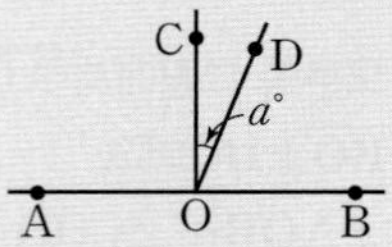

9-1

[242005-0026]

오른쪽 그림에서
$\angle AOC = 3\angle COD$,
$\angle DOB = 4\angle DOE$일 때,
$\angle COE$의 크기를 구하시오.

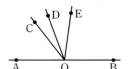

9-2

[242005-0027]

오른쪽 그림에서
$\angle AOC = \angle COD$,
$\angle COD = \dfrac{1}{3}\angle DOE$이고
$\angle EOB = 40°$일 때, $\angle DOE$의 크기를 구하시오.

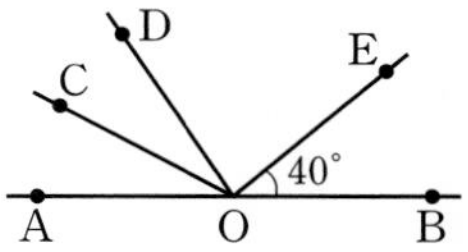

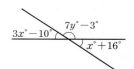

필수 유형 10 맞꼭지각

[242005-0028]

오른쪽 그림에서 $2x - y$의 값은?

① 46   ② 47

③ 48   ④ 49

⑤ 50

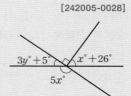

[마스터 전략]

(1) 맞꼭지각의 크기는 서로 같다.

(2)

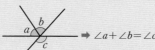 → $\angle a + \angle b = \angle c$

10-1

[242005-0029]

오른쪽 그림에서 $x + y$의 값을 구하시오.

10-2

[242005-0030]

오른쪽 그림에서 $x - y$의 값은?

① 5   ② 6

③ 7   ④ 8

⑤ 9

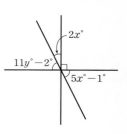

필수 유형

11 맞꼭지각의 쌍의 개수

[242005-0031]

오른쪽 그림과 같이 네 직선이 한 점에서 만날 때 생기는 맞꼭지각은 모두 몇 쌍인가?

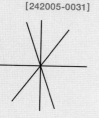

① 4쌍   ② 6쌍
③ 8쌍   ④ 10쌍
⑤ 12쌍

[마스터 전략]
두 직선이 한 점에서 만날 때 생기는 맞꼭지각은 2쌍이다.

11-1   [242005-0032]

오른쪽 그림과 같이 한 평면 위에 3개의 직선이 있을 때 생기는 맞꼭지각은 모두 몇 쌍인지 구하시오.

11-2   [242005-0033]

오른쪽 그림과 같이 네 개의 직선과 한 개의 반직선이 한 점에서 만날 때 생기는 맞꼭지각은 모두 몇 쌍인가?

① 4쌍   ② 6쌍
③ 10쌍   ④ 12쌍
⑤ 16쌍

필수 유형

12 수직과 수선

[242005-0034]

오른쪽 그림과 같은 직사각형 ABCD에 대한 설명으로 옳지 않은 것을 있는 대로 고른 것은?

보기
ㄱ. $\overline{AB}$와 $\overline{BC}$는 직교한다.
ㄴ. $\overline{CD}$는 $\overline{BC}$의 수선이다.
ㄷ. 점 A와 $\overline{CD}$ 사이의 거리는 17 cm이다.
ㄹ. 점 D와 $\overline{BC}$ 사이의 거리는 8 cm이다.
ㅁ. 점 C에서 $\overline{AD}$에 내린 수선의 발은 점 A이다.

① ㄱ, ㄷ   ② ㄴ, ㄹ   ③ ㄷ, ㅁ
④ ㄹ, ㅁ   ⑤ ㄷ, ㄹ, ㅁ

[마스터 전략]
점 P에서 직선 l에 내린 수선의 발을 H라 할 때, 점 P와 직선 l 사이의 거리는 $\overline{PH}$의 길이와 같다.

12-1   [242005-0035]

다음 중에서 오른쪽 그림에 대한 설명으로 옳지 않은 것은?

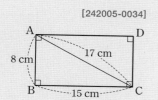

① $\overleftrightarrow{AB} \perp \overleftrightarrow{CD}$
② $\angle AHD = 90°$
③ $\overleftrightarrow{AB}$는 $\overleftrightarrow{CD}$의 수선이다.
④ 점 D에서 $\overleftrightarrow{AB}$에 내린 수선의 발은 점 C이다.
⑤ 점 A와 $\overleftrightarrow{CD}$ 사이의 거리는 $\overline{AH}$의 길이와 같다.

12-2   [242005-0036]

오른쪽 그림과 같은 삼각형 ABC의 넓이가 12 cm²일 때, 점 C와 $\overleftrightarrow{AB}$ 사이의 거리를 구하시오.

3 위치 관계

개념 노트

1 점과 직선, 점과 평면의 위치 관계

(1) 점과 직선의 위치 관계
   ① 점 A는 직선 l 위에 있다.
   ② 점 B는 직선 l 위에 있지 않다.

(2) 점과 평면의 위치 관계
   ① 점 A는 평면 P 위에 있다.
   ② 점 B는 평면 P 위에 있지 않다.

• 평면은 일반적으로 평행사변형 모양으로 그리고 P, Q, R, …과 같이 나타낸다.

2 평면에서 두 직선의 위치 관계

(1) 두 직선의 평행 : 한 평면 위의 두 직선 l, m이 서로 만나지 않을 때, 두 직선 l, m은 서로 평행하다고 하고, 기호로 $l \parallel m$과 같이 나타낸다.

• 두 선분의 연장선이 평행할 때, 두 선분이 평행하다고 한다.

(2) 평면에서 두 직선의 위치 관계
   ① 한 점에서 만난다.　　② 일치한다.　　③ 평행하다.

참고 평면이 하나로 정해질 조건
   ① 한 직선 위에 있지 않은 서로 다른 세 점
   ② 한 직선과 그 직선 밖에 있는 한 점

   ③ 한 점에서 만나는 두 직선
   ④ 서로 평행한 두 직선

3 공간에서 두 직선의 위치 관계

(1) 꼬인 위치 : 공간에서 두 직선이 만나지도 않고 평행하지도 않을 때, 두 직선은 꼬인 위치에 있다고 한다.

(2) 공간에서 두 직선의 위치 관계
   ① 한 점에서 만난다.　② 일치한다.　③ 평행하다.　④ 꼬인 위치에 있다.

한 평면 위에 있다.　　　　　　　　　　　　　　한 평면 위에 있지 않다.

4 공간에서 직선과 평면의 위치 관계

(1) **직선과 평면의 평행**: 공간에서 직선 l과 평면 P가 만나지 않을 때, 직선 l과 평면 P는 평행하다고 하고, 기호로 $l /\!/ P$와 같이 나타낸다.

(2) **공간에서 직선과 평면의 위치 관계**

① 한 점에서 만난다.　　　　② 포함된다.　　　　③ 평행하다.

(3) **직선과 평면의 수직**

직선 l이 평면 P와 점 H에서 만나고 점 H를 지나는 평면 P 위의 모든 직선과 수직일 때, 직선 l과 평면 P는 수직이다 또는 직교한다고 하고, 기호로 $l \perp P$와 같이 나타낸다.

5 점과 평면 사이의 거리

평면 P 위에 있지 않은 점 A와 평면 P 사이의 거리는 점 A에서 평면 P에 내린 수선의 발 H까지의 거리이다.

➡ 선분 AH의 길이

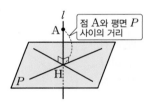

점 A와 평면 P 사이의 거리

6 공간에서 두 평면의 위치 관계

(1) **두 평면의 평행**: 공간에서 두 평면 P, Q가 만나지 않을 때, 두 평면 P, Q가 평행하다고 하고, 기호로 $P /\!/ Q$와 같이 나타낸다.

(2) **공간에서 두 평면의 위치 관계**

① 한 직선에서 만난다.　　② 일치한다.　　③ 평행하다.

(3) **두 평면의 수직**

평면 P가 평면 Q에 수직인 직선 l을 포함할 때, 평면 P와 평면 Q는 수직이다 또는 직교한다고 하고, 기호로 $P \perp Q$와 같이 나타낸다.

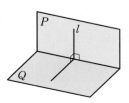

· 평면은 한없이 펼쳐져 있는 평평한 면이므로 직선과 평면이 꼬인 위치에 있는 것처럼 보여도 직선과 평면을 연장하면 결국 한 점에서 만나게 되므로 직선과 평면이 꼬인 위치에 있는 경우는 없다.

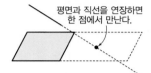

평면과 직선을 연장하면 한 점에서 만난다.

· 평행한 두 평면 P, Q 사이의 거리는 평면 P 위의 한 점 A에서 평면 Q에 내린 수선의 발 H까지의 거리이다.

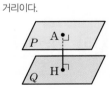

⑬ 점과 직선, 점과 평면의 위치 관계

[242005-0037]

다음 중에서 오른쪽 그림에 대한 설명으로 옳지 <u>않은</u> 것은?

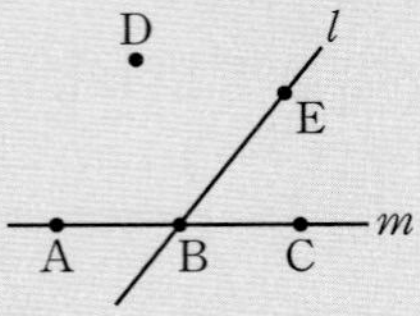

① 점 E는 직선 l 위에 있다.

② 직선 l은 점 C를 지나지 않는다.

③ 점 E는 두 점 A, C를 지나는 직선 위에 있다.

④ 두 점 B, E는 한 직선 위에 있다.

⑤ 점 D는 두 직선 l, m 중 어느 직선 위에도 있지 않다.

[마스터전략]
서로 다른 두 점을 지나는 직선은 1개이다.

13-1

[242005-0038]

오른쪽 그림의 직육면체에 대한 설명으로 옳지 <u>않은</u> 것은?

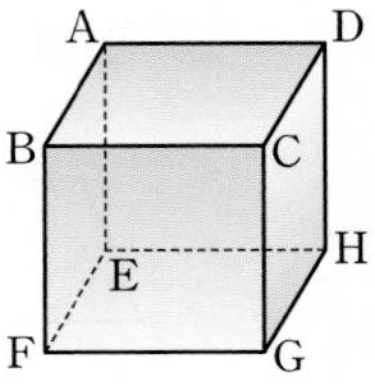

① 점 A를 지나는 모서리는 2개이다.

② 두 점 B, G를 지나는 모서리는 없다.

③ 모서리 CG 위에 있는 꼭짓점은 2개이다.

④ 모서리 EF와 모서리 FG가 공통으로 지나는 점은 점 F이다.

⑤ 면 ABCD 위에 있지 않은 꼭짓점은 4개이다.

⑭ 평면에서 두 직선의 위치 관계

[242005-0039]

오른쪽 그림과 같은 마름모에서 위치 관계가 나머지 넷과 <u>다른</u> 하나는? (단, 점 O는 $\overline{AC}$와 $\overline{BD}$의 교점이다.)

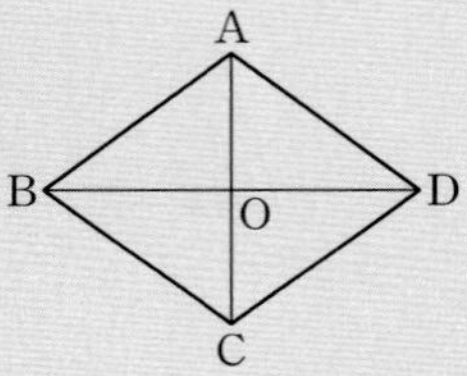

① $\overleftrightarrow{AB}$와 $\overleftrightarrow{AD}$ ② $\overleftrightarrow{BO}$와 $\overleftrightarrow{AD}$
③ $\overleftrightarrow{BD}$와 $\overleftrightarrow{CD}$ ④ $\overleftrightarrow{AB}$와 $\overleftrightarrow{CD}$ ⑤ $\overleftrightarrow{AC}$와 $\overleftrightarrow{BD}$

[마스터전략]

평면에서 두 직선의 위치 관계는 ① 한 점에서 만난다. ② 일치한다. ③ 평행하다.

14-1

[242005-0040]

다음 중에서 오른쪽 그림과 같은 평행사변형 ABCD에 대한 설명으로 옳은 것을 모두 고르면? (정답 2개)

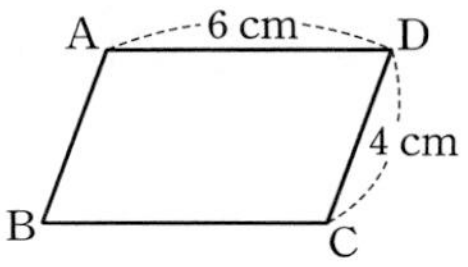

① 점 A와 변 CD 사이의 거리는 6 cm이다.

② 변 BC와 변 CD는 일치한다.

③ 변 AB와 변 CD는 만나지 않는다.

④ 변 AD와 변 BC는 서로 수직이다.

⑤ 변 AD와 변 CD는 한 점에서 만난다.

⑮ 평면이 하나로 정해질 조건

[242005-0041]

오른쪽 그림과 같이 평면 P 위에 세 점 B, C, D가 있고, 평면 P 밖에 한 점 A가 있다. 네 점 A, B, C, D 중에서 세 점으로 정해지는 서로 다른 평면의 개수를 구하시오. (단, 네 점 중 어느 세 점도 한 직선 위에 있지 않다.)

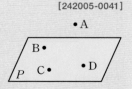

[마스터전략]
한 직선 위에 있지 않은 서로 다른 세 점은 하나의 평면을 결정한다.

15-1

[242005-0042]

오른쪽 그림과 같이 직선 l, m은 평면 P 위에 있고, 직선 k는 평면 P 위에 있지 않다. 세 직선 l, m, k가 한 점 O에서 만날 때, 세 개의 직선 중 두 개의 직선으로 정해지는 서로 다른 평면의 개수를 구하시오.

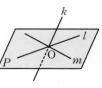

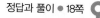

16 공간에서 두 직선의 위치 관계

[242005-0043]

오른쪽 그림과 같이 밑면이 정오각형인 오각기둥에서 각 모서리를 연장한 직선에 대하여 직선 BG와 한 점에서 만나는 직선의 개수를 a, 직선 AB와 꼬인 위치에 있는 직선의 개수를 b라 할 때, $a+b$의 값을 구하시오.

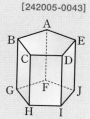

[마스터 전략]
입체도형에서 꼬인 위치에 있는 모서리를 찾을 때에는 한 점에서 만나는 모서리, 평행한 모서리를 제외시켜서 구한다.

16-1

[242005-0044]

다음 중에서 오른쪽 그림의 입체도형에서 모서리 AB와 위치 관계가 나머지 넷과 다른 하나는?

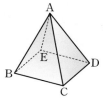

① 모서리 AC   ② 모서리 AD
③ 모서리 BC   ④ 모서리 BE
⑤ 모서리 CD

17 공간에서 직선과 평면의 위치 관계

[242005-0045]

다음 중에서 오른쪽 그림과 같은 직육면체에 대한 설명으로 옳지 않은 것은?

① $\overline{AC}$는 면 ABCD에 포함된다.
② $\overline{EG}$와 면 ABCD는 평행하다.
③ 모서리 $\overline{BF}$와 수직인 면은 2개이다.
④ 모서리 FG는 면 EFGH에 포함된다.
⑤ 면 CGHD와 수직인 모서리는 6개이다.

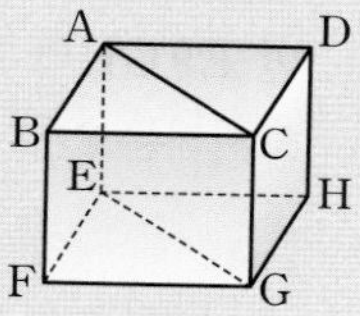

[마스터 전략]
직선과 평면의 위치 관계는 ① 한 점에서 만난다. ② 포함된다. ③ 평행하다.

17-1

[242005-0046]

오른쪽 그림과 같은 직육면체에 대한 설명으로 옳은 것을 다음 보기에서 모두 고르시오.

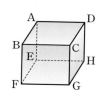

보기
ㄱ. 면 ABCD와 평행한 모서리는 4개이다.
ㄴ. 면 BFGC와 수직인 모서리는 2개이다.
ㄷ. 모서리 EF와 수직인 면은 2개이다.
ㄹ. 모서리 BC를 포함하는 면은 4개이다.

18 점과 평면 사이의 거리

[242005-0047]

오른쪽 그림과 같은 사각기둥에서 점 B와 면 CGHD 사이의 거리를 a cm, 점 D와 면 BFGC 사이의 거리를 b cm, 점 D와 면 EFGH 사이의 거리를 c cm라 할 때, $a+b-c$의 값을 구하시오.

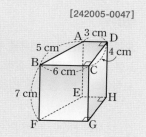

[마스터 전략]
점 A와 평면 P 사이의 거리는 평면 P 위에 있지 않은 점 A에서 평면 P에 내린 수선의 발 H까지의 거리이다.

18-1

[242005-0048]

오른쪽 그림과 같은 삼각기둥에서 점 C와 면 ADEB 사이의 거리를 나타내는 모서리를 다음 보기에서 모두 고르시오.

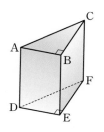

보기
ㄱ. $\overline{AB}$ ㄴ. $\overline{BC}$ ㄷ. $\overline{CF}$
ㄹ. $\overline{AC}$ ㅁ. $\overline{BE}$ ㅂ. $\overline{DE}$
ㅅ. $\overline{EF}$ ㅇ. $\overline{AD}$

19 공간에서 두 평면의 위치 관계

[242005-0049]

오른쪽 그림과 같은 직육면체에서 면 ABGH와 수직인 면의 개수를 a, 면 ABGH와 평행한 모서리의 개수를 b라 할 때, $a+b$의 값을 구하시오.

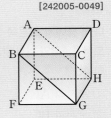

[마스터 전략]
두 평면의 위치 관계는 ① 한 직선에서 만난다. ② 일치한다. ③ 평행하다.

19-1
[242005-0050]

오른쪽 그림과 같이 밑면이 사다리꼴인 사각기둥에서 서로 평행한 면은 모두 몇 쌍인지 구하시오.

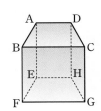

19-2
[242005-0051]

다음 중에서 오른쪽 그림과 같은 직육면체에 대한 설명으로 옳은 것은? (정답 2개)

① 면 ABCD와 수직인 면은 2개이다.
② 면 BFGC와 평행한 면은 1개이다.
③ 모서리 GH와 평행한 면은 1개이다.
④ 면 ABFE와 평행한 모서리는 2개이다.
⑤ 면 EFGH와 평행하면서 모서리 BF와 꼬인 위치에 있는 모서리는 2개이다.

20 일부가 잘린 입체도형에서의 위치 관계

[242005-0052]

오른쪽 그림은 직육면체를 두 모서리의 중점과 한 꼭짓점을 지나는 평면으로 잘라 내고 남은 입체도형이다. 모서리 FG와 꼬인 위치에 있는 모서리의 개수를 구하시오.

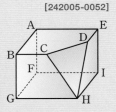

[마스터 전략]
주어진 입체도형의 모서리와 면을 각각 공간에서의 직선과 평면으로 생각하여 위치 관계를 살펴본다.

20-1
[242005-0053]

오른쪽 그림은 직육면체에서 작은 직육면체를 잘라낸 입체도형이다. 모서리 LK와 평행한 모서리의 개수를 구하시오.

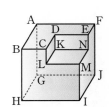

20-2
[242005-0054]

오른쪽 그림은 정육면체를 세 꼭짓점 B, C, F를 지나는 평면으로 잘라 내고 남은 입체도형이다. 다음 중 옳은 것을 모두 고르면? (정답 2개)

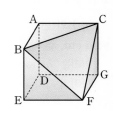

① 모서리 BC와 평행한 면은 없다.
② 면 ABED와 수직인 면은 3개이다.
③ 모서리 AB와 평행한 면은 1개이다.
④ 모서리 CF를 포함하는 면은 2개이다.
⑤ 모서리 BC와 꼬인 위치에 있는 모서리는 5개이다.

필수 유형

21 전개도가 주어진 입체도형에서의 위치 관계

[242005-0055]

오른쪽 그림과 같은 정사각형 모양의 색종이를 점선을 따라 접어 만든 입체도형에서 면 CEF와 수직인 면의 개수를 a, 모서리 BF와 꼬인 위치에 있는 모서리의 개수를 b라 할 때, $a+b$의 값을 구하시오.

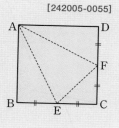

[마스터 전략]

전개도로 만들어지는 입체도형을 그린 후, 모서리와 면의 위치 관계를 살펴본다.

21-1

[242005-0056]

오른쪽 그림은 정육면체의 전개도이다. 이 전개도로 정육면체를 만들었을 때, 다음 중 모서리 AB와 꼬인 위치에 있는 모서리가 아닌 것은?

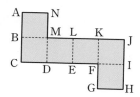

① $\overline{LE}$　② $\overline{MD}$
③ $\overline{FG}$　④ $\overline{KL}$
⑤ $\overline{IH}$

21-2

[242005-0057]

오른쪽 그림과 같은 전개도로 만들어지는 직육면체에 대한 설명으로 옳은 것을 모두 고르면? (정답 2개)

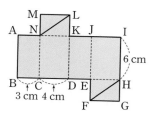

① $\overline{NL}$과 $\overline{FH}$는 평행하다.
② 모서리 KL과 면 KDEJ는 수직이다.
③ $\overline{NL}$과 모서리 IH는 꼬인 위치에 있다.
④ 모서리 KL과 면 EFGH는 평행하다.
⑤ 점 M과 $\overline{FH}$ 사이의 거리는 4 cm이다.

필수 유형

22 여러 가지 위치 관계

[242005-0058]

다음 중에서 옳지 않은 것을 모두 고르면? (정답 2개)

① 한 직선과 수직인 서로 다른 두 직선은 수직이다.
② 한 직선과 평행한 서로 다른 두 직선은 평행하다.
③ 한 평면과 평행한 서로 다른 두 평면은 평행하다.
④ 한 평면과 수직인 서로 다른 두 평면은 수직이다.
⑤ 한 평면과 수직인 서로 다른 두 직선은 평행하다.

[마스터 전략]

공간에서의 위치 관계는 직육면체를 그려서 확인한다. 이때 모서리를 직선으로, 면을 평면으로 생각한다.

22-1

[242005-0059]

다음 보기에서 공간에서 항상 평행한 것을 있는 대로 고르시오.

보기
ㄱ. 한 직선과 평행한 서로 다른 두 평면
ㄴ. 한 평면과 평행한 서로 다른 두 직선
ㄷ. 한 직선과 수직인 서로 다른 두 평면
ㄹ. 한 평면과 수직인 서로 다른 두 직선

22-2

[242005-0060]

공간에서 서로 다른 세 직선 l, m, n과 서로 다른 세 평면 P, Q, R가 있다. 다음 중에서 옳은 것을 모두 고르면? (정답 2개)

① $l \perp n$, $l /\!/ m$이면 $m \perp n$이다.
② $l \perp P$, $m \perp P$이면 $l /\!/ m$이다.
③ $l /\!/ P$, $n /\!/ P$이면 $l /\!/ n$이다.
④ $l /\!/ m$, $l /\!/ n$이면 $m \perp n$이다.
⑤ $l \perp P$, $P /\!/ Q$이면 $l \perp Q$이다.

4 평행선의 성질

1 동위각과 엇각

한 평면 위에서 서로 다른 두 직선 l, m이 다른 한 직선 n과 만나서 생기는 각 중에서

(1) **동위각**: 서로 같은 위치에 있는 두 각

➡ $\angle a$와 $\angle e$, $\angle b$와 $\angle f$, $\angle c$와 $\angle g$, $\angle d$와 $\angle h$

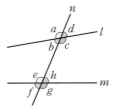

(2) **엇각**: 서로 엇갈린 위치에 있는 두 각

➡ $\angle b$와 $\angle h$, $\angle c$와 $\angle e$

2 평행선의 성질

서로 다른 두 직선 l, m이 다른 한 직선 n과 만날 때

(1) 두 직선이 **평행**하면 **동위각의 크기는 같다.**

➡ $l /\!/ m$이면 $\angle a = \angle b$

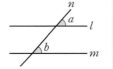

(2) 두 직선이 **평행**하면 **엇각의 크기는 같다.**

➡ $l /\!/ m$이면 $\angle c = \angle d$

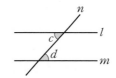

3 두 직선이 평행할 조건

서로 다른 두 직선 l, m이 다른 한 직선 n과 만날 때

(1) **동위각의 크기가 같으면** 두 직선은 **평행**하다.

➡ $\angle a = \angle b$이면 $l /\!/ m$

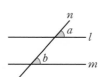

(2) **엇각의 크기가 같으면** 두 직선은 **평행**하다.

➡ $\angle c = \angle d$이면 $l /\!/ m$

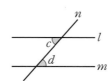

개념 노트

• 동위각(同 같다, 位 자리, 角 뿔): 같은 위치에 있는 각

• 맞꼭지각의 크기는 항상 같지만 동위각과 엇각의 크기는 두 직선이 평행할 때만 같다.

• 두 직선이 평행한지 알아보려면 동위각이나 엇각의 크기가 같은지 확인한다.

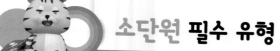

소단원 **필수 유형**

 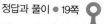

필수 유형

23 동위각과 엇각

[242005-0061]

오른쪽 그림과 같이 세 직선이 만날 때, 옳은 것은?

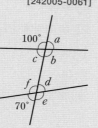

① ∠c의 엇각의 크기는 80°이다.
② ∠e의 크기는 100°이다.
③ ∠a의 동위각의 크기는 70°이다.
④ ∠b의 엇각의 크기는 100°이다.
⑤ ∠c의 동위각의 크기는 80°이다.

[마스터 전략]
서로 다른 두 직선이 다른 한 직선과 만나서 생기는 각 중에서 서로 같은 위치에 있는 두 각은 동위각이고, 서로 엇갈린 위치에 있는 두 각은 엇각이다.

23-1

[242005-0062]

오른쪽 그림에서 ∠x의 동위각과 엇각의 크기의 합을 구하시오.

23-2

[242005-0063]

오른쪽 그림과 같이 세 직선이 만날 때, 다음 중에서 옳지 <u>않은</u> 것은? (정답 2개)

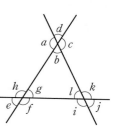

① ∠a의 엇각은 없다.
② ∠b의 엇각은 ∠h, ∠k이다.
③ ∠c의 엇각은 ∠l 하나뿐이다.
④ ∠e의 엇각은 없다.
⑤ ∠h의 동위각은 ∠a, ∠l이다.

필수 유형

24 평행선의 성질

[242005-0064]

오른쪽 그림에서 $l /\!/ m$일 때, 다음 중에서 옳은 것은?

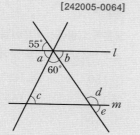

① ∠a=60°
② ∠b=60°
③ ∠c=60°
④ ∠d=125°
⑤ ∠e=60°

[마스터 전략]
두 직선이 평행하면 동위각과 엇각의 크기가 각각 같다.

24-1

[242005-0065]

오른쪽 그림에서 $l /\!/ m$일 때, ∠x−∠y의 크기는?

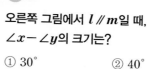

① 30°　　② 40°
③ 45°　　④ 50°
⑤ 55°

24-2

[242005-0066]

오른쪽 그림에서 $l /\!/ m$, $k /\!/ n$일 때, ∠x의 크기는?

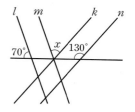

① 55°　　② 60°
③ 70°　　④ 75°
⑤ 80°

필수 유형

25 평행선과 삼각형 모양

[242005-0067]

오른쪽 그림에서 $l /\!/ m$일 때,
$\angle x - \angle y$의 크기는?

① 65° ② 70°

③ 75° ④ 80°

⑤ 85°

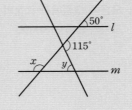

[마스터 전략]

(1) 평행선에서 동위각과 엇각의 크기가 각각 같음을 이용한다.
(2) 삼각형의 세 각의 크기의 합이 180°임을 이용한다.

25-1

[242005-0068]

오른쪽 그림에서 $l /\!/ m$일 때, x의 값은?

① 30 ② 35

③ 40 ④ 45

⑤ 50

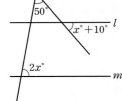

25-2

[242005-0069]

다음 그림에서 $l /\!/ m$일 때, x의 값을 구하시오.

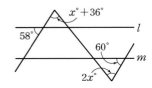

필수 유형

26 평행선과 꺾인 직선 (1)

[242005-0070]

오른쪽 그림에서 $l /\!/ m$일 때, x의
값은?

① 20 ② 24

③ 26 ④ 30

⑤ 32

[마스터 전략]

꺾인 점을 지나고 주어진 평행선에 평행한 직선을 그어 평행선에서 동위각과 엇
각의 크기가 각각 같음을 이용한다.

26-1

[242005-0071]

오른쪽 그림에서 $l /\!/ m$일 때,
$\angle x + \angle y$의 크기를 구하시오.

① 150° ② 155°

③ 160° ④ 165°

⑤ 170°

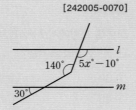

26-2

[242005-0072]

오른쪽 그림에서 $l /\!/ m$이고

$\angle CAD = \dfrac{1}{2} \angle BAC$,

$\angle CBE = \dfrac{1}{2} \angle ABC$일 때,

$\angle ACB$의 크기를 구하시오.

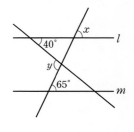

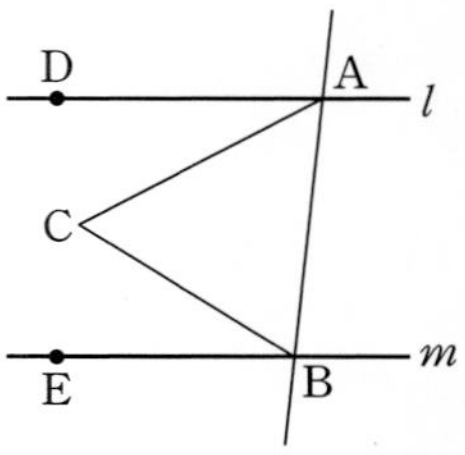

27 평행선과 꺾인 직선 (2)

[242005-0073]

오른쪽 그림에서 $l /\!/ m$일 때, x의 값은?

① 10   ② 11
③ 12   ④ 13
⑤ 14

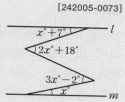

[마스터 전략]
꺾인 두 점을 각각 지나고 주어진 평행선에 평행한 직선을 그어 평행선에서 동위각과 엇각의 크기가 각각 같음을 이용한다.

27-1
[242005-0074]

오른쪽 그림에서 $l /\!/ m$일 때, $\angle x$의 크기는?

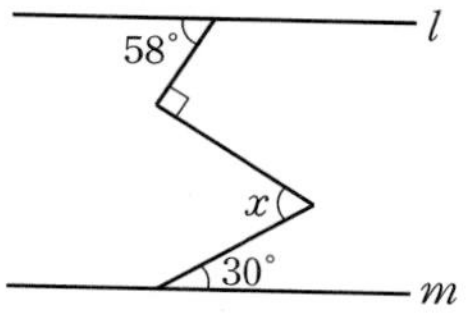

① 52°   ② 57°
③ 60°   ④ 61°
⑤ 62°

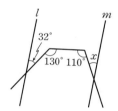

27-2
[242005-0075]

오른쪽 그림에서 $l /\!/ m$일 때, $\angle x$의 크기는?

① 28°   ② 30°
③ 32°   ④ 38°
⑤ 42°

28 평행선과 꺾인 직선 (3)

[242005-0076]

오른쪽 그림에서 $l /\!/ m$일 때, $\angle x + \angle y$의 크기는?

① 265°   ② 270°
③ 275°   ④ 280°
⑤ 285°

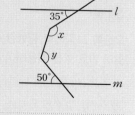

[마스터 전략]
꺾인 두 점을 각각 지나고 주어진 평행선에 평행한 직선을 그어 평행선에서 크기의 합이 180°인 두 각을 찾는다.
➡ $\angle c + \angle d = 180°$

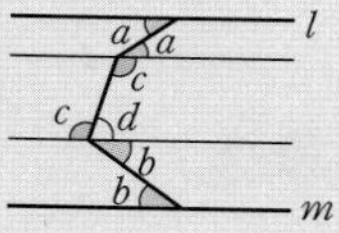

28-1
[242005-0077]

오른쪽 그림에서 $l /\!/ m$일 때, $\angle a + \angle b + \angle c + \angle d + \angle e$의 크기를 구하시오.

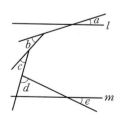

28-2
[242005-0078]

오른쪽 그림에서 정육각형 ABCDEF는 두 직선 l, m과 각각 두 점 A, D에서 만난다. $l /\!/ m$일 때, $\angle x$의 크기를 구하시오. (단, 정육각형의 한 내각의 크기는 120°이다.)

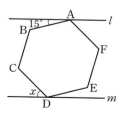

소단원 필수 유형

29 종이접기

[242005-0079]

다음 그림과 같이 직사각형 모양의 종이를 접었을 때, $\angle a + \angle b$의 크기는?

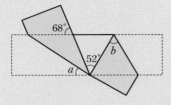

① $90°$　　② $92°$　　③ $94°$

④ $96°$　　⑤ $98°$

[마스터 전략]
(1) 접은 각의 크기는 같음을 이용한다.
(2) 평행선에서 동위각과 엇각의 크기는 각각 같음을 이용한다.

29-1 [242005-0080]

오른쪽 그림과 같이 직사각형 모양의 종이를 선분 EF를 접는 선으로 하여 접었을 때, $\angle x$의 크기를 구하시오.

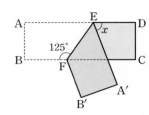

29-2 [242005-0081]

다음 그림과 같이 직사각형 모양의 종이를 $\overline{GI}$와 $\overline{JL}$을 접는 선으로 하여 접었을 때, $\angle x + \angle y$의 크기를 구하시오.

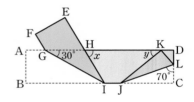

30 두 직선이 평행할 조건

[242005-0082]

오른쪽 그림에서 평행한 직선을 모두 찾아 기호 //를 사용하여 나타내시오.

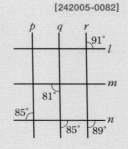

[마스터 전략]
(1) 동위각의 크기가 같으면 두 직선은 평행하다.
(2) 엇각의 크기가 같으면 두 직선은 평행하다.

30-1 [242005-0083]

오른쪽 그림에서 평행한 두 직선을 모두 찾아 기호 //를 사용하여 나타낸 것은?

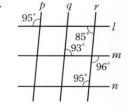

① $l \, /\!/ \, m$, $p \, /\!/ \, q$　　② $l \, /\!/ \, m$, $p \, /\!/ \, r$
③ $l \, /\!/ \, n$, $p \, /\!/ \, r$　　④ $l \, /\!/ \, n$, $q \, /\!/ \, r$
⑤ $l \, /\!/ \, m$, $l \, /\!/ \, n$, $p \, /\!/ \, q$

30-2 [242005-0084]

오른쪽 그림에서 $\angle x$의 크기를 구하시오.

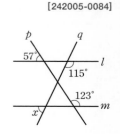

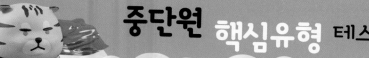
1

[242005-0085]

다음 그림에서 점 M은 $\overline{AB}$의 중점이고 $\overline{AN}=\overline{NM}$, $\overline{NB}=9$ cm 일 때, $\overline{AM}$의 길이는?

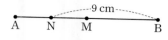

① 5 cm   ② 6 cm   ③ 7 cm
④ 8 cm   ⑤ 9 cm

2 🎁 고득점

[242005-0086]

오른쪽 그림과 같이 4개의 직선이 있고, 각 직선 위에는 3개의 점이 있다. 이 중 두 점을 이어서 만들 수 있는 선분의 개수와 직선의 개수의 차를 구하시오. (단, 서로 다른 직선 위에 있는 어느 세 점도 일직선 위에 있지 않다.)

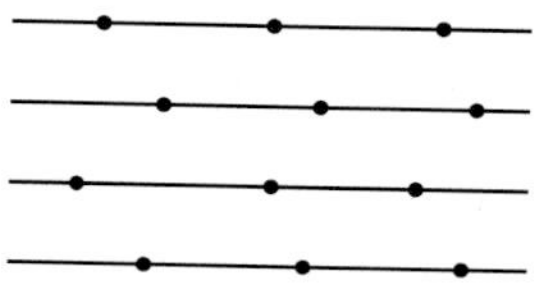

3

[242005-0087]

오른쪽 그림에서 ∠AOC=90°, ∠BOD=90°이고 ∠AOB+∠COD=56°일 때, ∠BOC의 크기를 구하시오.

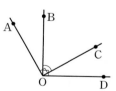

4

[242005-0088]

오른쪽 그림에서 ∠a : ∠b=1 : 2, ∠b : ∠c=1 : 3일 때, ∠c의 크기는?

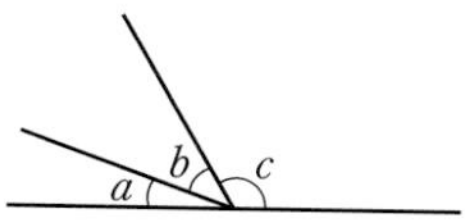

① 100°   ② 105°
③ 110°   ④ 115°   ⑤ 120°

5

[242005-0089]

오른쪽 그림에서 ∠BOC=90°, ∠AOB : ∠COD=1 : 4일 때, ∠COD의 크기를 구하시오.

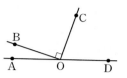

6 📍중요

[242005-0090]

오른쪽 그림에서 ∠a : ∠b=4 : 3일 때, ∠AOC의 크기를 구하시오.

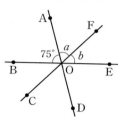

7

[242005-0091]

오른쪽 그림에서 $\overline{AH}=\overline{BH}$이고 ∠AHD=90°, $\overline{AB}=14$, $\overline{CD}=20$일 때, 다음 보기 중에서 옳은 것을 있는 대로 고르시오.

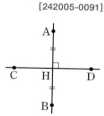

보기
ㄱ. $\overleftrightarrow{AB}$와 $\overleftrightarrow{CD}$는 직교한다.
ㄴ. $\overline{AB}$는 $\overline{CD}$의 수직이등분선이다.
ㄷ. 점 A와 $\overline{CD}$ 사이의 거리는 7이다.
ㄹ. 점 C와 $\overline{AB}$ 사이의 거리는 10이다.
ㅁ. 점 D에서 $\overline{AB}$에 내린 수선의 발은 점 H이다.

8

[242005-0092]

한 평면 위에 있는 서로 다른 세 직선 l, m, n에 대한 다음 설명 중에서 옳지 <u>않은</u> 것은? (정답 2개)

① $l \perp m$이고 $m \,/\!/\, n$이면 $l \,/\!/\, n$이다.
② $l \,/\!/\, m$이고 $m \perp n$이면 $l \perp n$이다.
③ $l \,/\!/\, m$이고 $l \perp n$이면 $m \perp n$이다.
④ $l \perp m$이고 $m \perp n$이면 $l \perp n$이다.
⑤ $l \,/\!/\, m$이고 $m \,/\!/\, n$이면 $l \,/\!/\, n$이다.

9
[242005-0093]

오른쪽 그림과 같은 직육면체에서 $\overline{AG}$와 꼬인 위치에 있고 $\overline{BC}$와도 꼬인 위치에 있는 모서리의 개수는?

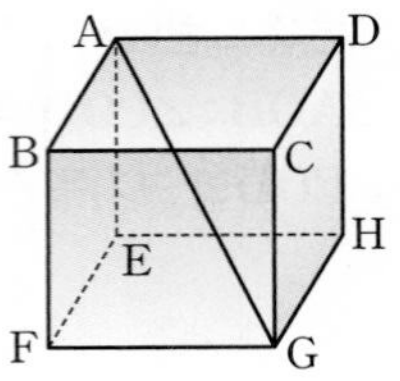

① 1   ② 2

③ 3   ④ 4

⑤ 5

10 🎁 고득점
[242005-0094]

다음 중에서 오른쪽 그림과 같은 직육면체에 대한 설명으로 옳지 <u>않은</u> 것을 모두 고르면? (정답 2개)

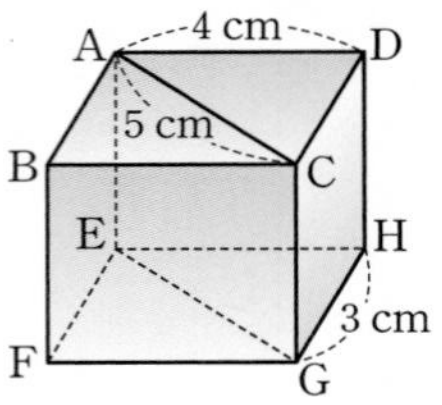

① 점 A와 모서리 CD 사이의 거리는 5 cm이다.

② 점 D와 $\overline{AC}$ 사이의 거리는 $\dfrac{12}{5}$ cm이다.

③ 점 H와 모서리 EF 사이의 거리는 4 cm이다.

④ 면 AEHD와 평행한 모서리는 2개이다.

⑤ 면 AEGC와 평행한 모서리는 2개이다.

11 📍중요
[242005-0095]

오른쪽 그림은 직육면체를 잘라서 만든 입체 도형이다. 이 입체도형에서 모서리 AC와 평행한 모서리의 개수를 a, 꼬인 위치에 있는 모서리의 개수를 b라 할 때, $a+b$의 값을 구하시오.

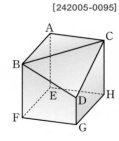

12
[242005-0096]

오른쪽 그림의 전개도를 접어서 만든 정육면체에서 $\overline{MK}$와 $\overline{GI}$의 위치 관계는?

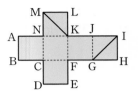

① 평행하다.

② 일치한다.

③ 수직이다.

④ 꼬인 위치에 있다.

⑤ 한 점에서 만난다.

13
[242005-0097]

오른쪽 그림에서 $\angle x$의 모든 엇각의 크기의 합은?

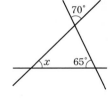

① 120°   ② 135°

③ 210°   ④ 225°

⑤ 240°

14
[242005-0098]

우진이가 운동장에서 자전거를 타는데 오른쪽 그림과 같이 A 지점에서 출발하여 세 지점 B, C, D에서 방향을 바꾸어 E 지점에 도착하였다. $\overline{AB} /\!/ \overline{DE}$일 때, $\angle x$의 크기를 구하시오.

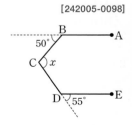

15

오른쪽 그림에서 $l /\!/ m$일 때, x의 값을 구하시오.

[242005-0099]

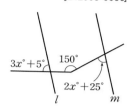

$3x° + 5°$ $150°$
$2x° + 25°$
l m

16 ●중요

오른쪽 그림에서 $l /\!/ m$일 때, $\angle x$의 크기는?

[242005-0100]

① 40°　② 42°
③ 43°　④ 47°
⑤ 50°

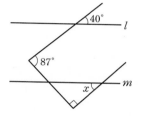

$40°$ l
$87°$
x m

17 ●중요

오른쪽 그림과 같이 직사각형 모양의 종이를 접었을 때, $\angle x + \angle y$의 크기를 구하시오.

[242005-0101]

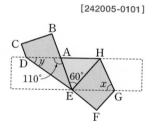

B
C H
D y A
$110°$ $60°$ x
E G
F

18

다음 중에서 오른쪽 그림에 대한 설명으로 옳지 <u>않은</u> 것은?

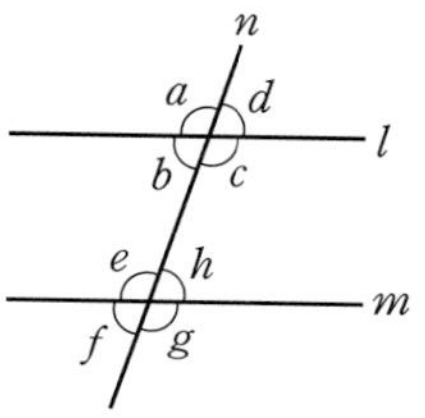

[242005-0102]

① $l /\!/ m$이면 $\angle a = \angle e$
② $l /\!/ m$이면 $\angle d = \angle f$
③ $\angle b = \angle h$이면 $l /\!/ m$
④ $\angle c = \angle f$이면 $l /\!/ m$
⑤ $l /\!/ m$이면 $\angle c + \angle h = 180°$

n
a d l
b c
e h m
f g

기출 서술형

19

오른쪽 그림과 같이 시계가 5시 40분을 가리킬 때, 시침과 분침이 이루는 각 중에서 작은 쪽의 각의 크기를 구하시오. (단, 시침과 분침의 두께는 생각하지 않는다.)

[242005-0103]

풀이 과정

답 |

20

오른쪽 그림의 삼각형 ABC에서 $\angle B$와 $\angle C$의 이등분선의 교점을 I라 하자. $\overline{BC} /\!/ \overline{DE}$일 때, $\angle x$의 크기를 구하시오.

[242005-0104]

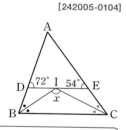

A
D $72°$ I $54°$ E
x
B C

풀이 과정

답 |

2

작도와 합동

1 작도

1 길이가 같은 선분의 작도

(1) **작도**: 눈금 없는 자와 컴퍼스만을 사용하여 도형을 그리는 것
   ① 눈금 없는 자: 두 점을 연결하는 선분을 그리거나 선분을 연장할 때 사용
   ② 컴퍼스: 원을 그리거나 선분의 길이를 다른 직선 위로 옮길 때 사용

(2) **길이가 같은 선분의 작도**
   선분 AB와 길이가 같은 선분은 다음과 같이 작도할 수 있다.

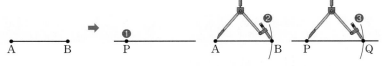

❶ 눈금 없는 자를 사용하여 직선을 긋고, 그 직선 위에 점 P를 잡는다.
❷ 컴퍼스를 사용하여 $\overline{AB}$의 길이를 잰다.
❸ 점 P를 중심으로 반지름의 길이가 $\overline{AB}$인 원을 그려 직선과의 교점을 Q라 하면 선분 PQ가 작도된다.
   ➡ $\overline{AB}=\overline{PQ}$

2 크기가 같은 각의 작도

각 AOB와 크기가 같은 각은 다음과 같이 작도할 수 있다.
❶ 점 O를 중심으로 원을 그려 $\overrightarrow{OA}$, $\overrightarrow{OB}$와의 교점을 각각 C, D라 한다.
❷ 점 P를 중심으로 반지름의 길이가 $\overline{OC}$인 원을 그려 $\overrightarrow{PQ}$와의 교점을 Y라 한다.
❸ 컴퍼스를 사용하여 $\overline{CD}$의 길이를 잰다.
❹ 점 Y를 중심으로 반지름의 길이가 $\overline{CD}$인 원을 그려 ❷의 원과의 교점을 X라 한다.
❺ $\overrightarrow{PX}$를 그으면 각 XPY가 작도된다.
   ➡ $\angle AOB=\angle XPY$

3 평행선의 작도

직선 l과 평행한 직선은 다음과 같이 작도할 수 있다.
❶ 점 P를 지나는 직선을 그어 직선 l과의 교점을 A라 한다.
❷ 점 A를 중심으로 원을 그려 $\overrightarrow{AP}$, 직선 l과의 교점을 각각 B, C라 한다.
❸ 점 P를 중심으로 반지름의 길이가 $\overline{AB}$인 원을 그려 $\overrightarrow{AP}$와의 교점을 Q라 한다.
❹ 컴퍼스를 사용하여 $\overline{BC}$의 길이를 잰다.
❺ 점 Q를 중심으로 반지름의 길이가 $\overline{BC}$인 원을 그려 ❸의 원과의 교점을 R라 한다.
❻ $\overrightarrow{PR}$를 그으면 직선 PR가 작도된다.
   ➡ $l /\!/ \overrightarrow{PR}$

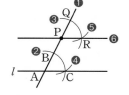

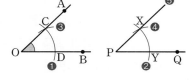

개념 노트

• 작도에서 사용하는 자는 눈금 없는 자이므로 선분의 길이를 잴 때는 컴퍼스를 사용한다.

• 길이가 2배인 선분의 작도는 길이가 같은 선분의 작도를 이용한다.
   예

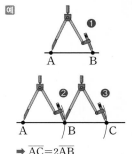

➡ $\overline{AC}=2\overline{AB}$

• 평행선은 '서로 다른 두 직선이 다른 한 직선과 만날 때, 동위각(또는 엇각)의 크기가 같으면 두 직선은 서로 평행하다.'는 성질을 이용하여 작도한다.

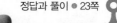
필수 유형

1 작도

[242005-0105]

다음 중에서 작도할 때 사용되는 눈금 없는 자의 용도로 옳은
것은? (정답 2개)

① 원을 그린다.
② 각의 크기를 측정한다.
③ 선분의 연장선을 긋는다.
④ 선분의 길이를 재어서 옮긴다.
⑤ 두 점을 지나는 선분을 긋는다.

[마스터전략]
눈금이 없다는 것은 길이를 잴 수 없다는 것이다.

1-1

[242005-0106]

다음 중에서 작도할 때 원을 그리거나 선분의 길이를 옮길 때 사용
하는 도구는?

① 줄자   ② 삼각자   ③ 각도기
④ 컴퍼스   ⑤ 눈금 없는 자

1-2

[242005-0107]

다음 중에서 작도에 대한 설명으로 옳지 <u>않은</u> 것은? (정답 2개)

① 각의 크기를 잴 때는 각도기를 사용한다.
② 선분을 연장할 때는 눈금 없는 자를 사용한다.
③ 선분의 길이를 재어 옮길 때는 컴퍼스를 사용한다.
④ 두 점을 이은 선분을 그릴 때는 눈금 없는 자를 이용한다.
⑤ 눈금 없는 자와 컴퍼스, 각도기를 사용하여 도형을 그리는
   것을 작도라 한다.

필수 유형

2 길이가 같은 선분의 작도

[242005-0108]

오른쪽 그림은 선분 AB를 점 B의
방향으로 연장한 반직선 위에
$\overline{AC}=2\overline{AB}$가 되도록 $\overline{AC}$를 작도한
것이다. 다음 중 작도 순서를 바르게 나열한 것은?

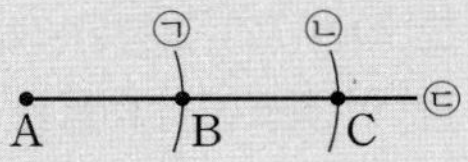

① ㉠ → ㉡ → ㉢
② ㉠ → ㉢ → ㉡
③ ㉡ → ㉠ → ㉢
④ ㉢ → ㉠ → ㉡
⑤ ㉢ → ㉡ → ㉠

[마스터전략]
주어진 선분의 길이를 재어 똑같은 길이의 선분을 그릴 때 사용되는 도구는 컴퍼
스이다.

2-1

[242005-0109]

오른쪽 그림과 같이 두 점 A, B를 지나
는 직선 l 위에 $\overline{AB}=\overline{BC}$인 점 C를 작
도할 때 사용하는 도구는?

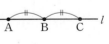

① 줄자   ② 삼각자   ③ 각도기
④ 컴퍼스   ⑤ 눈금 없는 자

2-2

[242005-0110]

다음은 선분 AB를 한 변으로 하는 정삼각형을 작도하는 과정이다.
(가)에 알맞은 것과 ㉠, ㉡ 과정에서 필요한 도구를 각각 구하시오.

> ㉠ 두 점 A, B를 각각 중심으로 하고 반지름
>   의 길이가 (가) 인 원을 그려 두 원의 교
>   점을 C라 한다.
> ㉡ $\overline{AC}$, $\overline{BC}$를 그어 삼각형 ABC를 그린다.

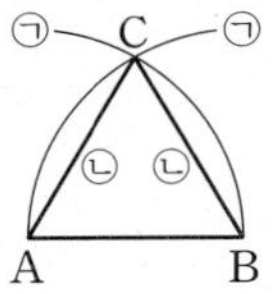

소단원 필수 유형

필수 유형

③ 크기가 같은 각의 작도

[242005-0111]

아래 그림은 ∠XOY와 크기가 같고 반직선 PQ를 한 변으로 하는 각을 작도한 것이다. 다음 중에서 옳지 <u>않은</u> 것은?

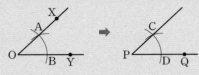

① 점 O를 중심으로 하는 원을 그려 두 점 A, B를 잡는다.
② 점 P를 중심으로 하고 반지름의 길이가 $\overline{OA}$인 원을 그려 점 D를 잡는다.
③ 점 D를 중심으로 하고 반지름의 길이가 $\overline{OA}$인 원을 그려 점 C를 잡는다.
④ 두 점 P, C를 지나는 반직선 PC를 긋는다.
⑤ ∠XOY와 ∠CPQ의 크기는 같다.

[마스터 전략]
크기가 같은 각의 성질은 $\overline{OA}=\overline{OB}=\overline{PC}=\overline{PD}$, $\overline{AB}=\overline{CD}$, ∠AOB=∠CPD이다.

3-1

[242005-0112]

다음 그림은 ∠XOY와 크기가 같고 반직선 PQ를 한 변으로 하는 각을 작도한 것이다. ㉠~㉤ 중에서 ㉡ 다음에 오는 과정을 기호로 쓰시오.

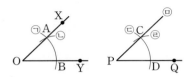

3-2

[242005-0113]

다음 그림은 크기가 같은 각의 작도를 이용하여 반직선 PQ 위에 각의 크기가 ∠XOY의 2배인 각을 작도하는 과정이다. 작도 순서를 바르게 나열하시오.

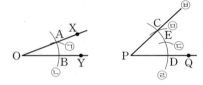

필수 유형

④ 평행선의 작도

[242005-0114]

오른쪽 그림은 직선 l 밖의 한 점 P를 지나고 직선 l과 평행한 직선을 작도한 것이다. 다음 중 옳지 <u>않은</u> 것은?

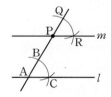

① $\overline{AC}=\overline{PR}$
② $\overline{BC}=\overline{QR}$
③ ∠CAB=∠RPQ
④ 작도 순서는 ㉥ → ㉣ → ㉡ → ㉢ → ㉤ → ㉠이다.
⑤ 동위각의 크기가 같으면 두 직선은 서로 평행하다는 성질이 이용된다.

[마스터 전략]
동위각(또는 엇각)의 크기가 같으면 두 직선이 서로 평행하다는 성질을 이용하여 평행선을 작도한다.

4-1

[242005-0115]

오른쪽 그림은 직선 l 밖의 한 점 P를 지나고 직선 l과 평행한 직선 m을 작도한 것이다. 이 작도에서 이용된 성질은?

① 한 직선에 수직인 두 직선은 서로 평행하다.
② 엇각의 크기가 같으면 두 직선은 서로 평행하다.
③ 동위각의 크기가 같으면 두 직선은 서로 평행하다.
④ 두 직선이 만날 때 생기는 맞꼭지각의 크기는 같다.
⑤ 두 직선 사이의 거리가 일정하면 두 직선은 서로 평행하다.

4-2

[242005-0116]

오른쪽 그림은 직선 l 밖의 한 점 P를 지나고 직선 l과 평행한 직선을 작도한 것이다. 다음 중에서 옳지 <u>않은</u> 것은?

① $\overline{AB}=\overline{AC}$
② $\overline{PQ}=\overline{PR}$
③ $\overline{BC}=\overline{QR}$
④ $\overline{BA}=\overline{BC}$
⑤ ∠BAC=∠QPR

2 삼각형의 작도

① 삼각형

(1) 삼각형 ABC : 세 점 A, B, C를 꼭짓점으로 하는 삼각형 ABC 를 기호로 △ABC와 같이 나타낸다.
  ① 대변 : 한 각과 마주 보는 변
  ② 대각 : 한 변과 마주 보는 각

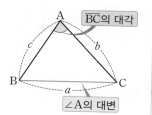

(2) 삼각형의 세 변의 길이 사이의 관계
  삼각형의 두 변의 길이의 합은 나머지 한 변의 길이보다 크다.
  ➡ $a+b>c$, $b+c>a$, $c+a>b$

  참고) 세 변의 길이가 주어졌을 때 삼각형이 될 수 있는 조건
  ➡ (가장 긴 변의 길이) < (나머지 두 변의 길이의 합)
  예) ① 세 변의 길이가 5 cm, 6 cm, 7 cm인 경우 ➡ $7<5+6$이므로 삼각형을 만들 수 있다.
  ② 세 변의 길이가 3 cm, 6 cm, 9 cm인 경우 ➡ $9=3+6$이므로 삼각형을 만들 수 없다.

개념 노트

- 삼각형 ABC에서 세 변 AB, BC, CA와 세 각 ∠A, ∠B, ∠C를 삼각형의 6요소라 한다.
- 일반적으로 ∠A, ∠B, ∠C의 대변의 길이를 차례대로 a, b, c로 나타낸다.

② 삼각형의 작도

다음의 세 가지 경우에 삼각형을 하나로 작도할 수 있다.

(1) 세 변의 길이가 주어질 때	(2) 두 변의 길이와 그 끼인각의 크기가 주어질 때	(3) 한 변의 길이와 그 양 끝 각의 크기가 주어질 때

참고) (2)에서 길이가 a(또는 c)인 선분을 먼저 작도한 후 ∠B와 크기가 같은 각을 작도할 수도 있다.

- 삼각형을 작도할 때는 길이가 같은 선분의 작도와 크기가 같은 각의 작도가 이용된다.

③ 삼각형이 정해질 조건

(1) 삼각형이 하나로 정해지는 경우
  다음의 세 가지 경우에 삼각형의 모양과 크기가 하나로 정해진다.
  ① 세 변의 길이가 주어질 때
  ② 두 변의 길이와 그 끼인각의 크기가 주어질 때
  ③ 한 변의 길이와 그 양 끝 각의 크기가 주어질 때

(2) 삼각형이 하나로 정해지지 않는 경우
  ① 가장 긴 변의 길이가 나머지 두 변의 길이의 합보다 크거나 같은 경우
  ② 두 변의 길이와 그 끼인각이 아닌 다른 한 각의 크기가 주어진 경우
  ③ 세 각의 크기가 주어진 경우

- 다음과 같은 삼각형은 하나로 정해지지 않는다.
  예) ①
  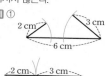
  ➡ 삼각형이 그려지지 않는다.
  ②

  ③

  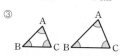
  ➡ 무수히 많은 삼각형이 그려진다.

2. 작도와 합동 • 35

5 삼각형의 세 변의 길이 사이의 관계

[242005-0117]

삼각형의 세 변의 길이가 x cm, 6 cm, 8 cm일 때, x의 값이 될 수 있는 자연수 x의 개수를 구하시오.

[마스터전략]
세 변의 길이가 주어질 때 삼각형이 될 수 있는 조건은
'(가장 긴 변의 길이)<(나머지 두 변의 길이의 합)'이다.

5-1

[242005-0118]

삼각형의 두 변의 길이가 4 cm, 6 cm일 때, 다음 중 나머지 한 변의 길이가 될 수 <u>없는</u> 것은? (정답 2개)

① 2 cm   ② 4 cm   ③ 7 cm

④ 9 cm   ⑤ 12 m

5-2

[242005-0119]

길이가 각각 4 cm, 7 cm, 10 cm, 11 cm인 4개의 선분 중에서 3개의 선분을 골라 만들 수 있는 서로 다른 삼각형의 개수를 구하시오.

6 삼각형의 작도

[242005-0120]

다음 그림은 두 변의 길이와 그 끼인각의 크기가 주어졌을 때, $\overline{BC}$를 밑변으로 하는 삼각형 ABC를 작도한 것이다. ㉠을 가장 처음 작도한다고 할 때, 작도 순서를 바르게 나열한 것은?

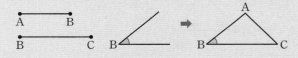

㉠ $\overline{BC}$와 길이가 같은 선분을 작도한다.
㉡ $\overline{BA}$와 길이가 같은 선분을 작도한다.
㉢ ∠B와 크기가 같은 각을 작도한다.
㉣ 두 점 A와 C를 잇는다.

① ㉠ → ㉡ → ㉣ → ㉢   ② ㉠ → ㉢ → ㉡ → ㉣
③ ㉠ → ㉢ → ㉣ → ㉡   ④ ㉠ → ㉣ → ㉡ → ㉢
⑤ ㉠ → ㉣ → ㉢ → ㉡

[마스터전략]
길이가 같은 선분의 작도와 크기가 같은 각의 작도를 이용하여 삼각형을 하나로 작도할 수 있다.

6-1

[242005-0121]

다음 그림은 세 변 a, b, c가 주어졌을 때, 삼각형 ABC를 작도한 것이다. 작도 순서를 바르게 나열하시오.

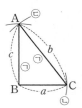

6-2

[242005-0122]

오른쪽 그림과 같이 변 AB의 길이와 ∠A, ∠B의 크기가 주어졌을 때, 삼각형 ABC를 작도하는 순서로 옳지 <u>않은</u> 것은?

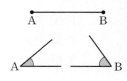

① $\overline{AB}$ → ∠A → ∠B   ② $\overline{AB}$ → ∠B → ∠A
③ ∠A → ∠B → $\overline{AB}$ ④ ∠A → $\overline{AB}$ → ∠B
⑤ ∠B → $\overline{AB}$ → ∠A

7 삼각형이 하나로 정해지는 경우

[242005-0123]

다음 중에서 △ABC가 하나로 정해지는 것은? (정답 2개)

① $\overline{AB}=9$ cm, $\overline{BC}=5$ cm, $\overline{CA}=3$ cm
② $\overline{AB}=7$ cm, $\overline{BC}=3$ cm, $\angle B=55°$
③ $\overline{AB}=4$ cm, $\angle B=60°$, $\angle C=65°$
④ $\overline{BC}=8$ cm, $\angle B=95°$, $\angle C=90°$
⑤ $\angle A=60°$, $\angle B=70°$, $\angle C=50°$

[마스터 전략]

'세 변의 길이가 주어진 경우', '두 변의 길이와 그 끼인각의 크기가 주어진 경우', '한 변의 길이와 그 양 끝 각의 크기가 주어진 경우'에는 삼각형이 하나로 정해진다.

7-1

[242005-0124]

다음 보기 에서 △ABC가 하나로 정해지는 것을 있는 대로 고르시오.

보기

ㄱ. $\overline{AB}=9$ cm, $\overline{BC}=5$ cm, $\overline{CA}=4$ cm
ㄴ. $\overline{AC}=6$ cm, $\overline{BC}=7$ cm, $\angle B=55°$
ㄷ. $\overline{AB}=4$ cm, $\overline{BC}=4$ cm, $\angle B=60°$
ㄹ. $\overline{BC}=5$ cm, $\angle B=70°$, $\angle C=90°$

7-2

[242005-0125]

다음 중에서 $\overline{AB}=10$ cm인 △ABC가 하나로 정해지기 위해 필요한 나머지 한 조건이 아닌 것은? (정답 2개)

① $\overline{BC}=7$ cm, $\overline{CA}=8$ cm   ② $\angle A=70°$, $\angle B=40°$
③ $\overline{BC}=5$ cm, $\angle B=60°$ ④ $\angle A=110°$, $\angle C=70°$
⑤ $\overline{BC}=8$ cm, $\angle A=50°$

8 삼각형이 하나로 정해지지 않는 경우

[242005-0126]

다음은 두 변 AB, AC와 ∠B가 주어졌을 때, 삼각형이 하나로 정해지지 않음을 설명하는 과정이다. (가)~(라)에 알맞은 것을 구하시오.

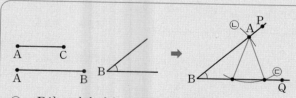

㉠ ∠B와 크기가 같은 ∠PBQ를 작도한다.
㉡ 점 B를 중심으로 하고 반지름의 길이가 (가) 인 원과 반직선 BP와의 교점을 A라 한다.
㉢ 점 A를 중심으로 하고 반지름의 길이가 (나) 인 원을 그려 반직선 BQ와의 교점을 잡으면 그 교점은 (다) 개이다.
따라서 조건을 만족시키는 삼각형은 (라) 개이다.

[마스터 전략]

두 변의 길이와 그 끼인각이 아닌 다른 한 각의 크기가 주어진 경우 삼각형이 하나로 정해지지 않는다.

8-1

[242005-0127]

△ABC에서 $\overline{AC}$의 길이와 다음 조건이 주어질 때, △ABC가 하나로 정해지지 않는 것을 모두 고르면? (정답 2개)

① $\overline{AB}$, $\overline{BC}$ ② $\overline{AB}$, $\angle B$ ③ $\overline{BC}$, $\angle A$
④ $\overline{BC}$, $\angle C$ ⑤ $\angle B$, $\angle C$

8-2

[242005-0128]

다음 중에서 각 조건을 만족시키는 △ABC의 개수가 가장 많은 것과 가장 적은 것을 각각 고르시오.

(가) $\overline{AB}=6$ cm, $\overline{BC}=7$ cm, $\angle C=65°$
(나) $\overline{AB}=6$ cm, $\overline{BC}=5$ cm, $\angle B=55°$
(다) $\angle A=80°$, $\angle B=60°$, $\angle C=40°$

① 도형의 합동

(1) 합동: △ABC와 △DEF가 서로 합동일 때, 기호로

$$\triangle ABC \equiv \triangle DEF$$

와 같이 나타낸다.

(2) 대응: 합동인 두 도형에서 서로 포개어지는 꼭짓점과 꼭짓점, 변과 변, 각과 각은 서로 대응한다고 한다.
   ① 대응점: 서로 대응하는 꼭짓점
   ② 대응변: 서로 대응하는 변
   ③ 대응각: 서로 대응하는 각
   [예] ① 대응점: 두 점 A와 D, 두 점 B와 E, 두 점 C와 F
        ② 대응변: $\overline{AB}$와 $\overline{DE}$, $\overline{BC}$와 $\overline{EF}$, $\overline{AC}$와 $\overline{DF}$
        ③ 대응각: ∠A와 ∠D, ∠B와 ∠E, ∠C와 ∠F

(3) 합동인 도형의 성질
   두 도형이 서로 합동이면
   ① 대응변의 길이는 서로 같다.
   ② 대응각의 크기는 서로 같다.

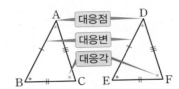

개념 노트

• 합동을 기호로 나타낼 때는 대응점끼리 같은 순서로 쓴다.

$$\triangle ABC \equiv \triangle DEF$$

대응점끼리 같은 순서로 쓴다.

• 합동인 두 도형의 넓이는 항상 같지만 두 도형의 넓이가 같다고 해서 반드시 합동인 것은 아니다.

• 항상 합동인 도형은 한 변의 길이가 같은 두 정n각형, 반지름의 길이가 같은 두 원이다.

② 삼각형의 합동 조건

두 삼각형 ABC와 DEF는 다음 각 경우에 서로 합동이다.

(1) 대응하는 세 변의 길이가 각각 같을 때
   ➡ SSS 합동
   ➡ $\overline{AB}=\overline{DE}$, $\overline{BC}=\overline{EF}$, $\overline{AC}=\overline{DF}$

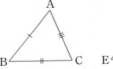

(2) 대응하는 두 변의 길이가 각각 같고, 그 끼인각의 크기가 같을 때
   ➡ SAS 합동
   ➡ $\overline{AB}=\overline{DE}$, $\overline{BC}=\overline{EF}$, ∠B = ∠E

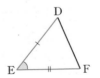

(3) 대응하는 한 변의 길이가 같고, 그 양 끝 각의 크기가 각각 같을 때
   ➡ ASA 합동
   ➡ $\overline{BC}=\overline{EF}$, ∠B = ∠E, ∠C = ∠F

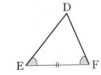

• S는 Side(변), A는 Angle(각)의 첫 글자이다.

세 변	두 변	한 변
S S S	S A S	A S A
	끼인각	양 끝 각

• 삼각형의 합동 조건은 삼각형이 하나로 정해지는 조건으로부터 얻어진다.

소단원 **필수 유형**

필수 유형
⑨ 도형의 합동

[242005-0129]

아래 그림에서 △ABC≡△DEF일 때, 다음 중에서 옳지 않은 것은?

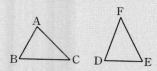

① ∠A와 ∠D의 크기는 같다.
② $\overline{BC}$의 길이와 $\overline{DE}$의 길이는 같다.
③ 점 C의 대응점은 점 F이다.
④ △ABC와 △DEF의 넓이는 같다.
⑤ △ABC와 △DEF는 완전히 포개어진다.

[마스터전략]
두 도형의 모양과 크기가 같으면 두 도형은 합동이다.

9-1

[242005-0130]

아래 그림에서 사각형 ABCD와 사각형 EFGH가 서로 합동일 때, 다음 중에서 옳지 않은 것은?

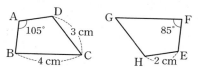

① $\overline{AD}$=2 cm   ② $\overline{GH}$=3 cm   ③ $\overline{FG}$=4 cm
④ ∠B=85°   ⑤ ∠E=85°

9-2

[242005-0131]

다음 중에서 두 도형이 항상 합동이라고 할 수 없는 것은?

① 넓이가 같은 두 원
② 넓이가 같은 두 정사각형
③ 둘레의 길이가 같은 두 사각형
④ 둘레의 길이가 같은 두 정삼각형
⑤ 가로와 세로의 길이가 각각 같은 두 직사각형

필수 유형
⑩ 합동인 삼각형 찾기

[242005-0132]

오른쪽 그림의 △ABC와 ASA 합동인 삼각형을 보기 에서 있는 대로 고르시오.

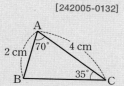

보기
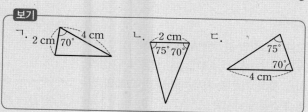

[마스터전략]
삼각형에서 두 각의 크기를 알면 나머지 한 각의 크기도 알 수 있다.

10-1

[242005-0133]

다음 중에서 오른쪽 그림의 삼각형과 합동인 삼각형은?

① 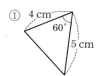   ②

③ 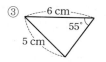   ④   ⑤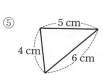

10-2

[242005-0134]

다음 보기 중에서 △ABC와 △DEF가 합동인 것을 있는 대로 고르시오.

보기
ㄱ. $\overline{AB}$=$\overline{DE}$, $\overline{AC}$=$\overline{DF}$, $\overline{BC}$=$\overline{EF}$
ㄴ. ∠A=∠D, ∠B=∠E, ∠C=∠F
ㄷ. $\overline{AB}$=$\overline{DE}$, ∠A=∠D, ∠C=∠F

소단원 필수 유형

필수 유형

⑪ 두 삼각형이 합동이 되도록 추가할 조건

[242005-0135]

아래 그림에서 $\overline{AB}=\overline{DE}$, $\overline{BC}=\overline{EF}$일 때, △ABC와 △DEF가 합동이 되기 위해 필요한 나머지 한 조건을 다음 보기 중에서 있는 대로 고르시오.

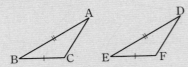

보기
ㄱ. ∠A=∠D
ㄴ. ∠B=∠E
ㄷ. ∠C=∠F
ㄹ. $\overline{AC}=\overline{DF}$

[마스터 전략]

(1) 두 변의 길이가 각각 같을 때 ➡ 나머지 한 변의 길이 또는 그 끼인각의 크기가 같아야 한다.

(2) 한 변의 길이와 그 양 끝 각 중 한 각의 크기가 같을 때 ➡ 그 각을 끼고 있는 변의 길이 또는 다른 한 각의 크기가 같아야 한다.

(3) 두 각의 크기가 각각 같을 때 ➡ 대응하는 한 변의 길이가 같아야 한다.

11-1

[242005-0136]

아래 그림에서 ∠B=∠E, ∠C=∠F일 때, 다음 중에서 △ABC≡△DEF가 되기 위해 필요한 나머지 한 조건은?

(정답 2개)

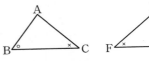

① $\overline{AB}=\overline{DE}$
② $\overline{AB}=\overline{DF}$
③ ∠A=∠D
④ $\overline{BC}=\overline{DE}$
⑤ $\overline{BC}=\overline{EF}$

11-2

[242005-0137]

오른쪽 그림에서 $\overline{AC}=\overline{DF}$일 때, 다음 중에서 △ABC≡△DEF가 되기 위해 필요한 나머지 두 조건이 아닌 것은?

① $\overline{AB}=\overline{DE}$, $\overline{BC}=\overline{EF}$
② $\overline{AB}=\overline{DE}$, ∠A=∠D
③ $\overline{BC}=\overline{EF}$, ∠B=∠E
④ ∠A=∠D, ∠C=∠F
⑤ ∠A=∠D, ∠B=∠E

필수 유형

⑫ 삼각형의 합동 조건 – SSS 합동

[242005-0138]

다음은 오른쪽 그림과 같은 사각형 ABCD가 마름모일 때, △ABC≡△ADC임을 설명하는 과정이다. (가)~(다)에 알맞은 것을 구하시오.

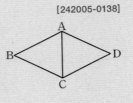

△ABC와 △ADC에서 사각형 ABCD가 마름모이므로
$\overline{AB}=\overline{AD}$, $\overline{BC}=$ (가) , (나) 는 공통
따라서 △ABC≡△ADC ((다) 합동)이다.

[마스터 전략]

SSS 합동은 대응하는 세 변의 길이가 각각 같다.

12-1

[242005-0139]

오른쪽 그림의 사각형 ABCD에서 $\overline{AB}=\overline{CB}$, $\overline{AD}=\overline{CD}$일 때, 합동인 두 삼각형을 찾아 기호를 써서 나타내고, 그때의 합동 조건을 말하시오.

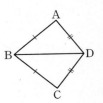

12-2

[242005-0140]

오른쪽 그림과 같이 점 O를 중심으로 원을 그려 $\overrightarrow{OX}$, $\overrightarrow{OY}$와 만나는 점을 각각 A, B라 하고, 두 점 A, B를 각각 중심으로 하고 반지름의 길이가 같은 원을 그려 만나는 점을 P라 하자. 이때 합동인 두 삼각형을 찾아 기호 ≡를 써서 나타내고, 그때의 합동 조건을 말하시오.

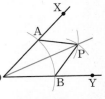

13 삼각형의 합동 조건 – SAS 합동

[242005-0141]

오른쪽 그림과 같은 사각형 ABCD
에서 점 O는 두 대각선 AC, BD의
교점이고 $\overline{AO}=\overline{DO}$, $\overline{BO}=\overline{CO}$일
때, 다음 중에서 옳지 <u>않은</u> 것은?

（정답 2개）

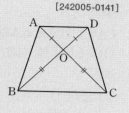

① △ABO≡△DCO　　② △ABC≡△DCB

③ △ABD≡△DCA　　④ △AOD≡△BOC

⑤ △ABC≡△ADC

[마스터 전략]
SAS 합동은 대응하는 두 변의 길이가 각각 같고, 그 끼인각의 크기가 같다.

13-1　　[242005-0142]

오른쪽 그림에서 $\overline{AB}=\overline{DB}$일 때, 다음 중
에서 △BAC와 △BDE가 SAS 합동임을
설명하는데 필요한 나머지 한 조건으로 옳
은 것은?

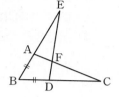

① $\overline{EF}=\overline{CF}$　　② ∠AFE=∠DFC

③ $\overline{AC}=\overline{DE}$　　④ $\overline{AF}=\overline{FD}$

⑤ $\overline{BC}=\overline{BE}$

13-2　　[242005-0143]

오른쪽 그림과 같이 ∠A=90°인
삼각형 ABC에서 $\overline{BC}$의 수직이등
분선과 ∠C의 이등분선이 $\overline{AB}$ 위
의 점 D에서 만날 때, ∠BDM의
크기를 구하시오.

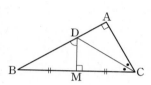

---

14 삼각형의 합동 조건 – ASA 합동

[242005-0144]

오른쪽 그림에서 △ABC는 $\overline{AB}=\overline{AC}$인
이등변삼각형이고 $\overline{BD}\perp\overline{AC}$, $\overline{CE}\perp\overline{AB}$일
때, 다음 중에서 옳지 <u>않은</u> 것은?

① △ABD≡△ACE

② $\overline{AE}=\overline{AD}$

③ $\overline{BE}=\overline{CD}$

④ △EBC≡△DCB

⑤ $\overline{BC}=\overline{BD}$

[마스터 전략]
ASA 합동은 대응하는 한 변의 길이가 같고, 그 양 끝 각의 크기가 각각 같다.

14-1　　[242005-0145]

오른쪽 그림에서 점 M은 $\overline{AD}$와 $\overline{BC}$의 교점이
고 $\overline{AB}/\!/\overline{CD}$, $\overline{MB}=\overline{MC}$일 때, 다음 중에서 옳
지 <u>않은</u> 것은?

① $\overline{AB}=\overline{CD}$　　② $\overline{AM}=\overline{DM}$

③ $\overline{BM}=\overline{DM}$　　④ ∠BAM=∠CDM

⑤ ∠AMB=∠DMC

14-2　　[242005-0146]

오른쪽 사다리꼴 ABCD에서
$\overline{AD}/\!/\overline{BC}$이다. $\overline{BC}$의 연장선 위의
점 E에 대하여 $\overline{AF}=\overline{EF}$일 때, 사
다리꼴 ABCD의 넓이를 구하시오.

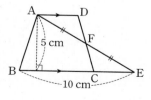

소단원 필수 유형

필수 유형
15 삼각형의 합동의 활용 – 정삼각형

[242005-0147]

오른쪽 그림에서 △ABC와 △ADE가 정삼각형일 때, 다음 중에서 옳지 않은 것은?

① $\overline{BD}=\overline{CE}$
② $\angle ABD=\angle ACE$
③ $\angle ADB=\angle AEC$
④ $\angle BAD=\angle CAE$
⑤ $\angle ABD=\angle AED$

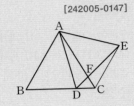

[마스터전략]
정삼각형이 주어질 때, 세 변의 길이는 모두 같고 세 각의 크기는 모두 60°이다.

15-1

[242005-0148]

오른쪽 그림에서 △ABC는 정삼각형이고 $\overline{AD}=\overline{CE}$일 때, 다음 중에서 옳지 않은 것은?

① $\overline{BE}=\overline{CD}$
② $\overline{AE}=\overline{BD}$
③ $\angle ABD=\angle CBD$
④ $\angle ABD=\angle CAE$
⑤ $\angle ADB=\angle CEA$

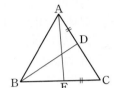

15-2

[242005-0149]

오른쪽 그림에서 △ABC는 정삼각형이고 $\overline{AD}=\overline{CE}$일 때, ∠BFC의 크기를 구하시오.

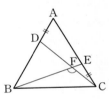

필수 유형
16 삼각형의 합동의 활용 – 정사각형

[242005-0150]

오른쪽 그림은 한 변의 길이가 10 cm인 정사각형 모양의 종이를 겹쳐 놓은 것이다. 두 대각선 AC와 BD의 교점 O에 다른 한 장의 꼭짓점이 놓여 있을 때, 사각형 OMCN의 넓이를 구하시오.

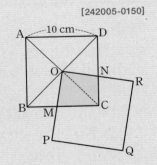

[마스터전략]
정사각형의 네 변의 길이는 모두 같고, 네 각의 크기는 모두 90°이다.

16-1

[242005-0151]

오른쪽 그림에서 점 E는 정사각형 ABCD는 대각선 BD 위의 점이고 ∠AED=110°일 때, ∠BCE의 크기를 구하시오.

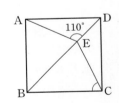

16-2

[242005-0152]

다음 그림은 △ABC의 두 변 AB, AC를 각각 한 변으로 하는 정사각형 ADEB, ACFG를 그린 것이다. $\overline{CD}$와 $\overline{BG}$의 교점을 P라 할 때, ∠BPC의 크기를 구하시오.

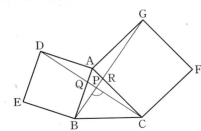

1

[242005-0153]

선분 AB의 길이가 주어졌을 때, 길이가 같은 선분의 작도를 이용하여 정삼각형을 작도하려고 한다. 작도 순서를 바르게 나열하시오.

> ㉠ 컴퍼스를 사용하여 $\overline{AB}$의 길이를 잰다.
>
> ㉡ 눈금 없는 자를 사용하여 $\overline{AC}$와 $\overline{BC}$를 긋는다.
>
> ㉢ 두 점 A, B를 각각 중심으로 하고 반지름의 길이가 $\overline{AB}$인 두 원을 그려 두 원의 교점을 C라 한다.

2 📍중요

[242005-0154]

오른쪽 그림은 ∠XOY＝90°일 때, ∠XOY의 삼등분선을 작도한 것이다. 다음 중에서 옳지 <u>않은</u> 것은?

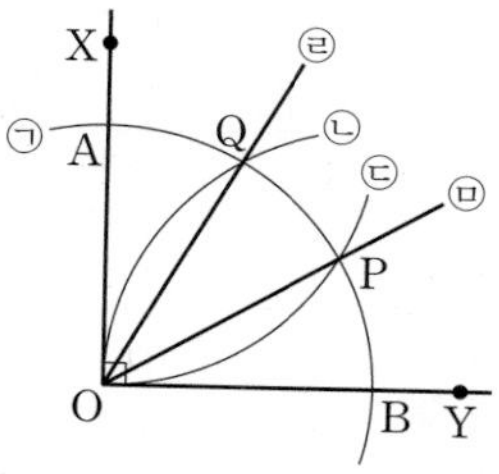

① $\overline{OA}=\overline{AB}$

② ∠QOP＝30°

③ $\overline{OA}=\overline{QB}$

④ △AOP는 정삼각형이다.

⑤ ㉠에서 그린 원의 중심은 점 O이다.

3

[242005-0155]

아래 그림은 ∠XOY와 크기가 같고 반직선 PQ를 한 변으로 하는 각을 작도한 것이다. 다음 중에서 길이가 나머지 넷과 <u>다른</u> 하나는?

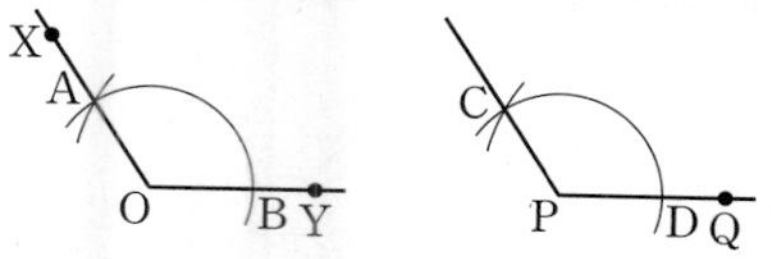

① $\overline{OA}$

② $\overline{OB}$

③ $\overline{PC}$

④ $\overline{PD}$

⑤ $\overline{CD}$

4

[242005-0156]

오른쪽 그림은 직선 l 밖의 한 점 P를 지나고 직선 l과 평행한 직선을 작도한 것이다. 다음 중에서 $\overline{AB}$와 길이가 같은 것은?

(정답 2개)

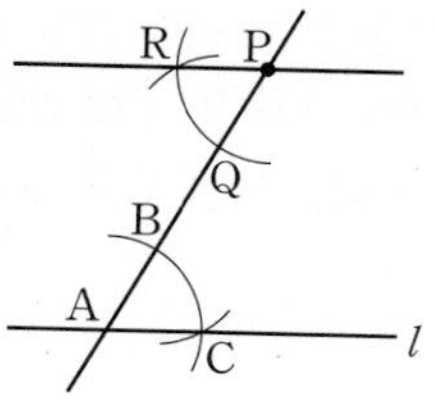

① $\overline{AC}$

② $\overline{PR}$

③ $\overline{BQ}$

④ $\overline{BC}$

⑤ $\overline{QR}$

5 🎁 고득점

[242005-0157]

길이가 6 cm, 8 cm, 10 cm, 12 cm, 18 cm인 5개의 선분 중에서 3개의 선분을 골라 만들 수 있는 서로 다른 삼각형의 개수는?

① 6

② 7

③ 8

④ 9

⑤ 10

6

[242005-0158]

세 변의 길이가 모두 자연수이고 둘레의 길이가 12 cm인 이등변삼각형의 개수를 구하시오.

7

[242005-0159]

삼각형의 세 변의 길이가 4, 9, $3x-4$일 때, 다음 중에서 x의 값이 될 수 있는 것은? (정답 2개)

① 2

② 3

③ 4

④ 5

⑤ 6

8

[242005-0160]

다음은 세 변의 길이가 오른쪽 그림과 같은 삼각형 ABC를 작도하는 과정이다. 작도 순서를 나열할 때, 네 번째 단계를 말하시오.

㉠ 두 원의 교점을 A라 한다.
㉡ 두 점 A와 B, 두 점 A와 C를 잇는다.
㉢ 점 B를 중심으로 하고 반지름의 길이가 c인 원을 그린다.
㉣ 점 C를 중심으로 하고 반지름의 길이가 b인 원을 그린다.
㉤ 한 직선을 긋고, 그 위에 길이가 a인 $\overline{BC}$를 작도한다.

9 📍중요

[242005-0161]

오른쪽 그림과 같은 △ABC를 작도하려고 한다. a가 주어졌을 때, 더 필요한 조건을 다음 보기 중에서 있는 대로 고르시오.

보기

ㄱ. ∠A   ㄴ. ∠B와 ∠C   ㄷ. b와 c
ㄹ. ∠C와 c ㅁ. ∠B와 c

10

[242005-0162]

△ABC에서 $\overline{AB}=9$ cm, $\overline{BC}=7$ cm일 때, △ABC가 하나로 정해지기 위해 필요한 나머지 한 조건을 다음 보기 중에서 있는 대로 고른 것은?

보기

ㄱ. ∠A$=60°$ ㄴ. ∠B$=80°$
ㄷ. $\overline{AC}=2$ cm   ㄹ. $\overline{AC}=4$ cm

① ㄱ, ㄴ   ② ㄱ, ㄹ   ③ ㄴ, ㄷ
④ ㄴ, ㄹ   ⑤ ㄱ, ㄴ, ㄹ

11 🎁 고득점

[242005-0163]

오른쪽 그림과 같이 두 변과 한 각이 주어져 있다. 주어진 각을 두 변의 끼인각으로 하여 만들어지는 삼각형의 개수를 x, 두 변의 끼인 각이 <u>아닌</u> 각으로 만들어지는 삼각형의 개수를 y라 할 때, $x+y$의 값은?

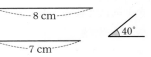

① 5   ② 4   ③ 3
④ 2   ⑤ 1

12

[242005-0164]

다음 그림과 같은 두 사각형이 서로 합동일 때, $x+y+a+b$의 값을 구하시오.

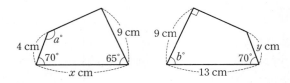

13

[242005-0165]

△ABC와 △DEF가 다음 조건을 모두 만족시킬 때, ∠E의 크기를 구하시오.

(가) △ABC≡△DEF
(나) ∠C$=70°$
(다) ∠A의 크기는 $30°$이다.

14

[242005-0166]

다음 보기 중에서 △ABC와 합동인 삼각형의 개수를 구하시오.

보기

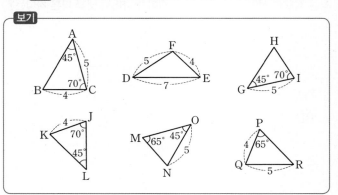

15

[242005-0167]

오른쪽 그림과 같이 두 삼각형 ABC, DEF가 서로 합동이 되기 위해 필요한 나머지 한 조건이 아닌 것은? (정답 2개)

① $\overline{BC}=\overline{EF}$　　② $\overline{AC}=\overline{DF}$

③ $\angle C = \angle F$　　④ $\angle B = \angle E$　　⑤ $\angle B = \angle F$

16

[242005-0168]

오른쪽 그림에서 $\overline{AB}=\overline{AC}$이고, $\overline{BD}=\overline{CE}$이다. 사각형 ABFC의 둘레의 길이가 20 cm이고 $\overline{AB}=7$ cm일 때, $\overline{BF}$의 길이를 구하시오.

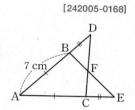

17

[242005-0169]

오른쪽 그림에서 △ABC와 △ADE는 정삼각형이고 $\overline{AD}=3$ cm, $\overline{BD}=9$ cm일 때, $\overline{CD}$의 길이를 구하시오.

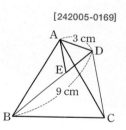

18

[242005-0170]

오른쪽 그림에서 두 사각형 ABCD와 EFGC는 정사각형이고 $\angle ABG=70°$, $\angle CHE=60°$일 때, $\angle DEH$의 크기를 구하시오.

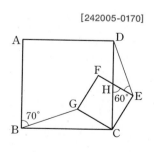

19

[242005-0171]

삼각형의 세 변의 길이가 7 cm, 11 cm, x cm일 때, 자연수 x의 개수를 구하시오.

풀이 과정

답|

20

[242005-0172]

오른쪽 그림과 같은 정사각형 ABCD에서 $\overline{BC}$ 위의 점 E에 대하여 두 점 B, D에서 $\overline{AE}$에 내린 수선의 발을 각각 F, G라 하자. $\overline{AE}=23$ cm, $\overline{DG}=14$ cm, $\overline{EG}=11$ cm일 때, △ABF의 넓이를 구하시오.

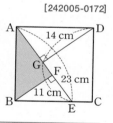

풀이 과정

답|

3

다각형

다각형

(1) 다각형: 3개 이상의 선분으로 둘러싸인 평면도형

① 변: 다각형을 이루는 선분
② 꼭짓점: 변과 변이 만나는 점
③ 내각: 다각형에서 이웃하는 두 변으로 이루어진 내부의 각
④ 외각: 다각형의 각 꼭짓점에서 한 변과 그 변에 이웃한 변의 연장선으로 이루어진 각

참고 ① 변의 개수가 3, 4, …, n인 다각형을 각각 삼각형, 사각형, …, n각형이라 한다.
② 다각형에서 한 내각에 대한 외각은 2개가 있고, 맞꼭지각이므로 그 크기가 서로 같다. 따라서 외각은 두 개 중에서 하나만 생각한다.
③ 다각형의 한 꼭짓점에서 내각의 크기와 외각의 크기의 합은 180°이다.

(2) 정다각형: 모든 변의 길이가 같고 모든 내각의 크기가 같은 다각형

정삼각형　정사각형　정오각형　정육각형 …

변의 개수가 n인 정다각형을 정n각형이라 한다.

2 다각형의 대각선의 개수

(1) 대각선: 다각형에서 서로 이웃하지 않는 두 꼭짓점을 이은 선분
참고 한 꼭짓점에서 자기 자신과 그와 이웃하는 2개의 꼭짓점에는 대각선을 그을 수 없다.

(2) 다각형의 대각선의 개수
① n각형의 한 꼭짓점에서 그을 수 있는 대각선의 개수
➡ $n-3$
② n각형의 대각선의 개수
꼭짓점의 개수 ─ 한 꼭짓점에서 그을 수 있는 대각선의 개수
➡ $\dfrac{n(n-3)}{2}$
한 대각선을 두 번 중복하여 세었으므로 2로 나눈다.

참고 ① n각형의 한 꼭짓점에서 대각선을 모두 그었을 때 생기는 삼각형의 개수
➡ $n-2$
② n각형의 내부의 한 점에서 각 꼭짓점에 선분을 그었을 때 생기는 삼각형의 개수
➡ n

개념 노트

- 곡선이 있으면 다각형이 아니다.

- 입체도형은 다각형이 아니다.

- 변의 길이가 모두 같아도 내각의 크기가 다르면 정다각형이 아니다.
예 마름모
- 내각의 크기가 모두 같아도 변의 길이가 다르면 정다각형이 아니다.
예 직사각형

소단원 필수 유형

필수 유형

1 다각형

[242005-0173]

다음 보기 에서 다각형인 것을 있는 대로 고르시오.

보기
ㄱ. 원기둥　　ㄴ. 십이각형　　ㄷ. 반원
ㄹ. 선분　　　ㅁ. 삼각형　　　ㅂ. 직사각형

[마스터 전략]
다각형은 3개 이상의 선분으로 둘러싸인 평면도형이고, 곡선으로 둘러싸인 부분이 있거나 선분이 끊어져 있으면 다각형이 아니다.

1-1

[242005-0174]

다음 중에서 다각형인 것은?

필수 유형

2 다각형의 내각과 외각

[242005-0175]

오른쪽 그림에서 $\angle x + \angle y$의 크기를 구하시오.

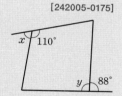

[마스터 전략]
다각형의 한 꼭짓점에서 (내각의 크기) + (외각의 크기) = 180°이다.

2-1

[242005-0176]

오른쪽 그림과 같은 삼각형 ABC에서 x의 값을 구하시오.

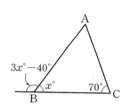

필수 유형

3 정다각형

[242005-0177]

다음 중에서 정다각형에 대한 설명으로 옳은 것은?

① 모든 변의 길이가 같은 다각형은 정다각형이다.
② 모든 내각의 크기가 같은 다각형은 정다각형이다.
③ 정다각형의 모든 외각의 크기는 같다.
④ 정다각형의 모든 대각선의 길이는 같다.
⑤ 정다각형의 한 꼭짓점에서 내각의 크기와 외각의 크기는 서로 같다.

[마스터 전략]
모든 변의 길이가 같고, 모든 내각의 크기가 같은 다각형을 정다각형이라 한다.

3-1

[242005-0178]

다음 도형이 정다각형이 아닌 이유를 보기 에서 고르시오.

보기
ㄱ. 모든 변의 길이가 같지 않다.
ㄴ. 모든 내각의 크기가 같지 않다.

소단원 필수 유형

소단원 필수 유형

필수 유형 4 — 한 꼭짓점에서 그을 수 있는 대각선의 개수

[242005-0179]

어떤 다각형의 한 꼭짓점에서 그을 수 있는 대각선의 개수를 a, 이때 생기는 삼각형의 개수를 b라 할 때, $a+b=25$인 다각형은?

① 십일각형 ② 십이각형 ③ 십삼각형
④ 십사각형 ⑤ 십오각형

[마스터 전략]

(1) n각형의 한 꼭짓점에서 그을 수 있는 대각선의 개수 ➡ $n-3$
(2) n각형의 한 꼭짓점에서 대각선을 모두 그었을 때 생기는 삼각형의 개수 ➡ $n-2$
(3) n각형의 내부의 한 점에서 각 꼭짓점에 선분을 그었을 때 생기는 삼각형의 개수 ➡ n

4-1 [242005-0180]

어떤 다각형의 한 꼭짓점에서 대각선을 모두 그었을 때 생기는 삼각형의 개수는 21이다. 이 다각형의 한 꼭짓점에서 그을 수 있는 대각선은 모두 몇 개인지 구하시오.

4-2 [242005-0181]

어떤 다각형의 내부의 한 점에서 각 꼭짓점에 선분을 모두 그었을 때 생기는 삼각형의 개수는 11이다. 이 다각형의 한 꼭짓점에서 그을 수 있는 대각선은 모두 몇 개인지 구하시오.

필수 유형 5 — 다각형의 대각선의 개수

[242005-0182]

다음 중에서 다각형과 그 다각형의 대각선의 개수를 짝 지은 것으로 옳지 않은 것은?

① 육각형, 9 ② 칠각형, 14
③ 팔각형, 20 ④ 구각형, 24
⑤ 십각형, 35

[마스터 전략]

n각형의 대각선의 개수 ➡ $\dfrac{n(n-3)}{2}$

5-1 [242005-0183]

대각선의 개수가 77인 다각형은?

① 십각형 ② 십일각형 ③ 십이각형
④ 십삼각형 ⑤ 십사각형

5-2 [242005-0184]

오른쪽 그림과 같이 6명의 학생들이 동그랗게 둘러서 있다. 모든 학생들이 서로 한 번씩 가위바위보를 할 때, 가위바위보는 모두 몇 번 하게 되는가?

① 9번 ② 10번
③ 12번 ④ 13번
⑤ 15번

2 다각형의 내각과 외각의 크기

1 삼각형의 내각과 외각의 관계

(1) 삼각형의 내각의 크기의 합

삼각형의 세 내각의 크기의 합은 180°이다.

➡ △ABC에서

$\angle A + \angle B + \angle C = 180°$

[참고] 오른쪽 그림과 같이 △ABC에서 $\overline{BC}$의 연장선을 긋고,

$\overline{BA} \parallel \overline{CE}$가 되도록 반직선 CE를 그으면

$\angle A = \angle ACE$ (엇각), $\angle B = \angle ECD$ (동위각)

따라서

$\angle A + \angle B + \angle C = \angle ACE + \angle ECD + \angle C = 180°$

(2) 삼각형의 내각과 외각의 관계

삼각형의 한 외각의 크기는 그와 이웃하지 않는 두 내각의 크기의 합과 같다.

➡ △ABC에서

$\angle ACD = \angle A + \angle B$

● 개념 노트

· △ABC에서 $\angle A$, $\angle B$, $\angle C$를 △ABC의 내각이라 한다.

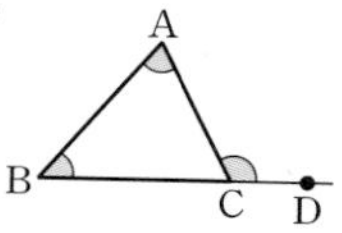

·

$\angle A + \angle B + \angle ACB = 180°$이고
$\angle ACB + \angle ACD = 180°$이므로
$\angle ACD = \angle A + \angle B$

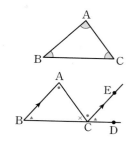

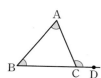

2 다각형의 내각의 크기의 합과 외각의 크기의 합

(1) 다각형의 내각의 크기의 합

n각형의 내각의 크기의 합 ➡ $180° \times (n-2)$

└─ 삼각형의 내각의 크기의 합

└─ 한 꼭짓점에서 대각선을 모두 그었을 때 생기는 삼각형의 개수

(2) 다각형의 외각의 크기의 합

n각형의 외각의 크기의 합은 항상 360°이다.

[참고] n각형에서

(내각의 크기의 합) + (외각의 크기의 합) $= 180° \times n$

3 정다각형의 한 내각과 한 외각의 크기

(1) 정다각형의 한 내각의 크기

정n각형의 한 내각의 크기

└─ 내각의 크기의 합

➡ $\dfrac{180° \times (n-2)}{n}$

└─ 꼭짓점의 개수

(2) 정다각형의 한 외각의 크기

정n각형의 한 외각의 크기

➡ $\dfrac{360°}{n}$ ── 외각의 크기의 합

· 정n각형의 모든 내각과 외각의 크기가 각각 같으므로 한 내각과 외각의 크기는 내각과 외각의 크기의 합을 각각 n으로 나눈다.

6 삼각형의 세 내각의 크기의 합

[242005-0185]

오른쪽 그림과 같은 △ABC에서 x의 값을 구하시오.

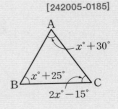

[마스터 전략]

삼각형의 세 내각의 크기의 합은 180°이다.

➡ △ABC에서 ∠A+∠B+∠C=180°

6-1

[242005-0186]

오른쪽 그림과 같이 $\overline{AE}$와 $\overline{BD}$의 교점을 C 라 할 때, ∠x의 크기를 구하시오.

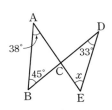

6-2

[242005-0187]

삼각형의 세 내각의 크기의 비가 3 : 4 : 8일 때, 가장 작은 내각의 크기를 구하시오.

7 삼각형의 내각과 외각의 관계

[242005-0188]

오른쪽 그림에서 ∠x+∠y의 크기를 구하시오.

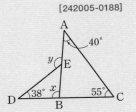

[마스터 전략]

삼각형의 한 외각의 크기는 그와 이웃하지 않는 두 내각의 크기의 합과 같다.

➡ △ABC에서 ∠ACD=∠A+∠B

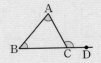

7-1

[242005-0189]

오른쪽 그림과 같은 △ABC에서 x의 값을 구하시오.

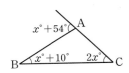

7-2

[242005-0190]

오른쪽 그림에서 ∠EAB=40°, ∠AEB=18°, ∠BDC=20°일 때, ∠x의 크기를 구하시오.

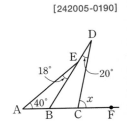

[242005-0191]

필수 유형

8 삼각형의 내각의 크기의 합의 활용 – ⋀ 모양

오른쪽 그림에서 ∠x의 크기를 구하시오.

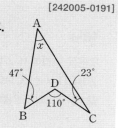

[마스터전략]

$\overline{BC}$를 긋고 삼각형의 내각의 크기의 합은 180°임을 이용한다.

8-1

[242005-0192]

오른쪽 그림에서 ∠x의 크기를 구하시오.

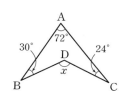

8-2

[242005-0193]

오른쪽 그림과 같은 △ABC에서 ∠B의 이등분선과 ∠C의 이등분선의 교점을 D 라 하자. ∠A=70°일 때, ∠x의 크기를 구하시오.

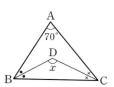

필수 유형

9 삼각형의 내각과 외각의 관계의 활용
– 이등변삼각형

[242005-0194]

오른쪽 그림에서
$\overline{AB}=\overline{AC}=\overline{CD}=\overline{DE}$이고
∠B=25°일 때, ∠x의 크기를
구하시오.

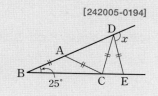

[마스터전략]

(1) 이등변삼각형의 두 밑각의 크기는 같다.
(2) 삼각형의 한 외각의 크기는 그와 이웃하지 않는 두 내각의 크기의 합과 같다.

9-1

[242005-0195]

오른쪽 그림에서 $\overline{AB}=\overline{AC}=\overline{BD}$이고
∠C=36°일 때, ∠x의 크기를 구하시오.

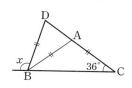

9-2

[242005-0196]

오른쪽 그림과 같은 △ABC에서
$\overline{AE}=\overline{DE}=\overline{CD}=\overline{BC}$이고 ∠A=26°일 때,
∠x의 크기를 구하시오.

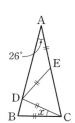

10 삼각형의 내각과 외각의 관계의 활용
– 한 내각과 한 외각의 이등분선

[242005-0197]

오른쪽 그림의 △ABC에서 점 D는 ∠B의 이등분선과 ∠C의 외각의 이등분선의 교점이다. ∠A=60°일 때, ∠x의 크기를 구하시오.

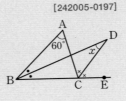

[마스터 전략]

△ABC에서 ∠A+2●=2×, △DBC에서 ∠D+●=×

10-1

[242005-0198]

오른쪽 그림에서 ∠BAD=∠CAD, ∠BCD=∠ECD이고 ∠ADC=40°일 때, ∠x의 크기를 구하시오.

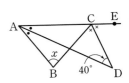

10-2

[242005-0199]

오른쪽 그림에서 $\angle DBC=\frac{1}{3}\angle ABC$, $\angle DCE=\frac{1}{3}\angle ACE$일 때, ∠x의 크기를 구하시오.

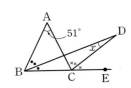

11 삼각형의 내각과 외각의 관계의 활용
– ☆ 모양

[242005-0200]

오른쪽 그림에서 ∠x의 크기를 구하시오.

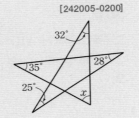

[마스터 전략]

적당한 삼각형을 찾아 삼각형의 내각과 외각의 관계를 이용한다.

11-1

[242005-0201]

오른쪽 그림에서 ∠x의 크기를 구하시오.

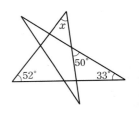

11-2

[242005-0202]

오른쪽 그림에서 ∠a+∠b+∠c+∠d+∠e의 크기를 구하시오.

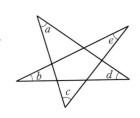

12 다각형의 내각의 크기의 합

[242005-0203]

내각의 크기의 합이 $1260°$인 다각형의 대각선의 개수를 구하시오.

[마스터 전략]

n각형의 내각의 크기의 합은 $180°×(n-2)$이다.

12-1

[242005-0204]

한 꼭짓점에서 그을 수 있는 대각선의 개수가 7인 다각형의 내각의 크기의 합을 구하시오.

12-2

[242005-0205]

오른쪽 그림에서 x의 값을 구하시오.

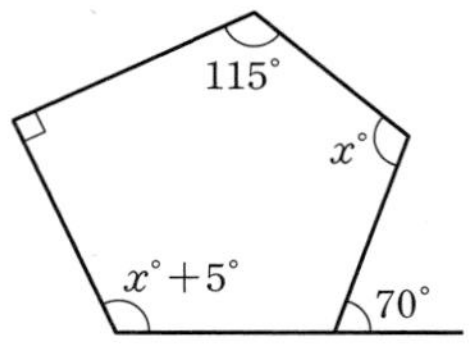

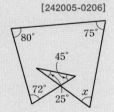

13 다각형의 내각의 크기의 합의 활용

[242005-0206]

오른쪽 그림에서 $\angle x$의 크기를 구하시오.

[마스터 전략]

적당한 보조선을 긋고, 다각형의 내각의 크기의 합을 이용한다.

13-1

[242005-0207]

오른쪽 그림에서
$\angle a+\angle b+\angle c+\angle d+\angle e+\angle f$의
크기는?

① $180°$ ② $360°$

③ $540°$ ④ $720°$

⑤ $900°$

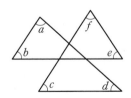

13-2

[242005-0208]

오른쪽 그림에서 $\angle F=40°$일 때,
$\angle A+\angle B+\angle C+\angle D+\angle E$의 크기를 구하시오.

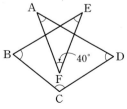

소단원 필수 유형

필수 유형

14 다각형의 외각의 크기의 합

[242005-0209]

오른쪽 그림에서 x의 값은?

① 61 ② 63

③ 65 ④ 67

⑤ 69

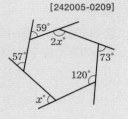

[마스터 전략]

(1) 다각형의 한 꼭짓점에서의 내각의 크기와 외각의 크기의 합은 180°이다.

(2) 다각형의 외각의 크기의 합은 항상 360°이다.

14-1

[242005-0210]

오른쪽 그림에서 x의 값은?

① 111 ② 113

③ 115 ④ 117

⑤ 119

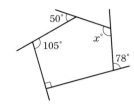

14-2

[242005-0211]

내각의 크기와 외각의 크기의 합이 2700°인 다각형의 한 꼭짓점에서 그을 수 있는 대각선의 개수를 구하시오.

필수 유형

15 다각형의 외각의 크기의 합의 활용

[242005-0212]

다음 중에서 오른쪽 그림에 대한 설명으로 옳지 <u>않은</u> 것은?

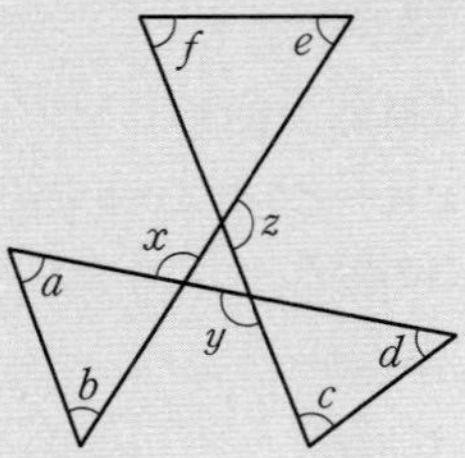

① $\angle x = \angle a + \angle b$

② $\angle y = \angle c + \angle d$

③ $\angle z = \angle e + \angle f$

④ $\angle x + \angle y + \angle z = 360°$

⑤ $\angle a + \angle b + \angle c + \angle d + \angle e + \angle f = 540°$

[마스터 전략]

(1) 삼각형의 한 외각의 크기는 그와 이웃하지 않는 두 내각의 크기의 합과 같다.

(2) 다각형의 외각의 크기의 합은 항상 360°이다.

15-1

[242005-0213]

오른쪽 그림에서 $\angle x + \angle y$의 크기를 구하시오.

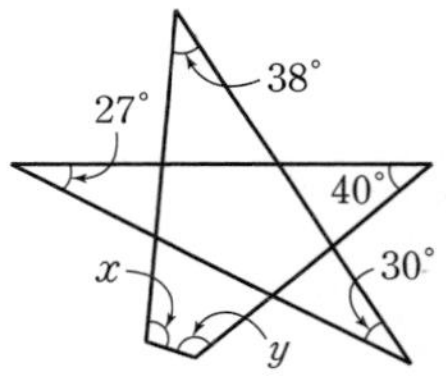

15-2

[242005-0214]

오른쪽 그림에서
$\angle a + \angle b + \angle c + \angle d + \angle e + \angle f + \angle g$의 크기는?

① 360° ② 540°

③ 720° ④ 810°

⑤ 900°

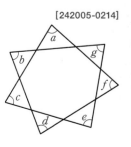

16 정다각형의 한 내각과 한 외각의 크기

[242005-0215]

대각선의 개수가 35인 정다각형의 한 내각의 크기는?

① 135° ② 140° ③ 144°

④ 156° ⑤ 160°

[마스터전략]

(1) 정n각형의 한 내각의 크기 ➡ $\dfrac{180° \times (n-2)}{n}$

(2) 정n각형의 한 외각의 크기 ➡ $\dfrac{360°}{n}$

16-1
[242005-0216]

한 외각의 크기가 40°인 정다각형의 내각의 크기의 합을 구하시오.

16-2
[242005-0217]

다음 조건을 만족시키는 다각형에 대한 설명으로 옳지 <u>않은</u> 것은?

(가) 모든 변의 길이가 같고, 모든 내각의 크기가 같다.
(나) 12개의 선분으로 둘러싸여 있다.

① 정십이각형이다.
② 대각선의 개수는 54이다.
③ 내각의 크기의 합은 1800°이다.
④ 한 내각의 크기는 150°이다.
⑤ 한 외각의 크기는 40°이다.

17 정다각형의 한 내각과 한 외각의 크기의 비

[242005-0218]

한 내각의 크기와 한 외각의 크기의 비가 3 : 2인 정다각형의 내각의 크기의 합은?

① 360° ② 540° ③ 720°

④ 900° ⑤ 1080°

[마스터전략]

정다각형에서 한 내각의 크기와 한 외각의 크기의 비가 $a : b$일 때,

(1) (한 내각의 크기) $= 180° \times \dfrac{a}{a+b}$

(2) (한 외각의 크기) $= 180° \times \dfrac{b}{a+b}$

17-1
[242005-0219]

한 내각의 크기와 한 외각의 크기의 비가 8 : 1인 정다각형은?

① 정십이각형 ② 정십오각형 ③ 정십육각형

④ 정십팔각형 ⑤ 정이십각형

17-2
[242005-0220]

다음 중에서 한 내각의 크기와 한 외각의 크기의 비가 13 : 2인 정다각형에 대한 설명으로 옳지 <u>않은</u> 것은?

① 변의 개수는 15이다.
② 대각선의 개수는 90이다.
③ 한 내각의 크기는 124°이다.
④ 내각의 크기의 합은 2340°이다.
⑤ 한 꼭짓점에서 그을 수 있는 대각선의 개수는 12이다.

소단원 필수 유형

필수 유형

18 정다각형의 한 내각의 크기의 활용

[242005-0221]

오른쪽 그림의 정오각형 ABCDE에서
∠x의 크기를 구하시오.

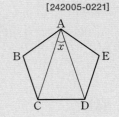

[마스터 전략]

(1) 정오각형의 한 내각의 크기는 $\dfrac{180° \times (5-2)}{5}$ 이다.

(2) 정오각형은 모든 변의 길이가 같으므로 △BCA, △EAD는 이등변삼각형이다.

18-1

[242005-0222]

오른쪽 그림의 정육각형 ABCDEF에서 $\overline{AE}$와 $\overline{BF}$의 교점을 G라 할 때, ∠x의 크기를 구하시오.

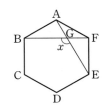

18-2

[242005-0223]

오른쪽 그림에서 $l \parallel m$이고 정오각형 ABCDE의 두 꼭짓점 A, D가 각각 직선 l, m 위에 있다. ∠CDF=20° 일 때, ∠x의 크기를 구하시오.

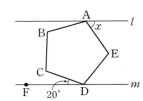

필수 유형

19 정다각형의 한 외각의 크기의 활용

[242005-0224]

오른쪽 그림과 같이 한 변의 길이가 같은 정육각형과 정팔각형이 한 변을 공유할 때, ∠x의 크기를 구하시오.

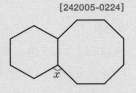

[마스터 전략]

(1) 정육각형의 한 외각의 크기는 $\dfrac{360°}{6}$ 이다.

(2) 정팔각형의 한 외각의 크기는 $\dfrac{360°}{8}$ 이다.

19-1

[242005-0225]

오른쪽 그림과 같이 정오각형 ABCDE의 두 변 AE, CD의 연장선의 교점을 F라 할 때, ∠x의 크기를 구하시오.

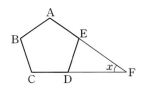

19-2

[242005-0226]

오른쪽 그림과 같이 한 변의 길이가 같은 정오각형과 정팔각형이 한 변을 공유한다. 이때 ∠x의 크기를 구하시오.

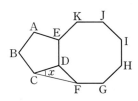

1

[242005-0227]

다음 중에서 다각형에 대한 설명으로 옳은 것은?

① 다각형은 4개 이상의 선분으로 둘러싸인 평면도형이다.

② 변의 개수가 7인 다각형은 오각형이다.

③ 구각형의 꼭짓점의 개수는 10이다.

④ 한 다각형에서 변의 개수와 꼭짓점 개수는 같다.

⑤ 다각형의 한 꼭짓점에서 내각의 크기와 외각의 크기는 같다.

2

[242005-0228]

오른쪽 그림에서 $\angle x + \angle y$의 크기를 구하시오.

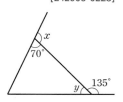

3 🔍중요

[242005-0229]

어떤 다각형의 한 꼭짓점에서 대각선을 모두 그었을 때 생기는 삼각형의 개수가 6일 때, 이 다각형의 대각선의 개수를 구하시오.

4

[242005-0230]

오른쪽 그림의 △ABC에서 $\angle A = 75°$이고 $2\angle B = 3\angle C$일 때, $\angle B$의 크기를 구하시오.

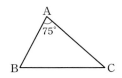

5

[242005-0231]

오른쪽 그림의 △ABC에서 $\angle ABD = \angle DBC$일 때, $\angle x$의 크기를 구하시오.

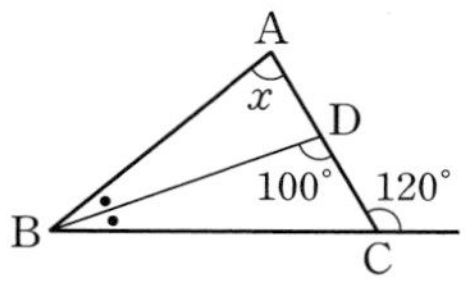

6

[242005-0232]

오른쪽 그림에서 $\overleftrightarrow{AB} /\!/ \overleftrightarrow{CD}$이고 $\angle BAD = 45°$, $\angle BCD = 70°$일 때, $\angle x$의 크기를 구하시오.

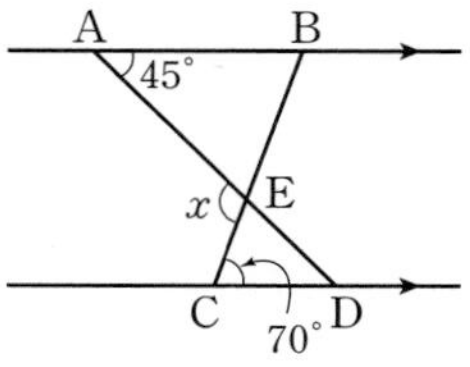

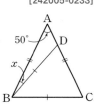

7

[242005-0233]

오른쪽 그림의 △ABC에서 $\overline{AB} = \overline{AC}$, $\overline{BC} = \overline{BD}$이고 $\angle A = 50°$일 때, $\angle x$의 크기를 구하시오.

8

[242005-0234]

오른쪽 그림에서 점 D는 △ABC의 $\angle B$의 이등분선과 $\angle C$의 외각의 이등분선의 교점이다. $\angle D = 35°$일 때, $\angle x$의 크기를 구하시오.

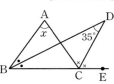

9
[242005-0235]

다음 중에서 오른쪽 그림의 $\angle a$, $\angle b$, $\angle c$, $\angle d$, $\angle e$의 크기를 구한 것으로 옳은 것은?

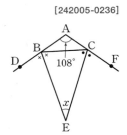

① $\angle a = 30°$ 　② $\angle b = 60°$

③ $\angle c = 92°$ 　④ $\angle d = 120°$

⑤ $\angle e = 91°$

10
[242005-0236]

오른쪽 그림의 $\triangle ABC$에서 $\angle B$의 외각의 이등분선과 $\angle C$의 외각의 이등분선의 교점을 E라 하자. $\angle A = 108°$일 때, $\angle x$의 크기를 구하시오.

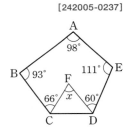

11 ♥중요
[242005-0237]

오른쪽 그림에서 $\angle x$의 크기를 구하시오.

12
[242005-0238]

내각의 크기의 합이 $1620°$인 다각형의 대각선의 개수는?

① 27 　　② 35 　　③ 44

④ 54 　　⑤ 65

13
[242005-0239]

오른쪽 그림에서 $\angle x$의 크기는?

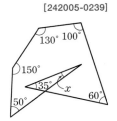

① 10° 　② 15°

③ 20° 　④ 25°

⑤ 30°

14
[242005-0240]

오른쪽 그림에서
$\angle a + \angle b + \angle c + \angle d + \angle e + \angle f + \angle g$
의 크기는?

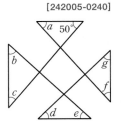

① 310° 　② 335°

③ 360° 　④ 385°

⑤ 410°

15 ♥중요
[242005-0241]

다음 조건을 모두 만족시키는 다각형에 대한 설명으로 옳지 않은 것은?

> (가) 모든 변의 길이가 같다.
> (나) 모든 내각의 크기가 같다.
> (다) 한 내각의 크기가 135°이다.

① 정팔각형이다.

② 대각선의 개수는 20이다.

③ 내각의 크기의 합은 1260°이다.

④ 한 꼭짓점에서 그을 수 있는 대각선의 개수는 5이다.

⑤ 한 내각의 크기와 한 외각의 크기의 비는 3 : 1이다.

16

[242005-0242]

한 내각의 크기와 한 외각의 크기의 비가 9 : 1인 정다각형은?

① 정십각형
② 정십이각형
③ 정십오각형
④ 정십팔각형
⑤ 정이십각형

17

[242005-0243]

오른쪽 그림과 같이 한 변의 길이가 같은 정육각형 2개와 정오각형 1개가 한 꼭짓점에서 만날 때, $\angle x$의 크기를 구하시오.

18 🎁 고득점

[242005-0244]

오른쪽 그림과 같이 세 내각의 크기가 각각 30°, 60°, 90°이고 서로 합동인 삼각형들을 내각의 크기가 90°인 꼭짓점과 60°인 꼭짓점이 만나도록 어느 삼각형도 서로 겹치지 않을 때까지 최대한 많이 이어 붙이려고 한다. 이때 삼각형의 내각의 크기가 30°인 꼭짓점을 이어 만들 수 있는 다각형의 대각선의 개수를 구하시오.

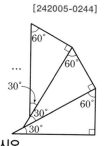

19

[242005-0245]

오른쪽 그림과 같은 사각형 ABCD에서 $\angle$B와 $\angle$C의 이등분선의 교점을 O라 하자. $\angle$A=115°, $\angle$D=125°일 때, $\angle x$의 크기를 구하시오.

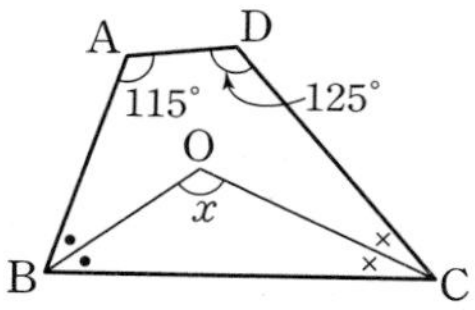

풀이 과정

답 |

20

[242005-0246]

오른쪽 그림과 같은 정육각형 ABCDEF에서 $\overline{AC}$와 $\overline{BD}$의 교점을 G라 할 때, $\angle y - \angle x$의 크기를 구하시오.

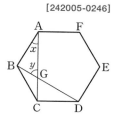

풀이 과정

답 |

4

원과 부채꼴

1 원과 부채꼴

2 부채꼴의 호의 길이와 넓이

1 원과 부채꼴

1 원과 부채꼴

(1) 원: 평면 위의 한 점 O로부터 일정한 거리에 있는 모든 점으로 이루어진 도형

(2) 호 AB: 원 위의 두 점 A, B를 양 끝 점으로 하는 원의 일부분
→ $\overparen{AB}$

(3) 현 CD: 원 위의 두 점 C, D를 이은 선분 CD

(4) 할선: 원 위의 두 점을 지나는 직선

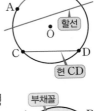

(5) 부채꼴 AOB: 원 O에서 두 반지름 OA, OB와 호 AB로 이루어진 도형

(6) 중심각: 부채꼴 AOB에서 두 반지름 OA, OB가 이루는 ∠AOB를 부채꼴 AOB의 중심각 또는 호 AB에 대한 중심각이라 한다.
└ 호 AB를 ∠AOB에 대한 호라 한다.

(7) 활꼴: 원에서 현과 호로 이루어진 도형

• 일반적으로 $\overparen{AB}$는 길이가 짧은 쪽의 호를 나타내고, 길이가 긴 쪽의 호는 그 호 위에 한 점 C를 잡아 $\overparen{ACB}$와 같이 나타낸다.

• 지름은 원의 중심을 지나는 현이고, 그 원에서 길이가 가장 긴 현이다.

• 반원은 부채꼴인 동시에 활꼴이다.

2 중심각의 크기와 호의 길이, 부채꼴의 넓이 사이의 관계

한 원에서
(1) 중심각의 크기가 같은 두 부채꼴의 호의 길이와 넓이는 각각 같다.

(2) 부채꼴의 호의 길이와 넓이는 각각 중심각의 크기에 정비례한다.

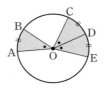

3 중심각의 크기와 현의 길이 사이의 관계

한 원에서
(1) 중심각의 크기가 같은 두 현의 길이는 같다.

(2) 길이가 같은 두 현에 대한 중심각의 크기는 같다.

(3) 현의 길이는 중심각의 크기에 정비례하지 않는다.

참고 오른쪽 그림의 부채꼴 AOB와 부채꼴 AOC에서
중심각의 크기는 2배이지만 현의 길이는 2배보다 짧다.
→ ∠AOC = ∠AOB + ∠BOC = 2∠AOB,
$\overline{AC} < \overline{AB} + \overline{BC} = 2\overline{AB}$

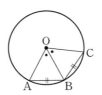

• 한 원에서 활꼴의 넓이는 중심각의 크기에 정비례하지 않는다.

소단원 필수 유형

필수 유형

1 원과 부채꼴

[242005-0247]

다음 그림의 원 O에서 ㉠~㉤이 나타내는 것으로 옳지 <u>않은</u> 것은?

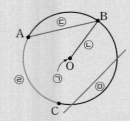

① ㉠ – 원의 중심   ② ㉡ – 반지름
③ ㉢ – 현 AB   ④ ㉣ – 현 AC
⑤ ㉤ – 할선

[마스터 전략]
호는 원 위의 두 점을 양 끝 점으로 하는 원의 일부분이고, 현은 원 위의 두 점을 이은 선분이다.

1-1

[242005-0248]

원 O에서 부채꼴 AOB가 활꼴일 때, 부채꼴 AOB의 중심각의 크기는?

① 30°   ② 45°   ③ 90°
④ 120°   ⑤ 180°

1-2

[242005-0249]

다음 중에서 오른쪽 그림의 원 O에 대한 설명으로 옳지 <u>않은</u> 것은?
(단, 세 점 A, O, C는 한 직선 위에 있다.)

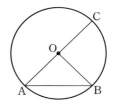

① $\overline{AB}$는 현이다.
② $\overline{AC}$는 길이가 가장 긴 현이다.
③ $\overline{AB}$와 $\overparen{AB}$로 이루어진 도형은 부채꼴이다.
④ $\overline{AC}$와 $\overparen{AC}$로 이루어진 도형은 활꼴이다.
⑤ ∠AOB에 대한 호는 $\overparen{AB}$이다.

필수 유형

2 중심각의 크기와 호의 길이

[242005-0250]

오른쪽 그림의 원 O에서 x의 값은?

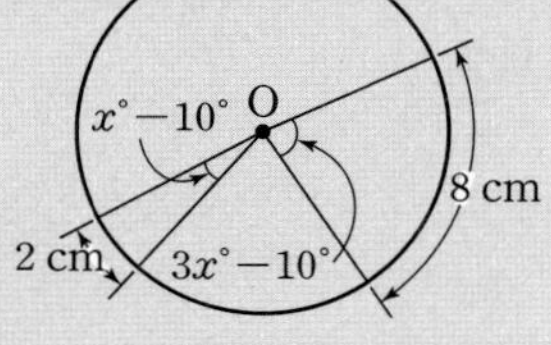

① 30   ② 32
③ 35   ④ 40
⑤ 45

[마스터 전략]
한 원에서 부채꼴의 호의 길이는 중심각의 크기에 정비례한다.

2-1

[242005-0251]

오른쪽 그림의 원 O에서 x, y의 값을 각각 구하시오.

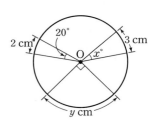

2-2

[242005-0252]

오른쪽 그림의 원 O에서 $3\angle AOB = 4\angle BOC$이고 $\overparen{AB} = 16$ cm일 때, $\overparen{BC}$의 길이를 구하시오.

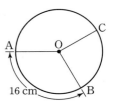

필수 유형

3 호의 길이의 비가 주어질 때 중심각의 크기 구하기

[242005-0253]

오른쪽 그림의 원 O에서
$\overset{\frown}{AB}:\overset{\frown}{BC}:\overset{\frown}{CA}=4:1:7$일 때,
∠AOB의 크기를 구하시오.

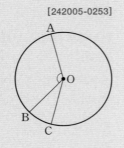

[마스터 전략]

$\overset{\frown}{AB}:\overset{\frown}{BC}:\overset{\frown}{CA}=a:b:c$이면
∠AOB : ∠BOC : ∠COA=a : b : c이므로

$$\angle AOB=360°\times\frac{a}{a+b+c}$$

3-1

[242005-0254]

오른쪽 그림의 반원 O에서
$\overset{\frown}{AB}=2\overset{\frown}{BC}$일 때, ∠BOC의 크기를 구하시오.

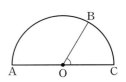

3-2

[242005-0255]

오른쪽 그림의 원 O에서
$\overset{\frown}{AC}:\overset{\frown}{BC}=3:2$이고 ∠AOB=110°일 때, ∠ACO의 크기는?

① 10°   ② 15°
③ 20°   ④ 25°
⑤ 30°

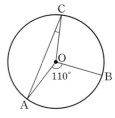

필수 유형

4 평행선이 주어질 때 중심각의 크기와 호의 길이

[242005-0256]

오른쪽 그림의 원 O에서 $\overline{AB}$는 지름이고 $\overline{AB}\parallel\overline{CD}$이다.
∠COD=100°, $\overset{\frown}{CD}$=15 cm일 때, $\overset{\frown}{AC}$의 길이를 구하시오.

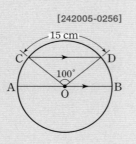

[마스터 전략]

평행선에서 엇각의 크기는 같다.
➡ $\overline{AB}\parallel\overline{CD}$이므로 ∠AOC=∠OCD (엇각)

4-1

[242005-0257]

오른쪽 그림의 원 O에서
$\overline{AB}\parallel\overline{OC}$이고 ∠COB=20°, $\overset{\frown}{BC}$=4 cm일 때, $\overset{\frown}{AB}$의 길이를 구하시오.

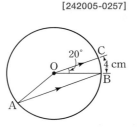

4-2

[242005-0258]

오른쪽 그림의 원 O에서
$\overline{OC}\parallel\overline{AB}$이고 $\overset{\frown}{AB}:\overset{\frown}{BC}=6:1$일 때, ∠x의 크기를 구하시오.

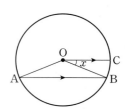

5 중심각의 크기와 호의 길이 – 보조선 긋기

[242005-0259]

오른쪽 그림의 반원 O에서 $\overline{AB}/\!/\overline{OC}$
이고 $\overparen{AB}:\overparen{BD}=5:4$일 때, $\angle x$의
크기는?

① 30°　　　② 35°

③ 40°　　　④ 45°

⑤ 50°

[마스터전략]

평행선에서 동위각의 크기는 같다.

➡ $\overline{AB}/\!/\overline{OC}$이므로 ∠BAO=∠COD (동위각)

5-1

[242005-0260]

오른쪽 그림과 같이 $\overline{AB}$, $\overline{CD}$가 지름인
원 O에서 $\overline{AE}/\!/\overline{CD}$이고
$\angle BOD=36°$, $\overparen{AC}=6\ cm$일 때,
$\overparen{AE}$의 길이를 구하시오.

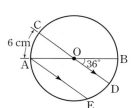

5-2

[242005-0261]

오른쪽 그림의 원 O에서 지름 AB
의 연장선과 현 CD의 연장선의 교
점을 E라 하자. $\overline{CE}=\overline{CO}$,
$\angle CEO=15°$, $\overparen{BD}=9\ cm$일 때,
$\overparen{CD}$의 길이를 구하시오.

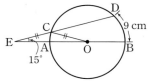

6 중심각의 크기와 부채꼴의 넓이

[242005-0262]

오른쪽 그림의 원 O에서 부채꼴 AOB
의 넓이가 $25\ cm^2$이고 부채꼴 COD
의 넓이가 $75\ cm^2$일 때, x의 값은?

① 20　　　② 25

③ 30　　　④ 35

⑤ 40

[마스터전략]

한 원에서 부채꼴의 넓이는 중심각의 크기에 정비례한다.

6-1

[242005-0263]

오른쪽 그림의 원 O에서 $\angle AOB=30°$,
$\angle DOC=150°$이다. 부채꼴 DOC의 넓
이가 $45\ cm^2$일 때, 부채꼴 AOB의 넓이
를 구하시오.

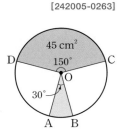

6-2

[242005-0264]

오른쪽 그림에서 원 O의 넓이는
$40\ cm^2$이고 부채꼴 AOB의 넓이는
$9\ cm^2$이다. 두 점 P, Q는 각각 $\overline{OA}$, $\overline{OB}$
의 연장선 위의 점일 때, $\angle x+\angle y$의
크기를 구하시오.

소단원 **필수 유형**

필수 유형

7 중심각의 크기와 현의 길이

[242005-0265]

오른쪽 그림과 같이 $\overline{AB}$를 지름으로 하는 원 O에서 $\overline{AC}=\overline{BD}$이고 $\angle AOC=45°$일 때, $\angle COD$의 크기는?

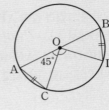

① 90° ② 95°
③ 100° ④ 110°
⑤ 120°

[마스터전략]
길이가 같은 두 현에 대한 중심각의 크기는 같다.

7-1

[242005-0266]

오른쪽 그림의 원 O에서 $\overline{AB}=\overline{CD}=\overline{DE}=\overline{EF}$이고 $\angle COF=132°$일 때, $\angle x$의 크기를 구하시오.

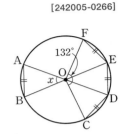

7-2

[242005-0267]

오른쪽 그림과 같이 반지름의 길이가 3 cm인 원 O에서 $\overparen{AB}=\overparen{BC}$이고 $\overline{AB}=5$ cm일 때, 색칠한 부분의 둘레의 길이를 구하시오.

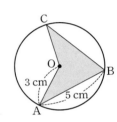

필수 유형

8 중심각의 크기에 정비례하는 것

[242005-0268]

오른쪽 그림의 원 O에서 $\overparen{AB}=\overparen{CD}=\overparen{DE}$일 때, 다음 중에서 옳지 않은 것은?

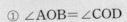

① $\angle AOB=\angle COD$
② $\angle COE=2\angle AOB$
③ $\overline{AB}=\overline{DE}$
④ $\overparen{CE}=2\overparen{AB}$
⑤ (부채꼴 COE의 넓이)$=2\times$(부채꼴 AOB의 넓이)

[마스터전략]
중심각의 크기와 호의 길이, 부채꼴의 넓이는 정비례하지만 현의 길이는 정비례하지 않는다.

8-1

[242005-0269]

오른쪽 그림의 원 O에서 $\angle AOB=\angle BOC=\angle DOE$일 때, 다음 중에서 옳지 않은 것은?

① $\overline{AB}=\overline{DE}$ ② $\overparen{BC}=\overparen{DE}$
③ $\overparen{AB}=\overparen{BC}$ ④ $\overparen{AC}=2\overparen{DE}$
⑤ $\overline{AC}=2\overline{DE}$

8-2

[242005-0270]

다음 중에서 오른쪽 그림의 원 O에 대한 설명으로 옳지 않은 것은?

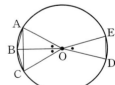

① $\overline{OA}=\overline{OD}$
② $\overparen{CD}=25$ cm이면 $\angle COD=100°$이다.
③ $\angle COD=90°$이면 $\overparen{CD}=22.5$ cm이다.
④ $\angle COD=4\angle AOB$이면 $\overparen{CD}=4\overline{AB}$이다.
⑤ $\angle COD=120°$이면 부채꼴 COD의 넓이는 부채꼴 AOB의 넓이의 6배이다.

① 원의 둘레의 길이와 넓이

(1) 원의 지름의 길이에 대한 둘레의 길이의 비율을 원주율이라 하고, 기호 π로 나타낸다.
  ➡ (원주율)$=\dfrac{(원의\ 둘레의\ 길이)}{(원의\ 지름의\ 길이)}$
  └ '파이'라 읽는다.
  [참고] 원주율은 원의 크기에 관계없이 항상 일정하다.

(2) 원의 둘레의 길이와 넓이
  반지름의 길이가 r인 원의 둘레의 길이를 l, 넓이를 S라 하면
  ① $l=2\pi r$
  ② $S=\pi r^2$
  [예] 반지름의 길이가 10 cm인 원의 둘레의 길이를 l, 넓이를 S라 하면
    ① $l=2\pi\times10=20\pi(\text{cm})$
    ② $S=\pi\times10^2=100\pi(\text{cm}^2)$

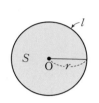

② 부채꼴의 호의 길이와 넓이

반지름의 길이가 r이고 중심각의 크기가 $x°$인 부채꼴의 호의 길이를 l, 넓이를 S라 하면
① $l=2\pi r\times\dfrac{x}{360}$
  └ (원의 둘레의 길이)$\times\dfrac{x}{360}$
② $S=\pi r^2\times\dfrac{x}{360}$
  └ (원의 넓이)$\times\dfrac{x}{360}$
[예] 반지름의 길이가 6 cm이고 중심각의 크기가 30°인 부채꼴의 호의 길이를 l, 넓이를 S라 하면
  ① $l=2\pi\times6\times\dfrac{30}{360}=\pi(\text{cm})$
  ② $S=\pi\times6^2\times\dfrac{30}{360}=3\pi(\text{cm}^2)$

• 부채꼴의 호의 길이와 넓이는 각각 중심각의 크기에 정비례하므로
① $l:2\pi r=x:360$에서
  $l=2\pi r\times\dfrac{x}{360}$
② $S:\pi r^2=x:360$에서
  $S=\pi r^2\times\dfrac{x}{360}$

③ 부채꼴의 호의 길이와 넓이 사이의 관계

반지름의 길이가 r이고 호의 길이가 l인 부채꼴의 넓이를 S라 하면
  $S=\dfrac{1}{2}rl$ ─ 중심각의 크기가 주어지지 않은 부채꼴의 넓이를 구할 때 사용한다.
[예] 반지름의 길이가 2 cm이고 호의 길이가 3π cm인 부채꼴의 넓이를 S라 하면
  $S=\dfrac{1}{2}\times2\times3\pi=3\pi(\text{cm}^2)$

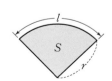

• $S=\pi r^2\times\dfrac{x}{360}$
  $=\dfrac{1}{2}r\left(2\pi r\times\dfrac{x}{360}\right)$
  └ l
  $=\dfrac{1}{2}rl$

소단원 **필수 유형**

9 원의 둘레의 길이와 넓이

[242005-0271]

오른쪽 그림과 같이 중심이 같고 반지름의 길이가 각각 **4 cm**, **8 cm**인 두 원에서 색칠한 부분의 둘레의 길이와 넓이를 각각 구하시오.

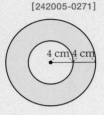

[마스터전략]
(색칠한 부분의 둘레의 길이)=(큰 원의 둘레의 길이)+(작은 원의 둘레의 길이)
(색칠한 부분의 넓이)=(큰 원의 넓이)-(작은 원의 넓이)

9-1 [242005-0272]

오른쪽 그림과 같이 지름의 길이가 **16 cm**인 반원의 넓이는?

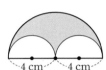

① 30π cm^2 ② 32π cm^2
③ 34π cm^2 ④ 36π cm^2
⑤ 40π cm^2

9-2 [242005-0273]

오른쪽 그림과 같이 반지름의 길이가 **4 cm**인 반원에서 색칠한 부분의 둘레의 길이와 넓이를 각각 구하시오.

10 부채꼴의 호의 길이와 넓이

[242005-0274]

오른쪽 그림과 같이 반지름의 길이가 **9 cm**이고 중심각의 크기가 **240°**인 부채꼴의 호의 길이와 넓이를 각각 구하시오.

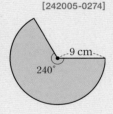

[마스터전략]
(호의 길이)=$2\pi \times$ (반지름의 길이) $\times \dfrac{(중심각의 크기)}{360}$
(넓이)=$\pi \times$ (반지름의 길이)$^2 \times \dfrac{(중심각의 크기)}{360}$

10-1 [242005-0275]

오른쪽 그림과 같이 반지름의 길이가 **6 cm**이고 호의 길이가 2π **cm**인 부채꼴의 중심각의 크기는?

① 40° ② 45°
③ 50° ④ 60°
⑤ 65°

10-2 [242005-0276]

오른쪽 그림과 같이 한 변의 길이가 **10 cm**인 정오각형에서 색칠한 부분의 넓이를 구하시오.

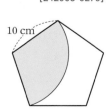

필수 유형

11 호의 길이를 이용한 부채꼴의 넓이

[242005-0277]

오른쪽 그림과 같은 부채꼴의 넓이를 구하시오.

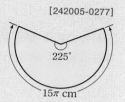

225°
15π cm

[마스터전략]
(부채꼴의 넓이) $= \frac{1}{2} \times$ (반지름의 길이) $\times$ (호의 길이)

11-1 [242005-0278]

오른쪽 그림과 같은 부채꼴의 반지름의 길이를 구하시오.

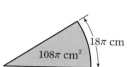

108π cm²   18π cm

11-2 [242005-0279]

호의 길이가 6π cm이고 넓이가 12π cm²인 부채꼴의 중심각의 크기를 구하시오.

필수 유형

12 색칠한 부분의 둘레의 길이

[242005-0280]

오른쪽 그림에서 색칠한 부분의 둘레의 길이를 구하시오.

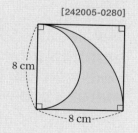

8 cm
8 cm

[마스터전략]
오른쪽 그림과 같이 세 부분으로 나누어 구한다.
➡ (둘레의 길이) = ① + ② + ③

① ②
③

12-1 [242005-0281]

오른쪽 그림과 같이 한 변의 길이가 4 cm인 정사각형에서 색칠한 부분의 둘레의 길이를 구하시오.

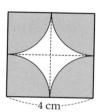

4 cm

12-2 [242005-0282]

오른쪽 그림에서 색칠한 부분의 둘레의 길이를 구하시오.

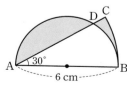

D C
30°
A   B
6 cm

13 색칠한 부분의 넓이 (1)

[242005-0283]

오른쪽 그림과 같이 한 변의 길이가 6 cm 인 정사각형에서 색칠한 부분의 넓이를 구하시오.

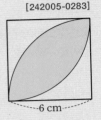

-6 cm-

[마스터 전략]
대각선을 그으면
(색칠한 부분의 넓이)
= {(부채꼴의 넓이) − (삼각형의 넓이)} × 2

13-1

[242005-0284]

오른쪽 그림과 같은 부채꼴에서 색칠한 부분의 넓이를 구하시오.

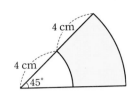

4 cm
4 cm
45°

13-2

[242005-0285]

오른쪽 그림과 같이 한 변의 길이가 3 cm 인 정사각형에서 색칠한 부분의 넓이를 구하시오.

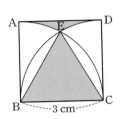

A E D
B --3 cm-- C

14 색칠한 부분의 넓이 (2)

[242005-0286]

오른쪽 그림과 같이 한 변의 길이가 10 cm인 정사각형에서 색칠한 부분의 넓이를 구하시오.

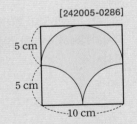

5 cm
5 cm
-10 cm-

[마스터 전략]
보조선을 그어 넓이가 같은 부분을 찾아 이동한다.

14-1

[242005-0287]

오른쪽 그림과 같이 반지름의 길이가 3 cm인 두 원이 서로의 중심을 지날 때, 색칠한 부분의 넓이를 구하시오.

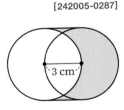

3 cm

14-2

[242005-0288]

오른쪽 그림과 같이 한 변의 길이가 8 cm 인 정사각형에서 색칠한 부분의 넓이를 구하시오.

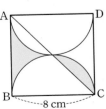

A D
B --8 cm-- C

필수 유형
15 색칠한 부분의 넓이 (3)

[242005-0289]

오른쪽 그림은 지름의 길이가 **6 cm**인 반원을 점 **A**를 중심으로 20°만큼 회전한 것이다. 이때 색칠한 부분의 넓이를 구하시오.

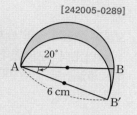

[마스터 전략]
(색칠한 부분의 넓이) = (전체의 넓이) − (반원의 넓이)
= (부채꼴 BAB′의 넓이)

15-1

[242005-0290]

오른쪽 그림은 ∠A=90°인 직각삼각형 ABC의 각 변을 지름으로 하는 반원을 그린 것이다. 이때 색칠한 부분의 넓이를 구하시오.

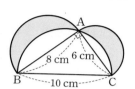

15-2

[242005-0291]

오른쪽 그림과 같이 $\overline{BC}$=12 cm인 직사각형 ABCD와 부채꼴 EBC가 있다. 색칠한 두 부분의 넓이가 같을 때, $\overline{AB}$의 길이를 구하시오.

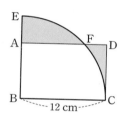

필수 유형
16 끈의 길이

[242005-0292]

오른쪽 그림과 같이 밑면인 원의 반지름의 길이가 4 cm인 원기둥 4개를 끈으로 묶을 때, 끈의 최소 길이는? (단, 끈의 두께와 매듭의 길이는 생각하지 않는다.)

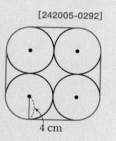

① (4π+16) cm ② (4π+20) cm
③ (6π+20) cm ④ (6π+24) cm
⑤ (8π+32) cm

[마스터 전략]
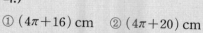
끈의 곡선 부분과 직선 부분으로 나누어 생각해 본다.

16-1

[242005-0293]

오른쪽 그림과 같이 밑면인 원의 반지름의 길이가 5 cm인 원기둥 3개를 끈으로 묶을 때, 끈의 최소 길이를 구하시오. (단, 끈의 두께와 매듭의 길이는 생각하지 않는다.)

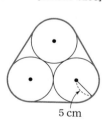

16-2

[242005-0294]

오른쪽 그림과 같이 밑면인 원의 반지름의 길이가 2 cm인 원기둥 4개를 끈으로 묶을 때, 끈의 최소 길이를 구하시오. (단, 끈의 두께와 매듭의 길이는 생각하지 않는다.)

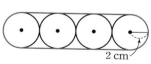

소단원 **필수 유형**

필수 유형
17 원이 지나간 자리의 넓이

[242005-0295]

오른쪽 그림과 같이 반지름의 길이가 2 cm인 원이 한 변의 길이가 8 cm인 정삼각형의 변을 따라 한 바퀴 돌았을 때, 원이 지나간 자리의 넓이를 구하시오.

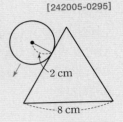

[마스터 전략]
원의 중심을 따라 원이 지나간 자리를 그려 본다.

17-1

[242005-0296]

오른쪽 그림과 같이 반지름의 길이가 1 cm인 원이 직사각형의 변을 따라 한 바퀴 돌았을 때, 원이 지나간 자리의 넓이를 구하시오.

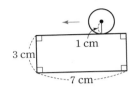

17-2

[242005-0297]

오른쪽 그림과 같이 반지름의 길이가 3 cm인 원이 반원의 둘레를 따라 한 바퀴 돌았을 때, 원이 지나간 자리의 넓이를 구하시오.

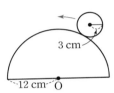

필수 유형
18 도형을 회전시켰을 때 점이 움직인 거리

[242005-0298]

오른쪽 그림과 같이 가로, 세로의 길이가 각각 3 cm, 4 cm인 직사각형을 직선 l 위에서 점 D가 점 D′에 오도록 회전시켰을 때, 점 D가 움직인 거리를 구하시오.

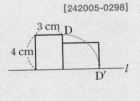

[마스터 전략]
점 D가 점 D′에 오도록 회전시킬 때 그려지는 부채꼴의 중심과 반지름의 길이를 찾아본다.

18-1

[242005-0299]

다음 그림과 같이 한 변의 길이가 3 cm인 정삼각형을 직선 l 위에서 점 A가 점 A′에 오도록 회전시켰을 때, 점 A가 움직인 거리를 구하시오.

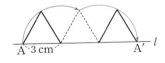

18-2

[242005-0300]

다음 그림과 같이 평평한 풀밭에 한 변의 길이가 4 m인 정삼각형 모양의 꽃밭이 있다. 이 꽃밭의 P 지점에 길이가 5 m인 끈으로 소를 묶어 놓았을 때, 소가 움직일 수 있는 영역의 최대 넓이를 구하시오. (단, 소는 꽃밭에 들어갈 수 없고, 끈의 두께와 소의 크기는 생각하지 않는다.)

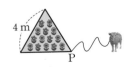

1

[242005-0301]

오른쪽 그림의 원 O에서 $\overline{BD}$는 지름이고 $\angle AOB=15°$, $\angle COD=45°$일 때, 다음 중에서 옳은 것을 모두 고르면?

(정답 2개)

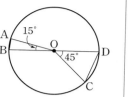

① $\overparen{CD}=3\overparen{AB}$ ② $\overline{CD}=3\overline{AB}$
③ $\overparen{BC}=6\overparen{AB}$ ④ $\overline{OC}=\overline{CD}$
⑤ $\overparen{AB}+\overparen{CD}=\dfrac{1}{3}\overparen{BD}$

2

[242005-0302]

오른쪽 그림에서 $\overline{BD}$는 원 O의 지름이다. $\angle ABO=30°$, $\angle ODC=50°$이고 $\overparen{AB}=18\pi$ cm일 때, $\overparen{CD}$의 길이는?

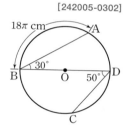

① 6π cm   ② 12π cm
③ 15π cm   ④ 16π cm
⑤ 18π cm

3 신유형

[242005-0303]

다음 그림과 같이 반지름의 길이가 같은 두 원 O, O′이 서로 다른 원의 중심을 지날 때, $\overparen{AOB}:\overparen{APB}$를 가장 간단한 자연수의 비로 나타내면?

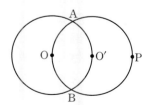

① 1 : 2   ② 1 : 3   ③ 2 : 3
④ 2 : 5   ⑤ 3 : 5

4

[242005-0304]

오른쪽 그림의 원 O에서 $\overline{AB}$는 지름이고 $\overline{AC}/\!/\overline{OD}$이다. $\angle BOD=40°$일 때, $\overparen{AC}:\overparen{CD}:\overparen{DB}$를 가장 간단한 자연수의 비로 나타내시오.

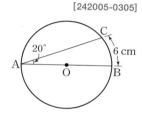

5

[242005-0305]

오른쪽 그림의 원 O에서 $\angle CAB=20°$, $\overparen{BC}=6$ cm일 때, $\overparen{AC}$의 길이를 구하시오.

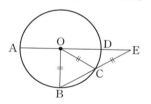

6 중요

[242005-0306]

오른쪽 그림의 원 O에서 $\overparen{AB}$의 길이는 $\overparen{CD}$의 길이의 몇 배인가?

① 3배   ② 4배
③ 5배   ④ 6배
⑤ 7배

7 🔔신유형

[242005-0307]

한 수학자가 지구의 둘레의 길이를 구하기 위해 다음과 같은 사실을 알아내었다. 이 사실을 이용하여 수학자가 알아낸 지구의 둘레의 길이는 몇 km인지 구하시오.

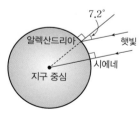

하지가 되면 이집트의 시에네에 있는 어느 우물 바로 위에 태양이 오고 그곳으로부터 800 km 떨어진 알렉산드리아에서 같은 시간에 태양을 쳐다보면 7.2° 기울어 보인다.

8

[242005-0308]

오른쪽 그림의 원 O에서 $\overline{AB} /\!/ \overline{OC}$이고 부채꼴 AOB의 넓이가 52 cm^2일 때, 부채꼴 BOC의 넓이는?

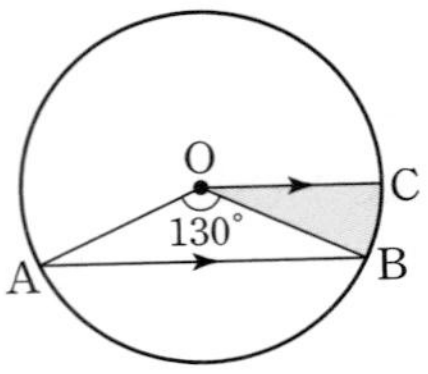

① 5 cm^2 ② 10 cm^2

③ 13 cm^2 ④ 16 cm^2

⑤ 20 cm^2

9

[242005-0309]

다음 중에서 오른쪽 그림의 원 O에 대한 설명으로 옳지 않은 것은?

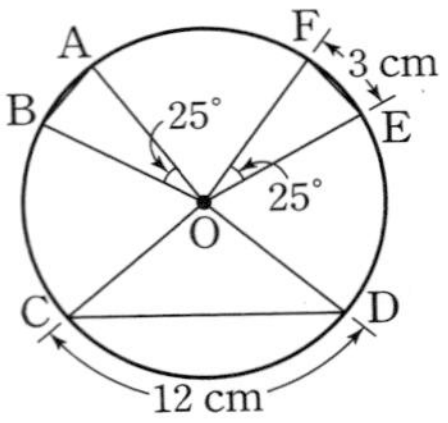

① $\widehat{AB} = 3 \text{ cm}$

② $\overline{AB} = \overline{EF}$

③ $\angle COD = 100°$

④ $\widehat{CD} = 4\widehat{AB}$

⑤ (삼각형 COD의 넓이)$= 4 \times$ (삼각형 EOF의 넓이)

10

[242005-0310]

오른쪽 그림과 같이 폭이 5 m로 일정한 육상 트랙이 있다. 이 트랙의 넓이를 구하시오.

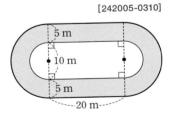

11 📍중요

[242005-0311]

오른쪽 그림과 같이 반지름의 길이가 6 cm인 원 O에서 $\widehat{AB} : \widehat{BC} : \widehat{CA} = 8 : 7 : 3$일 때, 부채꼴 BOC의 넓이는?

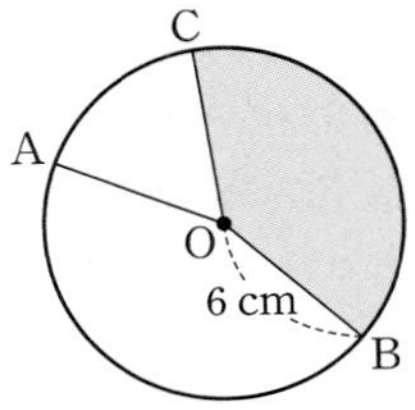

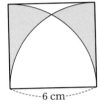

① $7\pi \text{ cm}^2$ ② $10\pi \text{ cm}^2$

③ $14\pi \text{ cm}^2$ ④ $16\pi \text{ cm}^2$

⑤ $21\pi \text{ cm}^2$

12

[242005-0312]

오른쪽 그림과 같이 한 변의 길이가 6 cm인 정사각형에서 색칠한 부분의 둘레의 길이는?

① $(3\pi + 6) \text{ cm}$ ② $(3\pi + 12) \text{ cm}$

③ $(6\pi + 6) \text{ cm}$ ④ $(6\pi + 12) \text{ cm}$

⑤ $(12\pi + 6) \text{ cm}$

13 📍중요

[242005-0313]

오른쪽 그림과 같이 한 변의 길이가 10 cm인 정사각형에서 색칠한 부분의 넓이를 구하시오.

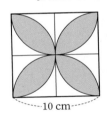

14 🎁 고득점

[242005-0314]

오른쪽 그림은 한 변의 길이가 8 cm인 정삼각형 ABC의 각 꼭짓점을 중심으로 하여 반지름의 길이가 같은 세 원을 그린 것이다. 이때 색칠한 부분의 넓이는?

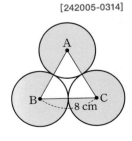

① $8\pi \text{ cm}^2$ ② $16\pi \text{ cm}^2$

③ $20\pi \text{ cm}^2$ ④ $36\pi \text{ cm}^2$

⑤ $40\pi \text{ cm}^2$

15 🎁 고득점
[242005-0315]

오른쪽 그림은 한 변의 길이가 4 cm인 정삼각형 ABC에서 $\overline{BC}$를 지름으로 하는 반원 O를 그린 것이다. 이때 색칠한 부분의 넓이는?

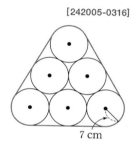

① $\frac{1}{3}\pi \text{ cm}^2$ ② $\frac{2}{3}\pi \text{ cm}^2$

③ $\pi \text{ cm}^2$ ④ $\frac{4}{3}\pi \text{ cm}^2$

⑤ $2\pi \text{ cm}^2$

16
[242005-0316]

오른쪽 그림과 같이 밑면인 원의 반지름의 길이가 7 cm인 원기둥 6개를 끈으로 묶을 때, 끈의 최소 길이를 구하시오. (단, 끈의 두께와 매듭의 길이는 생각하지 않는다.)

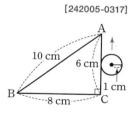

7 cm

17 🎁 고득점
[242005-0317]

오른쪽 그림과 같이 반지름의 길이가 1 cm인 원이 △ABC의 변을 따라 한 바퀴 돌았을 때, 원의 중심이 움직인 거리를 구하시오.

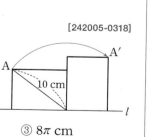

10 cm, 6 cm, 1 cm, 8 cm

18
[242005-0318]

오른쪽 그림과 같이 대각선의 길이가 10 cm인 직사각형을 직선 l 위에서 점 A가 점 A′에 오도록 회전시켰을 때, 점 A가 움직인 거리는?

A, A′, 10 cm, l

① 2π cm ② 5π cm ③ 8π cm
④ 10π cm ⑤ 15π cm

기출 서술형

19
[242005-0319]

오른쪽 그림의 원 O에서 색칠한 부분의 둘레의 길이와 넓이를 각각 구하시오.

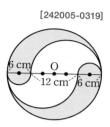

6 cm, 12 cm, 6 cm

풀이 과정

답ㅣ

20
[242005-0320]

오른쪽 그림은 $\overline{AD}$를 한 변으로 하는 정사각형과 $\overline{AD}$를 지름으로 하는 반원을 붙여 놓은 것이다. 이때 색칠한 부분의 넓이를 구하시오.

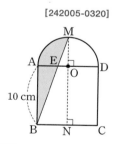

10 cm

풀이 과정

답ㅣ

5

다면체와
회전체

1 다면체

1 다면체

(1) 다면체 : 다각형 모양의 면으로만 둘러싸인 입체도형

   ① 면 : 다면체를 둘러싸고 있는 다각형 모양의 면

   ② 모서리 : 다면체를 둘러싸고 있는 다각형의 변

   ③ 꼭짓점 : 다면체를 둘러싸고 있는 다각형의 꼭짓점

(2) 다면체는 그 면 개수에 따라 사면체, 오면체, 육면체, …라 한다.

2 각뿔대

(1) 각뿔대 : 각뿔을 밑면에 평행한 평면으로 자를 때, 생기는 두 입체
도형 중에서 각뿔이 아닌 쪽의 다면체

   ① 밑면 : 각뿔대에서 평행한 두 면

   ② 옆면 : 각뿔대에서 밑면이 아닌 면

   ③ 높이 : 각뿔대에서 두 밑면 사이의 거리

(2) 각뿔대는 밑면의 모양에 따라 삼각뿔대, 사각뿔대, 오각뿔대, …라 한다.

3 다면체의 면, 모서리, 꼭짓점의 개수

다면체	n각기둥	n각뿔	n각뿔대
밑면의 모양	n각형	n각형	n각형
밑면의 개수	2	1	2
옆면의 모양	직사각형	삼각형	사다리꼴
면의 개수	$n+2$	$n+1$	$n+2$
모서리의 개수	$3n$	$2n$	$3n$
꼭짓점의 개수	$2n$	$n+1$	$2n$

4 정다면체

(1) 정다면체 : 각 면의 모양이 모두 합동인 정다각형이고, 각 꼭짓점에 모인 면의 개수가 같
은 다면체

(2) 종류 : 정사면체, 정육면체, 정팔면체, 정십이면체, 정이십면체의 다섯 가지뿐이다.

	정사면체	정육면체	정팔면체	정십이면체	정이십면체
겨냥도					
면의 모양	정삼각형	정사각형	정삼각형	정오각형	정삼각형
한 꼭짓점에 모인 면의 개수	3	3	4	3	5
면의 개수	4	6	8	12	20
모서리의 개수	6	12	12	30	30
꼭짓점의 개수	4	8	6	20	12
전개도					

● 개념 노트

· 원기둥이나 구와 같이 원이나 곡
면으로 둘러싸인 입체도형은 다면
체가 아니다.

· 각뿔대의 두 밑면은 모양이 같지
만 크기가 다르다.

· 각뿔대는 밑면의 모양은 다각형이
고 옆면의 모양은 모두 사다리꼴
이다.

· (다면체의 면의 개수)
  = (옆면의 개수)
    + (밑면의 개수)

· 정다면체는 한 꼭짓점에서 3개 이
상의 면이 만나야 하고, 한 꼭짓점
에 모인 각의 크기의 합이 360°보
다 작아야 한다. 따라서 다섯 가지
뿐이다.

· 면의 모양이 정삼각형인 정다면체
  ➡ 정사면체, 정팔면체, 정이십면체
· 한 꼭짓점에 모인 면의 개수가 3
인 정다면체
  ➡ 정사면체, 정육면체, 정십이면체

필수 유형

1 다면체

[242005-0321]

다음 입체도형 중에서 다면체는 모두 몇 개인가?

정육면체	구	오각뿔	원기둥
십이면체	칠각뿔대	삼각기둥	

① 2개   ② 3개   ③ 4개

④ 5개   ⑤ 6개

[마스터 전략]

다면체는 다각형 모양의 면으로만 둘러싸인 입체도형이다.

1-1

[242005-0322]

다음 중에서 다면체를 모두 고르면? (정답 2개)

①   ②   ③

④   ⑤

1-2

[242005-0323]

다음 중에서 다면체가 <u>아닌</u> 것은?

① 직육면체   ② 원뿔   ③ 육각기둥

④ 오각뿔대   ⑤ 칠각뿔

필수 유형

2 다면체의 면, 모서리, 꼭짓점의 개수

[242005-0324]

다음 다면체 중에서 꼭짓점의 개수가 나머지 넷과 <u>다른</u> 하나는?

① 정육면체   ② 칠각뿔   ③ 사각뿔

④ 사각기둥   ⑤ 사각뿔대

[마스터 전략]

정육면체는 사각기둥이고 n각기둥, n각뿔, n각뿔대의 꼭짓점의 개수는 각각 $2n$, $n+1$, $2n$이다.

2-1

[242005-0325]

다음 다면체 중에서 육각뿔대와 모서리의 개수가 같은 것은?

① 팔각기둥   ② 구각뿔   ③ 십각뿔대

④ 십일각기둥   ⑤ 십이각뿔

2-2

[242005-0326]

팔각기둥의 꼭짓점의 개수를 a, 오각뿔의 모서리의 개수를 b라 할 때, $a-b$의 값을 구하시오.

소단원 필수 유형

③ 다면체의 면, 모서리, 꼭짓점의 개수의 활용

[242005-0327]

꼭짓점의 개수가 12인 각기둥의 면의 개수를 a, 모서리의 개수를 b라 할 때, $a+b$의 값은?

① 20 　　② 22 　　③ 24

④ 26 　　⑤ 28

[마스터 전략]
각기둥의 꼭짓점의 개수는 밑면의 변의 개수와 비례하고, n각기둥의 꼭짓점의 개수는 $2n$이다.

3-1

[242005-0328]

모서리와 면의 개수의 차가 14인 각뿔대의 꼭짓점의 개수는?

① 10 　　② 12 　　③ 14

④ 16 　　⑤ 18

3-2

[242005-0329]

면의 개수, 모서리의 개수, 꼭짓점의 개수의 합이 30인 각뿔을 구하시오.

④ 다면체의 옆면의 모양

[242005-0330]

다음 중에서 다면체와 그 옆면의 모양이 바르게 짝 지어진 것은?

① 육각기둥 – 육각형

② 사각뿔대 – 사다리꼴

③ 삼각기둥 – 삼각형

④ 오각뿔대 – 직사각형

⑤ 사각뿔 – 직사각형

[마스터 전략]
각기둥은 옆면의 모양이 직사각형, 각뿔은 옆면의 모양이 삼각형, 각뿔대는 옆면의 모양이 사다리꼴이다.

4-1

[242005-0331]

다음 중에서 옆면의 모양이 사다리꼴인 다면체는?

① 삼각기둥 　　② 사각뿔 　　③ 사면체

④ 직육면체 　　⑤ 오각뿔대

4-2

[242005-0332]

다음 중에서 옆면의 모양이 사각형이 <u>아닌</u> 다면체는?

① 삼각기둥 　　② 사각뿔대 　　③ 정육면체

④ 오각뿔 　　⑤ 육각뿔대

[242005-0333]

필수 유형

5 다면체의 이해

다음 중에서 육각뿔대에 대한 설명으로 옳은 것은?

① 두 밑면은 합동이다.

② 옆면의 모양은 직사각형이다.

③ 육각뿔대는 육각뿔보다 면이 1개 많다.

④ 육각뿔대는 육각기둥보다 모서리가 6개 많다.

⑤ 육각뿔을 밑면에 수직인 평면으로 자르면 육각뿔대를 얻는다.

[마스터 전략]

각뿔대는 각뿔을 밑면에 평행한 평면으로 자를 때 생기는 두 입체도형 중에서 각뿔이 아닌 다면체이다.

5-1 [242005-0334]

다음 중에서 삼각뿔에 대한 설명으로 옳지 <u>않은</u> 것은?

① 사면체이다.

② 모서리의 개수는 6이다.

③ 옆면과 밑면은 서로 수직이다.

④ 밑면과 옆면의 모양이 모두 삼각형이다.

⑤ 면의 개수와 꼭짓점의 개수가 같다.

5-2 [242005-0335]

다음 중에서 다면체에 대한 설명으로 옳지 <u>않은</u> 것은?

① n각기둥은 $(n+2)$면체이다.

② 각뿔대는 밑면이 2개이다.

③ 각기둥은 옆면의 모양이 직사각형이다.

④ n각뿔의 모서리의 개수는 $3n$이다.

⑤ 각뿔의 종류는 밑면의 모양으로 결정된다.

필수 유형

6 조건을 만족시키는 다면체

[242005-0336]

다음 조건을 모두 만족시키는 입체도형은?

(가) 두 밑면이 서로 평행하고 합동이다.

(나) 옆면의 모양은 모두 직사각형이다.

(다) 모서리의 개수는 24이다.

① 팔각뿔대   ② 팔각기둥   ③ 십각기둥

④ 십각뿔대   ⑤ 십이각뿔

[마스터 전략]

각뿔은 밑면이 1개, 각뿔대와 각기둥은 밑면이 2개인 다면체이다.

6-1 [242005-0337]

다음 조건을 모두 만족시키는 입체도형은?

(가) 두 밑면이 서로 평행하다.

(나) 옆면의 모양은 모두 사다리꼴이다.

(다) 육면체이다.

① 삼각뿔   ② 사각기둥   ③ 사각뿔대

④ 오각뿔   ⑤ 육각뿔대

6-2 [242005-0338]

다음 조건을 모두 만족시키는 입체도형의 모서리의 개수를 구하시오.

(가) 밑면은 1개이다.

(나) 옆면의 모양은 삼각형이다.

(다) 밑면은 내각의 크기의 합이 900°이다.

필수 유형

⑦ 정다면체의 이해

[242005-0339]

다음 중에서 정다면체와 그 면의 모양, 한 꼭짓점에 모인 면의 개수를 짝 지어진 것으로 옳은 것은?

① 정사면체 – 정사각형 – 3
② 정육면체 – 정사각형 – 4
③ 정팔면체 – 정삼각형 – 4
④ 정십이면체 – 정오각형 – 5
⑤ 정이십면체 – 정삼각형 – 4

[마스터 전략]

정다면체는 한 꼭짓점에서 3개 이상의 면이 만나야 하고, 한 꼭짓점에 모인 면이 이루는 각은 360°를 넘을 수 없으므로 정다면체의 면이 될 수 있는 다각형은 정삼각형, 정사각형, 정오각형뿐이다.

7-1

[242005-0340]

한 꼭짓점에 모인 면의 개수가 3인 정다면체 중에서 면의 개수가 가장 많은 정다면체를 구하시오.

7-2

[242005-0341]

다음 중에서 정다면체에 대한 설명으로 옳지 않은 것은?

① 면의 모양의 종류는 3가지이다.
② 정육면체와 정팔면체의 모서리의 개수는 서로 같다.
③ 면의 모양이 정삼각형인 정다면체는 3가지이다.
④ 각 꼭짓점에 모인 면의 개수가 같은 다면체는 항상 정다면체이다.
⑤ 한 꼭짓점에 모일 수 있는 면의 개수가 가장 많은 정다면체는 정이십면체이다.

필수 유형

⑧ 정다면체의 면, 모서리, 꼭짓점의 개수

[242005-0342]

정사면체의 모서리의 개수를 a, 정팔면체의 꼭짓점의 개수를 b라 할 때, ab의 값은?

① 24   ② 32   ③ 36
④ 48   ⑤ 72

[마스터 전략]

	정사면체	정육면체	정팔면체	정십이면체	정이십면체
모서리의 개수	6	12	12	30	30
꼭짓점의 개수	4	8	6	20	12

8-1

[242005-0343]

한 꼭짓점에 모인 면의 개수가 가장 많은 정다면체와 면의 모양이 정오각형인 정다면체의 면의 개수의 합을 구하시오.

8-2

[242005-0344]

다음 중에서 그 값이 가장 작은 것은?

① 정사면체의 꼭짓점의 개수
② 정육면체의 모서리의 개수
③ 정팔면체의 면의 개수
④ 정십이면체의 한 꼭짓점에 모인 면의 개수
⑤ 정이십면체의 꼭짓점의 개수

필수 유형

9 조건을 만족시키는 정다면체

[242005-0345]

다음 조건을 모두 만족시키는 입체도형과 모서리의 개수가 같은 다면체는?

> (가) 각 면이 모두 합동인 정삼각형이다.
> (나) 각 꼭짓점에 모인 면의 개수가 4이다.

① 사각뿔 ② 오각기둥 ③ 육각뿔
④ 칠각뿔대 ⑤ 팔각기둥

[마스터 전략]

(1) 면의 모양이 정삼각형인 정다면체
➡ 정사면체, 정팔면체, 정이십면체
(2) 한 꼭짓점에 모인 면의 개수가 3인 정다면체
➡ 정사면체, 정육면체, 정십이면체

9-1

[242005-0346]

다음 중 (가), (나)에 알맞은 정다면체를 각각 구하시오.

> (가) 의 면의 모양은 정사각형이고, (나) 의 꼭짓점의 개수는 6이다.

9-2

[242005-0347]

면의 모양이 정오각형인 정다면체의 꼭짓점의 개수를 a, 모서리의 개수를 b라 할 때, $a+b$의 값을 구하시오.

필수 유형

10 정다면체의 전개도

[242005-0348]

오른쪽 그림은 정팔면체의 전개도이다. 정팔면체를 만들 때, $\overline{\text{CB}}$와 겹쳐지는 모서리와 평행한 모서리를 차례대로 구한 것은?

① $\overline{\text{GF}}$, $\overline{\text{EI}}$ ② $\overline{\text{GF}}$, $\overline{\text{AD}}$
③ $\overline{\text{GF}}$, $\overline{\text{EF}}$ ④ $\overline{\text{GH}}$, $\overline{\text{AD}}$
⑤ $\overline{\text{GH}}$, $\overline{\text{FG}}$

[마스터 전략]

전개도를 점선을 따라 접었을 때, 만나게 되는 점을 생각하며 정다면체를 만든다.

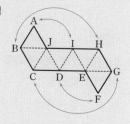

10-1

[242005-0349]

오른쪽 그림은 모두 합동인 정삼각형 4개로 이루어진 입체도형의 전개도이다. 다음 전개도로 만들 수 있는 입체도형의 꼭짓점의 개수와 모서리의 개수의 차는?

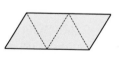

① 1 ② 2 ③ 3
④ 4 ⑤ 5

10-2

[242005-0350]

오른쪽 그림과 같은 전개도로 만든 정육면체에서 마주보는 두 면에 적힌 수의 합이 7로 일정할 때, $a-b+c$의 값을 구하시오.

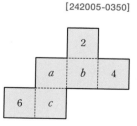

소단원 필수 유형

11 정다면체의 각 면의 한가운데 점을 연결하여 만든 입체도형

[242005-0351]

정팔면체의 각 면의 한가운데 점을 연결하여 만든 입체도형의 모서리의 개수는?

① 6   ② 8   ③ 12

④ 20   ⑤ 30

[마스터전략]

정다면체의 각 면의 한가운데 점을 연결하여 만든 입체도형도 정다면체이다.
따라서 바깥쪽 정다면체의 면의 개수는 안쪽 정다면체의 꼭짓점의 개수와 같다.

11-1
[242005-0352]

다음 중에서 정다면체와 그 정다면체의 각 면의 한가운데 점을 연결하여 만든 입체도형을 짝 지어진 것으로 옳지 않은 것은?

① 정사면체, 정사면체   ② 정육면체, 정팔면체

③ 정팔면체, 정육면체   ④ 정십이면체, 정십이면체

⑤ 정이십면체, 정십이면체

11-2
[242005-0353]

다음 보기 중에서 정이십면체의 각 면의 한가운데 점을 연결하여 만든 입체도형에 대한 설명으로 옳은 것을 모두 고르시오.

보기

ㄱ. 면의 모양은 정오각형이다.
ㄴ. 면의 개수는 20이다.
ㄷ. 모서리의 개수는 12이다.
ㄹ. 한 꼭짓점에 모인 면의 개수는 3이다.

12 정다면체의 단면

[242005-0354]

오른쪽 그림과 같은 정육면체의 세 꼭짓점 A, G, H를 지나는 평면으로 자를 때 생기는 단면의 모양은?

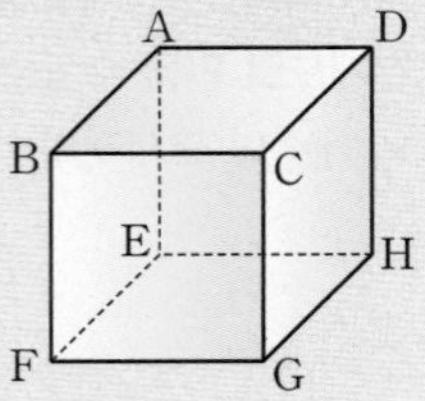

① 정삼각형   ② 직각삼각형

③ 마름모   ④ 직사각형

⑤ 오각형

[마스터전략]

한 직선 위에 있지 않은 세 점은 한 평면을 결정하므로 세 꼭짓점을 지나는 평면을 그려본다.

12-1
[242005-0355]

오른쪽 그림과 같은 정육면체에서 점 M은 모서리 AD의 중점이다. 세 점 C, M, E를 지나는 평면으로 정육면체를 자를 때 생기는 단면의 모양은?

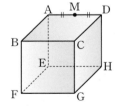

① 이등변삼각형   ② 정삼각형

③ 정사각형   ④ 직사각형

⑤ 마름모

12-2
[242005-0356]

다음 중에서 정사면체를 한 평면으로 자를 때 생기는 단면의 모양이 아닌 것은?

① 이등변삼각형   ② 직각삼각형   ③ 정삼각형

④ 사다리꼴   ⑤ 직사각형

1 회전체

(1) **회전체**: 평면도형을 한 직선을 축으로 하여 1회전 시킬 때 생기는 입체도형

① **회전축**: 회전시킬 때 축으로 사용한 직선

② **모선**: 회전시킬 때 옆면을 만드는 선분

(2) **원뿔대**: 원뿔을 밑면에 평행한 평면으로 자를 때 생기는 두 입체도형 중에서 원뿔이 아닌 쪽의 입체도형

① **밑면**: 원뿔대에서 평행한 두 면   ② **옆면**: 원뿔대에서 밑면이 아닌 면

③ **높이**: 원뿔대에서 두 밑면 사이의 거리

(3) **회전체의 종류**

회전체	원기둥	원뿔	원뿔대	구
회전시킨 평면도형	직사각형	직각삼각형	두 각이 직각인 사다리꼴	반원

2 회전체의 성질

(1) 회전체를 회전축에 수직인 평면으로 자를 때 생기는 단면에는 **항상 원**이 나타난다.

회전체	원기둥	원뿔	원뿔대	구
회전축에 수직인 평면으로 자를 때				
단면의 모양	원	원	원	원

(2) 회전체를 회전축을 포함하는 평면으로 자를 때 생기는 단면은 **모두 합동**이고, 회전축에 대한 **선대칭도형**이다.

회전체	원기둥	원뿔	원뿔대	구
회전축을 포함하는 평면으로 자를 때				
단면의 모양	직사각형	이등변삼각형	사다리꼴	원

3 회전체의 전개도

회전체	원기둥	원뿔	원뿔대
전개도			

개념 노트

· 구는 회전축이 무수히 많고 모선을 생각하지 않는다.

· 구는 어떤 평면으로 자르더라도 그 단면의 모양은 항상 원이다.

· 한 직선을 따라 접어서 완전히 겹쳐지는 도형을 선대칭도형이라 한다.

· 구는 전개도를 그릴 수 없다.

· 원기둥의 전개도에서
(직사각형의 가로의 길이)
＝(원의 둘레의 길이)

소단원 필수 유형

필수 유형

13 회전체

[242005-0357]

다음 중에서 회전축을 갖는 입체도형이 <u>아닌</u> 것은?

① 구
② 삼각뿔
③ 원기둥(실린더)

④ 원뿔대

⑤ 사각뿔

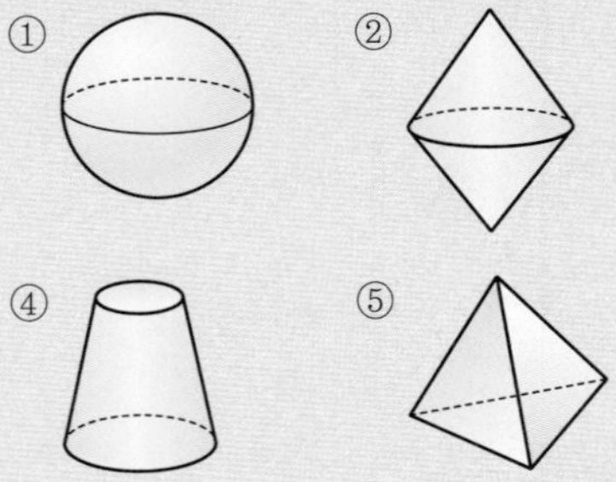

[마스터 전략]
평면도형을 한 직선을 축으로 하여 1회전 시킬 때 생기는 입체도형이 회전체이고, 회전축에서 떨어져 있는 평면도형을 1회전 시키면 가운데가 빈 회전체가 생긴다.

13-1

[242005-0358]

다음 중에서 회전체가 <u>아닌</u> 것을 모두 고르면? (정답 2개)

① 구
② 삼각기둥
③ 원기둥
④ 원뿔대
⑤ 사각뿔

13-2

[242005-0359]

다음 [보기]에서 회전체의 개수를 a, 다면체의 개수를 b라 할 때, $a-b$의 값을 구하시오.

┌─ 보기 ─────────────────────────┐
ㄱ. 사각뿔대   ㄴ. 구   ㄷ. 원뿔
ㄹ. 사각뿔   ㅁ. 정팔면체   ㅂ. 원뿔대
ㅅ. 사각기둥   ㅇ. 원기둥   ㅈ. 반구
└──────────────────────────────┘

필수 유형

14 평면도형을 회전시킬 때 생기는 회전체 그리기

[242005-0360]

오른쪽 그림과 같은 사다리꼴 ABCD를 1회전 시켜 원뿔대를 만들려고 할 때, 다음 중에서 회전축이 될 수 있는 것은?

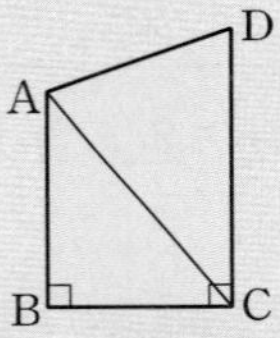

① $\overline{AB}$ ② $\overline{BC}$
③ $\overline{CD}$ ④ $\overline{AD}$
⑤ $\overline{AC}$

[마스터 전략]
주어진 평면도형을 이용하여 회전축을 대칭축으로 하는 선대칭도형을 그린 후 회전체를 그린다.

14-1

[242005-0361]

오른쪽 그림과 같은 입체도형은 어느 도형을 회전시킨 것인가?

① ② ③

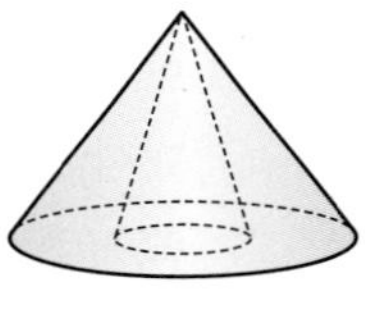

④ ⑤

14-2

[242005-0362]

오른쪽 그림과 같은 직각삼각형 ABC를 회전시켜서 원뿔을 만들려고 한다. 회전축이 될 수 있는 것을 [보기]에서 모두 고르시오.

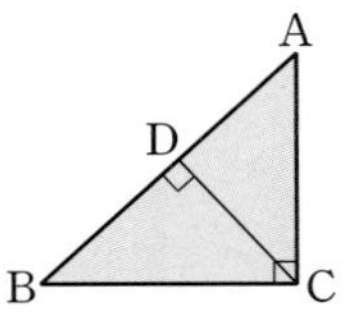

┌─ 보기 ─────────────┐
ㄱ. 직선 AB   ㄴ. 직선 BC
ㄷ. 직선 CA   ㄹ. 직선 CD
└────────────────────┘

15 회전체의 단면의 모양

[242005-0363]

다음 중에서 단면의 모양이 원이 <u>아닌</u> 것은?

① 원뿔대를 회전축에 수직인 평면으로 자른 경우
② 원기둥을 밑면에 평행하게 자른 경우
③ 원뿔을 회전축을 포함하는 평면으로 자른 경우
④ 구를 회전축을 포함하는 평면으로 자른 경우
⑤ 구를 회전축에 비스듬한 평면으로 자른 경우

[마스터전략]
구는 어떤 평면으로 잘라도 그 단면이 항상 원이다.

15-1

[242005-0364]

다음 중에서 회전축을 포함하는 평면으로 자를 때 생기는 단면의 모양이 사다리꼴인 회전체는?

① 구   ② 원뿔   ③ 원기둥
④ 원뿔대   ⑤ 반구

15-2

[242005-0365]

오른쪽 그림과 같은 직사각형을 직선 l을 회전축으로 하여 1회전 시킬 때 생기는 회전체를 한 평면으로 잘랐다. 다음 중에서 그 단면의 모양이 될 수 <u>없는</u> 것은?

①   ② ③

④ ⑤

16 회전체의 단면의 둘레의 길이와 넓이

[242005-0366]

오른쪽 그림과 같은 원기둥을 회전축을 포함하는 평면으로 자를 때 생기는 단면의 넓이를 x cm², 회전축에 수직인 평면으로 자를 때 생기는 단면의 넓이를 y cm²라 할 때, $x+y$의 값을 구하시오.

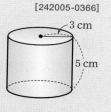

[마스터전략]
회전축을 포함하는 평면으로 자를 때 생기는 단면은 회전시키기 전의 평면도형의 변의 길이를 이용한다.

16-1

[242005-0367]

오른쪽 그림과 같이 반구와 원뿔을 합쳐 놓은 회전체를 회전축을 포함하는 평면으로 잘랐다. 이때 생기는 단면의 둘레의 길이를 구하시오.

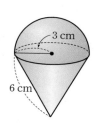

16-2

[242005-0368]

오른쪽 그림과 같은 사다리꼴을 직선 l을 회전축으로 하여 1회전 시킬 때 생기는 회전체를 회전축을 포함하는 평면으로 잘랐다. 이때 생기는 단면의 넓이를 구하시오.

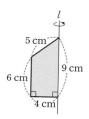

필수 유형

17 회전체의 전개도

[242005-0369]

다음 전개도로 만들어진 입체도형을 회전축을 포함하는 평면으로 잘랐다. 이때 생기는 단면의 둘레의 길이는?

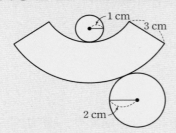

① 12 cm   ② 14 cm   ③ 16 cm

④ 18 cm   ⑤ 20 cm

[마스터 전략]

(1) 원기둥의 전개도에서 (직사각형의 가로의 길이) = (원의 둘레의 길이)

(2) 원뿔의 전개도에서 (부채꼴의 호의 길이) = (원의 둘레의 길이)

17-1

[242005-0370]

오른쪽 그림과 같은 원기둥의 전개도에서 옆면이 되는 직사각형의 넓이는?

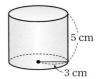

① 20π cm^2 ② 25π cm^2

③ 30π cm^2 ④ 35π cm^2

⑤ 40π cm^2

17-2

[242005-0371]

다음 그림과 같은 직각삼각형을 직선 l을 회전축으로 하여 1회전 시켰다. 이 회전체의 전개도에서 $\angle x$의 크기를 구하시오.

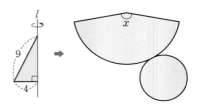

필수 유형

18 회전체의 이해

[242005-0372]

다음 중에서 원뿔에 대한 설명으로 옳지 <u>않은</u> 것은?

① 회전체이다.

② 회전축은 1개이다.

③ 회전축에 수직인 평면으로 자르면 원뿔대가 생긴다.

④ 회전축에 수직인 평면으로 자를 때 생기는 단면은 크기가 다양한 원이다.

⑤ 회전축을 포함하는 평면으로 자를 때 생기는 단면은 직각삼각형이다.

[마스터 전략]

회전축을 포함하는 평면으로 자를 때 생기는 단면은 회전시키기 전의 평면도형을 회전축으로 선대칭한 도형이다.

18-1

[242005-0373]

다음 중에서 회전체에 대한 설명으로 옳지 <u>않은</u> 것은?

① 평면도형을 한 직선을 축으로 하여 1회전 시킬 때 생기는 입체도형을 회전체라 한다.

② 원기둥은 회전축에 수직인 평면으로 자를 때 생기는 단면은 모두 합동인 원이다.

③ 회전체를 회전축을 포함하는 평면으로 자를 때 생기는 단면은 선대칭도형이다.

④ 모든 회전체는 회전축이 1개뿐이다.

⑤ 원뿔대를 회전축을 포함하는 평면으로 자를 때 생기는 단면은 사다리꼴이다.

1
[242005-0374]

다음 중에서 다면체와 그 이름을 잘못 짝 지어진 것은?

① 사각뿔 – 오면체   ② 사각뿔대 – 육면체
③ 오각뿔 – 육면체   ④ 칠각기둥 – 팔면체
⑤ 구각뿔대 – 십일면체

2
[242005-0375]

다음 중에서 모서리의 개수가 다른 하나는?

① 사각기둥   ② 사각뿔대   ③ 오각기둥
④ 육각뿔   ⑤ 정팔면체

3 ●중요
[242005-0376]

칠면체인 각뿔과 각뿔대의 꼭짓점의 개수를 각각 a, b라 할 때, $b-a$의 값을 구하시오.

4
[242005-0377]

밑면의 대각선의 개수가 9인 각뿔의 면의 개수는?

① 4   ② 5   ③ 6
④ 7   ⑤ 8

5
[242005-0378]

다음 보기 중에서 옆면의 모양이 삼각형인 다면체의 개수를 a, 사각형인 다면체의 개수를 b라 할 때, $b-a$의 값을 구하시오.

보기
ㄱ. 정육면체   ㄴ. 오각뿔   ㄷ. 원뿔
ㄹ. 팔각뿔   ㅁ. 원기둥   ㅂ. 칠각뿔대
ㅅ. 십각기둥   ㅇ. 반구   ㅈ. 십일각뿔대

6
[242005-0379]

다음 조건을 모두 만족시키는 입체도형은?

(가) 두 밑면은 서로 평행하다.
(나) 옆면의 모양은 직사각형이다.
(다) 팔면체이다.

① 사각뿔대   ② 오각기둥   ③ 육각뿔
④ 육각기둥   ⑤ 칠각뿔

7 ●중요
[242005-0380]

오른쪽 그림의 전개도로 정팔면체를 만들 때, 다음 중에서 모서리 BC와 꼬인 위치에 있는 모서리가 아닌 것은?

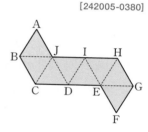

① $\overline{AJ}$ ② $\overline{DJ}$
③ $\overline{IE}$ ④ $\overline{AD}$
⑤ $\overline{DE}$

8 ●신유형
[242005-0381]

눈병의 원인이 되는 아데노바이러스는 각 면이 모두 합동인 정다각형이며, 한 꼭짓점에 모인 면의 개수가 5인 다면체 모양이다. 아데노바이러스의 모양에 대한 설명으로 가장 적절한 것은?

ㄱ. 아데노바이러스는 정이십면체이다.
ㄴ. 꼭짓점의 개수는 20이다.
ㄷ. 모서리의 개수는 30이다.
ㄹ. 각 면의 한가운데 점을 연결하면 정이십면체가 만들어진다.

① ㄱ, ㄴ   ② ㄱ, ㄷ   ③ ㄴ, ㄷ
④ ㄴ, ㄹ   ⑤ ㄷ, ㄹ

9 🎁 고득점   [242005-0382]

오른쪽 그림과 같이 한 모서리의 길이가
10 cm인 정사면체의 모서리 CD의 중점
을 M이라 하자. 점 M에서 시작하여 세
모서리 AC, AB, BD를 거쳐 다시 점 M
까지 가장 짧은 거리로 이동하려고 할 때,
최단 거리는?

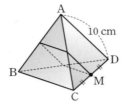

① 10 cm   ② 15 cm   ③ 20 cm
④ 25 cm   ⑤ 30 cm

10   [242005-0383]

다음 중에서 정육면체의 각 면의 대각선의 교점을 꼭짓점으로 하여
만든 입체도형에 대한 설명으로 옳지 <u>않은</u> 것은?

① 면의 개수는 8개이다.
② 정육면체와 모서리의 개수가 같다.
③ 육각기둥과 면의 개수가 같다.
④ 한 꼭짓점에 모인 면의 개수는 4이다.
⑤ 모든 면이 합동인 오각형으로 이루어져 있다.

11   [242005-0384]

다음 중에서 정다면체에 대한 설명으로 옳지 않은 것을 모두 고르
면? (정답 2개)

① 정팔면체와 정이십면체는 한 꼭짓점에 모인 면의 개수가 같다.
② 정팔면체에서 평행한 면은 4쌍이다.
③ 면의 모양이 정오각형인 정다면체는 정십이면체이다.
④ 정삼각형이 한 꼭짓점에 4개가 모인 정다면체는 정사면체이다.
⑤ 정사면체를 밑면에 평행한 평면으로 자른 단면의 모양은 정
   삼각형이다.

12   [242005-0385]

오른쪽 회전체는 다음 중에서 어느 평면도형을 1회전
시킨 것인가?

①   ②

          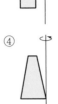

③   ④   ⑤

13 📍중요   [242005-0386]

오른쪽 그림은 어느 도형을 회전시켜 만든 회전
체 모양의 그릇에 일정한 속력으로 물을 넣고 있
을 때, x분 후 물의 높이 y 사이의 관계를 나타낸
그래프이다. 어느 도형을 회전시켜 만든 그릇인
가?

①   ②   ③

④   ⑤

14   [242005-0387]

다음 중에서 회전체에 대한 설명으로 옳은 것을 모두 고르면?
                                                  (정답 2개)

① 원기둥을 회전축을 포함하는 평면으로 자른 단면은 모두 합
   동이다.
② 회전축을 포함하는 평면으로 자른 단면은 사각형이다.
③ 직각삼각형을 한 변을 축으로 하여 1회전 시키면 항상 원뿔
   이 된다.
④ 구를 평면으로 자른 단면은 항상 원이다.
⑤ 회전축에 수직인 평면으로 자른 단면은 모두 합동이다.

15

[242005-0388]

다음 중에서 원뿔대를 임의의 평면으로 자를 때 생기는 단면의 모양이 아닌 것은?

①

②

③

④

⑤

16 🎁 고득점

[242005-0389]

오른쪽 그림과 같은 직각삼각형을 직선 l을 회전축으로 하여 1회전 시켰다. 이 회전체를 회전축에 수직인 평면으로 자를 때 생기는 단면인 원의 넓이가 가장 클 때, 이 원의 반지름의 길이를 구하시오.

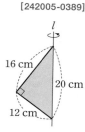

16 cm
20 cm
12 cm

17

[242005-0390]

다음 중에서 전개도에 사각형이 포함되어 있는 입체도형을 모두 고르면? (정답 2개)

① 정사면체
② 삼각뿔대
③ 육각뿔
④ 원뿔
⑤ 원기둥

18 📍중요

[242005-0391]

오른쪽 그림과 같이 밑면의 반지름의 길이가 2 cm, 모선의 길이가 8 cm인 원뿔을 꼭짓점 O를 중심으로 평면 위에서 굴리려고 한다. 원뿔이 원래의 자리로 돌아오도록 하려면 몇 바퀴를 굴려야 하는가?

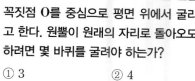

8 cm 2 cm
O

① 3
② 4
③ 5
④ 6
⑤ 7

기출 서술형

19

[242005-0392]

어떤 각뿔대의 면의 개수, 모서리의 개수, 꼭짓점의 개수를 모두 더하면 56일 때, 이 각뿔대의 한 밑면의 대각선의 개수를 구하시오.

풀이 과정

답ㅣ

20

[242005-0393]

오른쪽 그림과 같은 원뿔대의 전개도를 그릴 때, 전개도의 둘레의 길이를 구하시오.

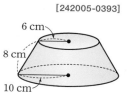

6 cm
8 cm
10 cm

풀이 과정

답ㅣ

6

입체도형의
겉넓이와 부피

1 기둥의 겉넓이

(1) 각기둥의 겉넓이

$(\text{각기둥의 겉넓이}) = (\text{밑넓이}) \times 2 + (\text{옆넓이})$
$(\text{밑면의 둘레의 길이}) \times (\text{높이})$

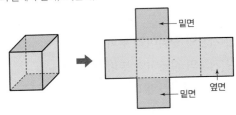

밑면

밑면   옆면

참고 입체도형에서 한 밑면의 넓이를 밑넓이, 옆면 전체의 넓이를 옆넓이라 한다.

(2) 원기둥의 겉넓이

밑면인 원의 반지름의 길이가 r, 높이가 h인 원기둥의 겉넓이 S는

$S = (\text{밑넓이}) \times 2 + (\text{옆넓이})$
$= 2\pi r^2 + 2\pi rh$
  밑넓이   옆넓이

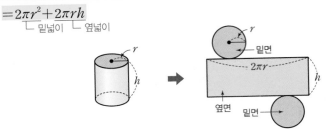

밑면

$2\pi r$

옆면   밑면

참고 기둥의 전개도는 서로 합동인 두 개의 밑면과 직사각형 모양의 옆면으로 이루어져 있다.
    (1) (직사각형의 가로의 길이) = (밑면의 둘레의 길이)
    (2) (직사각형의 세로의 길이) = (기둥의 높이)

2 기둥의 부피

(1) 각기둥의 부피

밑넓이가 S, 높이가 h인 각기둥의 부피 V는

$V = (\text{밑넓이}) \times (\text{높이})$
$= Sh$

(2) 원기둥의 부피

밑면인 원의 반지름의 길이가 r, 높이가 h인 원기둥의 부피 V는

$V = (\text{밑넓이}) \times (\text{높이})$
$= \pi r^2 h$ ┐ 밑넓이

참고 오른쪽 그림과 같이 원기둥 안에 밑면이 정다각형인 각기둥을 밑면의 변의 개수를 계속
    늘려 가며 만들면 각기둥은 점점 원기둥에 가까워진다. 따라서 원기둥의 부피도 각기둥
    의 부피와 같은 방법으로 구할 수 있다.

개념 노트

• 옆넓이를 구할 때, 각 면의 넓이를
구하는 것보다
(밑면의 둘레의 길이) × (높이)로
구하면 편하다.

• 직육면체의 부피는
(가로) × (세로) × (높이)
로 구할 수 있다.

• 겉넓이와 부피를 구할 때는 단위
에 주의해야 한다.
(1) 길이 ➡ cm, m
(2) 넓이 ➡ cm², m²
(3) 부피 ➡ cm³, m³

소단원 필수 유형

필수 유형

1 각기둥의 겉넓이

[242005-0394]

다음 그림과 같은 사각기둥의 겉넓이를 구하시오.

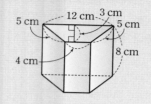

[마스터 전략]
기둥은 서로 합동인 2개의 밑면과 직사각형 모양의 옆면으로 이루어져 있다.

1-1

[242005-0395]

겉넓이가 96 cm^2인 정육면체의 한 모서리의 길이는?

① 1 cm   ② 2 cm   ③ 3 cm

④ 4 cm   ⑤ 5 cm

1-2

[242005-0396]

오른쪽 그림과 같은 오각형을 밑면으로 하고 높이가 **6 cm**인 오각기둥의 겉넓이를 구하시오.

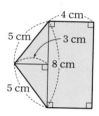

필수 유형

2 원기둥의 겉넓이

[242005-0397]

오른쪽 그림과 같은 원기둥의 높이가 **5 cm**이고, 옆넓이가 $30\pi \text{ cm}^2$일 때, 이 원기둥의 밑면인 원의 반지름의 길이는?

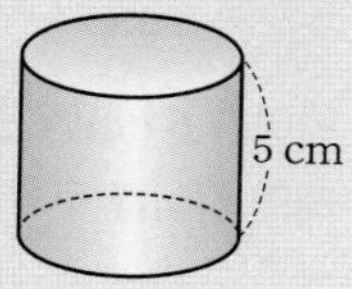

① 2 cm   ② $\frac{5}{2}$ cm

③ 3 cm   ④ $\frac{7}{2}$ cm   ⑤ 4 cm

[마스터 전략]
원기둥의 전개도에서 원기둥의 옆면은 직사각형 모양이므로 원기둥의 전개도는 크기가 같은 원 2개와 직사각형으로 이루어져 있다.

 2-1

[242005-0398]

오른쪽 그림과 같은 원기둥의 겉넓이가 $108\pi \text{ cm}^2$일 때, 이 원기둥의 높이는?

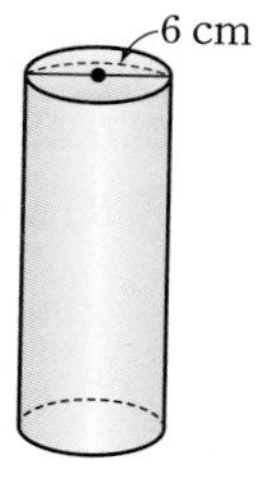

① 11 cm   ② 12 cm
③ 13 cm   ④ 14 cm
⑤ 15 cm

2-2

[242005-0399]

오른쪽 그림과 같이 큰 원기둥 위에 작은 원기둥을 올려 놓은 모양의 입체도형의 겉넓이를 구하시오.

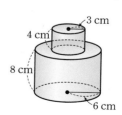

3 각기둥의 부피

[242005-0400]

오른쪽 그림과 같이 밑면이 마름모인 사
각기둥의 부피가 144 cm³일 때, 이 사각
기둥의 높이는?

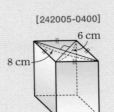

① 3 cm　　② 4 cm

③ 5 cm　　④ 6 cm

⑤ 7 cm

[마스터 전략]

마름모의 넓이는 $\frac{1}{2}$ × (한 대각선의 길이) × (다른 대각선의 길이)이다.

3-1

[242005-0401]

밑면의 크기가 같은 사각기둥 모양의 그릇 세 개에 들어 있는 물의
부피가 각각 10 cm³, 30 cm³, 50 cm³일 때, 물의 높이의 비를 구
하시오. (단, 그릇의 두께는 생각하지 않는다.)

3-2

[242005-0402]

오른쪽 그림과 같은 삼각기둥의 겉넓이
가 360 cm²일 때, 삼각기둥의 부피는?

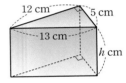

① 300 cm³　　② 310 cm³

③ 320 cm³　　④ 330 cm³

⑤ 340 cm³

4 원기둥의 부피

[242005-0403]

오른쪽 그림과 같이 밑면인 원의 반지름의 길
이가 4 cm인 원기둥의 옆넓이가 112π cm²
일 때, 이 원기둥의 부피는?

① 208π cm³　　② 212π cm³

③ 216π cm³　　④ 220π cm³

⑤ 224π cm³

[마스터 전략]

기둥의 옆넓이는 (밑면인 원의 둘레의 길이) × (기둥의 높이)로 구한다.

4-1

[242005-0404]

높이가 6 cm인 원기둥의 부피가 150π cm³일 때, 밑면인 원의 둘
레의 길이를 구하시오.

4-2

[242005-0405]

다음 그림의 원기둥 A의 부피와 원기둥 B의 부피가 서로 같을 때,
원기둥 B의 옆넓이를 구하시오.

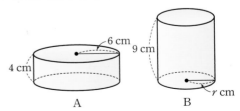

필수 유형

5 전개도가 주어진 기둥의 겉넓이와 부피

[242005-0406]

오른쪽 그림과 같은 전개도로 만든 사각기둥의 겉넓이와 부피를 각각 구하시오.

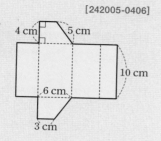

[마스터 전략]
각기둥의 전개도를 접었을 때 겹치는 선분은 길이가 같다.

5-1 [242005-0407]

오른쪽 그림과 같은 전개도로 만들어지는 삼각기둥의 부피는?

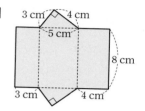

① 36 cm^3 ② 48 cm^3
③ 72 cm^3 ④ 96 cm^3
⑤ 108 cm^3

5-2 [242005-0408]

오른쪽 그림과 같은 직사각형을 옆면으로 하고 높이가 10 cm인 원기둥의 겉넓이를 구하시오.

필수 유형

6 밑면이 부채꼴인 기둥의 겉넓이와 부피

[242005-0409]

오른쪽 그림과 같은 조각 케이크는 원기둥 모양의 케이크를 8등분하여 자른 것이다. 밑면의 반지름의 길이가 8 cm, 높이가 6 cm일 때, 조각 케이크의 겉넓이와 부피를 각각 구하시오.

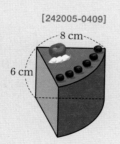

[마스터 전략]
n등분하여 자른 조각 케이크의 밑면의 중심각의 크기는 $360° \times \dfrac{1}{n}$이다.

6-1 [242005-0410]

오른쪽 그림과 같이 원기둥을 잘라서 밑면이 부채꼴인 두 기둥으로 나누었을 때, 큰 기둥과 작은 기둥의 밑면의 중심각의 크기의 비가 5:3일 때, 큰 기둥의 부피를 구하시오.

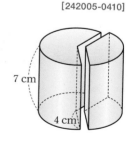

6-2 [242005-0411]

오른쪽 그림과 같이 밑면이 부채꼴인 기둥의 부피가 $15\pi \text{ cm}^3$일 때, 이 기둥의 겉넓이는?

① $13\pi \text{ cm}^2$ ② $(13\pi+30) \text{ cm}^2$
③ $(13\pi+60) \text{ cm}^2$ ④ $(16\pi+30) \text{ cm}^2$
⑤ $(16\pi+60) \text{ cm}^2$

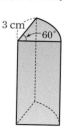

소단원 필수 유형

필수 유형

7 구멍이 뚫린 기둥의 겉넓이와 부피

[242005-0412]

오른쪽 그림과 같은 입체도형의 부피는?

① $(125-16\pi)$ cm^3

② $(125-24\pi)$ cm^3

③ $(200-24\pi)$ cm^3

④ $(200-32\pi)$ cm^3

⑤ $(200-40\pi)$ cm^3

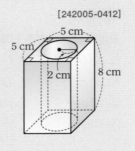

[마스터 전략]

(구멍이 뚫린 기둥의 부피)=(큰 기둥의 부피)−(작은 기둥의 부피)

7-1

[242005-0413]

다음 그림은 어떤 입체도형을 위에서 본 모양과 옆에서 본 모양이다. 이 입체도형의 겉넓이와 부피를 각각 구하시오.

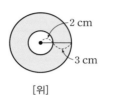

[위]

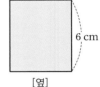

[옆]

7-2

[242005-0414]

오른쪽 그림은 정육면체에서 밑면이 반원인 기둥을 잘라 낸 입체도형이다. 겉넓이와 부피를 각각 구하시오.

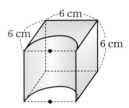

필수 유형

8 회전체의 겉넓이와 부피 – 원기둥

[242005-0415]

오른쪽 그림과 같은 직사각형을 직선 l을 회전축으로 하여 1회전 시킬 때 생기는 회전체의 겉넓이와 부피를 각각 구하시오.

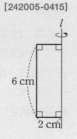

[마스터 전략]

가로, 세로의 길이가 각각 r, h인 직사각형을 직선 l을 회전축으로 하여 1회전 시키면 밑면의 반지름의 길이가 r, 높이가 h인 원기둥이 생긴다.

8-1

[242005-0416]

오른쪽 그림과 같은 직사각형 ABCD를 각각 변 AB, 변 AD를 회전축으로 하여 1회전 시킬 때 생기는 회전체의 부피의 비를 구하시오.

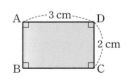

8-2

[242005-0417]

오른쪽 그림과 같은 평면도형을 직선 l을 회전축으로 하여 1회전 시킬 때 생기는 회전체의 겉넓이를 구하시오.

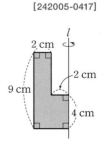

2 뿔과 구의 겉넓이와 부피

① 뿔의 겉넓이

(1) 각뿔의 겉넓이

$$(각뿔의 겉넓이) = (밑넓이) + (옆넓이)$$

참고 각뿔의 밑면은 1개이고, 옆면은 모두 삼각형이다.

(2) 원뿔의 겉넓이

밑면인 원의 반지름의 길이가 r, 모선의 길이가 l인 원뿔의 겉넓이 S는

$$S = (밑넓이) + (옆넓이)$$
$$= \pi r^2 + \underset{\frac{1}{2} \times l \times 2\pi r}{\pi r l}$$

(3) 뿔대의 겉넓이

$$(뿔대의 겉넓이) = (두 밑넓이의 합) + (옆넓이)$$

참고 (원뿔대의 옆넓이) = (큰 부채꼴의 넓이) − (작은 부채꼴의 넓이)

② 뿔의 부피

(1) 각뿔의 부피

밑넓이가 S, 높이가 h인 각뿔의 부피 V는

$$V = \frac{1}{3} \times (밑넓이) \times (높이) = \underset{각기둥의 부피}{\frac{1}{3} S h}$$

(2) 원뿔의 부피

밑면인 원의 반지름의 길이가 r, 높이가 h인 원뿔의 부피 V는

$$V = \frac{1}{3} \times (밑넓이) \times (높이) = \underset{원기둥의 부피}{\frac{1}{3} \pi r^2 h}$$

(3) 뿔대의 부피

$$(뿔대의 부피) = (큰 뿔의 부피) - (작은 뿔의 부피)$$

③ 구의 겉넓이와 부피

(1) 구의 겉넓이

반지름의 길이가 r인 구의 겉넓이 S는

$$S = 4\pi r^2$$

(2) 구의 부피

반지름의 길이가 r인 구의 부피 V는

$$V = \frac{4}{3}\pi r^3$$

개념 노트

• n각뿔의 전개도는 n각형 모양의 밑면 1개와 삼각형 모양의 옆면 n개로 이루어져 있다.

• 원뿔의 전개도에서
① (부채꼴의 호의 길이) = (밑면인 원의 둘레의 길이)
② (부채꼴의 반지름의 길이) = (원뿔의 모선의 길이)

• 뿔대의 밑면은 2개이지만 서로 합동이 아니므로 겉넓이를 구할 때, 밑넓이의 2배로 하지 않도록 한다.

• 뿔의 부피는 밑면이 합동이고 높이가 같은 기둥의 부피의 $\frac{1}{3}$이다.

• 원기둥에 꼭 맞게 들어 있는 구와 원뿔에 대하여 구의 반지름의 길이를 r라 하면
(원뿔의 부피) : (구의 부피) : (원기둥의 부피)
$$= \frac{2}{3}\pi r^3 : \frac{4}{3}\pi r^3 : 2\pi r^3$$
$$= 1 : 2 : 3$$

⑨ 각뿔의 겉넓이

[242005-0418]

오른쪽 그림과 같이 밑면은 한 변의 길이가 5 cm인 정사각형이고 옆면은 높이가 7 cm인 이등변삼각형인 사각뿔의 겉넓이를 구하시오.

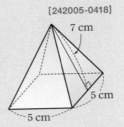

[마스터 전략]
(각뿔의 겉넓이)=(밑넓이)+(옆넓이)

9-1

[242005-0419]

오른쪽 그림의 전개도로 만들어지는 입체도형의 겉넓이가 96 cm²일 때, x의 값을 구하시오.

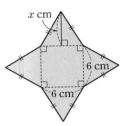

⑩ 원뿔의 겉넓이

[242005-0420]

오른쪽 그림과 같은 원뿔의 겉넓이는?

① 176π cm² ② 178π cm²

③ 180π cm² ④ 182π cm²

⑤ 184π cm²

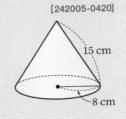

[마스터 전략]
원뿔의 전개도에서 부채꼴의 호의 길이는 밑면인 원의 둘레의 길이와 같다.

10-1

[242005-0421]

오른쪽 그림과 같이 밑면의 반지름의 길이가 5 cm인 원뿔의 겉넓이가 60π cm²일 때, 모선의 길이를 구하시오.

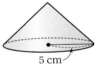

⑪ 뿔대의 겉넓이

[242005-0422]

오른쪽 그림과 같은 입체도형의 겉넓이는?

① 120π cm² ② 124π cm²

③ 128π cm² ④ 132π cm²

⑤ 136π cm²

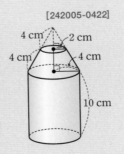

[마스터 전략]
원뿔대와 원기둥이 겹쳐지는 부분은 겉넓이가 아니다.

11-1

[242005-0423]

오른쪽 그림과 같이 두 밑면이 모두 정사각형이고 옆면이 모두 합동인 사각뿔대의 겉넓이를 구하시오.

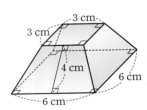

12 각뿔의 부피

[242005-0424]

오른쪽 그림과 같은 삼각뿔의 부피는?

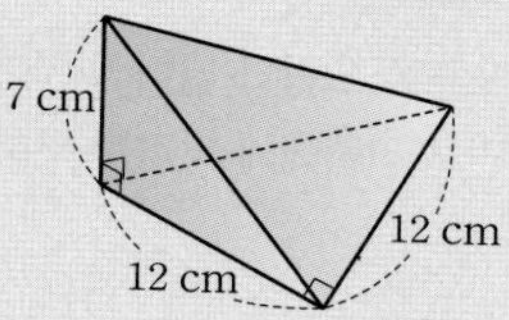

① 168 cm³   ② 172 cm³
③ 176 cm³   ④ 180 cm³
⑤ 184 cm³

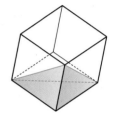

7 cm
12 cm
12 cm

[마스터전략]

뿔의 높이는 밑면에서 뿔의 꼭짓점까지의 거리이다.

12-1

[242005-0425]

밑면이 한 변의 길이가 7 cm인 정사각형인 사각뿔의 부피가 147 cm³일 때, 이 사각뿔의 높이는?

① 3 cm   ② 6 cm   ③ 9 cm
④ 12 cm   ⑤ 15 cm

12-2

[242005-0426]

오른쪽 그림과 같은 정육면체 모양의 그릇에 물을 가득 채운 후 비스듬히 기울여 물을 흘려보냈다. 남아 있는 물의 부피가 36 cm³일 때, 정육면체 그릇의 한 모서리의 길이를 구하시오.

(단, 그릇의 두께는 생각하지 않는다.)

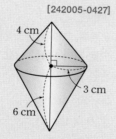

13 원뿔의 부피

[242005-0427]

오른쪽 그림과 같은 입체도형의 부피는?

① 24π cm³   ② 26π cm³
③ 28π cm³   ④ 30π cm³
⑤ 32π cm³

4 cm
3 cm
6 cm

[마스터전략]

주어진 입체도형을 2개의 원뿔로 나누어 생각한다.

13-1

[242005-0428]

밑면인 원의 반지름의 길이가 9 cm인 원뿔의 부피가 270π cm³일 때, 이 원뿔의 높이를 구하시오.

13-2

[242005-0429]

오른쪽 그림과 같은 전개도로 만든 원뿔의 높이가 8 cm일 때, 원뿔의 부피를 구하시오.

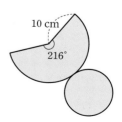

10 cm
216°

소단원 필수 유형

14 뿔대의 부피

[242005-0430]

오른쪽 그림에서 위쪽 원뿔과 아래쪽
원뿔대의 부피의 비는?

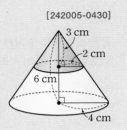

① 1 : 7   ② 2 : 7

③ 3 : 7   ④ 4 : 7

⑤ 5 : 7

[마스터 전략]

원뿔대는 큰 원뿔에서 작은 원뿔을 빼서 만들어진다.

14-1   [242005-0431]

오른쪽 그림과 같이 밑면이 정사각형
인 사각뿔대의 부피를 구하시오.

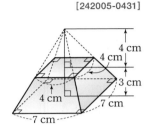

14-2   [242005-0432]

오른쪽 그림과 같은 입체도형의 부피
를 구하시오.

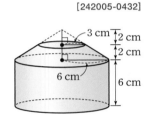

15 회전체의 겉넓이와 부피 – 원뿔, 원뿔대

[242005-0433]

오른쪽 그림과 같은 직각삼각형 ABC를
변 AC를 회전축으로 하여 1회전 시킬 때
생기는 회전체의 겉넓이와 부피를 각각
구하시오.

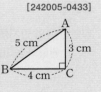

[마스터 전략]

회전축을 따라 1회전 시켰을 때 직각삼각형의 각 변의 길이가 회전체의 어떠한
부분의 길이가 되는지 고려한다.

15-1   [242005-0434]

오른쪽 그림과 같은 사다리꼴을 직선 l을 회전축
으로 하여 1회전 시킬 때 생기는 회전체의 겉넓이
는?

① 88π cm^2 ② 90π cm^2

③ 92π cm^2 ④ 94π cm^2

⑤ 96π cm^2

15-2   [242005-0435]

오른쪽 그림과 같은 직각삼각형을 직선 l을 회
전축으로 하여 1회전 시킬 때 생기는 회전체의
겉넓이와 부피를 각각 구하시오.

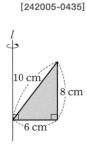

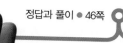

16 구의 겉넓이

[242005-0436]

오른쪽 그림은 반지름의 길이가 6 cm인 구의 $\frac{1}{4}$을 잘라 낸 것이다. 이 입체도형의 겉넓이는?

① 144π cm²   ② 146π cm²

③ 148π cm²   ④ 150π cm²

⑤ 152π cm²

[마스터 전략]

잘라 낸 단면의 넓이의 합은 반지름의 길이가 6 cm인 원의 넓이와 같다.

16-1 [242005-0437]

두 구의 반지름의 길이가 각각 1 cm, 4 cm일 때, 두 구의 겉넓이의 비를 구하시오.

16-2 [242005-0438]

오른쪽 그림과 같은 입체도형의 겉넓이를 구하시오.

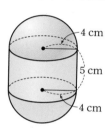

---

17 구의 부피

[242005-0439]

오른쪽 그림과 같은 입체도형의 부피는?

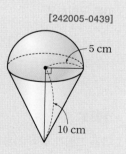

① 164π cm³   ② $\frac{494}{3}\pi$ cm³

③ $\frac{496}{3}\pi$ cm³   ④ 166π cm³

⑤ $\frac{500}{3}\pi$ cm³

[마스터 전략]

주어진 입체도형을 2개로 나누어 생각한다.

17-1 [242005-0440]

오른쪽 그림과 같이 구의 $\frac{1}{8}$을 잘라 낸 입체도형의 부피를 구하시오.

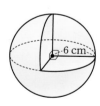

17-2 [242005-0441]

오른쪽 그림과 같이 구의 $\frac{1}{4}$을 잘라 낸 입체도형의 겉넓이가 36π cm²일 때, 이 입체도형의 부피를 구하시오.

소단원 필수 유형

필수 유형

18 회전체의 겉넓이와 부피 – 구

[242005-0442]

오른쪽 그림과 같이 넓이가 32π cm^{2}인 반원을 지름을 회전축으로 하여 1회전 시킬 때 생기는 회전체의 겉넓이는?

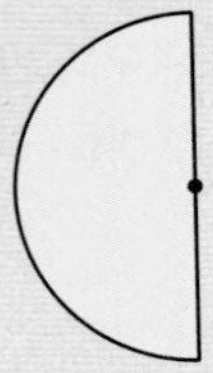

① 252π cm^2 ② 254π cm^2
③ 256π cm^2 ④ 258π cm^2
⑤ 260π cm^2

[마스터 전략]
평면도형이 회전했을 때 만들어지는 회전체를 생각해 본다.

18-1

[242005-0443]

오른쪽 그림의 색칠한 부분을 직선 l을 회전축으로 하여 1회전 시킬 때 생기는 회전체의 부피를 구하시오.

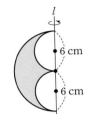

18-2

[242005-0444]

오른쪽 그림의 색칠한 부분을 직선 l을 회전축으로 하여 1회전 시킬 때 생기는 회전체의 겉넓이와 부피를 각각 구하시오.

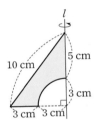

필수 유형

19 원기둥에 꼭 맞게 들어 있는 구, 원뿔

[242005-0445]

오른쪽 그림과 같이 원기둥에 구와 원뿔이 꼭 맞게 들어 있다. 원뿔의 부피가 18π cm^{3}일 때, 원기둥의 부피를 $a\pi$ cm^3, 구의 부피를 $b\pi$ cm^{3}라 하자. $a-b$의 값을 구하시오.

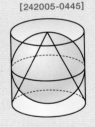

[마스터 전략]
원뿔의 밑면의 지름과 원기둥의 밑면의 지름과 원뿔의 높이와 원기둥의 높이와 구의 지름의 길이가 같다.
즉, (원뿔의 부피) : (구의 부피) : (원기둥의 부피)=1 : 2 : 3

19-1

[242005-0446]

오른쪽 그림과 같이 원기둥에 구가 꼭 맞게 들어 있다. 구의 부피가 288π cm^{3}일 때, 원기둥의 부피를 구하시오.

19-2

[242005-0447]

다음 그림과 같이 지름의 길이가 6 cm인 똑같은 구가 원기둥 모양의 그릇 A와 정육면체 모양의 그릇 B에 각각 꼭 맞게 들어 있다. 구가 들어 있는 상태에서 각 그릇에 물을 가득 채운 다음 구를 꺼낼 때, 두 그릇 A, B에 남아 있는 물의 높이를 각각 구하시오.
(단, 그릇의 두께는 생각하지 않는다.)

[그릇 A] 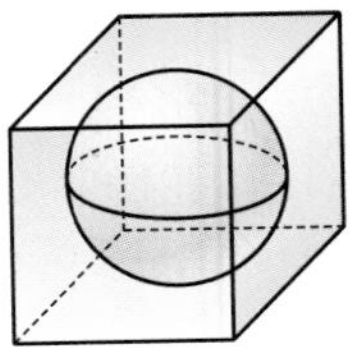   [그릇 B]

1

[242005-0448]

오른쪽 그림과 같은 직사각형 모양의 종이에서 한 변의 길이가 2 cm인 정사각형 모양으로 네 귀퉁이를 자르고 난 후 남은 부분을 접어 만든 상자의 부피를 구하시오. (단, 종이의 두께는 생각하지 않는다.)

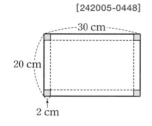

2

[242005-0449]

오른쪽 그림과 같은 전개도로 만들 수 있는 입체도형의 겉넓이가 384 cm²일 때, 이 입체도형의 부피는?

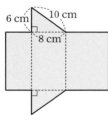

① 332 cm³   ② 336 cm³
③ 340 cm³   ④ 344 cm³
⑤ 348 cm³

3 📍중요

[242005-0450]

오른쪽 그림은 크기가 같은 정육면체 5개를 붙여 만든 입체도형이다. 이 입체도형의 부피가 320 cm³일 때, 겉넓이를 구하시오.

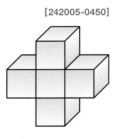

4 🎁 고득점

[242005-0451]

다음 그림과 같이 아랫부분이 밑면인 원의 지름의 길이가 6 cm인 원기둥 모양의 병에 물을 담았다. 병을 바로 놓았을 때 물의 높이는 5 cm이고, 병을 뒤집어 놓았을 때 물이 담기지 않은 부분의 높이는 3 cm이다. 이 병의 부피를 구하시오.

(단, 병의 두께는 생각하지 않는다.)

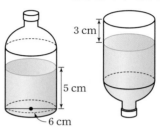

5 🔔 신유형

[242005-0452]

오른쪽 그림과 같이 밑면이 반원인 기둥 모양의 그릇에 물을 가득 담은 후, 그릇을 45°만큼 기울여 물을 흘려보냈다. 남아 있는 물의 부피를 구하시오. (단, 그릇의 두께는 생각하지 않는다.)

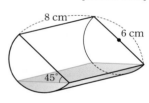

6

[242005-0453]

밑면의 반지름의 길이가 3 cm이고 옆넓이가 15π cm²인 원뿔의 전개도에서 부채꼴의 중심각의 크기는?

① 72°   ② 108°   ③ 144°
④ 180°   ⑤ 216°

7

[242005-0454]

오른쪽 그림과 같은 원뿔대의 겉넓이는?

① 195π cm^2　　② 210π cm^2

③ 225π cm^2　　④ 240π cm^2

⑤ 255π cm^2

8

[242005-0455]

오른쪽 그림과 같은 입체도형의 부피는?

① 4 cm^3　　② 6 cm^3

③ 8 cm^3　　④ 10 cm^3

⑤ 12 cm^3

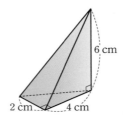

9

[242005-0456]

오른쪽 그림과 같이 밑면인 원의 반지름의 길이가 3 cm, 높이가 4 cm인 원뿔 모양의 그릇에 1분에 1.5π cm^{3}씩 물을 넣을 때, 빈 그릇에 물을 가득 채우는 데 걸리는 시간은? (단, 그릇의 두께는 생각하지 않는다.)

① 4분　　　② 5분　　　③ 6분

④ 7분　　　⑤ 8분

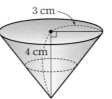

10 중요

[242005-0457]

오른쪽 그림과 같은 사다리꼴을 직선 CD를 회전축으로 하여 1회전 시킬 때 생기는 회전체의 부피를 구하시오.

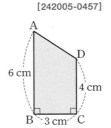

11

[242005-0458]

오른쪽 그림과 같은 삼각형을 직선 l을 회전축으로 하여 1회전 시킬 때 생기는 회전체의 겉넓이를 구하시오.

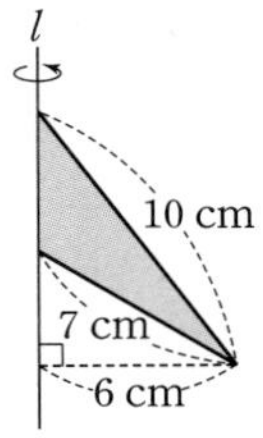

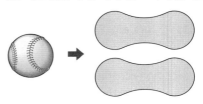

12

[242005-0459]

다음 그림과 같이 지름의 길이가 8 cm인 야구공의 겉면을 이루는 두 조각의 가죽은 서로 합동이다. 가죽 한 조각의 넓이를 구하시오.

13

[242005-0460]

반지름의 길이가 3 cm인 구의 겉넓이와 밑면의 반지름의 길이가 3 cm인 원뿔의 겉넓이가 같을 때, 원뿔의 모선의 길이는?

① 5 cm　　　② 6 cm　　　③ 7 cm

④ 8 cm　　　⑤ 9 cm

14

[242005-0461]

오른쪽 그림과 같이 구의 $\frac{1}{4}$을 잘라 낸 입체
도형의 부피를 구하시오.

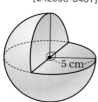

15 ⚲ 중요

[242005-0462]

다음 그림은 어떤 입체도형을 위, 옆에서 본 모양이다. 이 입체도형
의 부피를 구하시오.

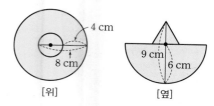

[위]   [옆]

16 🎁 고득점

[242005-0463]

밑면인 원의 지름의 길이와 높이가 같은 원
기둥 모양의 그릇에 물을 가득 채운 다음 그
릇에 꼭 맞는 구를 넣었다가 꺼내었더니 오
른쪽 그림과 같이 물이 남아 있을 때, 구의
반지름의 길이는?

(단, 그릇의 두께는 생각하지 않는다.)

① 5 cm   ② 6 cm   ③ 7 cm
④ 8 cm   ⑤ 9 cm

17

[242005-0464]

한 모서리의 길이가 **9 cm**인 정육면체에서 각 모서리를 삼등분하는
점을 지나는 평면으로 잘라 내어 다음 그림과 같은 새로운 다면체를
만들었다. 이 새로 만들어진 다면체의 부피를 구하시오.

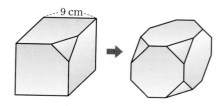

풀이 과정

답 |

18

[242005-0465]

반지름의 길이가 **6 cm**인 구 모양의 밀가루 반죽을 나누어 8개의 크
기가 같은 구 모양의 반죽을 만들었다. 큰 반죽의 겉넓이와 작은 반
죽 8개의 겉넓이의 비를 구하시오.

풀이 과정

답 |

7

자료의 정리와 해석

1 대푯값

1 대푯값

(1) **변량**: 나이, 키, 성적 등의 자료를 수량으로 나타낸 것

(2) **대푯값**: 자료 전체의 중심 경향이나 특징을 대표적으로 나타내는 값

참고 대푯값에는 평균, 중앙값, 최빈값 등이 있다.

2 평균

변량의 총합을 변량의 개수로 나눈 값

➡ $(평균) = \dfrac{(변량의\ 총합)}{(변량의\ 개수)}$

예 2, 3, 4, 5, 6의 평균

➡ $\dfrac{2+3+4+5+6}{5} = \dfrac{20}{5} = 4$

3 중앙값

(1) **중앙값**: 자료의 변량을 작은 값부터 크기순으로 나열할 때, 한가운데 있는 값

(2) 중앙값은 변량을 작은 값부터 크기순으로 나열할 때

① 변량의 개수가 홀수이면 n
  ➡ 한가운데 있는 값 $\dfrac{n+1}{2}$번째 변량의 값

② 변량의 개수가 짝수이면 n
  ➡ 한가운데 있는 두 값의 평균 $\dfrac{n}{2}$번째와 $\left(\dfrac{n}{2}+1\right)$번째 변량의 평균

예 ① 1, 2, 5, 6, 7의 중앙값은 세 번째 값인 5이다.

   ② 2, 4, 6, 7의 중앙값은 두 번째와 세 번째 값의 평균인 $\dfrac{4+6}{2} = 5$이다.

4 최빈값

최빈값: 자료 중에서 가장 많이 나타나는 값

참고 최빈값은 자료에 따라 2개 이상일 수도 있다.

예 1, 2, 3, 2, 5에서 2가 가장 많이 나타나므로 최빈값은 2이다.

● **개념 노트**

• 대푯값으로 평균을 가장 많이 사용한다.

• 자료의 변량 중에서 극단적인 값, 즉 매우 크거나 작은 값이 있는 경우에는 중앙값이 평균보다 자료의 중심 경향을 더 잘 나타낸다.

• 수로 나타낼 수 없는 자료나 변량의 개수가 많고, 변량에 같은 값이 많은 자료는 최빈값이 자료의 중심 경향을 가장 잘 나타낸다.

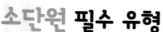
1 평균

[242005-0466]

변량 x, y, z의 평균이 13일 때, 변량 7, x, y, z, 9의 평균은?

① 9　　　　② 10　　　　③ 11
④ 12　　　　⑤ 13

[마스터전략]

(평균)$=\dfrac{(변량의\ 총합)}{(변량의\ 개수)}$

1-1

[242005-0467]

다음은 정현이의 수학 성적을 나타낸 표이다. 4회까지의 수학 성적의 평균이 86점일 때, x의 값을 구하시오.

	1회	2회	3회	4회
수학 성적(점)	82	90	x	79

1-2

[242005-0468]

변량 a, b, c, d, e의 평균이 10일 때, 다음 변량의 평균을 구하시오.

$$2a+1,\ 2b+2,\ 2c+3,\ 2d+4,\ 2e+5$$

2 중앙값

[242005-0469]

다음은 채린이네 반 여학생들과 남학생들이 가지고 있는 필기구의 개수를 조사하여 나타낸 자료이다. 여학생들의 중앙값을 a개, 남학생들의 중앙값을 b개, 전체 학생들의 중앙값을 c개라 할 때, $a+b-c$의 값을 구하시오.

(단위: 개)

[여학생] 2, 4, 5, 5, 7, 7, 8, 10, 11, 14
[남학생] 1, 2, 3, 4, 6, 7, 7, 8, 9, 13

[마스터전략]

중앙값은 변량을 작은 값부터 크기순으로 나열할 때, 한가운데 있는 값이다. 이 때 변량의 개수가 짝수이면 중앙값은 한가운데 있는 두 값의 평균이다.

2-1

[242005-0470]

다음은 세찬이네 반 학생 8명의 1분 동안의 맥박수를 조사하여 나타낸 자료이다. 이 자료의 중앙값이 90회일 때, x의 값을 구하시오.

(단위: 회)

| 88 | 91 | 94 | 92 | 80 | 91 | x | 85 |

2-2

[242005-0471]

학생 6명의 수학 점수를 작은 값부터 크기순으로 나열할 때, 3번째에 오는 점수는 70점이고, 중앙값은 74점이다. 이 집단에 수학 점수가 80점인 학생이 들어왔을 때, 7명의 수학 점수의 중앙값을 구하시오.

소단원 필수 유형

필수 유형

3 최빈값

[242005-0472]

다음은 미란이가 10회에 걸쳐 본 수학 시험에서 맞힌 문항 수를 나타낸 것이다. 평균을 a개, 중앙값을 b개, 최빈값을 c개라 할 때, a, b, c 사이의 대소 관계를 바르게 나타낸 것은?

(단위: 개)

10	5	9	10	8
9	6	10	8	7

① $a<b<c$ ② $a<b=c$ ③ $a=b=c$

④ $b<c<a$ ⑤ $b=c<a$

[마스터 전략]
최빈값은 자료 중에서 가장 많이 나타나는 값이다.

3-1

[242005-0473]

다음 표는 성희네 반 학생들이 가장 좋아하는 TV 프로그램 장르를 조사하여 나타낸 것이다. 이 자료의 최빈값을 구하시오.

장르	예능	드라마	음악	교양	뉴스
학생 수	7	5	7	3	1

3-2

[242005-0474]

다음 자료 중에서 중앙값과 최빈값이 서로 같은 것은?

① 1, 2, 2, 3, 6, 7   ② 3, 1, 3, 5, 5, 5

③ 9, 9, 7, 6, 5, 4   ④ 8, 4, 2, 7, 4, 1

⑤ 1, 9, 4, 6, 8, 4

필수 유형

4 대푯값이 주어질 때 변량 구하기

[242005-0475]

어떤 자료의 변량을 작은 값부터 크기순으로 나열하면 다음과 같다. 평균과 중앙값이 서로 같을 때, a의 값을 구하시오.

4	6	8	9	a

[마스터 전략]
변량을 작은 값부터 크기순으로 나열할 때, 변량의 개수가 홀수이면 한가운데 있는 값이 중앙값이다.

4-1

[242005-0476]

정훈이가 6번에 걸쳐 본 영어 시험 성적이 70점, 71점, x점, 88점, 85점, 78점이다. 평균이 78점일 때, 중앙값을 구하시오.

4-2

[242005-0477]

다음은 어느 야구팀의 9명의 타자들이 10경기에서 친 안타 수를 조사하여 나타낸 자료이다. 이 자료의 최빈값이 7개일 때, 중앙값을 구하시오.

(단위: 개)

7	5	9	x	10	9	7	6	8

2 줄기와 잎 그림, 도수분포표

1 줄기와 잎 그림

(1) 줄기와 잎 그림 : 줄기와 잎을 이용하여 자료를 나타낸 그림

(2) 줄기와 잎 그림을 그리는 방법

① 변량을 줄기와 잎으로 나눈다.

② 세로선을 긋고, 세로선의 왼쪽에 줄기를 작은 수부터 차례로 세로로 쓴다.

③ 세로선의 오른쪽에 각 줄기에 해당하는 잎을 작은 수부터 차례로 가로로 쓴다.

④ 그림의 오른쪽 위에 '줄기 | 잎'을 설명한다.

[자료]
(단위: 회)

13	21	24	35
42	29	57	12
15	18	21	44
39	20	34	36

➡

[줄기와 잎 그림]
(1|2는 12회)

줄기	잎
1	2 3 5 8
2	0 1 1 4 9
3	4 5 6 9
4	2 4
5	7

> **● 개념 노트**
>
> • 잎을 작은 수부터 차례로 쓰면 자료를 분석할 때 편리하다.
>
> • 중복된 자료의 값은 중복된 횟수만큼 쓴다.

2 도수분포표

(1) 계급 : 변량을 일정한 간격으로 나눈 구간

① 계급의 크기 : 변량을 나눈 구간의 너비, 즉 계급의 양 끝 값의 차

② 계급의 개수 : 변량을 나눈 구간의 수

참고 계급값 : 계급을 대표하는 값으로 각 계급의 양 끝 값의 중앙의 값

➡ (계급값) = $\dfrac{(계급의 양 끝 값의 합)}{2}$

(2) 도수 : 각 계급에 속하는 변량의 개수

참고 계급, 계급의 크기, 계급값, 도수는 단위를 포함하여 쓴다.

(3) 도수분포표 : 자료를 몇 개의 계급으로 나누고 각 계급의 도수를 나타낸 표

(4) 도수분포표를 만드는 방법

① 변량 중에서 가장 작은 변량과 가장 큰 변량을 찾는다.

② ①의 두 변량이 포함되는 구간을 일정한 간격으로 나누어 계급을 정한다.

③ 각 계급에 속하는 변량의 개수를 세어 계급의 도수를 구한다.

> • 계급의 개수가 너무 많거나 적으면 자료의 분포 상태를 파악하기 어려우므로 계급의 개수는 자료의 양에 따라 보통 5~15개 정도로 한다.
>
> • 도수분포표는 각 계급에 속하는 자료의 정확한 값을 알 수는 없지만 자료의 분포를 한눈에 알아보기 쉽다.

[자료]
(단위: 회)

11	33	18	21	30
51	49	24	33	22
43	37	35	28	15

➡

[도수분포표]

계급(회)		도수(명)
10^{이상} ~ 20^{미만}	///	3
20 ~ 30	////	4
30 ~ 40	丗/	5
40 ~ 50	//	2
50 ~ 60	/	1
합계		15

5 줄기와 잎 그림

[242005-0478]

아래는 민수네 반 학생들의 팔굽혀펴기 기록을 조사하여 나타낸 줄기와 잎 그림이다. 다음 중에서 옳지 않은 것은?

(0|3은 3회)

줄기	잎
0	3 5 6 7 9
1	0 1 1 3 4 7 8
2	0 1 2 4 4 6 8 9
3	1 3 3 4 8 8
4	1 2 4 5

① 조사한 학생 수는 30이다.
② 가장 많이 한 학생의 기록은 45회이다.
③ 가장 적게 한 학생의 기록은 3회이다.
④ 기록이 10회 이하인 학생은 5명이다.
⑤ 기록이 40회 이상인 학생은 4명이다.

[마스터전략]
자료의 변량의 개수는 잎의 개수와 같다.

5-1
[242005-0479]

다음은 소희네 반 학생들의 1분 동안 윗몸 일으키기 횟수를 조사하여 나타낸 줄기와 잎 그림이다. 윗몸 일으키기를 50회 이상한 학생은 전체의 몇 %인지 구하시오.

(1|1은 11회)

줄기	잎
1	1 4 6 8
2	3 5 6 9
3	0 2 2 3 4 7 8
4	2 3 3 6 9
5	3 4 9
6	2 4

5-2
[242005-0480]

다음은 지우네 반 학생들의 음악 실기 성적을 조사하여 나타낸 줄기와 잎 그림이다. 남학생 중에서 성적이 3등인 학생의 점수는 여학생 중에서 몇 등인지 구하시오.

(0|4는 4점)

잎(남학생)	줄기	잎(여학생)
9 8 6	0	4 6 7
9 8 7 7 6 5 3 1	1	2 2 3 4 5 7
8 3 2 0	2	0 2 5 5 6 8 9

6 도수분포표 (1)

[242005-0481]

오른쪽은 작년에 10일 이상 서리가 내린 지역의 서리 일수를 조사하여 나타낸 도수분포표이다. 다음을 구하시오.

서리 일수(일)	도수(곳)
10이상 ~ 30미만	16
30 ~ 50	4
50 ~ 70	4
70 ~ 90	2
90 ~ 110	1
합계	27

(1) 서리 일수가 50일 이상 90일 미만인 지역 수
(2) 서리 일수가 3번째로 많은 지역이 속하는 계급

6-1
[242005-0482]

오른쪽은 유라네 반 학생 40명의 1년 독서량을 조사하여 나타낸 도수분포표이다. 1년 동안 17권의 책을 읽은 학생이 속하는 계급의 도수를 구하시오.

독서량(권)	도수(명)
0이상 ~ 5미만	3
5 ~ 10	8
10 ~ 15	13
15 ~ 20	12
20 ~ 25	4
합계	40

[마스터전략]
자료를 몇 개의 계급으로 나누고 각 계급의 도수를 나타낸 표를 도수분포표라 한다.

7 도수분포표 (2)

[242005-0483]

오른쪽은 태우네 반에서 25일 동안 지각생 수를 조사하여 나타낸 도수분포표이다. 다음 중에서 옳지 <u>않은</u> 것은?

지각생 수(명)	도수(일)
$0^{이상}$ ~ $2^{미만}$	7
2 ~ 4	A
4 ~ 6	4
6 ~ 8	5
8 ~ 10	3
10 ~ 12	2
12 ~ 14	1
합계	25

① 계급의 개수는 7이다.

② A의 값은 3이다.

③ 도수가 가장 큰 계급은 6명 이상 8명 미만이다.

④ 지각생이 10명 이상인 날은 3일이다.

⑤ 지각생이 5번째로 많은 날이 속하는 계급의 도수는 3일이다.

[마스터 전략]

$A=$(도수의 총합)$-(7+4+5+3+2+1)$

7-1

[242005-0484]

오른쪽은 어느 자격증 시험에 응시한 학생들의 점수를 조사하여 나타낸 도수분포표이다. 점수가 80점 미만인 학생 수와 90점 이상 100점 미만인 학생 수의 비가 5 : 1일 때, 90점 이상 100점 미만인 학생 수를 구하시오.

점수(점)	도수(명)
$50^{이상}$ ~ $60^{미만}$	9
60 ~ 70	11
70 ~ 80	10
80 ~ 90	14
90 ~ 100	
합계	

8 도수분포표에서 특정 계급의 백분율

[242005-0485]

오른쪽은 경영이네 반 학생 30명의 점심 식사 시간을 조사하여 나타낸 도수분포표이다. 식사 시간이 10분 이상 15분 미만인 학생이 전체의 20 %일 때, a의 값을 구하시오.

식사 시간(분)	도수(명)
$5^{이상}$ ~ $10^{미만}$	4
10 ~ 15	
15 ~ 20	10
20 ~ 25	a
25 ~ 30	1
합계	30

[마스터 전략]

어떤 계급의 학생 수가 전체의 x %일 때, 그 계급의 학생 수는

(전체 학생 수)$\times\dfrac{x}{100}$이다.

8-1

[242005-0486]

오른쪽은 준원이네 반 학생 30명의 몸무게를 조사하여 나타낸 도수분포표이다. 몸무게가 60 kg 이상 70 kg 미만인 학생은 전체의 몇 %인지 구하시오.

몸무게(kg)	도수(명)
$30^{이상}$ ~ $40^{미만}$	2
40 ~ 50	4
50 ~ 60	9
60 ~ 70	a
70 ~ 80	3
합계	30

8-2

[242005-0487]

오른쪽은 재영이네 반 학생 40명의 키를 조사하여 나타낸 도수분포표이다. 키가 150 cm 미만인 학생이 전체의 40 %일 때, $B-A$의 값을 구하시오.

키(cm)	도수(명)
$135^{이상}$ ~ $140^{미만}$	1
140 ~ 145	4
145 ~ 150	A
150 ~ 155	B
155 ~ 160	8
160 ~ 165	3
합계	40

3 히스토그램과 도수분포다각형

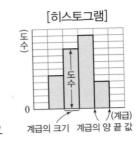

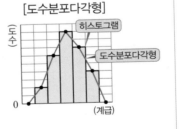

9 히스토그램

[242005-0488]

오른쪽은 지민이네 반 학생들이 한 달 동안 작성한 SNS 게시물의 개수를 조사하여 나타낸 히스토그램이다. 다음 중에서 옳지 <u>않은</u> 것은?

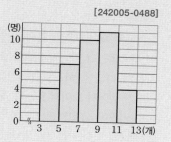

① 계급의 개수는 5이다.

② 도수가 같은 계급이 있다.

③ 전체 학생 수는 36이다.

④ 도수가 가장 큰 계급의 도수는 11명이다.

⑤ 게시물을 많이 작성한 쪽에서 9번째인 학생이 속하는 계급은 7개 이상 9개 미만이다.

[마스터 전략]

히스토그램에서 계급의 개수는 직사각형의 개수와 같다.

9-1

[242005-0489]

오른쪽은 어느 피자집에서 하루 동안 피자를 배달하는 데 걸린 시간을 조사하여 나타낸 히스토그램이다. 배달 시간이 40분 이상인 곳은 전체의 몇 %인지 구하시오.

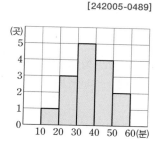

9-2

[242005-0490]

오른쪽은 상희네 반 학생들의 수학 점수를 조사하여 나타낸 히스토그램이다. 성적이 상위 10 % 이내에 드는 학생에게 경시대회에 참가할 자격을 줄 때, 이 경시대회에 참가하려면 적어도 몇 점을 받아야 하는지 구하시오.

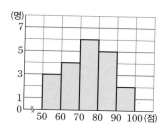

10 히스토그램의 넓이

[242005-0491]

다음은 소라네 반 학생들의 일주일 동안 동영상 시청 시간을 조사하여 나타낸 히스토그램이다. 도수가 가장 큰 계급의 직사각형의 넓이를 a, 도수가 가장 작은 계급의 직사각형의 넓이를 b라 할 때, $a-b$의 값을 구하시오.

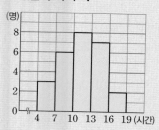

[마스터 전략]

히스토그램에서 (직사각형의 넓이)=(계급의 크기)×(계급의 도수)

10-1

[242005-0492]

오른쪽은 준이네 학교 학생들의 수학 수행 평가 점수를 조사하여 나타낸 히스토그램이다. 이 히스토그램의 직사각형의 넓이의 합을 구하시오.

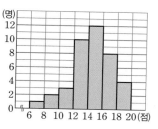

10-2

[242005-0493]

오른쪽은 건우네 반 학생들이 1년 동안 도서관을 방문한 횟수를 조사하여 나타낸 히스토그램이다. 도수가 가장 큰 계급의 직사각형의 넓이는 방문 횟수가 4회 이상 6회 미만인 계급의 직사각형의 넓이의 몇 배인지 구하시오.

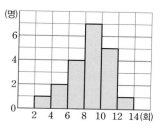

소단원 **필수 유형**

필수 유형

11 일부가 보이지 않는 히스토그램

[242005-0494]

다음은 어느 중학교 학생 40명의 몸무게를 조사하여 나타낸 히스토그램인데 일부가 찢어져 보이지 않는다. 몸무게가 42 kg 이상인 학생이 전체의 55 %일 때, 몸무게가 38 kg 이상 42 kg 미만인 학생은 몇 명인지 구하시오.

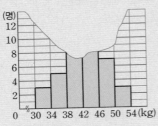

[마스터 전략]

몸무게가 42 kg 이상인 학생 수는 (전체 학생 수)$\times \frac{55}{100}$이다.

11-1

[242005-0495]

오른쪽은 시언이네 반 학생 30명의 1분 동안의 줄넘기 기록을 조사하여 나타낸 히스토그램인데 일부가 찢어져 보이지 않는다. 줄넘기 기록이 67회인 학생이 속하는 계급의 도수는 전체의 몇 %인지 구하시오.

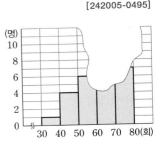

11-2

[242005-0496]

오른쪽은 어느 중학교 학생 132명의 1년 동안 읽은 책의 권수를 조사하여 나타낸 히스토그램인데 일부가 찢어져 보이지 않는다. 도수가 가장 큰 계급의 학생 수를 구하시오.

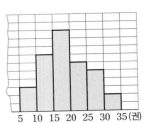

필수 유형

12 도수분포다각형

[242005-0497]

다음은 어느 학급 학생들의 영어 성적을 조사하여 나타낸 도수분포다각형이다. 계급의 개수를 a, 전체 학생 수를 b, 계급의 크기를 c점이라 할 때, $a+b-c$의 값을 구하시오.

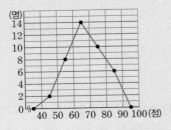

[마스터 전략]

도수분포다각형에서 계급의 개수를 셀 때, 양 끝에 도수가 0인 계급은 세지 않는다.

12-1

[242005-0498]

오른쪽은 어느 회사에서 직원들이 출근하는 데 걸린 시간을 조사하여 나타낸 도수분포다각형이다. 걸린 시간이 10번째로 짧은 직원이 속하는 계급의 도수를 구하시오.

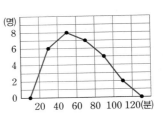

12-2

[242005-0499]

오른쪽은 세원이네 중학교 봉사 동아리 학생들이 1시간 동안 길에서 주운 쓰레기의 개수를 조사하여 나타낸 도수분포다각형이다. 학생 수가 가장 많은 계급의 도수는 전체의 몇 %인지 구하시오.

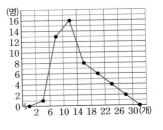

13 일부가 보이지 않는 도수분포다각형

[242005-0500]

다음은 어느 학급 학생 36명의 수학 성적을 조사하여 나타낸 도수분포다각형인데 일부가 찢어져 보이지 않는다. 수학 성적이 70점 이상 80점 미만인 학생이 전체의 25 %일 때, 수학 성적이 60점 이상 70점 미만인 학생 수를 구하시오.

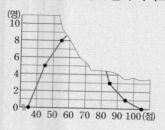

[마스터 전략]
주어진 조건을 이용하여 수학 성적이 70점 이상 80점 미만인 계급의 도수를 먼저 구한다.

13-1

[242005-0501]

오른쪽은 어느 중학교 1학년 학생 100명의 과학 성적을 조사하여 나타낸 도수분포다각형인데 일부가 찢어져 보이지 않는다. 과학 성적이 80점 이상 90점 미만인 학생 수를 구하시오.

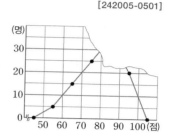

13-2

[242005-0502]

오른쪽은 리듬 체조 대회 예선에 참가한 선수 20명의 기록을 조사하여 나타낸 도수분포다각형인데 일부가 찢어져 보이지 않는다. 67점 이상 69점 미만인 계급과 69점 이상 71점 미만인 계급의 도수가 서로 같을 때, 기록이 69점 이상 73점 미만인 선수는 전체의 몇 %인지 구하시오.

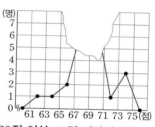

14 두 도수분포다각형의 비교

[242005-0503]

오른쪽은 어느 학급의 남학생과 여학생의 하루 중 휴대 전화 사용 횟수를 조사하여 나타낸 도수분포다각형이다. 다음 물음에 답하시오.

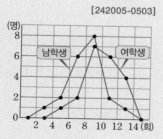

(1) 남학생 수와 여학생 수를 각각 구하시오.
(2) 남학생 중에서 3번째로 휴대 전화를 많이 사용하는 학생은 여학생 중에서 최소 상위 몇 % 이내에 드는지 구하시오.

[마스터 전략]
도수분포다각형은 도수의 총합이 같은 두 개 이상의 자료의 분포를 동시에 나타내어 비교할 때 편리하다.

14-1

[242005-0504]

오른쪽은 어느 학교의 남학생과 여학생의 하루 수면 시간을 조사하여 나타낸 도수분포다각형이다. 다음 중에서 옳지 않은 것은?

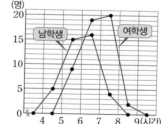

① 남학생보다 여학생이 더 많다.
② 남학생과 여학생의 도수분포다각형과 가로축으로 둘러싸인 부분의 넓이는 서로 같다.
③ 남학생이 대체적으로 더 적게 자는 편이다.
④ 수면 시간이 7시간 이상인 학생은 모두 26명이다.
⑤ 7시간 이상 8시간 미만인 계급의 도수는 여학생이 남학생의 5배이다.

4 상대도수와 그 그래프

● **개념 노트**

1 상대도수

(1) **상대도수**: 도수의 총합에 대한 그 계급의 도수의 비율

$$(\text{어떤 계급의 상대도수}) = \frac{(\text{그 계급의 도수})}{(\text{도수의 총합})}$$

① (어떤 계급의 도수)
= (그 계급의 상대도수) × (도수의 총합)

② (도수의 총합) = $\dfrac{(\text{그 계급의 도수})}{(\text{어떤 계급의 상대도수})}$

(2) **상대도수의 분포표**: 각 계급의 상대도수를 나타낸 표

[상대도수의 분포표]

점수(점)	도수(명)	상대도수
$60^{이상} \sim 70^{미만}$	2	$\frac{2}{10} = 0.2$
70 ~ 80	4	$\frac{4}{10} = 0.4$
80 ~ 90	3	$\frac{3}{10} = 0.3$
90 ~ 100	1	$\frac{1}{10} = 0.1$
합계	10	1

(3) **상대도수의 특징**

① 상대도수의 총합은 항상 1이고, 각 계급의 상대도수는 0 이상 1 이하이다.

② 각 계급의 상대도수는 그 계급의 도수에 정비례한다.

③ 도수의 총합이 다른 두 집단의 분포 상태를 비교할 때는 각 계급의 도수를 비교하는 것보다 상대도수를 비교하는 것이 더 적절하다.

2 상대도수의 분포를 나타낸 그래프

(1) **상대도수의 분포를 나타낸 그래프**: 상대도수의 분포표를 히스토그램이나 도수분포다각형 모양으로 나타낸 그래프

(2) **상대도수의 분포를 나타낸 그래프를 그리는 방법**

① 가로축에 각 계급의 양 끝 값을 써넣는다.

② 세로축에 상대도수를 써넣는다.

③ 히스토그램이나 도수분포다각형과 같은 방법으로 그린다.

[상대도수의 분포를 나타낸 그래프]

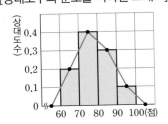

• 상대도수의 분포를 나타낸 그래프는 보통 도수분포다각형 모양의 그래프를 많이 이용한다.

• 상대도수의 총합은 항상 1이므로 상대도수의 분포를 나타낸 그래프와 가로축으로 둘러싸인 부분의 넓이는 계급의 크기와 같다.

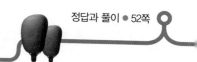

정답과 풀이 ● 52쪽

필수 유형

15 상대도수

[242005-0505]

다음은 지윤이네 학교 여학생들의 몸무게를 조사하여 나타낸 도수분포다각형이다. 몸무게가 52 kg인 학생이 속하는 계급의 상대도수를 구하시오.

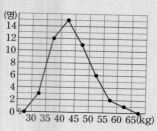

[마스터 전략]

$$(\text{어떤 계급의 상대도수}) = \frac{(\text{그 계급의 도수})}{(\text{도수의 총합})}$$

15-1

[242005-0506]

오른쪽은 동현이네 학교 농구부 학생들의 자유투 성공 횟수를 조사하여 나타낸 도수분포표이다. 자유투 성공 횟수가 6회 이상 8회 미만인 계급의 상대도수를 구하시오.

횟수(회)	도수(명)
0^{이상} ~ 2^{미만}	12
2 ~ 4	14
4 ~ 6	9
6 ~ 8	
8 ~ 10	1
합계	40

15-2

[242005-0507]

오른쪽은 어느 중학교 학생들의 100 m 달리기 기록을 조사하여 나타낸 히스토그램이다. 도수가 두 번째로 큰 계급의 상대도수를 구하시오.

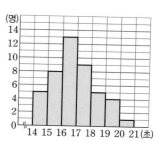

필수 유형

16 상대도수, 도수, 도수의 총합 사이의 관계

[242005-0508]

어느 도수분포표에서 도수가 12인 계급의 상대도수가 0.4일 때, 도수가 3인 계급의 상대도수를 구하시오.

[마스터 전략]

어떤 계급의 도수와 상대도수를 알면 도수의 총합을 구할 수 있다.

16-1

[242005-0509]

은정이네 반 학생들의 미술 성적을 조사한 도수분포표에서 80점 이상 90점 미만인 계급의 도수는 8명이고 이 계급의 상대도수는 0.25일 때, 이 반의 전체 학생 수를 구하시오.

16-2

[242005-0510]

어느 도수분포표에서 도수가 18인 계급의 상대도수가 0.3이다. 도수가 24인 계급의 상대도수를 a, 상대도수가 0.45인 계급의 도수를 b라 할 때, a, b의 값을 각각 구하시오.

소단원 필수 유형

17 상대도수의 분포표

[242005-0511]

다음은 혜민이네 반 학생 25명이 1학기 동안 교내 진로 특강에 참여한 횟수를 조사하여 나타낸 상대도수의 분포표이다. 특강에 참여한 횟수가 2회 이상 4회 미만인 학생 수와 4회 이상 6회 미만인 학생 수의 비가 5 : 6일 때, 특강에 참여한 횟수가 4회 이상 6회 미만인 학생 수를 구하시오.

참여 횟수(회)	상대도수
0이상 ~ 2미만	0.08
2 ~ 4	
4 ~ 6	
6 ~ 8	0.28
8 ~ 10	0.2
합계	1

[마스터 전략]
상대도수의 총합은 항상 1이다.

17-1

[242005-0512]

오른쪽은 극장에서 상영 중인 어느 영화의 관람객의 나이를 조사하여 나타낸 상대도수의 분포표이다. 나이가 40세 이상인 관람객은 전체의 몇 %인지 구하시오.

나이(세)	상대도수
10이상 ~ 20미만	0.16
20 ~ 30	0.4
30 ~ 40	0.22
40 ~ 50	
50 ~ 60	0.08
합계	1

17-2

[242005-0513]

다음은 소영이네 반 학생들의 방과 후 공부 시간을 조사하여 나타낸 상대도수의 분포표인데 일부가 얼룩이 져서 보이지 않는다. 방과 후 공부 시간이 1시간 미만인 계급의 도수를 구하시오.

공부 시간(시간)	도수(명)	상대도수
0이상 ~ 1미만	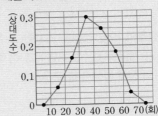	0.05
1 ~ 2		0.15
2 ~ 3	18	0.3

18 상대도수의 분포를 나타낸 그래프

[242005-0514]

다음은 수진이네 학교 학생 50명의 윗몸 일으키기 횟수에 대한 상대도수의 분포를 나타낸 그래프이다. 기록이 7번째로 좋은 학생이 속하는 계급의 도수를 구하시오.

[마스터 전략]
전체 학생 수와 상대도수의 분포를 나타낸 그래프가 주어지면 각 계급의 도수를 구할 수 있다.

18-1

[242005-0515]

오른쪽은 어느 중학교 1학년 학생들의 줄넘기 기록에 대한 상대도수의 분포를 나타낸 그래프이다. 기록이 20회 이상 30회 미만인 학생 수가 12일 때, 전체 학생 수를 구하시오.

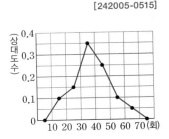

18-2

[242005-0516]

오른쪽은 정훈이네 학교 학생들의 하루 수면 시간에 대한 상대도수의 분포를 나타낸 그래프이다. 상대도수가 가장 큰 계급의 도수가 80명일 때, 수면 시간이 7시간 미만인 학생 수를 구하시오.

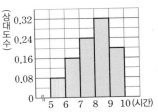

19 일부가 보이지 않는 상대도수의 분포를 나타낸 그래프

[242005-0517]

다음은 어느 중학교 학생 150명의 과학 성적에 대한 상대도수의 분포를 나타낸 그래프인데 일부가 찢어져 보이지 않는다. 과학 성적이 70점 이상 80점 미만인 학생 수를 구하시오.

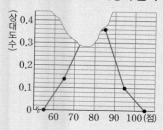

[마스터 전략]

상대도수의 총합이 1임을 이용하여 보이지 않는 계급의 상대도수를 구한다.

19-1

[242005-0518]

오른쪽은 소민이네 학교 학생들의 한 달 동안의 편의점 이용 횟수에 대한 상대도수의 분포를 나타낸 그래프인데 일부가 찢어져 보이지 않는다. 이용 횟수가 1회 이상 5회 미만인 학생 수가 3일 때, 이용 횟수가 13회 이상 17회 미만인 학생 수를 구하시오.

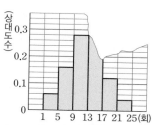

19-2

[242005-0519]

오른쪽은 지우네 반 학생 25명이 미술 숙제를 하는 데 걸린 시간에 대한 상대도수의 분포를 나타낸 그래프인데 일부가 찢어져 보이지 않는다. 미술 숙제를 하는 데 걸린 시간이 40분 이상 50분 미만인 학생 수와 50분 이상 60분 미만인 학생 수의 비가 3 : 1일 때, 미술 숙제를 하는 데 걸린 시간이 40분 이상 50분 미만인 학생 수를 구하시오.

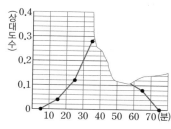

20 도수의 총합이 다른 두 집단의 비교

[242005-0520]

다음은 어느 중학교 1학년 200명과 2학년 220명의 통학 시간에 대한 상대도수의 분포를 나타낸 그래프이다. 상대도수가 서로 같은 계급의 학생 수의 차를 구하시오.

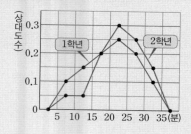

[마스터 전략]

도수의 총합이 다른 두 집단의 분포 상태를 비교할 때 상대도수를 이용하면 편리하다.

20-1

[242005-0521]

오른쪽은 A, B 두 중학교 학생들의 봉사 활동 시간에 대한 상대도수의 분포를 나타낸 그래프이다. 다음 보기 에서 옳은 것을 있는 대로 고르시오.

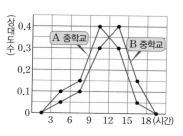

보기

ㄱ. 두 그래프와 가로축으로 둘러싸인 부분의 넓이는 서로 같다.

ㄴ. B 중학교 학생들의 봉사 활동 시간이 A 중학교 학생들의 봉사 활동 시간보다 상대적으로 긴 편이다.

ㄷ. 봉사 활동 시간이 3시간 이상 9시간 미만인 학생 수는 A 중학교가 B 중학교보다 많다.

1
[242005-0522]

다음 자료 중에서 평균을 대푯값으로 하기에 가장 적절하지 <u>않은</u> 것은?

① 2, 2, 2, 2, 2
② 3, 6, 4, 9, 10
③ 15, 20, 1000, 25, 30
④ 51, 52, 53, 54, 55
⑤ 3, 6, 9, 12, 15

2
[242005-0523]

다음은 혜정이네 반 학생 25명의 오래 매달리기 기록을 조사하여 나타낸 줄기와 잎 그림이다. 중앙값을 a초, 최빈값을 b초라 할 때, $a+b$의 값을 구하시오.

(0 | 1은 1초)

줄기	잎
0	1 3 6 7
1	0 1 3 4 8 8
2	0 2 3 4 5 9 9 9
3	3 5 7 8 9
4	0 4

3 ◉중요
[242005-0524]

다음 세 자료 (가), (나), (다)에 대한 설명으로 옳지 <u>않은</u> 것은?

자료 (가)	1, 1, 2, 2, 3, 3, 4, 4, 5, 5
자료 (나)	1, 2, 2, 3, 3, 3, 3, 4, 4, 5
자료 (다)	1, 1, 2, 2, 3, 4, 5, 6, 30

① 자료 (가)의 평균과 중앙값은 같다.
② 자료 (나)의 평균과 최빈값은 같다.
③ 세 자료 (가), (나), (다)의 중앙값은 모두 같다.
④ 자료 (가)는 최빈값을 대푯값으로 정하는 것이 가장 적절하다.
⑤ 자료 (다)는 중앙값을 대푯값으로 정하는 것이 가장 적절하다.

4
[242005-0525]

두 수 a, b의 평균이 5, 두 수 b, c의 평균이 7, 두 수 c, a의 평균이 9일 때, 세 수 a, b, c의 평균은?

① 6
② 7
③ 8
④ 9
⑤ 10

5
[242005-0526]

다음 보기 에서 옳은 것을 있는 대로 고른 것은?

보기
ㄱ. 줄기와 잎 그림에서 중복된 자료의 변량은 한 번만 나타낸다.
ㄴ. 변량 중 극단적인 값이 있는 경우에는 대푯값으로 중앙값이 평균보다 적절하다.
ㄷ. 각 계급의 계급값을 조사하여 나타낸 표를 도수분포표라 한다.
ㄹ. 최빈값은 선호도 조사에 주로 이용된다.

① ㄱ
② ㄷ
③ ㄱ, ㄴ
④ ㄱ, ㄷ
⑤ ㄴ, ㄹ

6
[242005-0527]

다음은 현수네 반 학생들의 국어 성적을 조사하여 나타낸 줄기와 잎 그림인데 일부가 지워져 보이지 않는다. 줄기가 6과 7인 학생 수의 합은 전체의 30 %일 때, 전체 학생 수를 구하시오.

(5 | 0은 50점)

줄기	잎
5	0 1 1 2 3 3 5 6 9 9 9
6	
7	
8	1 2 2 3 4 5 8
9	0 3 3

7
[242005-0528]

다음은 민경이네 반과 준호네 반 학생들을 대상으로 키를 조사하여 나타낸 도수분포표이다. 키가 162 cm인 준호와 키가 같은 학생은 민경이네 반에서 최소 상위 몇 % 이내에 드는지 구하시오.

키(cm)	학생 수	
	민경이네 반	준호네 반
140이상 ~ 145미만	1	2
145 ~ 150	12	11
150 ~ 155	15	7
155 ~ 160	8	4
160 ~ 165	3	4
165 ~ 170	1	2
합계	40	30

8 🎁 고득점
[242005-0529]

다음은 혜수네 학교 학생들의 몸무게를 조사하여 나타낸 도수분포표이다. 몸무게가 60 kg 이상 70 kg 미만인 학생은 전체의 25 %라 할 때, 몸무게가 50 kg 미만인 학생은 전체의 몇 %인지 구하시오.

몸무게(kg)	도수(명)
30이상 ~ 40미만	4
40 ~ 50	9
50 ~ 60	15
60 ~ 70	
70 ~ 80	2
합계	

9 📍중요
[242005-0530]

오른쪽은 지윤이네 반 학생들의 도덕 점수를 조사하여 나타낸 히스토그램이다. 다음 중에서 히스토그램에 대한 설명으로 옳지 않은 것은?

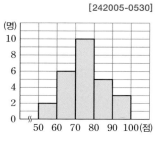

① 계급의 크기는 10점이다.
② 계급의 개수는 5이다.
③ 지윤이네 반 전체 학생 수는 26이다.
④ 도덕 점수가 가장 높은 학생의 점수는 100점이다.
⑤ 도덕 점수가 70점 이상 80점 미만인 학생이 가장 많다.

10
[242005-0531]

오른쪽은 하늘이네 반 학생 30명이 한 달 동안 PC방을 방문한 횟수를 조사하여 나타낸 히스토그램인데 일부가 찢어져 보이지 않는다. 한 달 동안 PC방을 6번 이상 8번 미만 방문한 학생이 전체의 30 %라 할 때, 한 달 동안 PC방을 4번 이상 6번 미만 방문한 학생은 전체의 몇 %인지 구하시오.

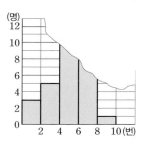

11
[242005-0532]

오른쪽은 어느 반 학생들의 과학 수행 평가 성적을 조사하여 나타낸 도수분포다각형이다. 성적이 하위 25 %에 속하는 학생들은 보충 과제를 수행해야 할 때, 보충 과제를 수행하지 않으려면 성적이 적어도 몇 점 이상이어야 하는지 구하시오.

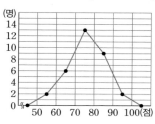

12 📍중요
[242005-0533]

오른쪽은 환동이네 반 학생 25명의 하루 동안의 운동 시간을 조사하여 나타낸 도수분포다각형인데 일부가 찢어져 보이지 않는다. 운동 시간이 40분 이상 50분 미만인 학생 수를 구하시오.

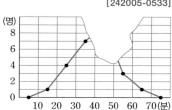

13
[242005-0534]

오른쪽은 어느 학급 학생들의 국어 성적을 조사하여 나타낸 도수분포다각형이다. 이 그래프와 가로축으로 둘러싸인 부분의 넓이가 340일 때, 도수가 가장 큰 계급의 도수를 구하시오.

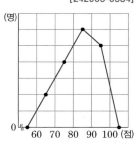

14
[242005-0535]

어느 중학교 1학년 학생 40명의 하루 인터넷 사용 시간을 조사하여 나타낸 도수분포표에서 어떤 계급의 상대도수가 0.15이다. 이 계급의 도수를 구하시오.

중단원 핵심유형 테스트

15 🎁 고득점　　　　　　　　　　　　　　　[242005-0536]

오른쪽은 어느 학교 학생들의 100 m 달리기 기록에 대한 상대도수의 분포를 나타낸 그래프인데 일부가 찢어져 보이지 않는다. 달리기 기록이 17초 미만인 학생이 20명이고 17초 이상 18초 미만인 학생 수를 a, 19초 이상 20초 미만인 학생 수를 b라 할 때, $a-b$의 값을 구하시오.

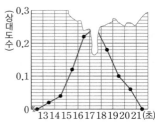

16　　　　　　　　　　　　　　　　　[242005-0537]

동석이네 반과 민정이네 반의 전체 학생 수는 각각 30, 35이다. 수학 성적이 80점 이상 90점 미만인 학생 수의 비가 3 : 5일 때, 이 계급의 상대도수의 비를 가장 간단한 자연수의 비로 나타내시오.

17　　　　　　　　　　　　　　　　　[242005-0538]

오른쪽은 전국 중학교 1학년 학생들의 진단평가 성적과 소진이네 반 학생들의 진단평가 성적에 대한 상대도수의 분포를 나타낸 그래프이다. 다음 중에서 옳지 <u>않은</u> 것은?

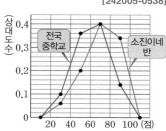

① 소진이네 반 학생들의 성적이 전국 중학교 1학년 학생들의 성적에 비해 높은 편이다.
② 전국 중학교 1학년 학생 중에서 성적이 80점 이상인 학생은 전체의 14 %이다.
③ 성적이 60점 이상 80점 미만인 계급의 상대도수는 서로 같다.
④ 성적이 60점 미만인 학생의 비율은 전국 중학교 1학년이 더 높다.
⑤ 성적이 80점 이상인 학생 수는 전국 중학교 1학년에 비해 소진이네 반이 더 많다.

18　　　　　　　　　　　　　　　　　[242005-0539]

오른쪽은 혜성이네 반 학생들의 줄넘기 기록을 조사하여 나타낸 도수분포다각형인데 일부가 찢어져 보이지 않는다. 기록이 40회 미만인 학생 수와 60회 이상인 학생 수의 비가 2 : 1일 때, 기록이 30회 이상 40회 미만인 학생 수와 60회 이상 70회 미만인 학생 수의 비를 구하시오. (단, 가장 간단한 자연수의 비로 나타낸다.)

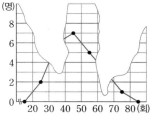

풀이 과정

답 |

19　　　　　　　　　　　　　　　　　[242005-0540]

다음은 어느 중학교 1학년 1반과 2반 학생들의 영어 성적을 조사하여 나타낸 상대도수의 분포표이다. A, B의 값을 각각 구하고, 영어 성적이 70점 미만인 학생은 각 반에서 몇 %인지 구하시오.

영어 성적(점)	1반	2반
$50^{이상}$ ~ $60^{미만}$	0.1	B
60 ~ 70	A	0.25
70 ~ 80	0.35	0.35
80 ~ 90	0.25	0.2
90 ~ 100	0.1	0.05
합계	1	1

풀이 과정

답 |

연습책

수학 마스터

체계적인 **문제 해결 학습서**

유형 베타 β

중학 수학 1-2

유형책

개념 정리   한눈에 보는 개념 정리와 문제가 쉬워지는 개념 노트

소단원 필수 유형   쌍둥이 유제와 함께 완벽한 유형 학습 문제

중단원 핵심유형 테스트   교과서와 기출 서술형으로 구성한 실전 연습

연습책

소단원 유형 익히기   개념책 필수 유형과 연동한 쌍둥이 보충 문제

중단원 핵심유형 테스트   실전 감각을 기르는 핵심 문제와 기출 서술형

정답과 풀이

빠른 정답   간편한 채점을 위한 한눈에 보는 정답

친절한 풀이   오답을 줄이는 자세하고 친절한 풀이

체계적인 문제 해결 학습서

유형 베타 β   중학 수학 **1-2**   연습책

이 책의 차례

1 점, 선, 면

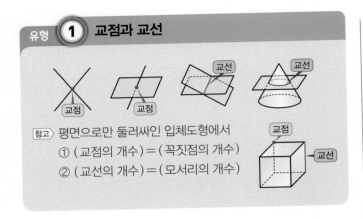

참고 평면으로만 둘러싸인 입체도형에서
① (교점의 개수) = (꼭짓점의 개수)
② (교선의 개수) = (모서리의 개수)

1 👍 대표   [242005-0541]

오른쪽 그림과 같은 입체도형에서 교점의 개수
와 교선의 개수를 차례로 구하면?

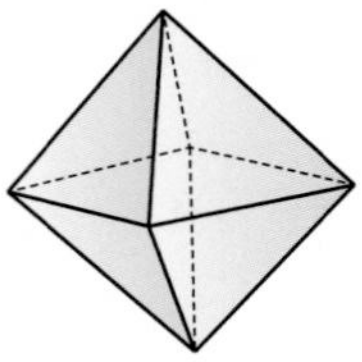

① 4, 8   ② 4, 12

③ 6, 8   ④ 6, 9

⑤ 6, 12

2   [242005-0542]

오른쪽 그림과 같은 입체도형에서 교점의
개수를 a, 교선의 개수를 b, 면의 개수를 c
라 할 때, $a+b-c$의 값을 구하시오.

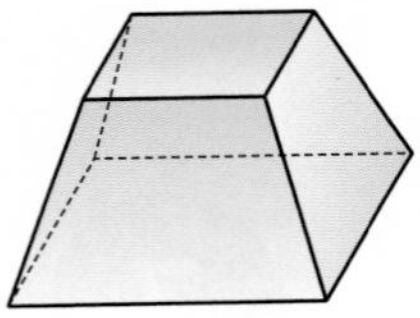

3   [242005-0543]

다음 중에서 옳은 것을 모두 고르면? (정답 2개)

① 모든 도형은 점과 선으로만 이루어져 있다.

② 점이 연속하여 움직인 자리는 선이 된다.

③ 선과 선이 만나면 교선이 생긴다.

④ 면과 면이 만나면 교점이 생긴다.

⑤ 칠각기둥에서 교선의 개수는 모서리의 개수와 같다.

유형 2 직선, 반직선, 선분

직선 AB	$\overleftrightarrow{AB}$	•────────• A B	$\overleftrightarrow{AB}=\overleftrightarrow{BA}$
반직선 AB	$\overrightarrow{AB}$	- - -•────────• A B	$\overrightarrow{AB}\neq\overrightarrow{BA}$
선분 AB	$\overline{AB}$	- - -•────────•- - - A B	$\overline{AB}=\overline{BA}$

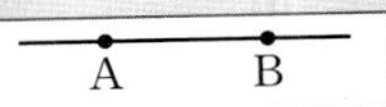

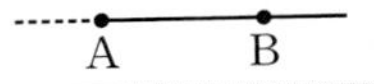

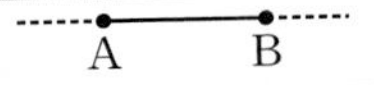

4 👍 대표   [242005-0544]

오른쪽 그림과 같이 한 직선 위에 세 점
A, B, C가 있다. 다음 중에서 서로 같은
것끼리 짝 지으시오.

•────•────•
A   B   C

$$\overleftrightarrow{AB},\ \overrightarrow{BC},\ \overrightarrow{AC},\ \overleftrightarrow{BC},\ \overrightarrow{CB},\ \overline{AB},\ \overline{CB}$$

5   [242005-0545]

오른쪽 그림과 같이 직선 l 위에 네 점
A, B, C, D가 있을 때, 다음 중 $\overline{BD}$
를 포함하지 않는 것은? (정답 2개)

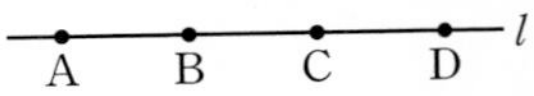

•────•────•────•──── l
A   B   C   D

① $\overrightarrow{AB}$ ② $\overrightarrow{BC}$ ③ $\overleftrightarrow{BC}$

④ $\overline{BD}$ ⑤ $\overrightarrow{DC}$

6 📢 신유형   [242005-0546]

오른쪽 그림과 같이 네 점 A, B, C, D가
있을 때, 다음 중에서 같은 것끼리 짝 지은
것으로 옳지 않은 것은?

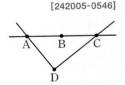

① $\overleftrightarrow{AB}$와 $\overleftrightarrow{CA}$ ② $\overrightarrow{AB}$와 $\overrightarrow{AC}$

③ $\overrightarrow{DA}$와 $\overrightarrow{DC}$ ④ $\overline{AC}$와 $\overline{CA}$

⑤ $\overleftrightarrow{CD}$와 $\overleftrightarrow{DC}$

유형 ③ 직선, 반직선, 선분의 개수

한 직선 위에 있는 세 점 A, B, C
로 만들 수 있는 서로 다른 직선, 반
직선, 선분의 개수는 각각 다음과
같다.

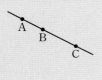

① 직선 ➡ $\overleftrightarrow{AB}$의 1개
② 반직선 ➡ $\overrightarrow{AC}$, $\overrightarrow{BA}$, $\overrightarrow{BC}$, $\overrightarrow{CA}$의 4개
③ 선분 ➡ $\overline{AB}$, $\overline{BC}$, $\overline{AC}$의 3개

7 👍 대표
[242005-0547]

오른쪽 그림과 같이 한 직선 위에 있지 않은
세 점 A, B, C 중에서 두 점을 지나는 서로
다른 직선의 개수를 a, 서로 다른 반직선의 개
수를 b라 할 때, $a+b$의 값을 구하시오.

•A

B•   •C

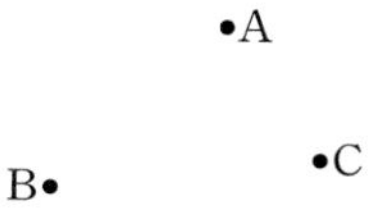

8 ✏️ 서술형
[242005-0548]

오른쪽 그림과 같이 5개의 점 A, B, C, D, E
가 있다. 이 중에서 두 점을 이어 만들 수 있
는 서로 다른 직선의 개수를 a, 서로 다른 반
직선의 개수를 b라 할 때, $a+b$의 값을 구하
시오.

•E

A
  B
     C
        D

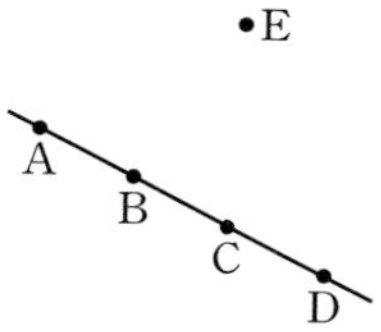

9
[242005-0549]

오른쪽 그림과 같이 반원과 지름 위의 5개
의 점 A, B, C, D, E 중에서 두 점을 이용
하여 그을 수 있는 서로 다른 직선의 개수를
a, 서로 다른 반직선의 개수를 b, 서로 다른
선분의 개수를 c라 할 때, $a-b+c$의 값은?

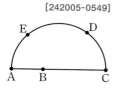

① 0   ② 10   ③ 16
④ 20   ⑤ 36

유형 ④ 선분의 중점

① 선분 AB의 중점 M
➡ $\overline{AM}=\overline{BM}=\dfrac{1}{2}\overline{AB}$

② 선분 AB의 삼등분점 M, N
➡ $\overline{AM}=\overline{MN}=\overline{NB}=\dfrac{1}{3}\overline{AB}$

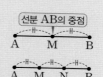

10
[242005-0550]

오른쪽 그림에서 점 M은 $\overline{AB}$의 중점
이다. $\overline{AM}=(5x-9)$ cm,
$\overline{MB}=(7-3x)$ cm일 때, $\overline{AB}$의 길이를 구하시오.

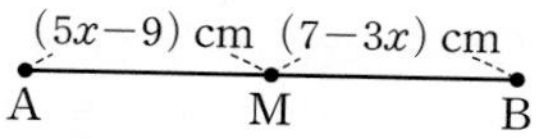

$(5x-9)$ cm $(7-3x)$ cm
A   M   B

11 👍 대표
[242005-0551]

오른쪽 그림에서 점 M은 $\overline{AB}$의 중점이
고, 점 N은 $\overline{AM}$의 중점이다. 다음 중
에서 옳지 않은 것은?

A   N   M   B

① $\overline{AM}=\overline{MB}$
② $\overline{AB}=2\overline{AM}$
③ $\overline{AB}=3\overline{AN}$
④ $\overline{AN}=\dfrac{1}{2}\overline{AM}$
⑤ $\overline{MN}=\dfrac{1}{4}\overline{AB}$

12
[242005-0552]

오른쪽 그림에서 두 점 M, N은 $\overline{AB}$의
삼등분점이고, 점 P는 $\overline{MN}$의 중점이
다. 다음 ☐ 안에 알맞은 수를 차례로 구하시오.

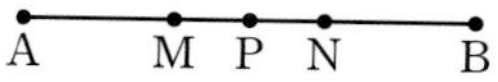

A   M   P   N   B

$$\overline{AB}=\boxed{}\overline{MP}, \qquad \overline{PN}=\boxed{}\overline{AN}$$

두 점 M, N이 각각 $\overline{AB}$, $\overline{BC}$
의 중점일 때

① $\overline{AM}=\overline{BM}=\dfrac{1}{2}\overline{AB}$, $\overline{BN}=\overline{CN}=\dfrac{1}{2}\overline{BC}$

② $\overline{MN}=\overline{MB}+\overline{BN}=\dfrac{1}{2}\overline{AB}+\dfrac{1}{2}\overline{BC}=\dfrac{1}{2}\overline{AC}$

13 👍 대표 [242005-0553]

오른쪽 그림에서 두 점 M, N은 $\overline{AB}$
의 삼등분점이고 점 O는 $\overline{NB}$의 중점
이고 $\overline{AB}=18\,\text{cm}$이다.
$\overline{AB}=a\overline{AM}$, $\overline{MO}=b\,\text{cm}$라 할 때, $a+b$의 값은?

① 9 ② 10 ③ 11
④ 12 ⑤ 13

14 [242005-0554]

오른쪽 그림에서 점 M은 $\overline{AC}$의 중점이
고, 점 N은 $\overline{CB}$의 중점이다.
$\overline{AB}=16\,\text{cm}$일 때, $\overline{MN}$의 길이를 구하시오.

15 ✏️ 서술형 [242005-0555]

다음 그림에서 점 M은 $\overline{AB}$의 중점이고, 점 N은 $\overline{AC}$의 중점이다.
$\overline{AB}=14\,\text{cm}$, $\overline{BC}=10\,\text{cm}$일 때, $\overline{MN}$의 길이를 구하시오.

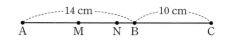

$\overline{AC}:\overline{BC}=a:b$일 때,

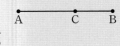

$\overline{AC}=\dfrac{a}{a+b}\overline{AB}$, $\overline{BC}=\dfrac{b}{a+b}\overline{AB}$

16 👍 대표 [242005-0556]

다음 그림에서 점 M은 $\overline{AB}$은 중점이고 $\overline{BN}=\overline{NC}$,
$\overline{AB}:\overline{BC}=1:3$, $\overline{MN}=12\,\text{cm}$일 때, $\overline{AB}$의 길이를 구하시오.

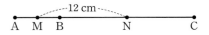

17 [242005-0557]

다음 그림에서 점 N은 $\overline{BC}$의 중점이고 $\overline{AB}:\overline{BC}=4:1$,
$\overline{AM}:\overline{MB}=1:3$이다. $\overline{AC}=25\,\text{cm}$일 때, $\overline{MN}$의 길이는?

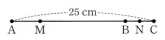

① 17 cm ② $\dfrac{35}{2}$ cm ③ 18 cm
④ $\dfrac{37}{2}$ cm ⑤ 19 cm

18 🔔 신유형 [242005-0558]

아래 그림과 같이 7개의 점의 위치에 각각 집이 있다.

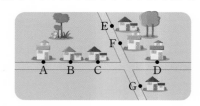

다음 조건을 만족시키는 세빈이의 집을 나타내는 점을 구하시오.

(가) 세빈이의 집은 직선 BC 위에 있다.
(나) 점 B는 선분 AC의 중점이고, 점 C는 선분 AD의 중점
   이다.
(다) 세빈이의 집에서 점 D까지의 거리는 세빈이의 집에서 점
   A까지의 거리의 3배이다.

유형 **7** 각의 크기 – 직각

(직각)=90°
➡ ∠a+∠b=90°에서
   ∠a=90°−∠b

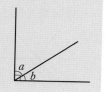

19 👍 대표

[242005-0559]

오른쪽 그림에서 x의 값은?

① 17   ② 18
③ 19   ④ 20
⑤ 21

20

[242005-0560]

오른쪽 그림에서
∠AOC=∠BOD=90°이고
∠AOB=56°일 때, ∠x, ∠y의 크기
를 각각 구하시오.

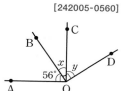

21

[242005-0561]

오른쪽 그림에서 $\overline{AO} \perp \overline{CO}$, $\overline{BO} \perp \overline{DO}$
이고 ∠AOB+∠COD=70°일 때,
∠BOC의 크기는?

① 45°   ② 50°
③ 55°   ④ 60°
⑤ 65°

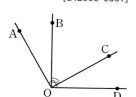

유형 **8** 각의 크기 – 평각

(평각)=180°
➡ ∠a+∠b=180°에서
   ∠a=180°−∠b

22 👍 대표

[242005-0562]

오른쪽 그림에서 ∠AOC의 크기는?

① 64°   ② 65°
③ 66°   ④ 67°
⑤ 68°

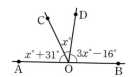

23

[242005-0563]

오른쪽 그림에서 $2x+y$의 값은?

① 100   ② 105
③ 110   ④ 115
⑤ 120

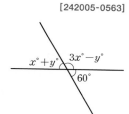

24 ✏️ 서술형

[242005-0564]

오른쪽 그림에서
∠AOD=∠COE=90°이고
∠BOE=42°일 때, ∠x의 크기를 구하
시오.

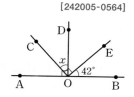

유형 ⑨ 각의 크기 사이의 조건이 주어진 경우

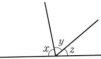

$\angle COD=a°$일 때
① $\angle AOC=5\angle COD$이면
　$\angle AOC=5a°$
② $\angle COB=5\angle COD$이면
　$\angle DOB=\angle COB-\angle COD=5a°-a°=4a°$

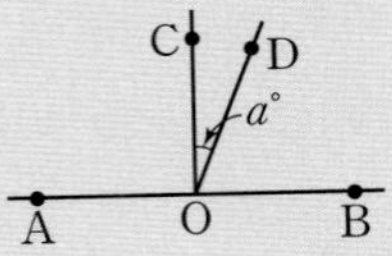

25 👍 대표
[242005-0565]

오른쪽 그림에서
$\angle x : \angle y : \angle z = 4 : 3 : 2$일 때,
$\angle x$의 크기는?

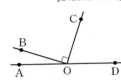

① $65°$　　② $70°$
③ $75°$　　④ $80°$
⑤ $85°$

26
[242005-0566]

오른쪽 그림에서 $\angle BOC=90°$,
$\angle AOB : \angle COD=1:4$일 때,
$\angle COD$의 크기를 구하시오.

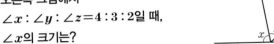

27 ✏️ 서술형
[242005-0567]

오른쪽 그림에서 $\overline{AB}\perp\overline{CO}$이고
$\angle AOD=4\angle COD$,
$\angle DOB=3\angle DOE$일 때,
$\angle COE$의 크기를 구하시오.

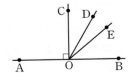

유형 ⑩ 맞꼭지각

(1) 맞꼭지각의 크기는 서로 같다.
(2)

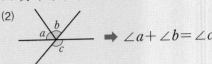

➡ $\angle a + \angle b = \angle c$

28 👍 대표
[242005-0568]

오른쪽 그림에서 $x+y$의 값은?

① 175　　② 180
③ 185　　④ 190
⑤ 195

29 🔔 신유형
[242005-0569]

오른쪽 그림에서 $\angle AOE=5\angle EOD$
일 때, $\angle BOC$의 크기는?

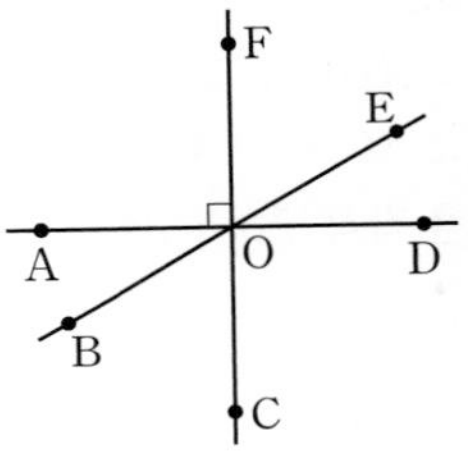

① $50°$　　② $55°$
③ $60°$　　④ $65°$
⑤ $70°$

30
[242005-0570]

오른쪽 그림에서 x, y의 값을 각각 구하
시오.

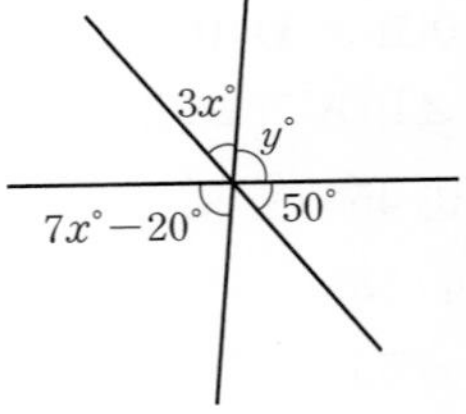

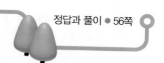

유형 ⑪ 맞꼭지각의 쌍의 개수

두 직선이 한 점에서 만날 때 생기는 맞꼭지각은
$\angle a$와 $\angle c$, $\angle b$와 $\angle d$
의 2쌍이다.

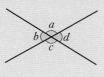

31
[242005-0571]

오른쪽 그림과 같이 한 평면 위에 4개의 직선이 있을 때 생기는 맞꼭지각은 모두 몇 쌍인지 구하시오.

(단, 어느 두 직선도 평행하지 않다.)

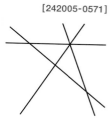

32 👍 대표
[242005-0572]

오른쪽 그림과 같이 세 직선이 한 점에서 만날 때 생기는 맞꼭지각은 모두 몇 쌍인가?

① 2쌍　　② 4쌍
③ 6쌍　　④ 8쌍
⑤ 9쌍

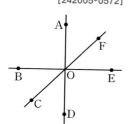

33
[242005-0573]

오른쪽 그림과 같이 세 개의 직선과 한 개의 반직선이 한 점에서 만날 때 생기는 맞꼭지각은 모두 몇 쌍인지 구하시오.

유형 ⑫ 수직과 수선

오른쪽 그림에서
① $l \perp \overline{\text{PH}}$
② 점 P에서 직선 l에 내린 수선의 발
　➡ 점 H
③ 점 P와 직선 l 사이의 거리
　➡ $\overline{\text{PH}}$의 길이

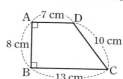

34 👍 대표
[242005-0574]

다음 중에서 오른쪽 그림과 같은 사다리꼴 ABCD에 대한 설명으로 옳지 않은 것은?

① $\overline{\text{AB}} \perp \overline{\text{AD}}$
② $\overline{\text{BC}}$는 $\overline{\text{AB}}$의 수선이다.
③ 점 C와 $\overline{\text{AB}}$ 사이의 거리는 13 cm이다.
④ 점 D와 $\overline{\text{BC}}$ 사이의 거리는 10 cm이다.
⑤ 점 A에서 $\overline{\text{BC}}$에 내린 수선의 발은 점 B이다.

35 ✏️ 서술형
[242005-0575]

오른쪽 그림에서 점 B와 $\overline{\text{CD}}$ 사이의 거리를 x cm, 점 D와 $\overline{\text{BC}}$ 사이의 거리를 y cm라 할 때, $x+y$의 값을 구하시오.

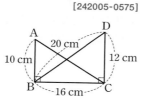

36
[242005-0576]

오른쪽 그림의 삼각형 ABC에서 점 A에서 $\overline{\text{BC}}$에 내린 수선의 발을 H라 하자. $\overline{\text{AH}}=4$ cm, $\overline{\text{AC}}=5$ cm, $\overline{\text{BC}}=6$ cm라 할 때, 점 B와 $\overline{\text{AC}}$ 사이의 거리를 구하시오.

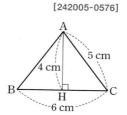

3 위치 관계

유형 **13** 점과 직선, 점과 평면의 위치 관계

(1) 점과 직선의 위치 관계
   ① 점 A는 직선 l 위에 있다.
   ② 점 B는 직선 l 위에 있지 않다.
(2) 점과 평면의 위치 관계
   ① 점 A는 평면 P 위에 있다.
   ② 점 B는 평면 P 위에 있지 않다.

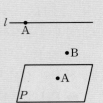

37 대표   [242005-0577]

다음 중에서 오른쪽 그림에 대한 설명으로 옳지 <u>않은</u> 것은?

① 점 A는 직선 l 위에 있다.
② 점 D는 직선 m 위에 있다.
③ 직선 l은 점 C를 지나지 않는다.
④ 두 점 A, D는 한 직선 위에 있다.
⑤ 두 점 B, C는 모두 직선 l 위에 있지 않다.

38 서술형   [242005-0578]

오른쪽 그림과 같은 사각뿔에서 모서리 AB 위에 있는 꼭짓점의 개수를 a, 면 ABCD 위에 있지 <u>않은</u> 꼭짓점의 개수를 b라 할 때, $a+b$의 값을 구하시오.

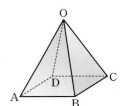

39   [242005-0579]

다음 중에서 오른쪽 그림과 같은 직육면체에 대한 설명으로 옳지 <u>않은</u> 것은?

① 점 D는 면 AEHD 위에 있다.
② 점 F는 모서리 FG 위에 있다.
③ 두 점 D와 F를 모두 지나는 모서리는 없다.
④ 면 ABFE 위에 있지 않은 꼭짓점은 4개이다.
⑤ 모서리 BF와 모서리 FE가 공통으로 지나는 점은 점 E이다.

유형 **14** 평면에서 두 직선의 위치 관계

① 한 점에서 만난다.   ② 일치한다.   ③ 평행하다.

40 신유형   [242005-0580]

오른쪽 그림과 같이 하프 위에 그려진 네 직선 l, m, n, k에 대하여 다음을 구하시오.

(1) 직선 k와 한 점에서 만나는 직선
(2) 직선 l과 평행한 직선

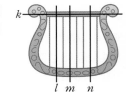

41 대표   [242005-0581]

오른쪽 그림과 같은 정육각형에서 다음 중 위치 관계가 나머지 넷과 <u>다른</u> 하나는?

① $\overleftrightarrow{AB}$와 $\overleftrightarrow{FE}$
② $\overleftrightarrow{BC}$와 $\overleftrightarrow{DE}$
③ $\overleftrightarrow{AF}$와 $\overleftrightarrow{EF}$
④ $\overleftrightarrow{AC}$와 $\overleftrightarrow{DE}$
⑤ $\overleftrightarrow{AB}$와 $\overleftrightarrow{DE}$

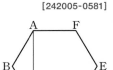

42   [242005-0582]

오른쪽 그림과 같은 사다리꼴 ABCD에서 각 변을 연장한 직선에 대하여 다음 보기 에서 옳은 것을 있는 대로 고르시오.

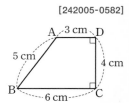

보기
ㄱ. $\overleftrightarrow{AB}$와 $\overleftrightarrow{CD}$는 평행하다.
ㄴ. $\overleftrightarrow{AD}$와 $\overleftrightarrow{BC}$는 만나지 않는다.
ㄷ. $\overleftrightarrow{BC}$와 $\overleftrightarrow{CD}$는 수직으로 만난다.
ㄹ. 점 A와 $\overleftrightarrow{BC}$ 사이의 거리는 4 cm이다.

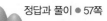

유형 ⑮ 평면이 하나로 정해질 조건

다음이 주어지면 평면이 하나로 정해진다.
① 한 직선 위에 있지 않은 서로 다른 세 점
② 한 직선과 그 직선 밖에 있는 한 점
③ 한 점에서 만나는 두 직선
④ 서로 평행한 두 직선

---

43 [242005-0583]

다음 중에서 평면이 하나로 정해지는 경우가 <u>아닌</u> 것은?

① 서로 평행한 두 직선
② 일치하는 두 직선
③ 한 직선과 그 직선 위에 있지 않은 한 점
④ 한 점에서 만나는 두 직선
⑤ 한 직선 위에 있지 않은 세 점

---

44 [242005-0584]

오른쪽 그림과 같이 평면 P 밖에 한 점 A 가 있고, 평면 P 위에 네 점 B, C, D, E가 있다. 다섯 개의 점 A, B, C, D, E 중에서 세 점으로 정해지는 서로 다른 평면의 개수를 구하시오. (단, 다섯 개의 점 중 어느 세 점도 한 직선 위에 있지 않다.)

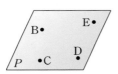

---

45 [242005-0585]

오른쪽 그림은 어느 지하철 환승역의 구조를 나타낸 것이다. 세 직선 l, m, n에 대하여 다음 물음에 답하시오.

(1) 직선 m과 평행한 직선을 찾으시오.
(2) 직선 m과 꼬인 위치에 있는 직선을 찾으시오.

---

46 👍 대표 [242005-0586]

다음 중에서 오른쪽 그림과 같은 직육면체에 대한 설명으로 옳지 <u>않은</u> 것은?

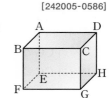

① 모서리 AE와 모서리 CG는 평행하다.
② 모서리 BC와 모서리 EH는 평행하다.
③ 모서리 BF와 모서리 GH는 꼬인 위치에 있다.
④ 모서리 CD와 모서리 FG는 한 점에서 만난다.
⑤ 모서리 EH와 모서리 GH는 수직으로 만난다.

---

47 [242005-0587]

오른쪽 그림과 같은 직육면체에서 $\overline{AC}$, $\overline{BH}$와 동시에 꼬인 위치에 있는 모서리의 개수를 구하시오.

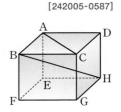

유형 ⑯ 공간에서 두 직선의 위치 관계

(1) 공간에서 두 직선의 위치 관계
　① 한 점에서 만난다.　　② 일치한다.
　③ 평행하다.　　　　　　④ 꼬인 위치에 있다.
(2) 입체도형에서 꼬인 위치에 있는 모서리를 찾을 때에는 한 점에서 만나는 모서리, 평행한 모서리를 제외하여 구한다.

---

48 [242005-0588]

오른쪽 그림과 같이 밑면이 정오각형인 오각기둥에서 각 모서리를 연장한 직선에 대하여 다음 중에서 옳은 것을 모두 고르면? (정답 2개)

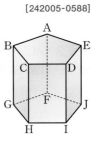

① $\overleftrightarrow{AB}$와 평행한 직선은 없다.
② $\overleftrightarrow{CH}$와 한 점에서 만나는 직선은 4개이다.
③ $\overleftrightarrow{HI}$와 수직으로 만나는 직선은 4개이다.
④ $\overleftrightarrow{EJ}$와 평행한 직선은 5개이다.
⑤ $\overleftrightarrow{CD}$와 꼬인 위치에 있는 직선은 7개이다.

유형 17 공간에서 직선과 평면의 위치 관계

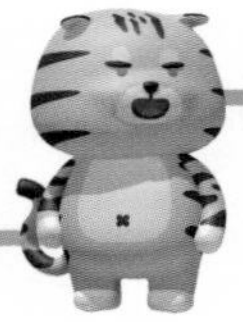

① 한 점에서 만난다. ② 포함된다. ③ 평행하다.

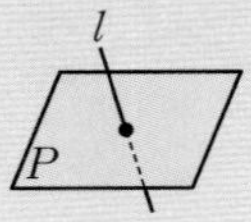

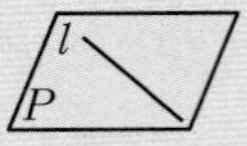

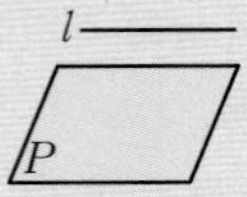

49 [242005-0589]

오른쪽 그림과 같이 밑면이 사다리꼴인 사각기둥에서 다음을 구하시오.

(1) 모서리 CG와 꼬인 위치에 있는 모서리의 개수
(2) 모서리 CG와 평행한 면의 개수
(3) 모서리 CG와 수직인 면의 개수

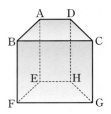

50 대표 [242005-0590]

오른쪽 그림과 같은 삼각기둥에 대하여 다음 보기에서 옳은 것을 모두 고르시오.

보기
ㄱ. 모서리 AD와 모서리 BC는 꼬인 위치에 있다.
ㄴ. 모서리 CF는 면 ADEB에 포함된다.
ㄷ. 면 ADFC와 평행한 모서리는 1개이다.
ㄹ. 면 DEF와 수직인 모서리는 4개이다.

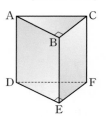

51 [242005-0591]

다음 중에서 오른쪽 그림과 같은 직육면체에 대한 설명으로 옳지 않은 것은?

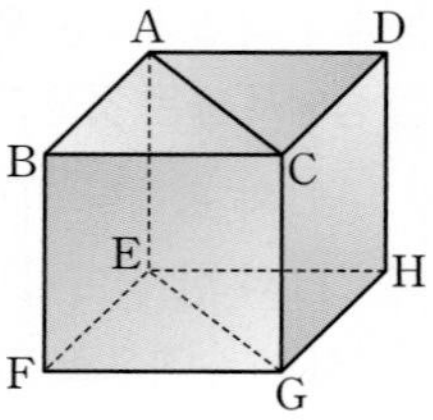

① 모서리 BF와 면 CGHD는 평행하다.
② 선분 AC와 면 EFGH는 평행하다.
③ 모서리 FG는 면 EFGH에 포함된다.
④ 모서리 GH와 면 AEGC는 수직이다.
⑤ 면 AEHD와 선분 EG는 한 점에서 만난다.

유형 18 점과 평면 사이의 거리

점 A와 평면 P 사이의 거리
➡ 점 A에서 평면 P에 내린 수선의 발 H까지의 거리
➡ 선분 AH의 길이

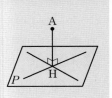

52 대표 [242005-0592]

오른쪽 그림과 같은 삼각기둥에서 점 A와 면 BEFC 사이의 거리를 a cm, 점 C와 면 DEF 사이의 거리를 b cm라 할 때, $a+b$의 값을 구하시오.

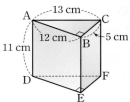

53 서술형 [242005-0593]

오른쪽 그림과 같은 직육면체에서 점 B와 면 CGHD 사이의 거리를 a cm, 점 E와 면 ABCD 사이의 거리를 b cm라 할 때, $a+b$의 값을 구하시오.

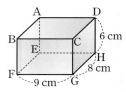

54 [242005-0594]

오른쪽 그림과 같은 직육면체에서 점 A와 면 BFGC 사이의 거리가 a cm, 점 A와 면 EFGH 사이의 거리가 b cm, 직육면체의 부피가 96 cm^3일 때, ab의 값은?

① 12 ② 24
③ 32 ④ 42
⑤ 56

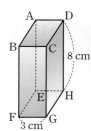

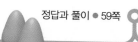
유형 **23** 동위각과 엇각

서로 다른 두 직선이 다른 한 직선과 만나서 생기는 각 중에서

(1) 동위각 : 서로 같은 위치에 있는 두 각

(2) 엇각 : 서로 엇갈린 위치에 있는 두 각

67 👍 대표

[242005-0607]

오른쪽 그림과 같이 세 직선이 만날 때, 다음 중에서 엇각끼리 짝 지어진 것으로 옳은 것을 모두 고르면? (정답 2개)

① $\angle a$와 $\angle h$
② $\angle b$와 $\angle f$
③ $\angle c$와 $\angle e$
④ $\angle d$와 $\angle f$
⑤ $\angle e$와 $\angle g$

68 ✏️ 서술형

[242005-0608]

오른쪽 그림과 같이 세 직선이 만날 때, $\angle a$의 동위각의 크기와 $\angle f$의 엇각의 크기의 합을 구하시오.

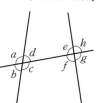

69

[242005-0609]

오른쪽 그림에서 $\angle x$의 모든 엇각의 크기의 합을 구하시오.

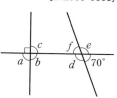

유형 **24** 평행선의 성질

① $l \parallel m$이면
$\angle a = \angle b$ (동위각)

② $l \parallel m$이면
$\angle c = \angle d$ (엇각)

70

[242005-0610]

오른쪽 그림에서 $l \parallel m$일 때, $\angle c$와 크기가 같은 각을 모두 구하시오.

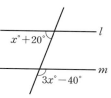

71 👍 대표

[242005-0611]

오른쪽 그림에서 $l \parallel m$일 때, x의 값은?

① 45
② 50
③ 55
④ 60
⑤ 65

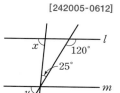

72

[242005-0612]

오른쪽 그림에서 $l \parallel m$일 때, $\angle x + \angle y$의 크기를 구하시오.

유형 25 평행선과 삼각형 모양

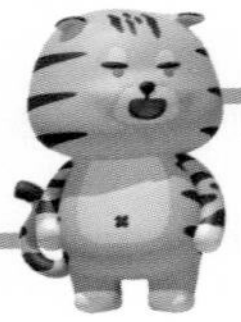

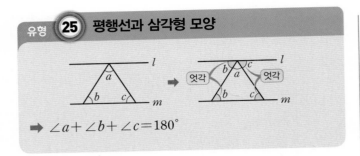

➡ $\angle a+\angle b+\angle c=180^\circ$

73 [242005-0613]

오른쪽 그림에서 $l /\!/ m$일 때, $\angle x$, $\angle y$의 크기를 각각 구하시오.

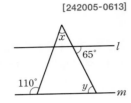

74 대표 [242005-0614]

오른쪽 그림에서 $l /\!/ m$일 때, x의 값은?

① 50 ② 55
③ 60 ④ 65
⑤ 70

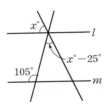

75 신유형 [242005-0615]

무지개는 햇빛이 공기 중에 있는 물방울 속에서 반사되는 각도에 따라 다른 색으로 보이는 원리에 의하여 생기는 현상이다. 공기 중의 물방울이 햇빛을 42°로 반사하면 빨간색, 40°로 반사하면 보라색으로 보인다. 다음 그림에서 햇빛은 평행하게 들어올 때, $\angle x+\angle y$의 크기를 구하시오.

유형 26 평행선과 꺾인 직선 (1)

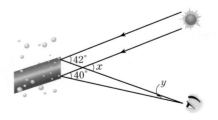

꺾인 점을 지나고 주어진 평행선에 평행한 직선을 그어 평행선에서 동위각, 엇각의 크기가 각각 같음을 이용한다.

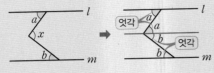

➡ $l /\!/ m$이면 $\angle x=\angle a+\angle b$

76 대표 [242005-0616]

오른쪽 그림에서 $l /\!/ m$일 때, $\angle x$의 크기는?

① 50° ② 55°
③ 60° ④ 65°
⑤ 70°

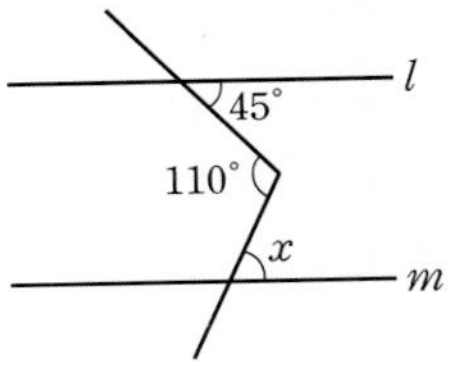

77 [242005-0617]

오른쪽 그림에서 $l /\!/ m$이고, 삼각형 ABC가 정삼각형일 때, $\angle x+\angle y$의 크기를 구하시오.

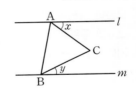

78 [242005-0618]

오른쪽 그림에서 $l /\!/ m$이고 $\angle DAC=\angle CAB$, $\angle EBC=\angle CBA$일 때, $\angle ACB$의 크기는?

① 85° ② 90°
③ 95° ④ 100°
⑤ 105°

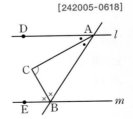

유형 ㉗ 평행선과 꺾인 직선 (2)

꺾인 두 점을 각각 지나고 주어진 평행선에 평행한 직선을 그어 평행선에서 동위각, 엇각의 크기가 각각 같음을 이용한다.

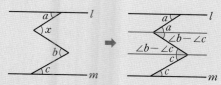

➡ $l /\!/ m$이면 $\angle x = \angle a + (\angle b - \angle c)$

79

[242005-0619]

오른쪽 그림에서 $l /\!/ m$일 때, x의 값은?

① 50   ② 55
③ 60   ④ 65
⑤ 70

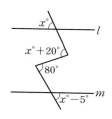

80

[242005-0620]

오른쪽 그림에서 $l /\!/ m$일 때, $\angle x$의 크기는?

① 5°   ② 10°
③ 15°   ④ 20°
⑤ 25°

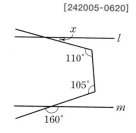

81

[242005-0621]

오른쪽 그림에서 $l /\!/ m$일 때, $\angle x$의 크기를 구하시오.

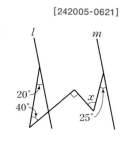

유형 ㉘ 평행선과 꺾인 직선 (3)

꺾인 두 점을 각각 지나고 주어진 평행선에 평행한 직선을 그어 평행선에서 크기의 합이 180°인 두 각을 찾는다.

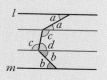

➡ $l /\!/ m$이면 $\angle c + \angle d = 180°$

82 👍 대표

[242005-0622]

오른쪽 그림에서 $l /\!/ m$일 때, $\angle x$의 크기는?

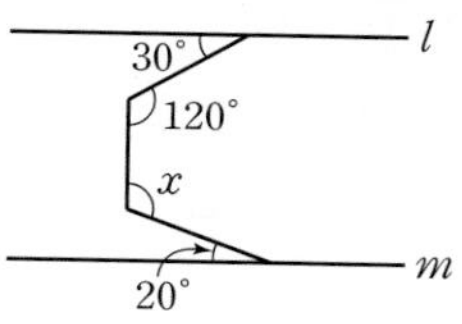

① 105°   ② 110°
③ 115°   ④ 120°
⑤ 125°

83

[242005-0623]

오른쪽 그림에서 $l /\!/ m$일 때, $\angle x$의 크기는?

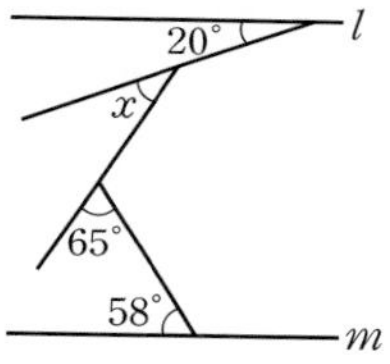

① 35°   ② 37°
③ 39°   ④ 40°
⑤ 42°

84 ✏️ 서술형

[242005-0624]

오른쪽 그림에서 $l /\!/ m$일 때, $\angle x + \angle y$의 크기를 구하시오.

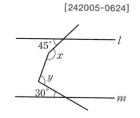

유형 29 종이접기

오른쪽 그림과 같이 직사각형 모양의 종이를 접으면
① 접은 각의 크기는 같다.
➡ ∠DAC=∠BAC
② 엇각의 크기는 같다.
➡ ∠DAC=∠ACB

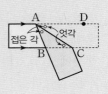

85
[242005-0625]

오른쪽 그림과 같이 직사각형 모양의 종이를 접었을 때, 다음 중 옳지 않은 것은?

① ∠a=∠b ② ∠a=∠e
③ ∠a=∠c ④ ∠d=∠a+∠c
⑤ ∠b=∠e

86 👍 대표
[242005-0626]

오른쪽 그림과 같이 직사각형 모양의 종이를 $\overline{FG}$를 접는 선으로 하여 접었을 때, ∠x의 크기를 구하시오.

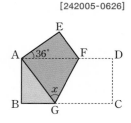

87 ✏️ 서술형
[242005-0627]

오른쪽 그림과 같이 직사각형 모양의 종이를 접었을 때, 다음 물음에 답하시오.

(1) ∠x의 크기를 구하시오.
(2) ∠y의 크기를 구하시오.

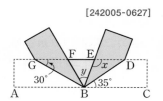

유형 30 두 직선이 평행할 조건

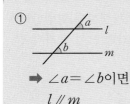
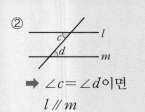

① ➡ ∠a=∠b이면 l∥m
② ➡ ∠c=∠d이면 l∥m

88
[242005-0628]

오른쪽 그림에서 평행한 두 직선을 모두 찾아 기호 ∥를 사용하여 나타내시오.

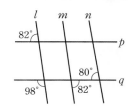

89
[242005-0629]

오른쪽 그림에서 ∠x의 크기는?

① 60° ② 65°
③ 70° ④ 75°
⑤ 80°

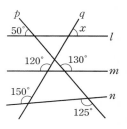

90 🔔 신유형
[242005-0630]

오른쪽 그림은 책상 등에서 각의 크기를 나타낸 것이다. $\overleftrightarrow{AE}$와 $\overleftrightarrow{CD}$가 평행한지 판단하시오.

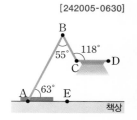

1 중요 [242005-0631]

다음 중에서 옳지 않은 것을 모두 고르면? (정답 2개)

① 선이 연속하여 움직인 자리는 면이 된다.
② 입체도형은 점, 선, 면으로 이루어져 있다.
③ 선과 선이 만나는 경우에만 교점이 생긴다.
④ 교선은 곡선일 수도 있다.
⑤ 육각뿔의 교선의 개수는 7이다.

2 [242005-0632]

아래 그림과 같이 직선 l 위에 네 점 A, B, C, D가 있을 때, 다음 보기에서 옳은 것을 있는 대로 고르시오.

보기
ㄱ. $\overrightarrow{AC}=\overrightarrow{BD}$ ㄴ. $\overrightarrow{AD}=\overrightarrow{DA}$
ㄷ. $\overrightarrow{CA}=\overrightarrow{CD}$ ㄹ. $\overline{AB}=\overline{BA}$

3 [242005-0633]

오른쪽 그림과 같이 원 위에 4개의 점 A, B, C, D가 있다. 이 중에서 두 점을 지나는 서로 다른 반직선의 개수는?

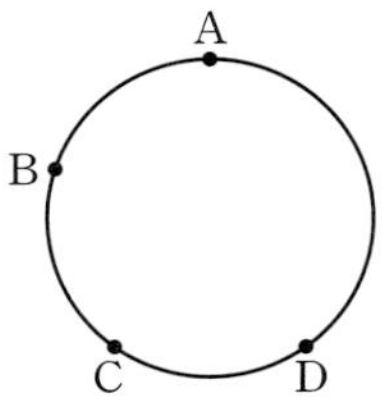

① 6   ② 8
③ 10   ④ 12
⑤ 14

4 중요 [242005-0634]

오른쪽 그림에서 $\overline{AB}=\overline{BC}=\overline{CD}$이고 점 M은 $\overline{AB}$의 중점일 때, 다음 중에서 옳지 않은 것은?

① $\overline{AB}=2\overline{AM}$ ② $\overline{AB}=\dfrac{1}{3}\overline{AD}$ ③ $\overline{AD}=3\overline{BC}$

④ $\overline{MB}=\dfrac{1}{3}\overline{AC}$ ⑤ $\overline{BD}=\dfrac{2}{3}\overline{AD}$

5 [242005-0635]

오른쪽 그림에서 두 점 M, N은 각각 $\overline{AB}$, $\overline{BC}$의 중점이다. $\overline{MN}=10$ cm일 때, $\overline{AC}$의 길이를 구하시오.

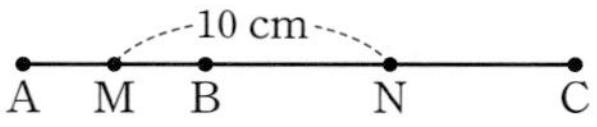

6 [242005-0636]

오른쪽 그림에서 x의 값은?

① 25   ② 30
③ 35   ④ 40
⑤ 45

7 신유형 [242005-0637]

오른쪽 그림에서 $\angle x : \angle y = 1 : 4$일 때, $\angle y - \angle x$의 크기를 구하시오.

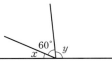

8 🎁 고득점 [242005-0638]

오른쪽 그림과 같이 시계가 7시 20분을 가리킬 때, 시침과 분침이 이루는 각 중에서 작은 쪽의 각의 크기를 구하시오. (단, 시침과 분침의 두께는 생각하지 않는다.)

9 [242005-0639]

오른쪽 그림과 같은 사다리꼴 ABCD에 대하여 다음 보기에서 옳은 것을 있는 대로 고르시오.

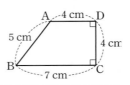

보기
ㄱ. $\overline{AD} \perp \overline{CD}$
ㄴ. 점 A와 $\overline{BC}$ 사이의 거리는 5 cm이다.
ㄷ. 점 B에서 $\overline{CD}$에 내린 수선의 발은 점 C이다.
ㄹ. 점 C와 $\overline{AD}$ 사이의 거리는 4 cm이다.

10 📍중요 [242005-0640]

한 평면 위에 있는 서로 다른 세 직선 l, m, n에 대하여 다음 보기에서 옳은 것을 있는 대로 고르시오.

보기
ㄱ. $l \, / \! / \, m$, $m \, / \! / \, n$이면 $l \, / \! / \, n$이다.
ㄴ. $l \perp m$, $m \perp n$이면 $l \perp n$이다.
ㄷ. $l \perp m$, $m \, / \! / \, n$이면 $l \perp n$이다.

11 [242005-0641]

오른쪽 그림의 직육면체에서 $\overline{BD}$와 만나지도 않고 평행하지도 않은 모서리의 개수를 구하시오.

12 [242005-0642]

다음 중에서 오른쪽 그림의 직육면체에 대한 설명으로 옳지 않은 것을 모두 고르면?

(정답 2개)

① 모서리 AD와 평행한 면은 2개이다.
② 면 BFGC와 수직인 면은 4개이다.
③ 면 ABFE와 평행한 모서리는 2개이다.
④ 모서리 AE와 꼬인 위치에 있는 모서리는 4개이다.
⑤ 모서리 GH는 면 ABCD와 한 점에서 만난다.

13 [242005-0643]

오른쪽 그림은 직육면체를 세 꼭짓점 A, C, F를 지나는 평면으로 잘라 내고 남은 입체도형이다. 다음 중에서 모서리 CF와 꼬인 위치에 있는 모서리가 아닌 것은?

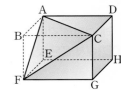

① $\overline{AD}$ ② $\overline{CG}$
③ $\overline{DH}$ ④ $\overline{EH}$ ⑤ $\overline{GH}$

14 [242005-0644]

다음 중에서 공간에 있는 서로 다른 세 직선 l, m, n과 세 평면 P, Q, R에 대하여 옳게 말한 사람을 모두 고르시오.

하준 : $l \perp m$, $l \perp n$이면 $m \perp n$이야.

세연 : $l \perp P$, $m \, / \! / \, P$이면 $l \perp m$이야.

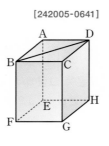
은서 : $P \, / \! / \, Q$, $Q \, / \! / \, R$이면 $P \, / \! / \, R$야.

15

[242005-0645]

오른쪽 그림과 같이 세 직선이 만날 때, 다음 보기 에서 옳은 것을 있는 대로 고르시오.

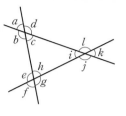

보기

ㄱ. ∠b와 ∠h는 동위각이다.

ㄴ. ∠d와 ∠i는 엇각이다.

ㄷ. ∠h와 ∠j의 크기는 같다.

ㄹ. ∠e와 ∠l은 ∠a의 동위각이다.

16

[242005-0646]

오른쪽 그림에서 $l /\!/ m$일 때, $\angle x$의 크기를 구하시오.

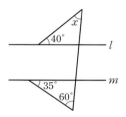

17 ♥중요

[242005-0647]

오른쪽 그림에서 $l /\!/ m$일 때, $\angle x$의 크기를 구하시오.

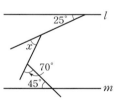

18

[242005-0648]

오른쪽 그림과 같이 직사각형 모양의 종이를 선분 FG를 접는 선으로 하여 접었다. ∠EAF=32°일 때, $\angle x$의 크기를 구하시오.

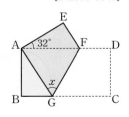

✏ 기출 서술형

19

[242005-0649]

오른쪽 그림에서 두 직선 AD와 BE가 점 O에서 만난다. 점 O는 점 F에서 직선 AD에 내린 수선의 발이면서 점 C에서 직선 BE에 내린 수선의 발이다. ∠FOE=55°일 때, ∠AOC의 크기를 구하시오.

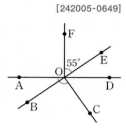

풀이 과정

답|

20

[242005-0650]

오른쪽 그림과 같이 밑면이 사다리꼴인 사각기둥에서 면 ABCD와 수직인 면의 개수를 a, 모서리 FG와 평행한 면의 개수를 b라 할 때, $a-b$의 값을 구하시오.

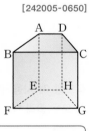

풀이 과정

답|

1 작도

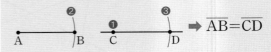

유형 1 작도

① 작도: 눈금 없는 자와 컴퍼스만을 사용하여 도형을 그리는 것
② 눈금 없는 자: 두 점을 연결하는 선분을 그리거나 선분을 연장할 때 사용
③ 컴퍼스: 원을 그리거나 선분의 길이를 재어서 옮길 때 사용

1   [242005-0651]

다음 중에서 작도할 때 사용하는 도구는? (정답 2개)

① 컴퍼스   ② 삼각자   ③ 각도기
④ 눈금 있는 자   ⑤ 눈금 없는 자

2 👍 대표   [242005-0652]

다음 중에서 작도에 대한 설명으로 옳지 <u>않은</u> 것은?

① 원을 그릴 때에는 컴퍼스를 사용한다.
② 선분을 연장할 때는 눈금 없는 자를 사용한다.
③ 선분의 길이를 재어 옮길 때는 컴퍼스를 사용한다.
④ 두 점을 연결하는 선분을 그릴 때는 컴퍼스를 사용한다.
⑤ 눈금 없는 자와 컴퍼스만을 사용하여 도형을 그리는 것을 작도라 한다.

3   [242005-0653]

작도할 때 사용되는 눈금 없는 자와 컴퍼스의 용도를 다음 **보기**에서 모두 골라 바르게 짝 지은 것은?

보기
ㄱ. 선분을 연장한다.
ㄴ. 선분의 길이를 옮긴다.
ㄷ. 원을 그린다.
ㄹ. 두 점을 연결하는 선분을 그린다.

① 눈금 없는 자: ㄱ, ㄴ,   컴퍼스: ㄷ, ㄹ
② 눈금 없는 자: ㄱ, ㄷ,   컴퍼스: ㄴ, ㄹ
③ 눈금 없는 자: ㄱ, ㄹ,   컴퍼스: ㄴ, ㄷ
④ 눈금 없는 자: ㄴ, ㄷ,   컴퍼스: ㄱ, ㄹ
⑤ 눈금 없는 자: ㄴ, ㄹ,   컴퍼스: ㄱ, ㄷ

유형 2 길이가 같은 선분의 작도

선분 AB와 길이가 같은 선분의 작도

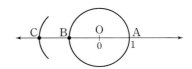

$$\Rightarrow \overline{AB} = \overline{CD}$$

4 👍 대표   [242005-0654]

다음은 선분 AB와 길이가 같은 선분 CD를 작도하는 과정이다. 작도 순서를 바르게 나열하시오.

> ㉠ 점 C를 중심으로 반지름의 길이가 $\overline{AB}$인 원을 그려 직선 l 과의 교점을 D라 한다.
> ㉡ 컴퍼스를 사용하여 $\overline{AB}$의 길이를 잰다.
> ㉢ 눈금 없는 자를 사용하여 직선 l을 긋고 직선 l 위에 점 C 를 잡는다.

5 ✏️ 서술형   [242005-0655]

다음 그림과 같이 수직선 위에 0에 대응하는 점 O와 1에 대응하는 점 A가 있다. 수직선 위에 −2에 대응하는 점을 작도할 때 사용하는 도구와 점 C에 대응하는 수를 각각 구하시오.

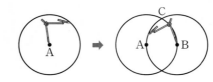

6 🔔 신유형   [242005-0656]

다음 그림과 같이 컴퍼스를 사용하여 평면 위의 한 점 A를 중심으로 원을 그린 후, 그 원 위의 한 점 B를 중심으로 하고 반지름의 길이가 $\overline{AB}$인 원을 그리면 두 원은 두 점에서 만난다. 그 중에서 한 점을 C라 할 때, 세 점 A, B, C를 이어서 만든 삼각형은 어떤 삼각형인지 말하시오.

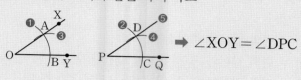

유형 ③ 크기가 같은 각의 작도

∠XOY와 크기가 같은 각의 작도

➡ ∠XOY = ∠DPC

7 대표 [242005-0657]

아래 그림은 ∠XOY와 크기가 같고 반직선 PQ를 한 변으로 하는 각을 작도한 것이다. 다음 보기에서 옳은 것을 있는 대로 고르시오.

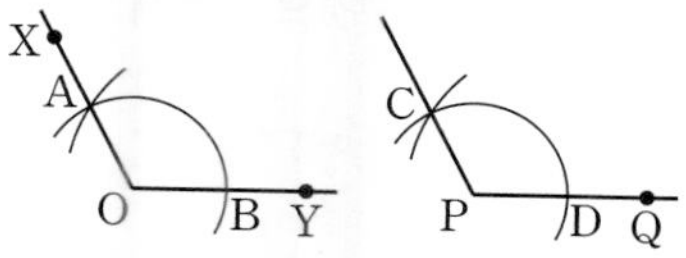

보기

ㄱ. $\overline{OA}=\overline{PC}$　　ㄴ. $\overline{AB}=\overline{CD}$

ㄷ. $\overline{PC}=\overline{PQ}$　　ㄹ. ∠XOY=∠CPD

8 [242005-0658]

아래 그림과 같이 ∠XOY와 크기가 같고 반직선 PQ를 한 변으로 하는 각을 작도했을 때, 다음 중에서 길이가 나머지 넷과 다른 하나는?

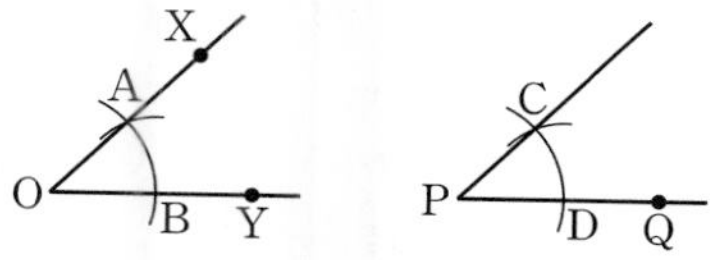

① $\overline{OA}$　　② $\overline{OB}$　　③ $\overline{AB}$

④ $\overline{PC}$　　⑤ $\overline{PD}$

9 신유형 [242005-0659]

빛은 거울에 들어갈 때와 반사되어 나갈 때 거울과 이루는 각의 크기가 서로 같다. 다음은 빛의 성질을 이용하여 거울에 반사된 빛이 나가는 방향을 작도하는 과정이다. □ 안에 알맞은 것을 써넣으시오.

❶ 빛이 들어올 때 거울과 이루는 각을 ∠XOY라 한다.
❷ 점 O를 중심으로 원을 그려 $\overrightarrow{OX}$, $\overrightarrow{OY}$, $\overrightarrow{OA}$와의 교점을 각각 M, □, □라 한다.
❸ 점 Q를 중심으로 하고 반지름의 길이가 □인 원을 그려 ❷의 원과의 교점을 P라 한다.
❹ $\overrightarrow{OP}$를 그으면 ∠POA=∠XOY이다.

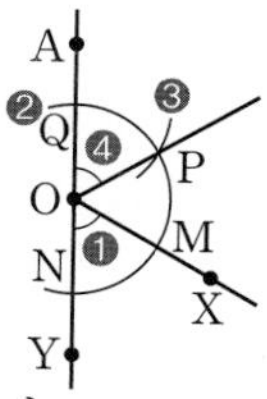

유형 ④ 평행선의 작도

직선 *l*에 평행한 직선의 작도
➡ '서로 다른 두 직선이 다른 한 직선과 만날 때, 동위각의 크기가 같으면 두 직선은 서로 평행하다.'는 성질을 이용한다.
➡ *l* // *m*

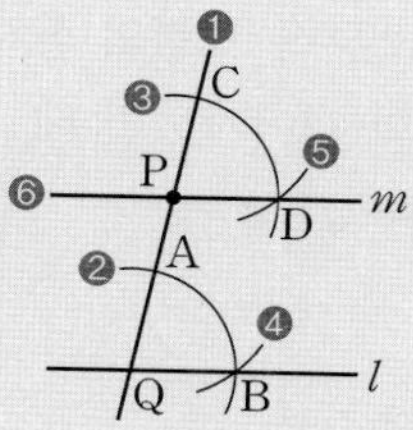

10 [242005-0660]

오른쪽 그림은 직선 *l* 밖의 한 점 P를 지나고 직선 *l*과 평행한 직선을 작도한 것이다. 다음 중에서 옳지 않은 것은?

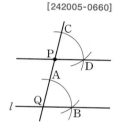

① $\overline{QA}=\overline{PD}$　　② $\overline{QB}=\overline{PC}$
③ $\overline{AB}=\overline{PD}$　　④ $\overrightarrow{QB}$ // $\overrightarrow{PD}$
⑤ ∠CPD=∠AQB

11 대표 [242005-0661]

오른쪽 그림은 직선 *l* 밖의 한 점 P를 지나고 직선 *l*과 평행한 직선을 작도하는 과정이다. 작도 순서를 나열할 때, ㉠~㉾ 중에서 네 번째 과정을 구하시오.

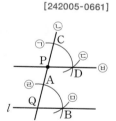

12 [242005-0662]

오른쪽 그림은 직선 *l* 밖의 한 점 P를 지나고 직선 *l*과 평행한 직선을 작도하는 과정이다. 다음 중에서 옳지 않은 것은?

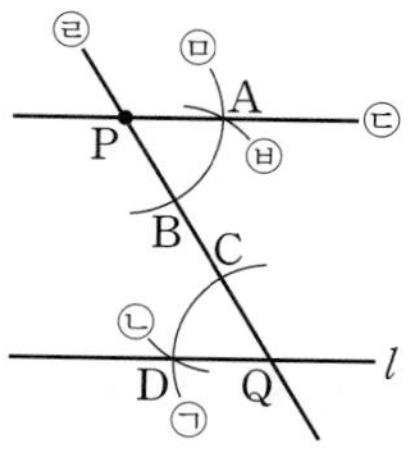

① $\overline{CQ}=\overline{AP}$
② $\overline{AB}=\overline{CD}$
③ ∠APB=∠DQC
④ 작도 순서는 ㉣ → ㉠ → ㉤ → ㉡ → ㉤ → ㉢이다.
⑤ 평행한 두 직선이 다른 한 직선과 만날 때, 동위각의 크기가 같으면 두 직선은 서로 평행하다는 성질을 이용한다.

유형 ⑤ 삼각형의 세 변의 길이 사이의 관계

오른쪽 그림의 삼각형에서 가장 긴 변의 길이가 a일 때

➡ $a < b + c$

13 👍 대표 [242005-0663]

삼각형의 세 변의 길이가 $(x+5)$ cm, 4 cm, $(2x-1)$ cm일 때, 다음 중에서 x의 값이 될 수 <u>없는</u> 것은? (정답 2개)

① 1   ② 2   ③ 3
④ 4   ⑤ 5

14 ✏️ 서술형 [242005-0664]

다음 그림과 같이 길이가 각각 4 cm, 5 cm, 7 cm, 10 cm인 4개의 막대가 있다. 이 중에서 3개를 선택하여 만들 수 있는 서로 다른 삼각형의 개수를 구하시오.

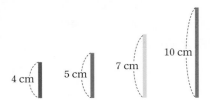

15 [242005-0665]

다음 조건을 만족시키는 삼각형의 개수를 구하시오.

(가) 세 변의 길이는 모두 자연수이다.
(나) 삼각형의 둘레의 길이는 18 cm이다.
(다) 두 변의 길이는 같고 나머지 한 변의 길이는 다르다.

유형 ⑥ 삼각형의 작도

다음과 같은 세 가지 경우에 삼각형을 하나로 작도할 수 있다.
① 세 변의 길이가 주어질 때
② 두 변의 길이와 그 끼인각의 크기가 주어질 때
③ 한 변의 길이와 그 양 끝 각의 크기가 주어질 때

16 👍 대표 [242005-0666]

다음 그림은 세 변의 길이 a, b, c가 주어질 때, △ABC를 작도하는 과정이다. (가)~(마)에 알맞은 것으로 옳지 <u>않은</u> 것은?

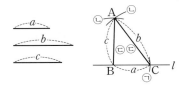

⊙ 직선 l 위에 점 B를 잡고 길이가 a인 원을 그려 직선 l과의 교점을 (가) 라 한다.
⊙ 점 B를 중심으로 하고 반지름의 길이가 (나) 인 원과 점 C를 중심으로 하고 반지름의 길이가 (다) 인 원을 각각 그려 두 원의 교점을 (라) 라 한다.
⊙ 두 점 A와 (마) , 두 점 A와 C를 각각 이으면 △ABC가 작도된다.

① (가): C   ② (나): a ③ (다): b
④ (라): A   ⑤ (마): B

17 [242005-0667]

오른쪽 그림은 두 변의 길이 a, c와 그 끼인각 ∠B의 크기가 주어졌을 때, △ABC를 작도하는 과정이다. (가), (나), (다)에 알맞은 것을 각각 구하시오.

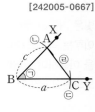

⊙ (가) 와 크기가 같은 ∠XBY를 작도한다.
⊙ 점 B를 중심으로 하고 반지름의 길이가 (나) 인 원을 그려 반직선 BX와의 교점을 A라 한다.
⊙ 점 B를 중심으로 하고 반지름의 길이가 (다) 인 원을 그려 반직선 BY와의 교점을 C라 한다.
⊙ 점 A와 점 C를 이으면 △ABC가 작도된다.

유형 ⑦ 삼각형이 하나로 정해지는 경우

다음 세 가지 경우에 삼각형이 하나로 정해진다.
① 세 변의 길이가 주어진 경우
② 두 변의 길이와 그 끼인각의 크기가 주어진 경우
③ 한 변의 길이와 그 양 끝 각의 크기가 주어진 경우

18 대표   [242005-0668]
다음 중에서 △ABC가 하나로 정해지는 것은? (정답 2개)

① $\overline{AB}=3$ cm, $\overline{BC}=4$ cm, $\overline{CA}=5$ cm
② $\angle A=30°$, $\angle B=60°$, $\angle C=90°$
③ $\overline{AB}=5$ cm, $\angle A=95°$m, $\angle B=90°$
④ $\overline{BC}=6$ cm, $\overline{CA}=7$ cm, $\angle A=70°$
⑤ $\overline{AB}=4$ cm, $\overline{BC}=8$ cm, $\angle B=30°$

19   [242005-0669]
$\angle A$의 크기가 주어졌을 때, 다음 중에서 △ABC가 하나로 정해지기 위해 필요한 조건은? (정답 2개)

① $\angle B$, $\angle C$ ② $\angle B$, $\overline{AB}$ ③ $\overline{AB}$, $\overline{BC}$
④ $\overline{AB}$, $\overline{AC}$ ⑤ $\overline{AC}$, $\overline{BC}$

20   [242005-0670]
오른쪽 그림의 △ABC에서 $\overline{BC}=6$ cm일 때, △ABC가 하나로 정해지기 위해 필요한 조건을 다음 보기 에서 있는 대로 고르시오.

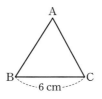

보기
ㄱ. $\overline{AB}=2$ cm, $\overline{AC}=4$ cm
ㄴ. $\overline{AB}=5$ cm, $\angle B=70°$
ㄷ. $\overline{AC}=7$ cm, $\angle A=60°$
ㄹ. $\angle B=45°$, $\angle C=100°$

유형 ⑧ 삼각형이 하나로 정해지지 않는 경우

다음 세 가지 경우에 삼각형이 하나로 정해지지 않는다.
① 가장 긴 변의 길이가 다른 두 변의 길이의 합보다 크거나 같은 경우
② 두 변의 길이와 그 끼인각이 아닌 다른 한 각의 크기가 주어진 경우
③ 세 각의 크기가 주어진 경우

21 대표   [242005-0671]
다음 세 각의 크기가 주어질 때, 삼각형이 하나로 정해지지 않음을 설명하는 과정이다. (가)~(다)에 알맞은 것을 구하시오.

오른쪽 그림에서 $\overline{BC}/\!/\overline{DE}$이므로
$\angle ABC=$ (가) (동위각),
$\angle ACB=$ (나) (동위각),
(다) 는 공통
즉, △ABC와 △ADE는 세 각의 크기가 각각 같다.
따라서 세 각의 크기가 주어지면 삼각형을 무수히 많이 그릴 수 있으므로 삼각형이 하나로 정해지지 않는다.

22   [242005-0672]
$\overline{AB}=7$ cm, $\overline{AC}=5$ cm, $\angle B=40°$인 △ABC는 몇 개인가?

① 0개   ② 1개   ③ 2개
④ 3개   ⑤ 4개

23   [242005-0673]
한 변의 길이가 5 cm이고 두 각의 크기가 50°, 60°인 삼각형의 개수를 구하시오.

3 삼각형의 합동

유형 9 **도형의 합동**

두 도형이 서로 합동이면
① 대응변의 길이는 서로 같다.
② 대응각의 크기는 서로 같다.

24

[242005-0674]

다음 중에서 두 도형이 항상 합동인 것은? (정답 2개)

① 둘레의 길이가 같은 두 원
② 둘레의 길이가 같은 두 정사각형
③ 넓이가 같은 두 직사각형
④ 넓이가 같은 두 삼각형
⑤ 한 변의 길이가 같은 두 마름모

25 대표

[242005-0675]

아래 그림에서 △ABC≡△DEF일 때, 다음 중에서 옳은 것은?

(정답 2개)

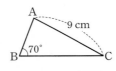

① $\overline{DE}$=9 cm ② $\overline{DF}$=9 cm ③ ∠C=30°
④ ∠A=100° ⑤ ∠E=60°

26 서술형

[242005-0676]

△ABC와 △DEF가 다음 조건을 만족시킬 때, ∠D의 크기를 구하시오.

(가) △ABC≡△DEF
(나) $\overline{AB}=\overline{AC}$
(다) ∠C=70°

유형 10 **합동인 삼각형 찾기**

두 삼각형은 다음 각 경우에 서로 합동이다.
① 대응하는 세 변의 길이가 각각 같을 때
② 대응하는 두 변의 길이가 각각 같고, 그 끼인각의 크기가 같을 때
③ 대응하는 한 변의 길이가 같고, 그 양 끝 각의 크기가 각각 같을 때

27 대표

[242005-0677]

다음 보기의 삼각형 중에서 서로 합동인 것끼리 짝 지으시오.

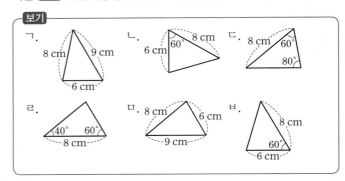

28

[242005-0678]

다음 삼각형 중에서 나머지 넷과 합동이 아닌 것은?

29

[242005-0679]

다음 중에서 △ABC와 △DEF가 합동이라고 할 수 없는 것은?

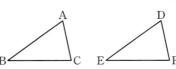

① $\overline{AB}=\overline{DE}$, $\overline{BC}=\overline{EF}$, $\overline{AC}=\overline{DF}$
② $\overline{AB}=\overline{DE}$, $\overline{BC}=\overline{EF}$, ∠B=∠E
③ $\overline{AB}=\overline{DE}$, $\overline{AC}=\overline{DF}$, ∠C=∠F
④ $\overline{BC}=\overline{EF}$, ∠B=∠E, ∠C=∠F
⑤ $\overline{AC}=\overline{DF}$, ∠A=∠D, ∠B=∠E

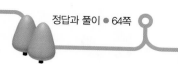
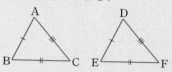

유형 11 두 삼각형이 합동이 되도록 추가할 조건

① 두 변의 길이가 각각 같을 때 ➡ 나머지 한 변의 길이 또는 그 끼인각의 크기가 같아야 한다.
② 한 변의 길이와 그 양 끝 각 중 한 각의 크기가 같을 때 ➡ 그 각을 끼고 있는 변의 길이 또는 다른 한 각의 크기가 같아야 한다.
③ 두 각의 크기가 각각 같을 때 ➡ 대응하는 한 변의 길이가 같아야 한다.

30 👍 대표   [242005-0680]

오른쪽 그림에서 $\overline{AB}=\overline{DE}$, $\overline{BC}=\overline{EF}$일 때, 다음 중에서 △ABC와 △DEF가 합동이 되기 위해 필요한 나머지 한 조건과 그때의 합동 조건을 바르게 짝 지은 것은? (정답 2개)

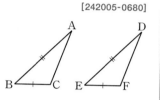

① $\overline{AC}=\overline{DF}$, SSS 합동
② ∠A=∠D, ASA 합동
③ ∠B=∠E, SAS 합동
④ ∠B=∠E, ASA 합동
⑤ ∠C=∠F, SAS 합동

31   [242005-0681]

오른쪽 그림에서 $\overline{BC}=\overline{EF}$, ∠B=∠E일 때, △ABC≡△DEF가 되기 위해 필요한 나머지 한 조건이 될 수 있는 것을 다음 보기 중에서 있는 대로 고르시오.

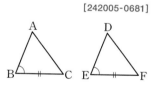

보기
ㄱ. $\overline{AB}=\overline{DE}$ ㄴ. $\overline{AC}=\overline{DF}$
ㄷ. ∠A=∠D   ㄹ. ∠C=∠E

32   [242005-0682]

오른쪽 그림에서 ∠B=∠E일 때, 다음 중에서 △ABC≡△DEF가 되기 위해 필요한 나머지 두 조건이 아닌 것은?

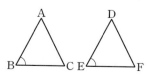

① $\overline{AB}=\overline{DE}$, $\overline{BC}=\overline{EF}$
② $\overline{AB}=\overline{DE}$, ∠A=∠D
③ $\overline{BC}=\overline{EF}$, ∠C=∠F
④ $\overline{BC}=\overline{EF}$, ∠A=∠D
⑤ ∠A=∠D, ∠C=∠F

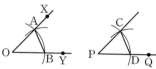

유형 12 삼각형의 합동 조건 – SSS 합동

$\overline{AB}=\overline{DE}$, $\overline{BC}=\overline{EF}$, $\overline{AC}=\overline{DF}$이면
△ABC≡△DEF (SSS 합동)

33 👍 대표   [242005-0683]

다음은 ∠XOY와 크기가 같고 반직선 PQ를 한 변으로 하는 ∠CPD를 작도하였을 때, △AOB≡△CPD임을 보이는 과정이다. (가)~(라)에 알맞은 것을 각각 구하시오.

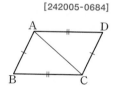

△AOB와 △CPD에서
$\overline{OA}=$ (가) , $\overline{OB}=$ (나) , $\overline{AB}=$ (다) 이므로
△AOB≡△CPD ((라) 합동)

34   [242005-0684]

오른쪽 그림의 사각형 ABCD에서 $\overline{AB}=\overline{CD}$, $\overline{BC}=\overline{DA}$일 때, 다음 중에서 옳지 않은 것은? (정답 2개)

① $\overline{AB}=\overline{AC}$
② ∠ABC=∠CDA
③ ∠BAC=∠DCA
④ ∠BCA=∠ACD
⑤ △ABC≡△CDA

35   [242005-0685]

다음은 오른쪽 그림에서 △ABC≡△ADC임을 설명하는 과정이다. (가)~(라)에 알맞은 것을 각각 구하시오.

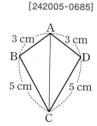

△ABC와 △ADC에서
$\overline{AB}=$ (가) $=3$ cm
$\overline{BC}=\overline{DC}=$ (나) cm
(다) 는 공통이므로
△ABC≡△ADC ((라) 합동)

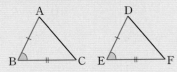

$\overline{AB}=\overline{DE}$, $\overline{BC}=\overline{EF}$, ∠B=∠E이면
△ABC≡△DEF (SAS 합동)

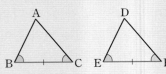

$\overline{BC}=\overline{EF}$, ∠B=∠E, ∠C=∠F이면
△ABC≡△DEF (ASA 합동)

36 👍 대표 [242005-0686]

오른쪽 그림에서 $\overline{AB}=\overline{AD}$, $\overline{BE}=\overline{DC}$ 일 때, ∠BFD의 크기를 구하시오.

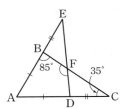

39 👍 대표 [242005-0689]

오른쪽 그림과 같이 $\overline{AB}=\overline{AC}$인 직각이등변삼각형 ABC의 꼭짓점 A를 지나는 직선 l이 있다. 두 점 B, C에서 직선 l에 내린 수선의 발을 각각 P, Q라 하자. $\overline{PQ}=35$ cm, $\overline{QC}=15$ cm일 때, $\overline{BP}$의 길이를 구하시오.

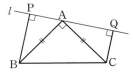

37 [242005-0687]

오른쪽 그림과 같이 $\overline{AD}$와 $\overline{BC}$의 교점을 O라 할 때, 두 지점 A, B 사이의 거리를 구하시오.

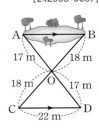

40 [242005-0690]

오른쪽 그림과 같이 ∠B=90°이고 $\overline{AB}=\overline{BC}$인 직각이등변삼각형 ABC의 두 꼭짓점 A, C에서 점 B를 지나는 직선 l에 내린 수선의 발을 각각 D, E라 하자. $\overline{AD}=12$ cm, $\overline{DE}=6$ cm일 때, $\overline{CE}$의 길이를 구하시오.

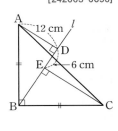

38 [242005-0688]

오른쪽 그림에서 $\overline{AB}=\overline{AE}$, $\overline{AC}=\overline{AD}$, ∠BAC=∠CAD이고 $\overline{BC}=8$ cm, $\overline{BE}=6$ cm일 때, $\overline{BD}$의 길이를 구하시오.

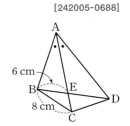

41 🔊 신유형 [242005-0691]

오른쪽 그림과 같이 바다에 떠 있는 배의 위치를 A, 육지의 세 지점을 각각 B, C, D라 할 때, 두 지점 A, D 사이의 거리를 구하시오.

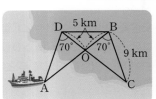

유형 (15) 삼각형의 합동의 활용 – 정삼각형

정삼각형이 주어졌을 때, 다음 성질을 이용하여 합동
인 삼각형을 찾는다.
① 정삼각형의 세 변의 길이는 모두 같다.
② 정삼각형의 세 각의 크기는 모두 60°이다.

42 👍 대표   [242005-0692]

오른쪽 그림에서 △ABC와 △CDE가
정삼각형일 때, 다음 중에서 옳지 <u>않은</u>
것은?

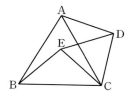

① $\overline{AD}=\overline{BE}$

② $\overline{CD}=\overline{BE}$

③ ∠ACD=∠BCE

④ ∠ADC=∠BEC

⑤ ∠DAC=∠EBC

43   [242005-0693]

오른쪽 그림에서 △ABC와
△ADE는 한 변의 길이가
10 cm인 정삼각형이다.
$\overline{DG}$=2 cm일 때, $\overline{BF}$의 길이를
구하시오.

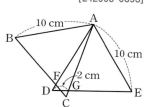

44 ✏️ 서술형   [242005-0694]

오른쪽 그림에서 △ACD와 △CBE
는 정삼각형이고 점 C는 $\overline{AB}$ 위의 점
일 때, 다음 물음에 답하시오.

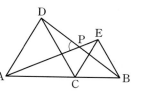

(1) △ACE와 합동인 삼각형을 찾
고, 합동 조건을 말하시오.

(2) ∠APD의 크기를 구하시오.

유형 (16) 삼각형의 합동의 활용 – 정사각형

정사각형이 주어졌을 때, 다음 성질을 이용하여 합동
인 삼각형을 찾는다.
① 정사각형의 네 변의 길이는 모두 같다.
② 정사각형의 네 각의 크기는 모두 90°이다.

45 👍 대표   [242005-0695]

오른쪽 그림과 같은 정사각형 ABCD에
서 $\overline{AP}=\overline{CQ}$이고 ∠BQP=72°일 때,
∠PBQ의 크기를 구하시오.

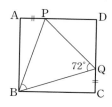

46   [242005-0696]

오른쪽 그림에서 사각형 ABCD
와 사각형 GCEF는 모두 정사
각형이다. $\overline{AB}$=8 cm,
$\overline{BG}$=10 cm, $\overline{EF}$=6 cm일
때, 다음 물음에 답하시오.

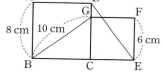

(1) 합동인 두 삼각형을 찾아 기호 ≡를 사용하여 나타내고, 합
동 조건을 말하시오.

(2) $\overline{DE}$의 길이를 구하시오.

47   [242005-0697]

오른쪽 그림과 같은 정사각형 ABCD에서
$\overline{BE}=\overline{CF}$일 때, ∠BGE의 크기는?

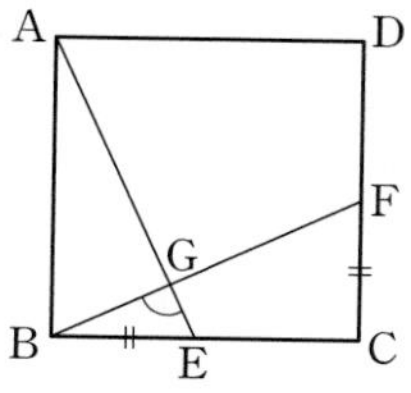

① 85°   ② 90°

③ 95°   ④ 100°

⑤ 105°

1
[242005-0698]

작도에 대한 설명으로 옳은 것을 다음 보기 중에서 있는 대로 고르시오.

보기
ㄱ. 선분을 연장할 때에는 컴퍼스를 사용한다.
ㄴ. 선분의 길이를 잴 때에는 눈금 없는 자를 사용한다.
ㄷ. 두 점을 지나는 직선을 그릴 때에는 눈금 없는 자를 사용한다.
ㄹ. 눈금 없는 자와 컴퍼스만을 사용하여 도형을 그리는 것을 작도라 한다.

2
[242005-0699]

다음은 선분 AB와 길이가 같은 선분 PQ를 작도하는 과정이다. 작도 순서를 바르게 나열하시오.

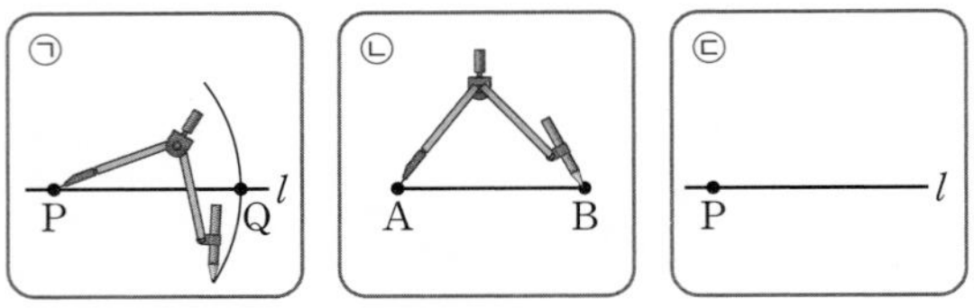

3
[242005-0700]

오른쪽 그림과 같이 두 변 AB, BC의 길이와 ∠B의 크기가 주어졌을 때, 다음 중에서 △ABC를 작도하는 순서로 옳지 <u>않은</u> 것은?

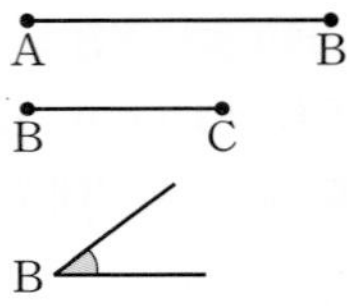

① $\overline{AB}$ → ∠B → $\overline{BC}$
② $\overline{BC}$ → ∠B → $\overline{AB}$
③ $\overline{BC}$ → $\overline{AB}$ → ∠B
④ ∠B → $\overline{AB}$ → $\overline{BC}$
⑤ ∠B → $\overline{BC}$ → $\overline{AB}$

4
[242005-0701]

오른쪽 그림은 ∠AOB와 크기가 같고 $\overrightarrow{XY}$를 한 변으로 하는 각을 작도한 것이다. 다음 중에서 옳지 <u>않은</u> 것은? (정답 2개)

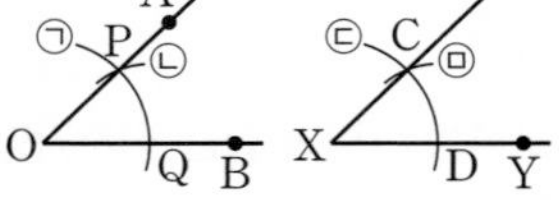

① $\overline{PQ}=\overline{CD}$
② $\overline{OP}=\overline{XD}$
③ $\overline{OQ}=\overline{CD}$
④ ∠POQ = ∠CXD
⑤ 작도 순서는 ㉠ → ㉡ → ㉢ → ㉣ → ㉤이다.

5
[242005-0702]

오른쪽 그림은 직선 l 밖의 한 점 P를 지나면서 직선 l에 평행한 직선 m을 작도한 것이다. 다음 중에서 옳지 <u>않은</u> 것은?

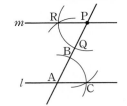

① $\overline{AB}=\overline{PQ}$
② $\overline{BC}=\overline{PR}$
③ $\overline{BC}=\overline{QR}$
④ ∠BAC = ∠QPR
⑤ 서로 다른 두 직선이 다른 한 직선과 만날 때, 엇각의 크기가 같으면 두 직선은 서로 평행하다는 성질을 이용한 것이다.

6
[242005-0703]

다음 중에서 삼각형의 세 변의 길이가 될 수 있는 것은?

① 3 cm, 4 cm, 7 cm
② 4 cm, 4 cm, 9 cm
③ 5 cm, 6 cm, 12 cm
④ 6 cm, 7 cm, 10 cm
⑤ 8 cm, 8 cm, 20 cm

7
[242005-0704]

삼각형의 세 변의 길이가 7 cm, 11 cm, x cm일 때, 다음 중에서 x의 값이 될 수 있는 것의 개수를 구하시오.

4,   5,   9,   13,   17,   20

8
[242005-0705]

$\overline{AB}$, $\overline{AC}$의 길이가 주어졌을 때, △ABC가 하나로 정해지기 위해 필요한 조건을 다음 보기 중에서 있는 대로 고르시오.

보기
ㄱ. $\overline{BC}$ ㄴ. ∠A   ㄷ. ∠B   ㄹ. ∠C

9

[242005-0706]

아래 그림에서 사각형 ABCD와 사각형 EFGH가 서로 합동일 때, 다음 중에서 옳지 <u>않은</u> 것은?

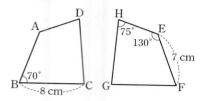

① ∠A=130°　　　② ∠F=70°　　　③ ∠G=95°
④ $\overline{AB}$=7 cm　　　⑤ $\overline{GF}$=8 cm

10

[242005-0707]

아래 그림의 △ABC와 △PQR에 대하여 △ABC≡△PQR인 것을 다음 보기 중에서 있는 대로 고르시오.

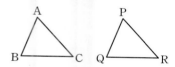

보기
ㄱ. $\overline{AB}=\overline{PQ}$, $\overline{BC}=\overline{QR}$, $\overline{AC}=\overline{PR}$
ㄴ. $\overline{AB}=\overline{PQ}$, $\overline{BC}=\overline{QR}$, ∠B=∠Q
ㄷ. ∠A=∠P, ∠B=∠Q, ∠C=∠R
ㄹ. $\overline{BC}=\overline{QR}$, ∠B=∠Q, ∠C=∠R

11

[242005-0708]

아래 그림에서 ∠C=∠F일 때, 다음 중에서 △ABC≡△DEF가 되기 위해 필요한 나머지 두 조건이 <u>아닌</u> 것은? (정답 2개)

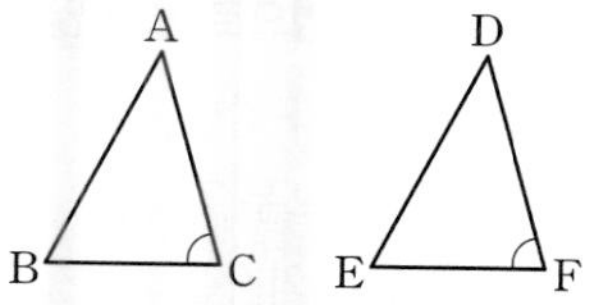

① $\overline{AB}=\overline{DE}$, $\overline{AC}=\overline{DF}$　　② $\overline{AC}=\overline{DF}$, $\overline{BC}=\overline{EF}$
③ $\overline{AC}=\overline{DF}$, ∠A=∠D　　④ $\overline{BC}=\overline{EF}$, ∠B=∠E
⑤ ∠A=∠D, ∠B=∠E

12

[242005-0709]

다음은 오른쪽 그림과 같이 점 P가 $\overline{AB}$의 수직이등분선 l 위의 한 점일 때, $\overline{PA}=\overline{PB}$임을 보이는 과정이다. (가)~(마)에 알맞은 것으로 옳지 <u>않은</u> 것은?

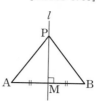

△AMP와 △BMP에서
점 M은 $\overline{AB}$의 중점이므로 $\overline{AM}=$ (가)
$\overline{AB}⊥l$이므로 (나) = ∠BMP=90°
(다) 은 공통
따라서 △AMP≡△BMP ((라) 합동)이므로
$\overline{PA}=$ (마)

① (가): $\overline{BM}$　　② (나): ∠PAM　　③ (다): $\overline{PM}$
④ (라): SAS　　⑤ (라): $\overline{PB}$

13

[242005-0710]

오른쪽 그림과 같은 정사각형 ABCD에서 점 E는 대각선 BD 위의 점이고, 점 F는 $\overline{AE}$의 연장선과 $\overline{BC}$의 연장선의 교점이다. ∠F=35°일 때, 다음 물음에 답하시오.

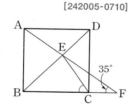

(1) △ABE와 합동인 삼각형을 찾고, 합동 조건을 말하시오.
(2) ∠BCE의 크기를 구하시오.

🖊 기출 서술형

14

[242005-0711]

오른쪽 그림과 같은 정삼각형 ABC에서 $\overline{BD}=\overline{CE}$일 때, 다음 물음에 답하시오.

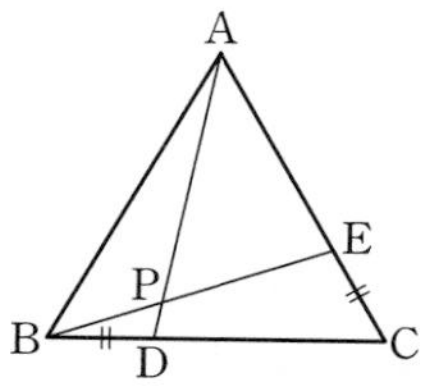

(1) 합동인 두 삼각형을 찾아 기호 ≡를 사용하여 나타내고, 합동 조건을 말하시오.
(2) ∠PBD+∠PDB의 크기를 구하시오.

풀이 과정

답 |

1 다각형

유형 ① 다각형

다각형 : 3개 이상의 선분으로 둘러싸인 평면도형
➡ 변의 개수가 3, 4, 5, …, n인 다각형을 각각 삼각형, 사각형, 오각형, …, n각형이라 한다.

1 👍 대표   [242005-0712]

다음 **보기**에서 다각형인 것을 있는 대로 고르시오.

보기

ㄱ. 원   ㄴ. 오각형   ㄷ. 정사각형
ㄹ. 사각뿔   ㅁ. 반직선   ㅂ. 십각형

2   [242005-0713]

다음 중에서 다각형에 대한 설명으로 옳지 <u>않은</u> 것은?

① 다각형은 3개 이상의 선분으로 둘러싸인 평면도형이다.
② 칠각형의 꼭짓점의 개수는 7이다.
③ 변의 개수가 9인 다각형은 구각형이다.
④ 다각형을 이루는 선분을 모서리라 한다.
⑤ 한 다각형에서 변의 개수와 꼭짓점의 개수는 항상 같다.

유형 ② 다각형의 내각과 외각

다각형의 한 꼭짓점에서
(내각의 크기)+(외각의 크기)
$=180°$

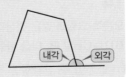

3 👍 대표   [242005-0714]

오른쪽 그림에서 $\angle x + \angle y$의 크기를 구하시오.

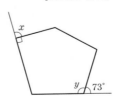

4   [242005-0715]

오른쪽 그림과 같은 사각형 ABCD에서 $\angle$C의 외각의 크기와 $\angle$D의 외각의 크기의 합을 구하시오.

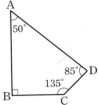

유형 ③ 정다각형

정다각형 : 모든 변의 길이가 같고 모든 내각의 크기가 같은 다각형

5   [242005-0716]

다음 조건을 만족시키는 다각형을 구하시오.

(가) 모든 변의 길이가 같다.
(나) 모든 내각의 크기가 같다.
(다) 내각의 개수는 8이다.

6 👍 대표   [242005-0717]

다음 중에서 정다각형에 대한 설명으로 옳지 <u>않은</u> 것은?

① 정다각형은 모든 변의 길이가 같다.
② 정다각형의 외각의 크기는 모두 같다.
③ 정다각형의 한 내각에 대한 외각은 2개가 있다.
④ 네 변의 길이가 같은 사각형은 정사각형이다.
⑤ 모든 변의 길이가 같고 모든 내각의 크기가 같은 구각형을 정구각형이라 한다.

유형 ④ 한 꼭짓점에서 그을 수 있는 대각선의 개수

대각선: 다각형에서 서로 이웃하지 않는 두 꼭짓점을 이은 선분

(1) n각형의 한 꼭짓점에서 그을 수 있는 대각선의 개수
➡ $n-3$

(2) n각형의 한 꼭짓점에서 대각선을 모두 그었을 때 생기는 삼각형의 개수 ➡ $n-2$

(3) n각형의 내부의 한 점에서 각 꼭짓점에 선분을 그었을 때 생기는 삼각형의 개수 ➡ n

7 👍 대표 [242005-0718]

십각형의 한 꼭짓점에서 그을 수 있는 대각선의 개수를 a, 이때 생기는 삼각형의 개수를 b라 할 때, $a+b$의 값을 구하시오.

8 [242005-0719]

어떤 다각형의 한 꼭짓점에서 대각선을 모두 그었더니 12개의 삼각형으로 나뉘었다. 이 다각형의 변의 개수를 a, 한 꼭짓점에서 그을 수 있는 대각선의 개수를 b라 할 때, $a+b$의 값을 구하시오.

9 ✏️ 서술형 [242005-0720]

어떤 다각형의 내부의 한 점에서 각 꼭짓점에 선분을 그었을 때 생기는 삼각형의 개수가 15이다. 이때 이 다각형의 한 꼭짓점에서 그을 수 있는 대각선의 개수를 구하시오.

유형 ⑤ 다각형의 대각선의 개수

(1) n각형의 대각선의 개수

꼭짓점의 개수 ┐   ┌ 한 꼭짓점에서 그을 수 있는

➡ $\dfrac{n(n-3)}{2}$ 대각선의 개수

└ 한 대각선을 두 번 중복하여 세었으므로 2로 나눈다.

(2) 대각선의 개수가 k인 다각형 구하기
➡ 구하는 다각형을 n각형이라 하고 $\dfrac{n(n-3)}{2}=k$를 만족시키는 n의 값을 구한다.

10 👍 대표 [242005-0721]

한 꼭짓점에서 그을 수 있는 대각선의 개수가 9인 다각형의 대각선의 개수를 구하시오.

11 [242005-0722]

다음 조건을 만족시키는 다각형을 구하시오.

(가) 모든 변의 길이가 같고, 모든 내각의 크기가 같다.
(나) 대각선의 개수는 14이다.

12 [242005-0723]

오른쪽 그림과 같이 원 모양의 도로 위에 7개의 도시 A~G가 있다. 모든 도시 사이에 두 도시를 직선으로 직접 연결하는 자전거 길을 만들려고 할 때, 만들어야 하는 자전거 길의 개수를 구하시오.

2 다각형의 내각과 외각의 크기

유형 6 삼각형의 세 내각의 크기의 합

삼각형의 세 내각의 크기의 합은 180°이다.
➡ △ABC에서 ∠A+∠B+∠C=180°

13 👍 대표 [242005-0724]

오른쪽 그림과 같은 삼각형에서 x의 값은?

① 30   ② 35
③ 40   ④ 45
⑤ 50

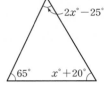

14 [242005-0725]

오른쪽 그림에서 $\overleftrightarrow{DE}$ ∥ $\overline{BC}$일 때, ∠EAC의 크기를 구하시오.

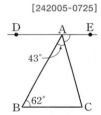

15 [242005-0726]

삼각형의 세 내각의 크기의 비가 2 : 3 : 5일 때, 가장 작은 내각의 크기는?

① 18°   ② 36°   ③ 54°
④ 72°   ⑤ 90°

유형 7 삼각형의 내각과 외각의 관계

삼각형의 한 외각의 크기는 그와 이웃하지 않는 두 내각의 크기의 합과 같다.

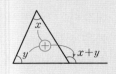

16 👍 대표 [242005-0727]

오른쪽 그림에서 ∠x－∠y의 크기를 구하시오.

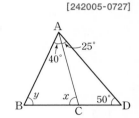

17 [242005-0728]

오른쪽 그림에서 ∠x의 크기를 구하시오.

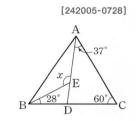

18 [242005-0729]

오른쪽 그림에서 ∠BAC=∠CAD이고 ∠BAF=122°, ∠ADE=123°일 때, ∠x의 크기를 구하시오.

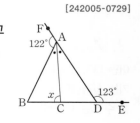

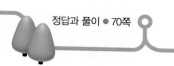

43 🖊 서술형   [242005-0754]

한 내각의 크기가 $156°$인 정다각형의 한 꼭짓점에서 그을 수 있는 대각선의 개수를 구하시오.

44   [242005-0755]

다음 중에서 정육각형에 대한 설명으로 옳은 것은?

① 한 꼭짓점에서 그을 수 있는 대각선의 개수는 4이다.
② 내각의 크기의 합은 $360°$이다.
③ 한 내각의 크기는 $120°$이다.
④ 한 외각의 크기는 $80°$이다.
⑤ 대각선의 개수는 12이다.

45 🔔 신유형   [242005-0756]

다음은 컴퓨터 프로그램을 이용하여 100만큼 이동하면서 변을 그리고 이동 방향에서 시계 방향으로 $120°$만큼 회전하는 과정을 세 번 반복하여 정삼각형을 그린 것이다.

입력 창	실험 결과
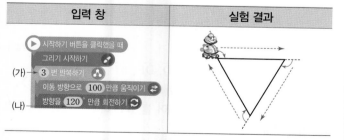	

이 프로그램을 이용하여 정오각형을 그리려면 입력 창의 (가), (나)에 각각 어떤 값을 입력해야 하는지 구하시오.

정n각형에서

(한 내각의 크기) : (한 외각의 크기)$=a : b$이면

(1) (한 내각의 크기)$=180° \times \dfrac{a}{a+b}$

(2) (한 외각의 크기)$=180° \times \dfrac{b}{a+b}$

46 👍 대표   [242005-0757]

한 내각의 크기와 한 외각의 크기의 비가 $7 : 2$인 정다각형은?

① 정육각형   ② 정팔각형   ③ 정구각형
④ 정십이각형   ⑤ 정십오각형

47   [242005-0758]

한 내각의 크기가 한 외각의 크기의 3배인 정다각형의 대각선의 개수를 구하시오.

48   [242005-0759]

한 내각의 크기와 한 외각의 크기의 비가 $4 : 1$인 정다각형의 내각의 크기의 합을 $a°$, 외각의 크기의 합을 $b°$라 할 때, $a-b$의 값을 구하시오.

유형 ⑱ 정다각형의 한 내각의 크기의 활용

(1) (정 n 각형의 내각의 크기의 합) $= 180° \times (n-2)$

(2) (정 n 각형의 한 내각의 크기) $= \dfrac{180° \times (n-2)}{n}$

49 👍 대표   [242005-0760]

오른쪽 그림과 같은 정오각형 ABCDE에서 $\angle x$의 크기는?

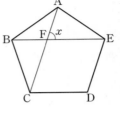

① 64°   ② 66°

③ 68°   ④ 70°

⑤ 72°

50   [242005-0761]

오른쪽 그림과 같은 정팔각형에서 $\overline{BD}$, $\overline{CE}$의 교점을 I라 할 때, $\angle x$의 크기를 구하시오.

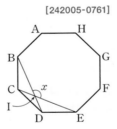

51   [242005-0762]

오른쪽 그림은 정오각형 ABCDE와 정육각형 FGHIJK의 일부를 겹쳐 놓은 것이다. 이때 $\angle x + \angle y$의 크기를 구하시오.

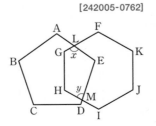

유형 ⑲ 정다각형의 한 외각의 크기의 활용

(1) (정 n 각형의 외각의 크기의 합) $= 360°$

(2) (정 n 각형의 한 외각의 크기) $= \dfrac{360°}{n}$

52 👍 대표   [242005-0763]

오른쪽 그림과 같이 한 변의 길이가 같은 정오각형과 정팔각형이 한 변을 공유한다. 이때 $\angle a + \angle b$의 크기를 구하시오.

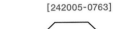
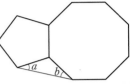

53   [242005-0764]

오른쪽 그림과 같이 정육각형 ABCDEF의 두 변 CD, FE의 연장선의 교점을 G라 할 때, $\angle x$의 크기를 구하시오.

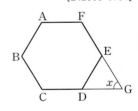

54 🔔 신유형   [242005-0765]

오른쪽 그림과 같이 $\overline{AB}$, $\overline{BC}$, $\overline{CD}$, $\overline{DE}$, $\overline{EF}$, ⋯ 를 각 변으로 하는 정 n 각형의 n개의 변에 정사각형, 정오각형의 순으로 변끼리 이어 붙였다. 이때 n의 값을 구하시오.

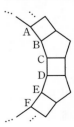

1
[242005-0766]

오른쪽 그림에서 $\angle x - \angle y$의 크기는?

① 15°　　　② 20°

③ 25°　　　④ 30°

⑤ 35°

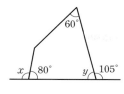

2
[242005-0767]

다음 중에서 옳지 <u>않은</u> 것은?

① 3개 이상의 선분으로 둘러싸인 평면도형을 다각형이라 한다.

② 오각형은 5개의 선분으로 둘러싸여 있다.

③ 모든 내각의 크기가 같은 팔각형은 정팔각형이다.

④ 정다각형은 모든 내각의 크기가 같다.

⑤ 꼭짓점이 6개인 다각형은 육각형이다.

3
[242005-0768]

십삼각형의 한 꼭짓점에서 그을 수 있는 대각선의 개수를 a, 이때 생기는 삼각형의 개수를 b라 할 때, $a+b$의 값을 구하시오.

4
[242005-0769]

어떤 다각형의 내부의 한 점에서 각 꼭짓점에 선분을 그었을 때 생기는 삼각형의 개수가 7이다. 이 다각형의 대각선의 개수를 구하시오.

5 🎁 고득점
[242005-0770]

정십이각형의 한 꼭짓점에서 그을 수 있는 길이가 서로 다른 대각선의 개수는?

① 5　　　② 6　　　③ 7

④ 8　　　⑤ 9

6
[242005-0771]

오른쪽 그림의 △ABC에서 ∠B=36°이고 ∠A=2∠C일 때, ∠A의 크기를 구하시오.

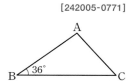

7
[242005-0772]

오른쪽 그림에서 x의 값은?

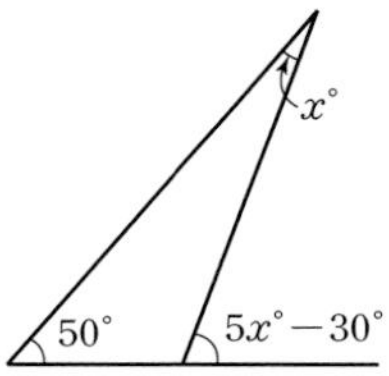

① 15　　　② 20

③ 25　　　④ 30

⑤ 35

8 📍중요
[242005-0773]

오른쪽 그림의 △ABC에서 ∠A=55°, ∠B=65°이고 ∠ACD=∠DCB일 때, ∠x의 크기를 구하시오.

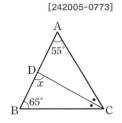

9 🎁 고득점 [242005-0774]

오른쪽 그림에서 ∠BDC＝110°,
∠BEC＝150°이다.
∠ABD＝∠DBE, ∠ACD＝∠DCE
일 때, ∠x의 크기를 구하시오.

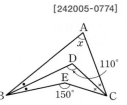

10 [242005-0775]

오른쪽 그림에서 $\overline{AB}=\overline{AC}=\overline{CD}$이고
∠DCE＝102°일 때, ∠x의 크기를 구
하시오.

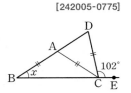

11 [242005-0776]

오른쪽 그림의 △ABC에서 점 D는 ∠B
의 이등분선과 ∠C의 외각의 이등분선의
교점이다. ∠D＝40°일 때, ∠x의 크기
를 구하시오.

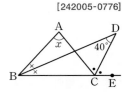

12 [242005-0777]

대각선의 개수가 54인 다각형의 내각의 크기의 합은?

① 360°   ② 720°   ③ 1080°
④ 1440°   ⑤ 1800°

13 [242005-0778]

오른쪽 그림에서
∠a＋∠b＋∠c＋∠d＋∠e＋∠f＋∠g
의 크기를 구하시오.

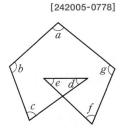

14 [242005-0779]

오른쪽 그림에서 ∠x의 크기는?

① 80°   ② 85°
③ 90°   ④ 95°
⑤ 100°

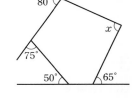

15 📍중요 [242005-0780]

다음 중에서 한 내각의 크기와 한 외각의 크기의 비가 2 : 1인 정다
각형에 대한 설명으로 옳은 것은?

① 변의 개수는 5이다.
② 내각의 크기의 합은 720°이다.
③ 한 내각의 크기는 108°이다.
④ 대각선의 개수는 5이다.
⑤ 한 꼭짓점에서 그을 수 있는 대각선의 개수는 4이다.

16 신유형

[242005-0781]

오른쪽 그림은 정다각형 모양의 그릇의 일부이다. $\angle ABC = 10°$일 때, 이 그릇의 원래 모양의 정다각형을 구하시오.

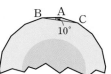

17

[242005-0782]

오른쪽 그림과 같이 한 변의 길이가 같은 정사각형 $ABCD$와 정삼각형 ADE에서 $\overline{AD}$와 $\overline{CE}$의 교점을 F라 할 때, $\angle x$의 크기를 구하시오.

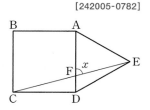

18

[242005-0783]

오른쪽 그림은 한 변의 길이가 같은 정오각형과 정팔각형의 한 변을 붙여 놓고, 서로 다른 두 변을 연장하여 그린 것이다. 이때 $\angle x$의 크기는?

① $120°$ ② $122°$
③ $124°$ ④ $126°$
⑤ $128°$

🖋 기출 서술형

19

[242005-0784]

오른쪽 그림에서 $\angle a + \angle b + \angle c + \angle d$의 크기를 구하시오.

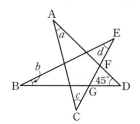

풀이 과정

답 |

20

[242005-0785]

내각의 크기의 합이 $3240°$인 정다각형의 한 외각의 크기를 구하시오.

풀이 과정

답 |

3. 다각형 • 41

1 원과 부채꼴

유형 **1** 원과 부채꼴

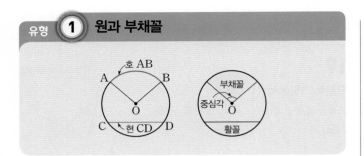

1

[242005-0786]

반지름의 길이가 **4 cm**인 원에서 길이가 가장 긴 현의 길이를 구하시오.

2

[242005-0787]

오른쪽 그림과 같이 원 O 위에 두 점 A, B가 있다. 현 AB의 길이가 원 O의 반지름의 길이와 같을 때, $\widehat{AB}$에 대한 중심각의 크기를 구하시오.

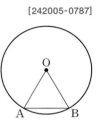

유형 **2** 중심각의 크기와 호의 길이

한 원에서 부채꼴의 호의 길이는 중심각의 크기에 정비례하므로 오른쪽 그림에서

$x : y = a : b$

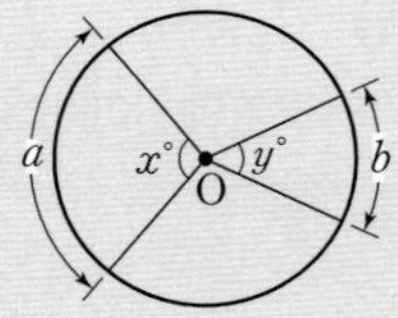

3 👍 대표

[242005-0788]

오른쪽 그림의 원 O에서 x, y의 값을 각각 구하시오.

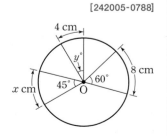

4

[242005-0789]

오른쪽 그림의 원 O에서 x의 값을 구하시오.

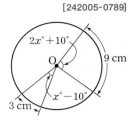

유형 **3** 호의 길이의 비가 주어질 때 중심각의 크기 구하기

오른쪽 그림에서
$\widehat{AB} : \widehat{BC} : \widehat{CA} = a : b : c$이면
$\angle AOB : \angle BOC : \angle COA$
$= a : b : c$

➡ $\angle AOB = 360° \times \dfrac{a}{a+b+c}$

$\angle BOC = 360° \times \dfrac{b}{a+b+c}$

$\angle COA = 360° \times \dfrac{c}{a+b+c}$

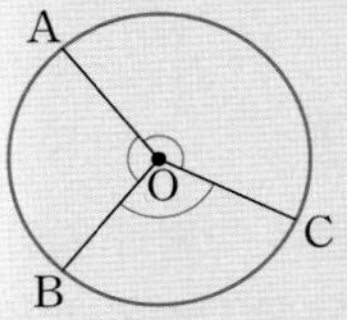

5 👍 대표

[242005-0790]

오른쪽 그림의 원 O에서
$\widehat{AB} : \widehat{BC} : \widehat{CA} = 3 : 4 : 5$일 때,
$\angle AOB$의 크기는?

① 80° ② 90°
③ 100° ④ 110°
⑤ 120°

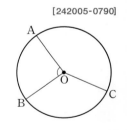

6 🔔 신유형

[242005-0791]

오른쪽 그림과 같이 점 O에 매달린 추가 A 지점과 D 지점 사이를 움직인다.
$\angle AOD = 130°$이고 $\widehat{AB} : \widehat{BC} = 7 : 4$,
$\widehat{BC} : \widehat{CD} = 2 : 1$일 때, $\angle BOC$의 크기를 구하시오. (단, 추의 크기는 생각하지 않는다.)

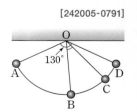

[242005-0795]

유형 ④ 평행선이 주어질 때 중심각의 크기와 호의 길이

한 원에서 평행선이 주어지면 다음과 같이 크기가 같은 각을 찾는다.

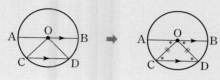

7 📱 대표

[242005-0792]

오른쪽 그림의 원 O에서 $\overline{AB} /\!/ \overline{CD}$이고 ∠AOC=50°, $\widehat{AC}$=15 cm일 때, $\widehat{CD}$의 길이를 구하시오.

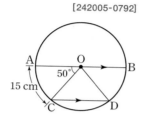

8 ✏️ 서술형

[242005-0793]

오른쪽 그림의 원 O에서 $\overline{OC} /\!/ \overline{AB}$이고 $\widehat{AB} : \widehat{BC}$=4 : 1일 때, ∠$x$의 크기를 구하시오.

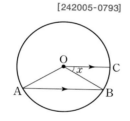

유형 ⑤ 중심각의 크기와 호의 길이 – 보조선 긋기

반원 O에서 $\overline{AD} /\!/ \overline{OC}$일 때 다음과 같이 보조선을 긋고, 크기가 같은 각을 찾는다.

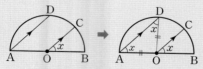

9 📱 대표

[242005-0794]

오른쪽 그림의 원 O에서 $\overline{AB} /\!/ \overline{CD}$이고 ∠OAB=36°, $\widehat{AC}$=4 cm일 때 $\widehat{AB}$의 길이를 구하시오.

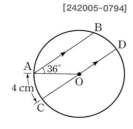

10

[242005-0795]

다음 그림의 원 O에서 지름 AB의 연장선과 현 CD의 연장선의 교점을 E라 하자. $\overline{DE}=\overline{DO}$, ∠BED=30°, $\widehat{AC}$=12 cm일 때, $\widehat{BD}$의 길이를 구하시오.

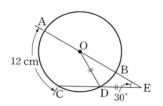

유형 ⑥ 중심각의 크기와 부채꼴의 넓이

한 원에서 부채꼴의 넓이는 중심각의 크기에 정비례하므로 오른쪽 그림에서

$x : y = A : B$

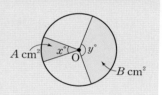

11 ✏️ 서술형

[242005-0796]

오른쪽 그림의 반원 O에서 $\widehat{AC} : \widehat{BC}$=1 : 3이고 부채꼴 BOC의 넓이가 24 cm²일 때, 부채꼴 AOC의 넓이를 구하시오.

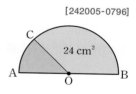

12 🔔 신유형

[242005-0797]

오른쪽 그림은 어느 학교 학생들이 좋아하는 계절을 조사하여 나타낸 원 그래프이다. 여름을 좋아하는 학생이 36명일 때, 겨울을 좋아하는 학생은 몇 명인지 구하시오. (단, 각 영역의 넓이는 학생 수에 정비례한다.)

유형 7 중심각의 크기와 현의 길이

오른쪽 그림의 원 O에서
(1) ∠AOB=∠COD이면
$\overline{AB}=\overline{CD}$
(2) $\overline{AB}=\overline{CD}$이면
∠AOB=∠COD

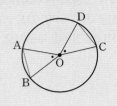

13 👍 대표

[242005-0798]

오른쪽 그림의 원 O에서
$\overline{AB}=\overline{BC}=\overline{DE}$이고 ∠AOC=130°
일 때, ∠DOE의 크기는?

① 50°   ② 55°
③ 60°   ④ 65°
⑤ 70°

14

[242005-0799]

오른쪽 그림의 원 O에서 $\overparen{AB}=\overparen{AC}$이고
$\overline{AB}=9$ cm, ∠BOC=120°일 때,
△ABC의 둘레의 길이를 구하시오.

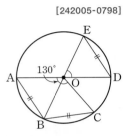

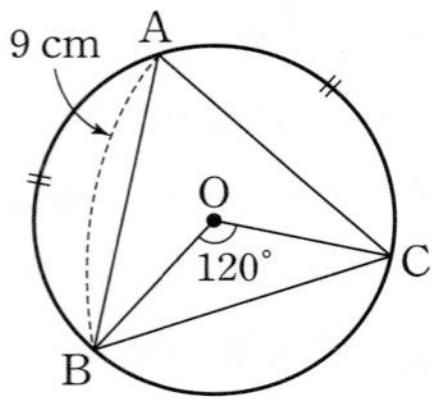

15

[242005-0800]

오른쪽 그림과 같이 $\overline{AB}$가 지름인 원 O에
서 $\overline{AD}\,/\!/\,\overline{OC}$이고 $\overparen{BC}=11$ cm일 때,
$\overparen{CD}$의 길이를 구하시오.

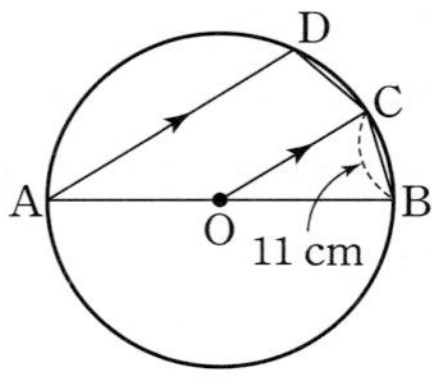

유형 8 중심각의 크기에 정비례하는 것

(1) 중심각의 크기에 정비례하는 것
➡ 호의 길이, 부채꼴의 넓이
(2) 중심각의 크기에 정비례하지 않는 것
➡ 현의 길이, 삼각형의 넓이, 활꼴의 넓이

16

[242005-0801]

오른쪽 그림의 원 O에서
∠AOB=∠BOC=∠COD=∠EOF
일 때, 다음 중에서 옳지 않은 것은?

① $\overline{AB}=\overline{EF}$ ② $2\overparen{AB}=\overparen{BD}$
③ $\overparen{BC}=\dfrac{1}{3}\overparen{AD}$ ④ $\overline{EF}=\dfrac{1}{2}\overline{AC}$
⑤ $\overline{AD}<3\overline{EF}$

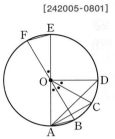

17

[242005-0802]

다음 중에서 한 원에 대한 설명으로 옳지 않은 것은?

① 같은 길이의 호에 대한 중심각의 크기는 같다.
② 같은 크기의 중심각에 대한 현의 길이는 같다.
③ 호의 길이는 중심각의 크기에 정비례한다.
④ 현의 길이는 중심각의 크기에 정비례한다.
⑤ 부채꼴의 넓이는 중심각의 크기에 정비례한다.

18 👍 대표

[242005-0803]

오른쪽 그림의 원 O에서
∠COD=2∠AOB일 때, 다음 중에서 옳
은 것을 모두 고르면? (정답 2개)

① $\overparen{CD}=2\overparen{AB}$
② $\overline{AB}=\dfrac{1}{2}\overline{CD}$
③ ∠AOD=∠BOC
④ △COD=2△AOB
⑤ (부채꼴 AOB의 넓이)$=\dfrac{1}{2}\times$(부채꼴 COD의 넓이)

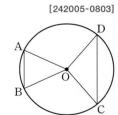

1
[242005-0828]

다음 중에서 오른쪽 그림의 원 O에 대한 설명으로 옳지 않은 것은?
(단, $\overline{AB}$는 지름이다.)

① $\overline{BC}$는 현이다.
② $\overline{OA}$, $\overline{OB}$, $\overline{OC}$는 반지름이다.
③ $\overline{AB}$는 이 원의 현 중에서 길이가 가장 긴 현이다.
④ ∠BOC는 호 BC에 대한 중심각이다.
⑤ $\overline{BC}$와 $\overparen{BC}$로 둘러싸인 도형은 부채꼴이다.

2
[242005-0829]

오른쪽 그림의 원 O에서 $\overline{AC}$는 지름이다. $\overparen{AB}=6$ cm, $\overparen{BC}=3$ cm일 때, ∠BAC의 크기는?

① 20°　　② 25°
③ 30°　　④ 35°
⑤ 40°

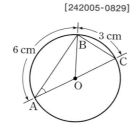

3
[242005-0830]

오른쪽 그림의 원 O에서 $\overparen{AB} : \overparen{BC} : \overparen{CA}=3 : 7 : 8$일 때, 다음 보기 에서 옳은 것을 있는 대로 고르시오.

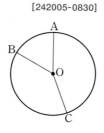

보기

ㄱ. ∠AOB=60°
ㄴ. $\overparen{AB}=6$ cm이면 $\overparen{BC}=12$ cm이다.
ㄷ. 원 O의 반지름의 길이가 9 cm이면 $\overparen{AB}=2\pi$ cm이다.
ㄹ. 원 O의 반지름의 길이가 3 cm이면 부채꼴 AOC의 넓이는 4π cm²이다.

4 ⦿중요
[242005-0831]

오른쪽 그림의 반원 O에서 $\overline{AC} /\!/ \overline{OD}$ 이고 ∠BOD=40°, $\overparen{BD}=2$ cm일 때, $\overparen{AC}$의 길이는?

① 5 cm　　② 6 cm
③ 7 cm　　④ 8 cm
⑤ 9 cm

5 ⦿중요
[242005-0832]

오른쪽 그림의 원 O에서 부채꼴 AOB의 넓이가 20 cm²이고 부채꼴 COD의 넓이가 50 cm²일 때, x의 값은?

① 40　　② 45
③ 50　　④ 55
⑤ 60

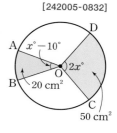

6
[242005-0833]

오른쪽 그림과 같이 반지름의 길이가 6 cm이고 넓이가 3π cm²인 부채꼴의 둘레의 길이를 구하시오.

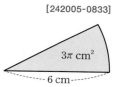

7
[242005-0834]

오른쪽 그림의 원 O에서 $\overline{BD}$의 연장선과 $\overline{EF}$의 연장선의 교점을 A라 하자. $\overline{AF}=\overline{OF}$, $\overparen{BF}=4$ cm일 때, $\overparen{BC}$의 길이를 구하시오.
(단, $\overline{BD}$, $\overline{CE}$는 지름이다.)

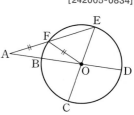

8

[242005-0835]

오른쪽 그림과 같이 지름이 $\overline{AB}$인 원 O 에서 $\overline{AC} /\!/ \overline{OD}$이고 $\overline{CD}=8$ cm일 때, $\overline{BD}$의 길이는?

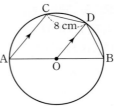

① 8 cm   ② 9 cm

③ 10 cm   ④ 11 cm

⑤ 12 cm

9

[242005-0836]

오른쪽 그림의 원 O에서 ∠AOB=60°이고, $\overline{AB}=6$ cm일 때, 다음 중에서 옳지 <u>않은</u> 것은?

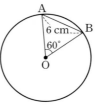

① 이 원의 반지름의 길이는 6 cm이다.

② 이 원의 가장 긴 현의 길이는 12 cm이다.

③ 중심각의 크기가 120°인 부채꼴의 호의 길이는 4π cm이다.

④ 중심각의 크기가 120°인 부채꼴의 현의 길이는 12 cm이다.

⑤ 중심각의 크기가 80°인 부채꼴의 넓이는 8π cm²이다.

10

[242005-0837]

오른쪽 그림과 같은 반원에서 색칠한 부분의 넓이를 구하시오.

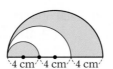

11 📍중요

[242005-0838]

오른쪽 그림과 같이 한 변의 길이가 8 cm인 정 팔각형에서 색칠한 부채꼴의 넓이는?

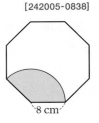

① 22π cm²   ② 24π cm²

③ 26π cm²   ④ 28π cm²

⑤ 30π cm²

12 🎁 고득점

[242005-0839]

오른쪽 그림과 같이 한 변의 길이가 12 cm인 정사각형 ABCD에서 색칠한 부분의 둘레의 길이를 구하시오.

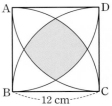

13

[242005-0840]

오른쪽 그림과 같이 반지름의 길이가 9 cm인 반원 O와 반지름의 길이가 6 cm인 반원 O'이 있다. 색칠한 두 부분의 넓이가 같을 때, ∠AOB의 크기를 구하시오.

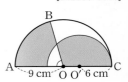

14

[242005-0841]

오른쪽 그림과 같이 한 변의 길이가 6 cm인 정사각형에서 색칠한 부분의 넓이는?

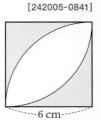

① $(36-18\pi)$ cm²

② $(36+18\pi)$ cm²

③ $(72-18\pi)$ cm²

④ $(72+18\pi)$ cm²

⑤ $(108-9\pi)$ cm²

15

[242005-0842]

오른쪽 그림과 같이 반지름의 길이가 8 cm 인 원에서 색칠한 부분의 넓이를 구하시오.

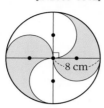

8 cm

16 🎁 고득점

[242005-0843]

오른쪽 그림은 한 변의 길이가 3 cm인 정육각형 ABCDEF에서 $\overline{EF}$, $\overline{DE}$, $\overline{CD}$를 연장하여 세 부채꼴 AFG, GEH, HDI를 그린 것이다. 이때 색칠한 부분의 넓이를 구하시오.

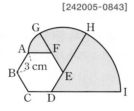

17 🎁 고득점

[242005-0844]

밑면인 원의 반지름의 길이가 4 cm인 원기둥 모양의 캔 7개를 다음 그림과 같이 끈으로 묶으려고 한다. 필요한 끈의 최소 길이를 구하시오. (단, 끈의 두께와 매듭의 길이는 생각하지 않는다.)

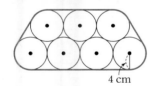

4 cm

18

[242005-0845]

오른쪽 그림과 같이 가로의 길이가 4 m, 세로의 길이가 3 m인 직사각형 모양의 울타리가 있다. 울타리의 A 지점에 길이가 4 m인 줄로 강아지가 묶여 있을 때, 강아지가 울타리 밖에서 움직일 수 있는 영역의 최대 넓이를 구하시오. (단, 강아지의 크기와 줄의 매듭의 길이는 생각하지 않는다.)

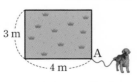

3 m

4 m

A

✏️ **기출 서술형**

19

[242005-0846]

오른쪽 그림과 같이 호의 길이가 4π cm이고 넓이가 18π cm²인 부채꼴의 중심각의 크기를 구하시오.

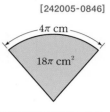

4π cm

18π cm²

풀이 과정

답 |

20

[242005-0847]

오른쪽 그림과 같이 한 변의 길이가 4 cm인 정사각형에서 색칠한 부분의 넓이를 구하시오.

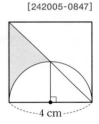

4 cm

풀이 과정

답 |

1 다면체

유형 ① 다면체

다면체: 다각형인 면으로만 둘러싸인 입체도형

사각기둥   사각뿔   사각뿔대   …

1   [242005-0848]

다음 중에서 다각형인 면으로만 둘러싸인 입체도형을 모두 고르면?

(정답 2개)

①   ②   ③

④   ⑤

2 👍 대표   [242005-0849]

다음 중에서 다면체가 <u>아닌</u> 것은?

① 육각기둥   ② 오각뿔   ③ 원기둥
④ 삼각뿔대   ⑤ 직육면체

3   [242005-0850]

다음 입체도형 중에서 다면체는 모두 몇 개인지 구하시오.

사각뿔	오각기둥	원뿔
삼각뿔대	정육면체	구

유형 ② 다면체의 면, 모서리, 꼭짓점의 개수

n각기둥과 n각뿔대의 면, 모서리, 꼭짓점의 개수는 각각 같다.

	n각기둥	n각뿔	n각뿔대
면의 개수	$n+2$	$n+1$	$n+2$
모서리의 개수	$3n$	$2n$	$3n$
꼭짓점의 개수	$2n$	$n+1$	$2n$

└ 각뿔은 면의 개수와 꼭짓점의 개수가 같다.

4 👍 대표   [242005-0851]

다음 다면체 중에서 오른쪽 그림과 같은 다면체와 면의 개수가 같은 것은?

① 사각기둥   ② 사각뿔대
③ 오각뿔   ④ 오각뿔대
⑤ 칠각기둥

5   [242005-0852]

다음 다면체 중에서 모서리의 개수가 가장 적은 것과 가장 많은 것으로 바르게 짝 지어진 것은?

삼각기둥	사각뿔대	사각뿔	육각뿔대	육각뿔

① 삼각기둥, 사각뿔대   ② 삼각기둥, 육각뿔대
③ 사각뿔, 육각뿔대   ④ 사각뿔, 육각뿔
⑤ 사각뿔대, 사각뿔

6 ✏️ 서술형   [242005-0853]

다음 다면체의 꼭짓점의 개수의 합을 구하시오.

육각기둥	팔각뿔	구각뿔대

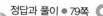

유형 ③ 다면체의 면, 모서리, 꼭짓점의 개수의 활용

다면체의 면, 모서리, 꼭짓점의 개수 중에서 어느 하나가 주어지면
➡ n각기둥, n각뿔, n각뿔대에서 주어진 면, 모서리, 꼭짓점의 개수를 이용하여 n의 값을 구한다.

7 👍 대표   [242005-0854]

모서리의 개수가 24인 각뿔대의 밑면의 모양은?

① 육각형   ② 팔각형   ③ 십각형
④ 십이각형   ⑤ 십사각형

8   [242005-0855]

다음 중에서 면의 개수가 10이고 모서리의 개수가 24인 입체도형은?

① 육각기둥   ② 팔각뿔대   ③ 구각뿔
④ 구각기둥   ⑤ 십각뿔

9 ✏️ 서술형   [242005-0856]

면의 개수가 14인 각기둥의 모서리의 개수를 a, 꼭짓점의 개수를 b라 할 때, $a-b$의 값을 구하시오.

유형 ④ 다면체의 옆면의 모양

	각기둥	각뿔	각뿔대
옆면의 모양	직사각형	삼각형	사다리꼴

10   [242005-0857]

다음 중에서 각기둥, 각뿔, 각뿔대의 옆면의 모양을 차례대로 나열한 것은?

① 정사각형, 정삼각형, 직사각형
② 직사각형, 삼각형, 사다리꼴
③ 정사각형, 이등변삼각형, 사다리꼴
④ 직사각형, 이등변삼각형, 평행사변형
⑤ 직사각형, 정삼각형, 평행사변형

11 👍 대표   [242005-0858]

다음 중에서 다면체와 그 옆면의 모양이 바르게 짝 지어진 것은?

① 삼각기둥 — 삼각형   ② 사각뿔 — 직사각형
③ 사각뿔대 — 사다리꼴   ④ 오각뿔 — 오각형
⑤ 육각기둥 — 삼각형

12   [242005-0859]

다음 다면체 중에서 옆면의 모양이 사각형인 것은 모두 몇 개인지 구하시오.

육각뿔	육각뿔대	칠각기둥
칠각뿔	직육면체	팔각뿔대

유형 5 다면체의 이해

(1) 각기둥: 두 밑면이 서로 평행하고 합동인 다각형이고, 옆면이 모두 직사각형인 다면체
(2) 각뿔: 밑면이 다각형이고, 옆면이 모두 삼각형인 다면체
(3) 각뿔대: 각뿔을 밑면에 평행한 평면으로 잘라서 생기는 두 다면체 중에서 각뿔이 아닌 쪽의 다면체

13 👍 대표
[242005-0860]

다음 중에서 다면체에 대한 설명으로 옳은 것을 모두 고르면?
(정답 2개)

① 각기둥의 밑면은 서로 평행하고 합동이다.
② 각기둥의 옆면의 모양은 모두 정사각형이다.
③ 각뿔의 꼭짓점의 개수와 면의 개수는 같다.
④ 각뿔대의 밑면은 1개이다.
⑤ 각뿔대의 밑면과 옆면은 서로 수직이다.

14
[242005-0861]

다음 중에서 각뿔대에 대한 설명으로 옳지 <u>않은</u> 것은?
① 두 밑면은 서로 합동이다.
② 두 밑면은 서로 평행하다.
③ n각뿔대는 $(n+2)$면체이다.
④ n각뿔대의 모서리의 개수는 $3n$이다.
⑤ 옆면의 모양은 모두 사다리꼴이다.

15
[242005-0862]

다음 중에서 오각뿔에 대한 설명으로 옳지 <u>않은</u> 것은?
① 밑면은 오각형이다.
② 옆면의 모양은 삼각형이다.
③ 육면체이다.
④ 삼각기둥과 꼭짓점의 개수가 같다.
⑤ 오각뿔대와 모서리의 개수가 같다.

유형 6 조건을 만족시키는 다면체

(1) 옆면의 모양 { 직사각형 ➡ 각기둥
삼각형 ➡ 각뿔
사다리꼴 ➡ 각뿔대 }
(2) 면, 모서리, 꼭짓점의 개수 ➡ 밑면의 모양 결정

16 👍 대표
[242005-0863]

다음 조건을 모두 만족시키는 입체도형과 꼭짓점의 개수가 같은 입체도형은?

(가) 옆면의 모양은 직사각형이다.
(나) 두 밑면은 서로 평행하고 합동인 다각형이다.
(다) 칠면체이다.

① 오각뿔 ② 육각뿔대 ③ 팔각기둥
④ 구각뿔 ⑤ 십각기둥

17 ✏️ 서술형
[242005-0864]

다음 조건을 모두 만족시키는 입체도형을 구하시오.

(가) 두 밑면이 서로 평행하다.
(나) 옆면의 모양은 직사각형이 아닌 사다리꼴이다.
(다) 모서리의 개수는 27이다.

18 🔔 신유형
[242005-0865]

다음 학생들이 설명하는 조건을 모두 만족시키는 입체도형을 구하시오.

 정우 : 밑면이 1개야.

지나 : 옆면의 모양은 삼각형이야.

경수 : 꼭짓점의 개수는 9야.

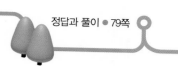

유형 7 정다면체의 이해

| 정사면체 | 정육면체 | 정팔면체 | 정십이면체 | 정이십면체 |

19
[242005-0866]

다음 중에서 각 면의 모양이 정오각형인 정다면체는?

① 정사면체　　② 정육면체　　③ 정팔면체

④ 정십이면체　　⑤ 정이십면체

20 👍 대표
[242005-0867]

다음 중에서 정다면체에 대한 설명으로 옳지 않은 것은?

① 정다면체의 종류는 5가지뿐이다.

② 정사면체는 평행한 면이 없다.

③ 면의 모양이 정사각형인 정다면체는 한 가지뿐이다.

④ 면이 가장 많은 정다면체는 정이십면체이다.

⑤ 각 면의 모양이 모두 합동이고 정다각형인 다면체를 정다면체라 한다.

21 ✏️ 서술형
[242005-0868]

오른쪽 그림의 입체도형은 모서리의 길이가 같은 정사면체 2개를 한 면이 서로 완전히 포개어지도록 서로 붙여 놓은 것이다. 다음 물음에 답하시오.

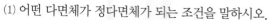

(1) 어떤 다면체가 정다면체가 되는 조건을 말하시오.

(2) 주어진 입체도형이 정다면체인지 아닌지 말하고, 그 이유를 설명하시오.

유형 8 정다면체의 면, 모서리, 꼭짓점의 개수

	정사면체	정육면체	정팔면체	정십이면체	정이십면체
면의 모양	정삼각형	정사각형	정삼각형	정오각형	정삼각형
면의 개수	4	6	8	12	20
꼭짓점의 개수	4	8	6	20	12
모서리의 개수	6	12	12	30	30

22
[242005-0869]

다음 정다면체 중에서 꼭짓점의 개수가 가장 많은 것은?

① 정사면체　　② 정육면체　　③ 정팔면체

④ 정십이면체　　⑤ 정이십면체

23 🔔 신유형
[242005-0870]

서로 다른 궤도를 돌고 있는 네 개의 인공위성이 있다. 각 인공위성이 다른 세 인공위성과 같은 거리에 있을 때, 네 인공위성의 위치를 꼭짓점으로 하는 다면체는?

(단, 인공위성의 크기는 생각하지 않는다.)

① 정사면체　　② 정육면체　　③ 정팔면체

④ 정십이면체　　⑤ 정이십면체

24 👍 대표
[242005-0871]

면의 개수가 가장 많은 정다면체의 꼭짓점의 개수를 a, 면의 개수가 가장 적은 정다면체의 모서리의 개수를 b라 할 때, $a+b$의 값을 구하시오.

(1) 면의 모양에 따른 분류

➡ 정삼각형 : 정사면체, 정팔면체, 정이십면체
정사각형 : 정육면체
정오각형 : 정십이면체

(2) 한 꼭짓점에 모인 면의 개수에 따른 분류

➡ 3개 : 정사면체, 정육면체, 정십이면체
4개 : 정팔면체
5개 : 정이십면체

25
[242005-0872]

다음 조건을 모두 만족시키는 입체도형은?

(가) 각 면의 모양은 모두 합동인 정오각형이다.
(나) 각 꼭짓점에 모인 면의 개수는 3이다.

① 정사면체   ② 정육면체   ③ 정팔면체
④ 정십이면체   ⑤ 정이십면체

26 👍 대표
[242005-0873]

다음 조건을 모두 만족시키는 입체도형의 모서리의 개수를 구하시오.

(가) 각 면의 모양이 모두 합동인 정삼각형이다.
(나) 한 꼭짓점에 모인 면의 개수는 5이다.

27
[242005-0874]

다음 보기 중에서 정다면체에 대한 설명으로 옳은 것을 모두 고르시오.

보기
ㄱ. 정사면체와 정이십면체의 면의 모양은 같다.
ㄴ. 정삼각형이 한 꼭짓점에 4개가 모인 정다면체는 정팔면체이다.
ㄷ. 꼭짓점의 개수가 가장 많은 정다면체의 한 꼭짓점에 모인 면의 개수는 5이다.
ㄹ. 정십이면체와 정이십면체의 모서리의 개수는 같다.

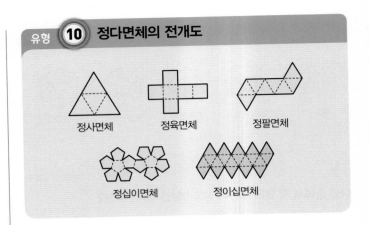

정사면체   정육면체   정팔면체

정십이면체   정이십면체

28
[242005-0875]

다음 중에서 정육면체의 전개도가 될 수 없는 것은?

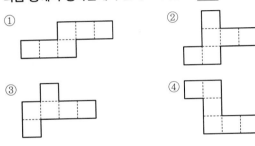

①   ②
③   ④
⑤

29
[242005-0876]

오른쪽 그림과 같은 전개도로 만들어지는 정다면체의 모서리의 개수를 구하시오.

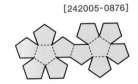

30 👍 대표
[242005-0877]

오른쪽 그림과 같은 전개도로 정다면체를 만들었을 때, 다음 중에서 $\overline{\text{AN}}$과 꼬인 위치에 있는 모서리가 아닌 것은?

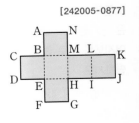

① $\overline{\text{BE}}$ ② $\overline{\text{DE}}$
③ $\overline{\text{HG}}$ ④ $\overline{\text{IJ}}$
⑤ $\overline{\text{MH}}$

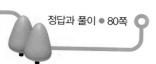

유형 ⑪ 정다면체의 각 면의 한가운데 점을 연결하여 만든 입체도형

정다면체의 각 면의 한가운데 점을 연결하여 만든 입체도형도 정다면체이다.

➡ (바깥쪽 정다면체의 면의 개수)
　 =(안쪽 정다면체의 꼭짓점의 개수)

예 ➡

$$\underbrace{(정육면체의\ 면의\ 개수)}_{6}=\underbrace{(정팔면체의\ 꼭짓점의\ 개수)}_{6}$$

31
[242005-0878]

어떤 정다면체의 각 면의 한가운데 점을 연결하여 만든 정다면체가 처음 정다면체와 같은 종류일 때, 이 정다면체를 구하시오.

32 👍 대표
[242005-0879]

다음 중에서 정십이면체의 각 면의 한가운데 점을 연결하여 만든 입체도형에 대한 설명으로 옳은 것은?

① 꼭짓점의 개수는 20이다.
② 모서리의 개수는 12이다.
③ 한 꼭짓점에 모인 면의 개수는 5이다.
④ 각 면의 모양은 합동인 정사각형이다.
⑤ 정다면체 중에서 꼭짓점의 개수가 가장 많다.

33
[242005-0880]

오른쪽 그림과 같은 정사면체가 있다. 이 정사면체의 각 모서리의 중점을 연결하여 만든 입체도형의 모서리의 개수를 구하시오.

유형 ⑫ 정다면체의 단면

정육면체를 한 평면으로 자를 때 생기는 단면의 모양은 다음과 같다.

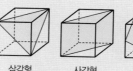 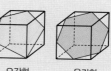

삼각형　　사각형　　오각형　　육각형

34 👍 대표
[242005-0881]

오른쪽 그림과 같은 정육면체에서 점 M, N은 각각 모서리 FG, GH의 중점이다. 세 점 A, M, N을 지나는 평면으로 자를 때 생기는 단면의 모양은?

① 정삼각형　　　② 이등변삼각형
③ 마름모　　　　④ 직사각형
⑤ 오각형

35
[242005-0882]

다음 [보기] 중에서 정육면체를 한 평면으로 잘랐을 때, 생길 수 있는 단면의 모양이 <u>아닌</u> 것을 모두 고르시오.

[보기]
ㄱ. 정삼각형　　　　　　ㄴ. 사다리꼴
ㄷ. 직각이등변삼각형　　ㄹ. 직사각형
ㅁ. 오각형　　　　　　　ㅂ. 팔각형

36
[242005-0883]

정육면체를 한 평면으로 잘라 두 개의 입체도형을 만들 때, 두 입체도형의 모서리의 개수의 합 중에서 가장 큰 값을 구하시오.

2 회전체

유형 13 회전체

회전체: 평면도형을 한 직선을 축으로 하여 1회전 시킬 때 생기는 입체도형

예

원기둥   원뿔   원뿔대

37 👍 대표

[242005-0884]

다음 중에서 회전체가 <u>아닌</u> 것은?

①

②

③

④

⑤

38

[242005-0885]

다음 중에서 회전체가 <u>아닌</u> 것을 모두 고르면? (정답 2개)

① 삼각뿔   ② 구   ③ 원뿔대
④ 원기둥   ⑤ 직육면체

39

[242005-0886]

다음 보기 에서 다면체의 개수를 a, 회전체의 개수를 b라 할 때, $a-b$의 값을 구하시오.

보기
ㄱ. 정사면체   ㄴ. 반구   ㄷ. 원뿔대
ㄹ. 육각기둥   ㅁ. 원기둥   ㅂ. 삼각뿔대
ㅅ. 정육각형   ㅇ. 오각뿔   ㅈ. 원뿔

유형 14 평면도형을 회전시킬 때 생기는 회전체 그리기

① 직사각형 → 원기둥   ② 직각삼각형 → 원뿔

③ 두 각이 직각인 사다리꼴 → 원뿔대   ④ 반원 → 구

40

[242005-0887]

오른쪽 그림과 같은 직사각형 ABCD를 직선 l을 회전축으로 하여 1회전 시킬 때 생기는 회전체의 이름과 모선이 되는 선분을 차례대로 구하시오.

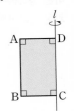

41 👍 대표

[242005-0888]

오른쪽 그림과 같은 직각삼각형 ABC를 직선 AB를 회전축으로 하여 1회전 시킬 때 생기는 회전체는?

①   ②

③   ④   ⑤

42

[242005-0889]

오른쪽 그림과 같은 평행사변형을 직선 l을 회전축으로 하여 1회전 시킬 때 생기는 회전체를 그리시오.

유형 15 회전체의 단면의 모양

(1) 회전축에 수직인 평면으로 자를 때 생기는 단면

원　　원　　원　　원

(2) 회전축을 포함하는 평면으로 자를 때 생기는 단면

직사각형　　이등변삼각형　　사다리꼴　　원

43 [242005-0890]

다음 중에서 회전축을 포함하는 평면으로 자를 때 생기는 단면이 다각형이 나오지 <u>않는</u> 것을 모두 고르면? (정답 2개)

① 　② 　③

④ 　⑤

44 대표 [242005-0891]

다음 중에서 오른쪽 그림과 같은 평면도형을 직선 l을 회전축으로 하여 1회전 시킬 때 생기는 회전체를 회전축에 수직인 평면으로 자를 때 생기는 단면의 모양은?

① 　②

③ 　④ 　⑤

유형 16 회전체의 단면의 둘레의 길이와 넓이

(1) 회전체를 회전축에 수직인 평면으로 자를 때
➡ 단면은 항상 원이므로 원의 둘레의 길이와 원의 넓이를 구하는 공식을 이용한다.
(2) 회전체를 회전축을 포함하는 평면으로 자를 때
➡ 회전시키기 전의 평면도형의 변의 길이를 이용한다.

45 서술형 [242005-0892]

오른쪽 그림과 같은 원기둥을 밑면에 수직인 평면으로 자를 때 생기는 단면 중에서 넓이가 가장 큰 단면의 둘레의 길이를 구하시오.

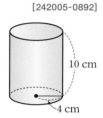

46 대표 [242005-0893]

오른쪽 그림과 같은 사다리꼴을 직선 l을 회전축으로 하여 1회전 시킬 때 생기는 회전체를 회전축을 포함하는 평면으로 자를 때 생기는 단면의 넓이를 구하시오.

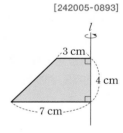

47 [242005-0894]

오른쪽 그림과 같은 도형을 직선 l을 회전축으로 하여 1회전 시킬 때 생기는 회전체를 회전축을 포함하는 평면으로 잘랐다. 이때 생기는 단면의 둘레의 길이와 넓이를 구하시오.

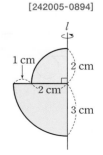

유형 17 회전체의 전개도

참고 구의 전개도는 그릴 수 없다.

48 ✒️ 서술형
[242005-0895]

오른쪽 그림과 같은 직각삼각형을 직선 l을 회전축으로 하여 1회전 시킬 때 생기는 회전체의 전개도에서 옆면인 부채꼴의 호의 길이를 구하시오.

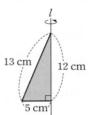

13 cm   12 cm

5 cm

49
[242005-0896]

오른쪽 그림과 같이 원기둥 위의 점 A에서 점 B까지 실로 이 원기둥을 한 바퀴 팽팽하게 감으려고 한다. 다음 중에서 실의 길이가 가장 짧게 되는 경로를 전개도 위에 바르게 나타낸 것은?

① 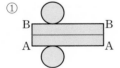   ②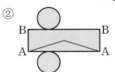

③ 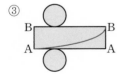   ④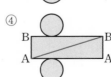

⑤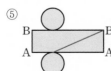

유형 18 회전체의 이해

(1) 회전체를 회전축에 수직인 평면으로 자를 때: 단면에는 항상 원이 나타난다.
(2) 회전체를 회전축을 포함하는 평면으로 자를 때: 단면은 모두 합동이고 선대칭도형이다.

50 👍 대표
[242005-0897]

다음 중에서 원뿔대에 대한 설명으로 옳지 않은 것은?

① 다면체가 아니다.
② 회전축은 1개이다.
③ 두 밑면은 서로 평행하고 합동이다.
④ 회전축에 수직인 평면으로 자른 단면의 모양은 원이다.
⑤ 회전축을 포함하는 평면으로 자른 단면의 모양은 사다리꼴이다.

51
[242005-0898]

다음 중에서 구에 대한 설명으로 옳지 않은 것은?

① 회전축이 무수히 많다.
② 전개도를 그릴 수 있다.
③ 평면으로 자른 단면의 모양은 항상 원이다.
④ 반원을 지름을 회전축으로 하여 1회전 시킨 회전체이다.
⑤ 회전축에 수직인 평면으로 자를 때, 구의 중심을 지나면 가장 큰 단면이 된다.

52
[242005-0899]

다음 보기 에서 회전체에 대한 설명으로 옳은 것을 있는 대로 고르시오.

보기

ㄱ. 회전체를 회전축에 수직인 평면으로 자른 단면은 항상 합동이다.
ㄴ. 평면도형을 한 직선을 축으로 하여 1회전 시킬 때 생기는 입체도형을 회전체라 한다.
ㄷ. 모든 회전체는 회전축이 하나뿐이다.
ㄹ. 회전체의 옆면을 만드는 선분을 모선이라 한다.

1 [242005-0900]

다음 중에서 팔면체를 모두 고르면? (정답 2개)

① 오각기둥 　② 사각뿔대 　③ 육각기둥
④ 칠각뿔 　⑤ 팔각뿔

2 [242005-0901]

다음 다면체 중에서 모서리의 개수가 가장 많은 것은?

① 오각뿔대 　② 육각뿔 　③ 육각기둥
④ 칠각뿔대 　⑤ 팔각뿔

3 [242005-0902]

오각뿔대의 면의 개수를 a, 구각뿔의 꼭짓점의 개수를 b, 칠각기둥의 모서리의 개수를 c라 할 때, $a+b+c$의 값을 구하시오.

4 ● 중요 [242005-0903]

다음 중에서 다면체에 대한 설명으로 옳지 <u>않은</u> 것은?

① 각기둥의 옆면의 모양은 직사각형이다.
② 각뿔대의 두 밑면은 서로 평행하다.
③ n각뿔은 $(n+2)$면체이다.
④ 각뿔의 이름은 밑면의 모양에 따라 정해진다.
⑤ 사면체는 삼각형인 면으로만 둘러싸여 있다.

5 [242005-0904]

다음 조건을 모두 만족시키는 입체도형과 모서리의 개수가 같은 입체도형을 모두 고르면? (정답 2개)

　(가) 육면체이다.
　(나) 옆면의 모양은 직사각형이 아닌 사다리꼴이다.
　(다) 두 밑면은 서로 평행하다.

① 사각뿔 　② 오각기둥 　③ 육각뿔
④ 칠각뿔대 　⑤ 정팔면체

6 [242005-0905]

정사면체의 면의 개수를 a, 정육면체의 모서리의 개수를 b, 정십이면체의 꼭짓점의 개수를 c라 할 때, $a+b+c$의 값을 구하시오.

7 [242005-0906]

다음 조건을 모두 만족시키는 입체도형의 모서리의 개수를 구하시오.

　(가) 밑면은 한 외각의 크기가 45°인 정다각형이다.
　(나) 옆면의 모양은 직사각형이다.

8 [242005-0907]

오른쪽 그림과 같은 전개도로 만들어지는 정다면체에서 $\overline{AB}$와 꼬인 위치에 있는 모서리를 구하시오.

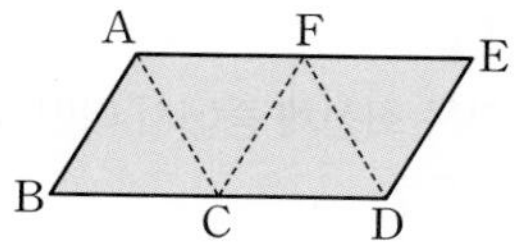

9 ⊙중요 [242005-0908]

다음 중에서 오른쪽 그림과 같은 전개도로 만들어지는 정다면체에 대한 설명으로 옳지 않은 것을 모두 고르면? (정답 2개)

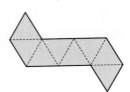

① 면은 모두 합동이다.
② 면의 개수는 8이다.
③ 꼭짓점의 개수는 6이다.
④ 모서리의 개수는 30이다.
⑤ 한 꼭짓점에 모인 면의 개수는 5이다.

10 🎁 고득점 [242005-0909]

오른쪽 그림과 같은 전개도로 정육면체를 만들어 세 점 A, B, C를 지나는 평면으로 자를 때 생기는 단면에서 ∠ABC의 크기를 구하시오.

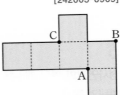

11 [242005-0910]

다음 중에서 오른쪽 그림과 같은 직각삼각형을 직선 l을 회전축으로 하여 1회전 시킬 때 생기는 입체도형은?

①
②
③
④
⑤

12 [242005-0911]

다음 회전체 중에서 어떤 평면으로 잘라도 그 단면이 항상 원이 되는 것은?

① 원기둥   ② 원뿔   ③ 원뿔대
④ 구   ⑤ 반구

13 [242005-0912]

다음은 주어진 회전체를 회전축을 포함하는 평면으로 자른 단면을 그린 것이다. 옳지 않은 것은?

①
②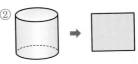
③
④
⑤

14 [242005-0913]

다음 중에서 오른쪽 그림과 같은 원뿔을 평면 ①~⑤로 자를 때 생기는 단면의 모양으로 옳지 않은 것은?

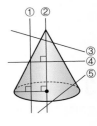

①
②
③
④
⑤

15 [242005-0914]

오른쪽 그림과 같은 직사각형을 직선 l을 회전축으로 하여 1회전 시킬 때 생기는 회전체를 회전축에 수직인 평면으로 자를 때 생기는 단면의 넓이를 구하시오.

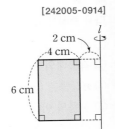

16

[242005-0915]

오른쪽 그림과 같은 원뿔대의 옆면에 페인트를 칠한 후 옆면을 바닥에 놓고 한 바퀴 굴렸다. 이때 바닥에 칠해지는 모양은?

①

②

③ ④

⑤

17 ●중요

[242005-0916]

다음 보기에서 회전체에 대한 설명으로 옳지 <u>않은</u> 것을 있는 대로 고르시오.

보기

ㄱ. 회전체의 옆면을 만드는 선분을 모선이라 한다.

ㄴ. 원기둥을 회전축을 포함하는 평면으로 자를 때 생기는 단면의 모양은 원이다.

ㄷ. 회전체를 회전축을 포함하는 평면으로 자를 때 생기는 단면의 모양은 항상 합동이다.

ㄹ. 구를 회전축에 수직인 평면으로 자를 때 생기는 단면의 모양은 항상 크기가 같은 원이다.

18

[242005-0917]

다음 중에서 회전체에 대한 설명으로 옳지 <u>않은</u> 것은?

① 모든 회전체는 전개도를 그릴 수 있다.

② 구를 평면으로 자른 단면은 항상 원이다.

③ 원기둥을 회전축에 수직인 평면으로 자른 단면은 모두 합동이다.

④ 직사각형을 어느 한 변을 회전축으로 하여 1회전 시킬 때 생기는 회전체는 항상 원기둥이다.

⑤ 구를 평면으로 자른 단면의 넓이는 구의 중심을 지나도록 잘랐을 때 가장 크다.

19

[242005-0918]

오른쪽 그림은 입체도형의 전개도이다. 이 전개도로 만든 입체도형의 모서리의 개수를 a, 꼭짓점의 개수를 b라 할 때, $a+b$의 값을 구하시오.

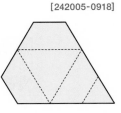

풀이 과정

답 |

20

[242005-0919]

오른쪽 그림과 같은 전개도로 만들어지는 원뿔의 밑면의 넓이를 구하시오.

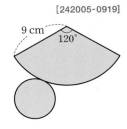

풀이 과정

답 |

1 기둥의 겉넓이와 부피

유형 **1** 각기둥의 겉넓이

(각기둥의 겉넓이)=(밑넓이)×2+(옆넓이)
　　　　　　　　(밑면의 둘레의 길이)×(높이)

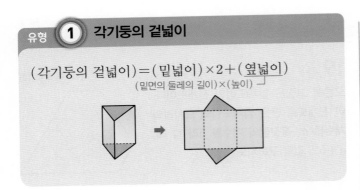

1 👍 대표　　　　　　　　　　　　　[242005-0920]

오른쪽 그림과 같은 사각기둥의 겉넓이는?

① $123\,\text{cm}^2$　　② $128\,\text{cm}^2$

③ $133\,\text{cm}^2$　　④ $138\,\text{cm}^2$

⑤ $143\,\text{cm}^2$

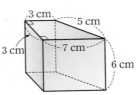

2　　　　　　　　　　　　　　　　[242005-0921]

오른쪽 그림과 같은 사각기둥의 겉넓이가 $292\,\text{cm}^2$일 때, h의 값을 구하시오.

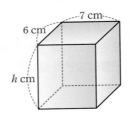

3　　　　　　　　　　　　　　　　[242005-0922]

오른쪽 그림은 직육면체에서 작은 직육면체를 잘라 낸 입체도형이다. 이 입체도형의 겉넓이는?

① $120\,\text{cm}^2$　　② $128\,\text{cm}^2$

③ $136\,\text{cm}^2$　　④ $144\,\text{cm}^2$

⑤ $152\,\text{cm}^2$

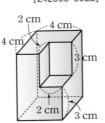
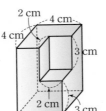

유형 **2** 원기둥의 겉넓이

(원기둥의 겉넓이)=(밑넓이)×2+(옆넓이)
　　　　　　　　=$2\pi r^2+2\pi rh$

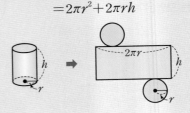

4　　　　　　　　　　　　　　　　[242005-0923]

오른쪽 그림과 같은 원기둥의 옆넓이가 $70\pi\,\text{cm}^2$일 때, 이 원기둥의 높이를 구하시오.

5 👍 대표　　　　　　　　　　　　　[242005-0924]

오른쪽 그림과 같은 기둥의 겉넓이는?

① $(40+56\pi)\,\text{cm}^2$

② $(60+48\pi)\,\text{cm}^2$

③ $(60+56\pi)\,\text{cm}^2$

④ $(80+48\pi)\,\text{cm}^2$

⑤ $(80+56\pi)\,\text{cm}^2$

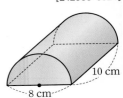

6 🔔 신유형　　　　　　　　　　　　[242005-0925]

오른쪽 그림과 같이 밑면의 지름의 길이가 $6\,\text{cm}$, 높이가 $20\,\text{cm}$인 원기둥 모양의 롤러로 페인트를 칠하려고 한다. 롤러를 한 바퀴 굴렸을 때, 페인트가 칠해진 부분의 넓이를 구하시오.

유형 ③ 각기둥의 부피

각기둥의 밑넓이를 S, 높이를 h라 하면
(각기둥의 부피)=(밑넓이)×(높이)
$=Sh$

유형 ④ 원기둥의 부피

원기둥의 밑면의 반지름의 길이를 r, 높이를 h라 하면
(원기둥의 부피)=(밑넓이)×(높이)
$=\pi r^2 h$

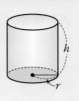

7
[242005-0926]

오른쪽 그림과 같은 삼각기둥의 부피가 $90\ cm^3$일 때, 이 삼각기둥의 높이는?

① 8 cm　　② 9 cm
③ 10 cm　　④ 11 cm
⑤ 12 cm

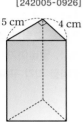

10
[242005-0929]

부피가 $175\pi\ cm^3$인 원기둥의 밑면인 원의 지름의 길이가 10 cm일 때, 높이는?

① 5 cm　　② 6 cm　　③ 7 cm
④ 8 cm　　⑤ 9 cm

8 서술형
[242005-0927]

오른쪽 그림과 같은 오각형을 밑면으로 하는 오각기둥의 높이가 20 cm일 때, 이 오각기둥의 부피를 구하시오.

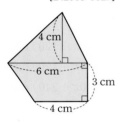

11 대표
[242005-0930]

오른쪽 그림과 같은 기둥의 부피는?

① $80\pi\ cm^3$　　② $100\pi\ cm^3$
③ $120\pi\ cm^3$　　④ $140\pi\ cm^3$
⑤ $160\pi\ cm^3$

9 대표
[242005-0928]

오른쪽 그림은 한 모서리의 길이가 6 cm인 정육면체에서 색칠한 부분만큼을 잘라 내었다고 한다. 남은 부분의 부피를 구하시오.

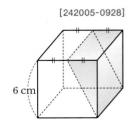

12 신유형
[242005-0931]

다음 그림과 같은 두 원기둥의 모양의 음료수 캔 A, B가 있다. 음료수 캔 A, B 중 더 많은 양의 음료수를 담을 수 있는 것은 어느 것인지 구하시오. (단, 캔의 두께는 생각하지 않는다.)

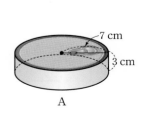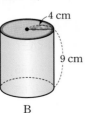

유형 **5**	전개도가 주어진 기둥의 겉넓이와 부피

기둥의 전개도에서 옆면은 직사각형이다.
(1) (직사각형의 가로의 길이)=(밑면의 둘레의 길이)
(2) (직사각형의 세로의 길이)=(기둥의 높이)

13 👍 대표
[242005-0932]

다음 그림과 같은 전개도로 만들어지는 사각기둥의 겉넓이는?

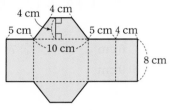

① 240 cm² ② 242 cm² ③ 244 cm²
④ 246 cm² ⑤ 248 cm²

14 ✏️ 서술형
[242005-0933]

오른쪽 그림과 같은 전개도로 만들어지는 원기둥의 겉넓이와 부피를 각각 구하시오.

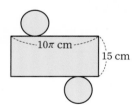

15
[242005-0934]

전개도가 오른쪽 그림과 같은 입체도형의 겉넓이를 a cm², 부피를 b cm³라 할 때, $a-b$의 값은?

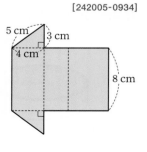

① 50 ② 55
③ 60 ④ 65
⑤ 70

유형 **6**	밑면이 부채꼴인 기둥의 겉넓이와 부피

(1) $l=2\pi r \times \dfrac{x}{360}$, $S=\pi r^2 \times \dfrac{x}{360}$
(2) (겉넓이)=(밑넓이)×2+(옆넓이)
(3) (부피)=(밑넓이)×(높이)

16 👍 대표
[242005-0935]

오른쪽 그림과 같이 밑면이 부채꼴인 기둥이 있다. 밑넓이가 3π cm²인 기둥의 겉넓이와 부피를 각각 구하시오.

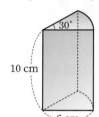

17
[242005-0936]

오른쪽 그림과 같이 밑면이 부채꼴인 기둥의 겉넓이는?

① $(10\pi+120)$ cm²
② $(16\pi+120)$ cm²
③ $(10\pi+240)$ cm²
④ $(16\pi+240)$ cm²
⑤ $(22\pi+240)$ cm²

18
[242005-0937]

오른쪽 그림과 같이 밑면이 부채꼴인 기둥의 부피가 72π cm³일 때, 이 기둥의 높이를 구하시오.

유형 7 구멍이 뚫린 기둥의 겉넓이와 부피

(1) (구멍이 뚫린 기둥의 겉넓이)
  =(밑넓이)×2+(옆넓이)
  ={(큰 기둥의 밑넓이)
    −(작은 기둥의 밑넓이)}×2
    +(큰 기둥의 옆넓이)+(작은 기둥의 옆넓이)
(2) (구멍이 뚫린 기둥의 부피)
  =(큰 기둥의 부피)−(작은 기둥의 부피)

유형 8 회전체의 겉넓이와 부피 – 원기둥

가로, 세로의 길이가 각각 r, h인 직사각형을 직선 l을 회전축으로 하여 1회전 시키면 밑면의 반지름의 길이가 r, 높이가 h인 원기둥이 생긴다.

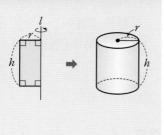

---

19 👍 대표   [242005-0938]

오른쪽 그림과 같이 구멍이 뚫린 입체도형에서 다음을 구하시오.

(1) 밑넓이
(2) 큰 기둥의 옆넓이
(3) 작은 기둥의 옆넓이
(4) 겉넓이

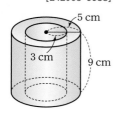

22 👍 대표   [242005-0941]

오른쪽 그림과 같은 직사각형을 직선 l을 회전축으로 하여 1회전 시킬 때 생기는 회전체의 겉넓이는?

① $48\pi \text{ cm}^2$ ② $50\pi \text{ cm}^2$
③ $52\pi \text{ cm}^2$ ④ $54\pi \text{ cm}^2$
⑤ $56\pi \text{ cm}^2$

---

20   [242005-0939]

오른쪽 그림과 같은 입체도형의 겉넓이와 부피를 각각 구하시오.

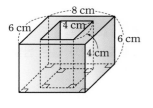

23   [242005-0942]

오른쪽 그림과 같은 직사각형 ABCD를 변 AD를 회전축으로 하여 1회전 시킬 때 생기는 회전체의 부피를 구하시오.

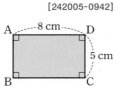

---

21   [242005-0940]

오른쪽 그림은 원기둥 모양으로 뚫린 정육면체 모양의 상자이다. 이 상자의 겉넓이를 구하시오.

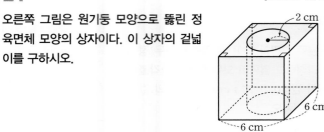

24   [242005-0943]

오른쪽 그림과 같은 직사각형을 직선 l을 회전축으로 하여 1회전 시킬 때 생기는 회전체의 부피를 구하시오.

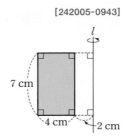

2 뿔과 구의 겉넓이와 부피

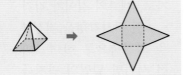

유형 9 각뿔의 겉넓이

(각뿔의 겉넓이)
=(밑넓이)+(옆넓이)

25 👍 대표 [242005-0944]

오른쪽 그림과 같이 밑면은 한 변의 길이가 6 cm인 정사각형이고 옆면은 모두 합동인 이등변삼각형으로 이루어진 사각뿔의 겉넓이가 120 cm²일 때, x의 값을 구하시오.

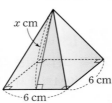

26 [242005-0945]

오른쪽 그림과 같은 전개도로 만들어지는 사각뿔의 겉넓이는?

① 161 cm² ② 163 cm²
③ 165 cm² ④ 167 cm²
⑤ 169 cm²

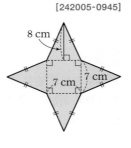

유형 10 원뿔의 겉넓이

(원뿔의 겉넓이)
=(밑넓이)+(옆넓이)
=$\pi r^2 + \pi r l$
원의 넓이 부채꼴의 넓이

27 👍 대표 [242005-0946]

오른쪽 그림과 같은 원뿔의 겉넓이는?

① 48π cm² ② 52π cm²
③ 56π cm² ④ 60π cm²
⑤ 64π cm²

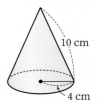

28 ✏️ 서술형 [242005-0947]

오른쪽 그림과 같은 전개도로 만들어지는 원뿔의 겉넓이를 구하시오.

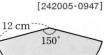

유형 11 뿔대의 겉넓이

(뿔대의 겉넓이)=(두 밑넓이의 합)+(옆넓이)

29 👍 대표 [242005-0948]

오른쪽 그림과 같은 원뿔대의 겉넓이는?

① 144π cm² ② 148π cm²
③ 152π cm² ④ 156π cm²
⑤ 160π cm²

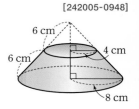

30 [242005-0949]

오른쪽 그림과 같이 두 밑면이 모두 정사각형이고 옆면이 모두 합동인 사각뿔대의 겉넓이가 274 cm²일 때, h의 값을 구하시오.

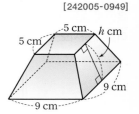

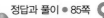

유형 12 각뿔의 부피

각뿔의 밑넓이를 S, 높이를 h라 하면

$$(각뿔의 부피) = \frac{1}{3} \times (밑넓이) \times (높이)$$
$$\underset{\text{각기둥의 부피}}{\underbrace{\qquad\qquad}}$$
$$= \frac{1}{3}Sh$$

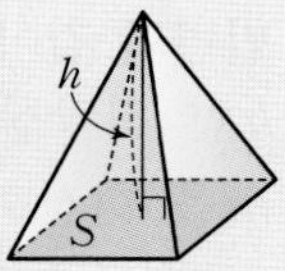

31 👍 대표
[242005-0950]

오른쪽 그림과 같은 사각뿔의 부피가 180 cm^3일 때, 이 사각뿔의 높이는?

① 12 cm   ② 13 cm
③ 14 cm   ④ 15 cm
⑤ 16 cm

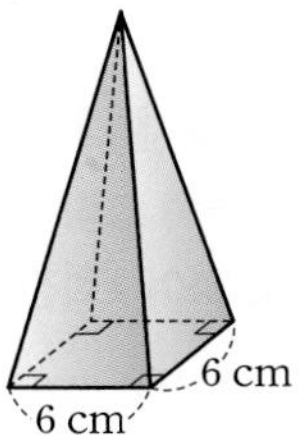

32
[242005-0951]

오른쪽 그림과 같은 전개도로 만들어지는 입체도형의 부피를 구하시오.

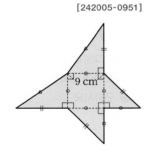

9 cm

33
[242005-0952]

오른쪽 그림과 같이 한 모서리의 길이가 6 cm인 정육면체를 세 꼭짓점 B, G, D를 지나는 평면으로 자를 때 생기는 삼각뿔 C−BGD와 남은 입체도형의 부피의 비를 구하시오.

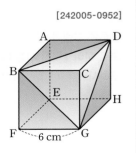

6 cm

유형 13 원뿔의 부피

원뿔의 밑면의 반지름의 길이를 r, 높이를 h라 하면

$$(원뿔의 부피) = \frac{1}{3} \times (밑넓이) \times (높이)$$
$$\underset{\text{원기둥의 부피}}{\underbrace{\qquad\qquad}}$$
$$= \frac{1}{3}\pi r^2 h$$

34 👍 대표
[242005-0953]

오른쪽 그림과 같은 원뿔의 부피는?

① $180\pi \text{ cm}^3$ ② $189\pi \text{ cm}^3$
③ $198\pi \text{ cm}^3$ ④ $207\pi \text{ cm}^3$
⑤ $216\pi \text{ cm}^3$

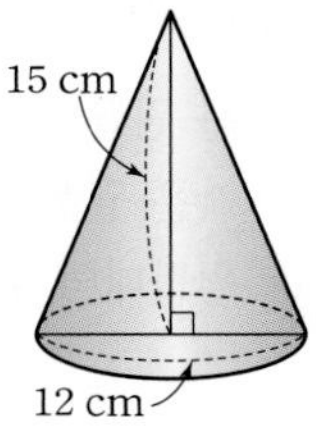

15 cm

12 cm

35
[242005-0954]

높이가 12 cm인 원뿔의 부피가 $100\pi \text{ cm}^3$일 때, 밑면의 반지름의 길이는?

① 3 cm   ② 4 cm   ③ 5 cm
④ 6 cm   ⑤ 7 cm

36 ✏️ 서술형
[242005-0955]

오른쪽 그림과 같은 입체도형의 부피를 구하시오.

3 cm

4 cm

6 cm

4 cm

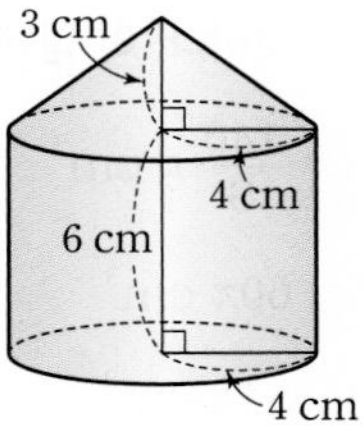

(1) (각뿔대의 부피)
= (큰 각뿔의 부피) − (작은 각뿔의 부피)
(2) (원뿔대의 부피)
= (큰 원뿔의 부피) − (작은 원뿔의 부피)

37 👍 대표
[242005-0956]

오른쪽 그림과 같은 원뿔대에 대하여 다음을 구하시오.

(1) 큰 원뿔의 부피
(2) 작은 원뿔의 부피
(3) 원뿔대의 부피

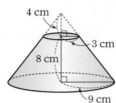

38
[242005-0957]

오른쪽 그림과 같이 밑면이 정사각형인 사각뿔대의 부피는?

① 231 cm³ ② 234 cm³
③ 237 cm³ ④ 240 cm³
⑤ 243 cm³

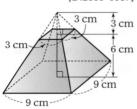

39
[242005-0958]

오른쪽 그림은 원뿔 위에 원뿔대를 포개어 놓은 것이다. 이 입체도형의 부피는?

① $\dfrac{140}{3}\pi$ cm³ ② $\dfrac{160}{3}\pi$ cm³
③ 60π cm³ ④ $\dfrac{200}{3}\pi$ cm³
⑤ 84π cm³

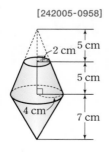

밑변의 길이가 r, 높이가 h인 직각삼각형을 직선 m을 회전축으로 하여 1회전 시키면 밑면의 반지름의 길이가 r, 높이가 h인 원뿔이 생긴다.

40 👍 대표
[242005-0959]

오른쪽 그림과 같은 직각삼각형을 직선 l을 회전축으로 하여 1회전 시킬 때 생기는 회전체의 겉넓이는?

① 127π cm² ② 133π cm²
③ 139π cm² ④ 145π cm²
⑤ 151π cm²

41 ✏️ 서술형
[242005-0960]

오른쪽 그림과 같은 직각삼각형을 직선 l을 회전축으로 하여 1회전 시킬 때 생기는 회전체의 부피를 구하시오.

42
[242005-0961]

오른쪽 그림과 같은 사다리꼴을 직선 l을 회전축으로 하여 1회전 시킬 때 생기는 회전체의 부피를 구하시오.

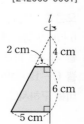

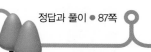

유형 ⑯ 구의 겉넓이

(1) 반지름의 길이가 r인 구의 겉넓이
➡ $4\pi r^2$

(2) 반지름의 길이가 r인 반구의 겉넓이
➡ $4\pi r^2 \times \dfrac{1}{2} + \pi r^2$

43   [242005-0962]

겉넓이가 324π cm²인 구의 반지름의 길이는?

① 8 cm   ② 9 cm   ③ 10 cm
④ 11 cm   ⑤ 12 cm

44 👍 대표   [242005-0963]

오른쪽 그림은 반지름의 길이가 2 cm인 구의 $\dfrac{1}{8}$을 잘라 낸 것이다. 이 입체도형의 겉넓이는?

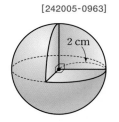

① 15π cm²   ② 16π cm²
③ 17π cm²   ④ 18π cm²
⑤ 19π cm²

45   [242005-0964]

오른쪽 그림과 같은 입체도형의 겉넓이가 33π cm²일 때, x의 값을 구하시오.

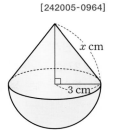

유형 ⑰ 구의 부피

(1) 반지름의 길이가 r인 구의 부피
➡ $\dfrac{4}{3}\pi r^3$

(2) 반지름의 길이가 r인 반구의 부피
➡ $\dfrac{4}{3}\pi r^3 \times \dfrac{1}{2}$

46 👍 대표   [242005-0965]

오른쪽 그림과 같은 입체도형의 부피를 구하시오.

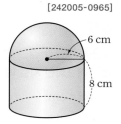

47 ✏️ 서술형   [242005-0966]

다음 그림과 같은 구의 부피와 원뿔의 부피가 같을 때, 원뿔의 높이를 구하시오.

 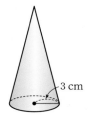

48   [242005-0967]

겉넓이가 27π cm²인 반구의 부피는?

① 18π cm³   ② 27π cm³   ③ 36π cm³
④ 45π cm³   ⑤ 54π cm³

유형 ⑱ 회전체의 겉넓이와 부피 – 구

반지름의 길이가 r인 반원을 직선 l을 회전축으로 하여 1회전 시키면 반지름의 길이가 r인 구가 생긴다.

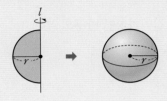

유형 ⑲ 원기둥에 꼭 맞게 들어 있는 구, 원뿔

원기둥에 구와 원뿔이 꼭 맞게 들어 있을 때

(원뿔의 부피)$= \dfrac{1}{3} \times \pi r^2 \times 2r = \dfrac{2}{3}\pi r^3$

(구의 부피)$= \dfrac{4}{3}\pi r^3$

(원기둥의 부피)$= \pi r^2 \times 2r = 2\pi r^3$

➡ (원뿔의 부피) : (구의 부피) : (원기둥의 부피)
$= 1 : 2 : 3$

---

49 👍 대표 [242005-0968]

오른쪽 그림과 같은 평면도형을 직선 l을 회전축으로 하여 1회전 시킬 때 생기는 회전체의 부피는?

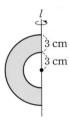

① 228π cm^3 ② 234π cm^3
③ 240π cm^3 ④ 246π cm^3
⑤ 252π cm^3

52 👍 대표 [242005-0971]

오른쪽 그림과 같이 원기둥에 구가 꼭 맞게 들어 있다. 구의 부피가 36π cm^{3}일 때, 원기둥의 겉넓이는?

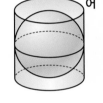

① 45π cm^2 ② 48π cm^2
③ 51π cm^2 ④ 54π cm^2
⑤ 57π cm^2

---

50 [242005-0969]

오른쪽 그림과 같은 평면도형을 직선 l을 회전축으로 하여 1회전 시킬 때 생기는 회전체의 겉넓이를 구하시오.

53 [242005-0972]

반지름의 길이가 9 cm인 구를 이 구가 꼭 맞게 들어가는 원기둥 모양의 그릇에 넣고 물을 가득 채운 다음 구를 꺼낼 때, 남아 있는 물의 부피를 구하시오.
(단, 그릇의 두께는 생각하지 않는다.)

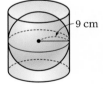

---

51 ✏️ 서술형 [242005-0970]

오른쪽 그림과 같은 평면도형을 직선 l을 회전축으로 하여 1회전 시킬 때 생기는 회전체의 부피를 구하시오.

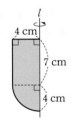

54 🔔 신유형 [242005-0973]

오른쪽 그림과 같이 반지름의 길이가 3 cm인 야구공 2개가 원기둥 모양의 통에 꼭 맞게 들어 있다. 이때 야구공 2개를 제외한 통의 빈 공간의 부피를 구하시오.
(단, 통의 두께는 생각하지 않는다.)

1
[242005-0974]

오른쪽 그림과 같은 삼각기둥의 겉넓이는?

① 52 cm²   ② 56 cm²

③ 60 cm²   ④ 64 cm²

⑤ 68 cm²

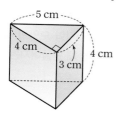

2
[242005-0975]

오른쪽 그림과 같은 사각형을 밑면으로 하고 높이가 5 cm인 사각기둥의 부피는?

① 245 cm³   ② 250 cm³

③ 255 cm³   ④ 260 cm³

⑤ 265 cm³

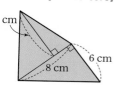

3
[242005-0976]

오른쪽 그림과 같이 밑면이 반원인 기둥의 부피가 10π cm³일 때, h의 값은?

① 4   ② 5

③ 6   ④ 7

⑤ 8

4 중요
[242005-0977]

오른쪽 그림은 밑면의 반지름의 길이가 2 cm, 높이가 9 cm인 원기둥을 비스듬히 잘라 내고 남은 입체도형이다. 이 입체도형의 부피를 구하시오.

5
[242005-0978]

오른쪽 그림과 같이 구멍이 뚫린 입체도형의 부피를 구하시오.

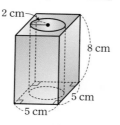

6 🎁 고득점
[242005-0979]

오른쪽 그림과 같은 직사각형을 직선 l을 회전축으로 하여 1회전 시킬 때 생기는 회전체의 겉넓이를 구하시오.

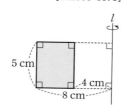

7
[242005-0980]

오른쪽 그림과 같이 밑면은 한 변의 길이가 5 cm인 정사각형이고, 옆면은 높이가 8 cm인 이등변삼각형으로 이루어진 사각뿔 모양의 포장 상자가 있다. 이 포장 상자의 겉넓이를 구하시오.
(단, 겹치는 부분은 생각하지 않는다.)

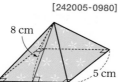

8 [242005-0981]

오른쪽 그림과 같은 전개도로 만들어지는
입체도형의 겉넓이를 구하시오.

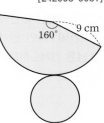

9 🎁 고득점 [242005-0982]

오른쪽 그림과 같이 밑면의 반지름의 길이가
4 cm인 원뿔을 점 **O**를 중심으로 2바퀴 굴리
면 원래의 자리로 돌아온다고 한다. 이 원뿔
의 겉넓이를 구하시오.

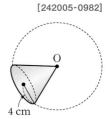

10 🔻 신유형 [242005-0983]

오른쪽 그림과 같이 직육면체 모양의 그릇
에 물을 가득 채운 후 그릇을 기울여 물을
흘려보냈다. 남아 있는 물의 부피를 구하시
오. (단, 그릇의 두께는 생각하지 않는다.)

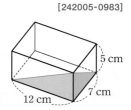

11 📍중요 [242005-0984]

오른쪽 그림과 같이 한 변의 길이가 **12 cm**
인 정사각형 모양의 색종이를 점선을 따라
접었을 때 만들어지는 입체도형의 부피는?

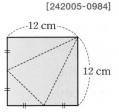

① 64 cm^3 ② 66 cm^3

③ 68 cm^3 ④ 70 cm^3

⑤ 72 cm^3

12 [242005-0985]

오른쪽 그림과 같은 사각뿔대의 부피
를 구하시오.

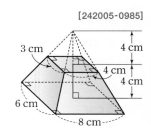

13 [242005-0986]

오른쪽 그림과 같은 사다리꼴을 직선 l을 회전
축으로 하여 1회전 시킬 때 생기는 회전체의 겉
넓이는?

① $120\pi \text{ cm}^2$ ② $125\pi \text{ cm}^2$

③ $130\pi \text{ cm}^2$ ④ $135\pi \text{ cm}^2$

⑤ $140\pi \text{ cm}^2$

14

[242005-0987]

구의 중심을 지나는 평면으로 자른 단면의 넓이가 $9\pi \ cm^2$일 때, 이 구의 부피는?

① $30\pi \ cm^3$ ② $33\pi \ cm^3$ ③ $36\pi \ cm^3$

④ $39\pi \ cm^3$ ⑤ $42\pi \ cm^3$

15 ● 중요

[242005-0988]

겉넓이가 $108\pi \ cm^2$인 반구가 있다. 이 반구와 반지름의 길이가 같은 구의 부피는?

① $282\pi \ cm^3$ ② $288\pi \ cm^3$ ③ $296\pi \ cm^3$

④ $302\pi \ cm^3$ ⑤ $308\pi \ cm^3$

16

[242005-0989]

오른쪽 그림과 같은 평면도형을 직선 l을 회전축으로 하여 1회전 시킬 때 생기는 회전체의 겉넓이를 구하시오.

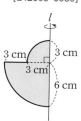

기출 서술형

17 ✏ 서술형

[242005-0990]

오른쪽 그림과 같이 직육면체에서 작은 직육면체를 잘라 내고 남은 입체도형에 대하여 다음을 구하시오.

(1) 겉넓이

(2) 부피

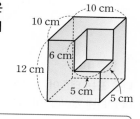

풀이 과정

답 | (1)   (2)

18 ✏ 서술형

[242005-0991]

다음 그림과 같이 구, 원기둥, 원뿔 모양의 용기가 있다. 세 용기에 향수를 가득 채울 때, 향수가 가장 많이 들어가는 용기는 어느 것인지 구하시오. (단, 용기의 두께는 생각하지 않는다.)

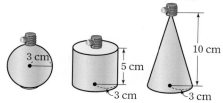

풀이 과정

답 |

유형 1 평균

$$(평균) = \frac{(변량의 \ 총합)}{(변량의 \ 개수)}$$

1 👍 대표   [242005-0992]

다음 표는 태준이가 일주일 동안 발송한 문자메시지 횟수를 조사하여 나타낸 것이다. 이 자료의 평균은?

요일	월	화	수	목	금	토	일
문자메시지(회)	11	9	8	5	12	15	3

① 8회   ② 9회   ③ 10회
④ 11회   ⑤ 12회

2   [242005-0993]

다음은 A 농장에서 수확한 감 5개와 B 농장에서 수확한 감 7개의 당도를 조사하여 나타낸 자료이다. 감의 당도의 평균이 더 높은 농장은 어디인지 구하시오.

(단위: Brix)

[A 농장] 19 16 12 16 18
[B 농장] 13 19 11 16 21 15 17

3   [242005-0994]

변량 a, b, c의 평균이 3일 때, 변량 $a+3$, $b+2$, $c+4$의 평균은?

① 4   ② 5   ③ 6
④ 7   ⑤ 8

유형 2 중앙값

중앙값은 변량을 작은 값부터 크기순으로 나열할 때
(1) 변량의 개수가 홀수 ➡ 한가운데 있는 값
(2) 변량의 개수가 짝수 ➡ 한가운데 있는 두 값의 평균

4 👍 대표   [242005-0995]

다음은 어느 중학교 1학년 학생 10명이 1년간 실시한 봉사 활동 시간을 조사하여 나타낸 자료이다. 이 자료의 중앙값을 구하시오.

(단위: 시간)

4 11 14 21 21 23 34 38 39 40

5   [242005-0996]

다음 자료 중에서 중앙값이 가장 큰 것은?

① 15, 22, 7, 19, 14
② 11, 21, 9, 17, 24
③ 1, 16, 10, 5, 18, 14
④ 10, 18, 14, 34, 42, 8
⑤ 14, 51, 16, 8, 14, 12, 19

6   [242005-0997]

다음 두 자료에서 자료 (나)의 중앙값이 11일 때, 두 자료 전체의 중앙값을 구하시오.

자료 (가)	10	a	7	14	9
자료 (나)	10	12	8	a	15

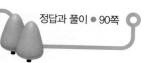

정답과 풀이 ● 90쪽

유형 ❸ 최빈값

최빈값: 자료 중에서 가장 많이 나타나는 값
[참고] 최빈값은 자료에 따라 2개 이상일 수도 있다.

7 신유형
[242005-0998]
다음은 독일 민요에 아름다운 우리말 가사가 붙여져 알려진 동요 『나비야』의 악보의 일부이다. 이 악보에서 계이름의 최빈값을 구하시오.

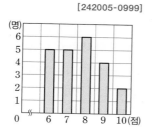

솔 미 미   파 레 레   도 레 미 파   솔 솔 솔

8
[242005-0999]
오른쪽 막대그래프는 학생 22명의 영어 수행 평가 점수를 조사하여 나타낸 것이다. 이 자료의 최빈값을 구하시오.

9 서술형
[242005-1000]
다음은 어느 아파트에서 임의로 선정한 8가구의 가구별 수도 사용량을 조사하여 나타낸 자료이다. 이 자료의 평균을 a m³, 중앙값을 b m³, 최빈값을 c m³라 할 때, $a-b+c$의 값을 구하시오.

(단위: m³)

| 16 | 20 | 11 | 33 | 42 | 20 | 26 | 32 |

유형 ❹ 대푯값이 주어질 때 변량 구하기

(1) 평균이 주어질 때
　➡ (평균) $=\dfrac{(변량의\ 총합)}{(변량의\ 개수)}$ 을 이용한다.
(2) 중앙값이 주어질 때
　➡ ① 변량을 작은 값부터 크기순으로 나열한다.
　　 ② 변량의 개수가 홀수인지 짝수인지 판단한다.
(3) 최빈값이 주어질 때
　➡ 미지수인 자료의 값이 최빈값이 되는 경우를 모두 확인한다.

10
[242005-1001]
다음 표는 학생 5명의 사회 성적을 조사하여 나타낸 것인데 종이에 얼룩이 져서 학생 B의 성적이 보이지 않는다. 5명의 사회 성적의 평균이 85점일 때, 학생 B의 사회 성적을 구하시오.

학생	A	B	C	D	E
성적(점)	75	●	96	84	82

11
[242005-1002]
다음은 어느 반 학생 8명의 턱걸이 횟수를 조사하여 나타낸 자료이다. 평균이 7회일 때, 중앙값과 최빈값의 차를 구하시오.

(단위: 회)

| x | 2 | 14 | 5 | 8 | 12 | 5 | 3 |

12 👍 대표
[242005-1003]
다음은 학생 8명의 일주일 동안의 TV 시청 시간을 조사하여 나타낸 자료이다. 이 자료의 평균과 최빈값이 서로 같을 때, x의 값은?

(단위: 시간)

| 8 | 7 | x | 5 | 13 | 8 | 9 | 8 |

① 5　　　　　② 6　　　　　③ 7
④ 8　　　　　⑤ 9

줄기와 잎 그림에서
(1) 자료의 변량의 개수는 잎의 개수와 같다.
(2) 중복되는 잎은 중복된 횟수만큼 쓴다.

13 👍 대표

[242005-1004]

오른쪽은 수지네 반 학생들이 한 학기 동안 받은 칭찬 스티커의 개수를 조사하여 나타낸 줄기와 잎 그림이다. 다음을 구하시오.

(1|3은 13개)

줄기	잎
1	3 4 6 7 8 8
2	1 1 3 5 5 5 8 9
3	2 4 4 5 6 7 7
4	0 3 4 6

(1) 칭찬 스티커가 40개 이상인 학생 수
(2) 수지네 반 전체 학생 수

14

[242005-1005]

오른쪽은 동현이네 반 학생들이 1분 동안 윗몸 일으키기를 한 횟수를 조사하여 나타낸 줄기와 잎 그림이다. 윗몸 일으키기를 45회 이상한 학생은 전체의 몇 % 인지 구하시오.

(1|2는 12회)

줄기	잎
1	2 4 9
2	1 2 4 6 8
3	1 3 6 7 7 9
4	2 2 3 5
5	0 3

15

[242005-1006]

다음은 예진이네 반 남학생과 여학생의 한 달 동안의 취미 활동 시간을 조사하여 나타낸 줄기와 잎 그림이다. 취미 활동 시간이 20시간 이상인 남학생 수를 a, 취미 활동 시간이 15시간 미만인 여학생 수를 b라 할 때, $a+b$의 값을 구하시오.

(0|1은 1시간)

잎(남학생)	줄기	잎(여학생)
9 7	0	1 2 4 6 9
8 5 3 2 0	1	2 5 5 7 8 9
7 4 1 1	2	3 4 6
6 4 3	3	2

도수분포표에서
(1) 계급의 크기 : 계급의 양 끝 값의 차
(2) 도수 : 각 계급에 속하는 자료의 수

16

[242005-1007]

오른쪽은 민지네 반 학생 18명이 하루 동안 외운 영어 단어의 개수를 조사하여 나타낸 도수분포표이다. 도수가 가장 큰 계급의 도수를 a명, 도수가 가장 작은 계급의 도수를 b명이라 할 때, $a+b$의 값을 구하시오.

단어 개수(개)	도수(명)
$10^{이상}$ ~ $20^{미만}$	4
20 ~ 30	8
30 ~ 40	3
40 ~ 50	2
50 ~ 60	1
합계	18

17 👍 대표

[242005-1008]

오른쪽은 어느 기차역에서 기차의 연착 시간을 조사하여 나타낸 도수분포표이다. 다음 중에서 옳은 것을 모두 고르면? (정답 2개)

연착 시간(분)	도수(회)
$0^{이상}$ ~ $5^{미만}$	7
5 ~ 10	8
10 ~ 15	5
15 ~ 20	3
20 ~ 25	1
합계	24

① 계급의 크기는 10분이다.
② 연착 시간이 5분 이상 10분 미만인 횟수는 5이다.
③ 연착 시간이 15분 이상인 횟수는 4이다.
④ 연착 시간이 가장 긴 기차의 연착 시간은 25분이다.
⑤ 연착 시간이 10분 미만인 횟수는 전체의 62.5 %이다.

18

[242005-1009]

오른쪽은 서윤이네 반 학생들의 하루 동안의 운동 시간을 조사하여 나타낸 도수분포표이다. 운동 시간이 5번째로 긴 학생이 속하는 계급의 도수를 구하시오.

운동 시간(분)	도수(명)
$0^{이상}$ ~ $30^{미만}$	2
30 ~ 60	3
60 ~ 90	5
90 ~ 120	6
120 ~ 150	4
합계	20

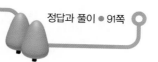
유형 7 도수분포표 (2)

한 계급의 도수가 주어지지 않은 경우
➡ (한 계급의 도수)
= (도수의 총합) − (나머지 계급의 도수의 합)

19

[242005-1010]

오른쪽은 하연이네 반 학생 25명의 키를 조사하여 나타낸 도수분포표이다. 키가 150 cm 이상 155 cm 미만인 학생 수를 구하시오.

키(cm)	도수(명)
$145^{이상} \sim 150^{미만}$	3
150 ~ 155	
155 ~ 160	9
160 ~ 165	5
165 ~ 170	2
합계	25

20

[242005-1011]

오른쪽은 성미네 학교 학생 50명의 몸무게를 조사하여 나타낸 도수분포표이다. 계급의 크기는 B kg이고, 몸무게가 60 kg 이상인 학생은 C명일 때, $BC - A$의 값을 구하시오.

몸무게(kg)	도수(명)
$35^{이상} \sim 40^{미만}$	4
40 ~ 45	6
45 ~ 50	A
50 ~ 55	12
55 ~ 60	9
60 ~ 65	5
합계	50

21 👍 대표

[242005-1012]

오른쪽은 11월 한 달 동안 20개 지역의 강수량을 조사하여 나타낸 도수분포표이다. 다음 중에서 옳지 않은 것은?

강수량(mm)	도수(개)
$0^{이상} \sim 30^{미만}$	2
30 ~ 60	3
60 ~ 90	5
90 ~ 120	A
120 ~ 150	4
합계	20

① 계급의 개수는 5이다.
② A의 값은 6이다.
③ 도수가 가장 큰 계급은 60 mm 이상 90 mm 미만이다.
④ 강수량이 90 mm 이상인 지역은 10개이다.
⑤ 강수량이 9번째로 적은 지역이 속하는 계급의 도수는 5개이다.

유형 8 도수분포표에서 특정 계급의 백분율

(1) (각 계급의 백분율) = $\dfrac{(그 계급의 도수)}{(도수의 총합)} \times 100(\%)$

(2) (각 계급의 도수)
= (도수의 총합) × $\dfrac{(그 계급의 백분율)}{100}$

22

[242005-1013]

오른쪽은 서윤이네 학교 학생들의 하루 동안의 스마트폰 사용 시간을 조사하여 나타낸 도수분포표이다. 스마트폰 사용 시간이 90분 이상인 학생은 전체의 몇 %인지 구하시오.

사용 시간(분)	도수(명)
$0^{이상} \sim 30^{미만}$	4
30 ~ 60	15
60 ~ 90	13
90 ~ 120	6
120 ~ 150	2
합계	

23 👍 대표

[242005-1014]

오른쪽은 유나네 학교 학생 40명이 일 년 동안 영화를 관람한 횟수를 조사하여 나타낸 도수분포표이다. 다음 물음에 답하시오.

(1) A의 값을 구하시오.
(2) 영화를 관람한 횟수가 3회 이상 9회 미만인 학생은 전체의 몇 %인지 구하시오.

관람 횟수(회)	도수(명)
$0^{이상} \sim 3^{미만}$	5
3 ~ 6	A
6 ~ 9	8
9 ~ 12	7
12 ~ 15	6
15 ~ 18	4
합계	40

24 ✏️ 서술형

[242005-1015]

오른쪽은 어느 공항에서 수화물의 무게를 조사하여 나타낸 도수분포표이다. 무게가 20 kg 이상인 수화물이 전체의 8 %일 때, 무게가 5 kg 이상 15 kg 미만인 수화물은 전체의 몇 %인지 구하시오.

무게(kg)	도수(개)
$0^{이상} \sim 5^{미만}$	36
5 ~ 10	A
10 ~ 15	57
15 ~ 20	28
20 ~ 25	16
합계	

3 히스토그램과 도수분포다각형

(1) 직사각형의 개수 ➡ 계급의 개수
(2) 직사각형의 가로의 길이 ➡ 계급의 크기
(3) 직사각형의 세로의 길이 ➡ 도수

25 👍 대표
[242005-1016]

오른쪽은 혜정이네 반 학생들의 몸무게를 조사하여 나타낸 히스토그램이다. 다음 보기 에서 옳은 것을 있는 대로 고르시오.

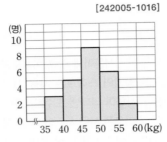

보기
ㄱ. 계급의 크기는 5 kg이다.
ㄴ. 계급의 개수는 6이다.
ㄷ. 혜정이네 반 전체 학생 수는 25이다.
ㄹ. 도수가 6명인 계급은 40 kg 이상 45 kg 미만이다.

26
[242005-1017]

오른쪽은 지수네 반 학생들의 팔 굽혀 펴기 기록을 조사하여 나타낸 히스토그램이다. 기록이 5번째로 많은 학생이 속하는 계급의 도수를 구하시오.

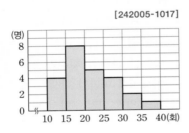

27
[242005-1018]

오른쪽은 나은이네 반 학생들이 하루 동안 마신 물의 양을 조사하여 나타낸 히스토그램이다. 하루 동안 마신 물의 양이 1.6 L 이상인 학생은 전체의 몇 %인지 구하시오.

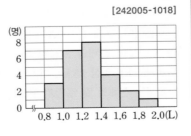

히스토그램에서
(직사각형의 넓이의 합)
=(계급의 크기)×(도수의 총합)

28
[242005-1019]

오른쪽은 한 상자에 들어 있는 딸기의 무게를 조사하여 나타낸 히스토그램이다. 이 히스토그램의 직사각형의 넓이의 합을 구하시오.

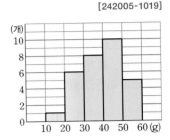

29 👍 대표
[242005-1020]

오른쪽은 지영이네 반 학생들의 하루 평균 수면 시간을 조사하여 나타낸 히스토그램이다. 도수가 가장 큰 계급의 직사각형의 넓이는 8시간 이상 9시간 미만인 계급의 직사각형의 넓이의 몇 배인지 구하시오.

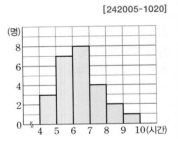

30
[242005-1021]

오른쪽은 어느 휴대 전화 매장의 고객의 나이를 조사하여 나타낸 히스토그램이다. 두 직사각형 A와 B의 넓이의 비를 구하시오.

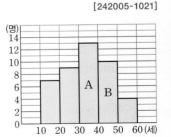

유형 11 일부가 보이지 않는 히스토그램

(1) 도수의 총합이 주어진 경우
  ➡ (보이지 않는 계급의 도수)
    = (도수의 총합) − (보이는 계급의 도수의 합)
(2) 도수의 총합이 주어지지 않은 경우
  ➡ 도수의 총합을 x로 놓고 주어진 조건을 이용하여 x의 값을 구한다.

31
[242005-1022]

오른쪽은 유나네 반 학생들의 던지기 기록을 조사하여 나타낸 히스토그램인데 일부가 찢어져 보이지 않는다. 던지기 기록이 21 m 이상인 학생이 전체의 8 %일 때, 기록이 18 m 이상 21 m 미만인 학생 수를 구하시오.

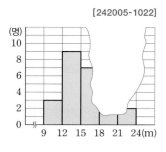

32 👍 대표
[242005-1023]

오른쪽은 상수네 반 여학생 20명의 키를 조사하여 나타낸 히스토그램인데 일부가 찢어져 보이지 않는다. 키가 155 cm 이상 160 cm 미만인 학생이 전체의 20 %일 때, 키가 150 cm 이상 155 cm 미만인 학생 수를 구하시오.

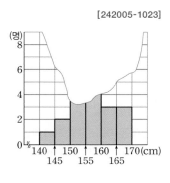

33 ✏ 서술형
[242005-1024]

오른쪽은 어느 회사 직원 50명이 추석에 고향에 내려가는 데 걸린 시간을 조사하여 나타낸 히스토그램인데 일부가 찢어져 보이지 않는다. 걸린 시간이 4시간 이상인 직원이 전체의 32 %일 때, 걸린 시간이 3시간 이상 4시간 미만인 직원 수를 구하시오.

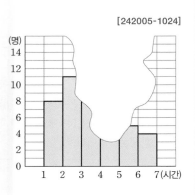

유형 12 도수분포다각형

(1) 도수분포다각형에서 계급의 개수를 셀 때, 양 끝에 도수가 0인 계급은 세지 않는다.
(2) (도수분포다각형과 가로축으로 둘러싸인 부분의 넓이)
  = (히스토그램의 각 직사각형의 넓이의 합)

34
[242005-1025]

오른쪽은 A 청소기를 사용한 소비자들의 제품 만족도를 조사하여 나타낸 도수분포다각형이다. 계급의 크기를 a점, 도수의 총합을 b명이라 할 때, $a+b$의 값을 구하시오.

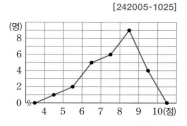

35
[242005-1026]

오른쪽은 하영이네 반 학생들이 한 달 동안 저금한 돈을 조사하여 나타낸 도수분포다각형이다. 저금한 돈이 3번째로 많은 학생이 속하는 계급의 도수를 구하시오.

36 👍 대표
[242005-1027]

오른쪽은 상현이네 반 학생들의 50 m 달리기 기록을 조사하여 나타낸 도수분포다각형이다. 다음 중에서 옳지 않은 것은?

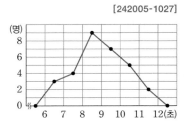

① 계급의 개수는 6이다.
② 상현이네 반 전체 학생 수는 30이다.
③ 기록이 7초 미만인 학생은 전체의 10 %이다.
④ 기록이 9.3초인 학생이 속하는 계급의 도수는 9명이다.
⑤ 도수분포다각형과 가로축으로 둘러싸인 부분의 넓이는 30이다.

유형 **13** 일부가 보이지 않는 도수분포다각형

(1) 도수의 총합이 주어진 경우
⇒ (보이지 않는 계급의 도수)
= (도수의 총합) − (보이는 계급의 도수의 합)
(2) 도수의 총합이 주어지지 않은 경우
⇒ 도수의 총합을 x로 놓고 주어진 조건을 이용하여 x의 값을 구한다.

37 👍 대표 [242005-1028]

오른쪽은 예빈이네 반 학생 30명의 1년 동안 자란 키를 조사하여 나타낸 도수분포다각형인데 일부가 찢어져 보이지 않는다. 1년 동안 자란 키가 8 cm 이상 10 cm 미만인 학생은 전체의 몇 %인지 구하시오.

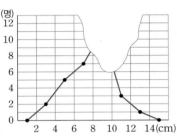

38 ✏️ 서술형 [242005-1029]

오른쪽은 어느 박물관 관람객들의 관람 시간을 조사하여 나타낸 도수분포다각형인데 일부가 찢어져 보이지 않는다. 관람 시간이 35분 이상인 관람객이 전체의 12 %일 때, 관람 시간이 20분 이상 25분 미만인 관람객 수를 구하시오.

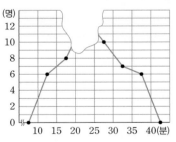

39 [242005-1030]

오른쪽은 독서 동아리 학생들이 1년 동안 읽은 책의 수를 조사하여 나타낸 도수분포다각형인데 일부가 찢어져 보이지 않는다. 삼각형 S의 넓이가 10일 때, 도수분포다각형과 가로축으로 둘러싸인 부분의 넓이를 구하시오.

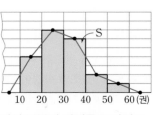

유형 **14** 두 도수분포다각형의 비교

도수분포다각형은 두 개 이상의 자료의 분포 상태를 비교할 때 편리하다.
⇒ 그래프가 오른쪽으로 치우쳐 있을수록 변량이 큰 자료가 많다.

40 [242005-1031]

오른쪽은 7월과 8월 한 달 동안 어느 지역의 최고 기온을 조사하여 나타낸 도수분포다각형이다. 다음 중에서 옳은 것을 모두 고르면?

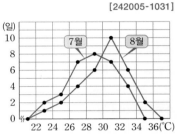

(정답 2개)

① 최고 기온이 가장 낮은 날은 7월에 있다.
② 최고 기온이 가장 높은 날은 8월에 있다.
③ 최고 기온이 28 ℃ 이상 30 ℃ 미만인 날은 7월이 8월보다 2일 더 많다.
④ 7월과 8월에 최고 기온이 32 ℃ 이상인 날은 모두 10일이다.
⑤ 7월이 8월보다 더운 편이다.

41 👍 대표 [242005-1032]

오른쪽은 어느 중학교 1학년 남학생과 여학생의 100 m 달리기 기록을 조사하여 나타낸 도수분포다각형이다. 다음 보기에서 옳은 것을 있는 대로 고른 것은?

보기
ㄱ. 남학생 수와 여학생 수는 서로 같다.
ㄴ. 여학생의 기록이 남학생의 기록보다 좋은 편이다.
ㄷ. 기록이 가장 좋은 학생은 남학생이다.
ㄹ. 여학생 중에서 3번째로 빠른 학생과 같은 계급에 속한 남학생은 3명이다.

① ㄱ, ㄴ   ② ㄱ, ㄷ   ③ ㄱ, ㄹ
④ ㄴ, ㄷ   ⑤ ㄷ, ㄹ

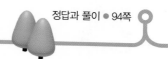

유형 ⑮ 상대도수

$$(어떤\ 계급의\ 상대도수) = \frac{(그\ 계급의\ 도수)}{(도수의\ 총합)}$$

42
[242005-1033]

오른쪽은 직장인 40명의 일주일 동안의 운동 시간을 조사하여 나타낸 도수분포표이다. 운동 시간이 2시간 이상 3시간 미만인 계급의 상대도수를 구하시오.

운동 시간(시간)	도수(명)
$1^{이상} \sim 2^{미만}$	12
2 ~ 3	14
3 ~ 4	9
4 ~ 5	3
5 ~ 6	2
합계	40

43
[242005-1034]

오른쪽은 승기네 반 학생들의 도서관 이용 시간을 조사하여 나타낸 도수분포다각형이다. 도서관 이용 시간이 100분인 학생이 속하는 계급의 상대도수를 구하시오.

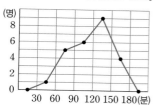

44 👍 대표
[242005-1035]

오른쪽은 희수네 반 학생들의 팔 굽혀 펴기 기록을 조사하여 나타낸 히스토그램이다. 팔 굽혀 펴기를 7번째로 많이 한 학생이 속하는 계급의 상대도수를 구하시오.

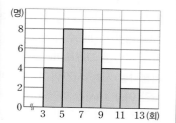

유형 ⑯ 상대도수, 도수, 도수의 총합 사이의 관계

(1) (어떤 계급의 도수)
$\quad$ = (그 계급의 상대도수) × (도수의 총합)

(2) $(도수의\ 총합) = \dfrac{(그\ 계급의\ 도수)}{(어떤\ 계급의\ 상대도수)}$

45 👍 대표
[242005-1036]

어느 도수분포표에서 도수의 총합이 60일 때, 상대도수가 0.15인 계급의 도수를 구하시오.

46
[242005-1037]

어느 도수분포표에서 상대도수가 0.2인 계급에 속하는 학생이 6명일 때, 전체 학생 수를 구하시오.

47
[242005-1038]

어느 중학교 남학생 20명과 여학생 30명의 수학 성적을 각각 조사하여 도수분포표로 나타내었다. 90점 이상 100점 미만인 계급의 상대도수가 남학생이 0.15, 여학생이 0.2일 때, 전체 학생에 대하여 90점 이상 100점 미만인 계급의 상대도수를 구하시오.

(1) 상대도수의 총합은 항상 1이다.
(2) 각 계급의 상대도수는 그 계급의 도수에 정비례한다.

48 신유형
[242005-1039]

오른쪽은 **40**개 지역의 미세먼지 농도를 조사하여 나타낸 상대도수의 분포표이다. 미세먼지 농도가 **60** $\mu\text{g}/\text{m}^3$ 이상인 지역의 수를 구하시오.

농도($\mu\text{g}/\text{m}^3$)	상대도수
$30^{이상} \sim 40^{미만}$	0.2
40 ~ 50	0.4
50 ~ 60	0.25
60 ~ 70	0.05
70 ~ 80	0.1
합계	1

49
[242005-1040]

다음은 어느 중학교 농구부 학생들의 키를 조사하여 나타낸 상대도수의 분포표이다. 물음에 답하시오.

키(cm)	도수(명)	상대도수
$155^{이상} \sim 160^{미만}$	2	0.1
160 ~ 165	4	A
165 ~ 170	B	0.25
170 ~ 175	8	C
175 ~ 180	D	0.05
합계	E	1

(1) $A \sim E$의 값을 각각 구하시오.
(2) 키가 7번째로 큰 학생이 속하는 계급의 상대도수를 구하시오.

50
[242005-1041]

다음은 민재네 학교 학생들의 음악 실기 점수를 조사하여 나타낸 상대수의 분포표인데 일부가 찢어져 보이지 않는다. 음악 실기 점수가 50점 이상 60점 미만인 학생 수를 구하시오.

점수(점)	도수(명)	상대도수
$40^{이상} \sim 50^{미만}$	3	0.06
50 ~ 60		0.1

상대도수의 분포를 나타낸 그래프에서
(1) 가로축 ➡ 계급의 양 끝 값
(2) 세로축 ➡ 상대도수

51
[242005-1042]

오른쪽은 야구 선수 **40**명의 홈런 개수에 대한 상대도수의 분포를 나타낸 그래프이다. 홈런 개수가 35개 이상 40개 미만인 선수의 수를 구하시오.

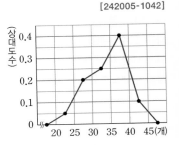

52 대표
[242005-1043]

오른쪽은 승민이네 학교 학생들의 윗몸 일으키기 기록에 대한 상대도수의 분포를 나타낸 그래프이다. 기록이 20회 이상 30회 미만인 학생이 **10**명일 때, 다음을 구하시오.

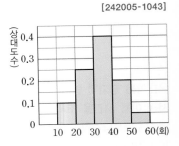

(1) 전체 학생 수
(2) 도수가 4명인 계급
(3) 기록이 40회 이상 50회 미만인 학생 수

53
[242005-1044]

오른쪽은 민정이네 중학교 학생 150명의 일주일 동안의 시청각실 사용 시간에 대한 상대도수의 분포를 나타낸 그래프이다. 시청각실 사용 시간이 6시간 이상 10시간 미만인 학생은 전체의 몇 %인지 구하시오.

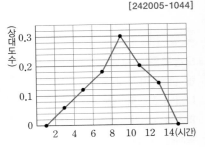

유형 19 일부가 보이지 않는 상대도수의 분포를 나타낸 그래프

상대도수의 총합이 1임을 이용하여 보이지 않는 계급의 상대도수를 구한다.

54 👍 대표
[242005-1045]

오른쪽은 나경이네 중학교 학생 50명의 논술 점수에 대한 상대도수의 분포를 나타낸 그래프인데 일부가 찢어져 보이지 않는다. 논술 점수가 60점 이상 70점 미만인 학생 수를 구하시오.

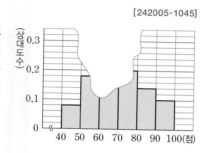

55 ✏ 서술형
[242005-1046]

오른쪽은 어느 아파트의 전력 사용량에 대한 상대도수의 분포를 나타낸 그래프인데 일부가 찢어져 보이지 않는다. 전력 사용량이 250 kWh 이상 300 kWh 미만인 계급의 도수가 40일 때, 다음을 구하시오.

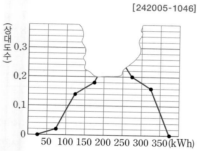

(1) 전체 가구 수

(2) 전력 사용량이 200 kWh 이상 250 kWh 미만인 가구 수

56
[242005-1047]

오른쪽은 준영이네 반 학생 20명이 일주일 동안 인터넷 강의를 수강한 시간에 대한 상대도수의 분포를 나타낸 그래프인데 일부가 찢어져 보이지 않는다. 수강 시간이 9시간 미만인 학생 수가 9일 때, 수강 시간이 9시간 이상 12시간 미만인 계급의 도수를 구하시오.

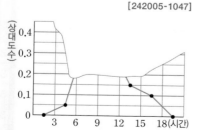

유형 20 도수의 총합이 다른 두 집단의 비교

도수의 총합이 다른 두 집단의 분포 상태를 비교할 때 상대도수를 이용하면 편리하다.

57 🔔 신유형
[242005-1048]

다음은 어느 아파트 입주자 대표 선거에서 A 후보의 동별 득표수를 나타낸 표이다. A 후보의 득표율이 가장 높은 동을 구하시오.

동	전체 투표수(표)	A 후보의 득표수(표)
101	50	21
102	45	18
103	40	15
104	35	14
105	25	12

58
[242005-1049]

오른쪽은 A 동호회 회원 60명과 B 동호회 회원 40명의 나이에 대한 상대도수의 분포를 나타낸 그래프이다. A, B 두 동호회에서 나이가 20세 이상 30세 미만인 회원 수를 각각 구하시오.

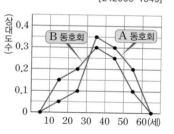

59 👍 대표
[242005-1050]

오른쪽은 어느 중학교 1학년 남학생 150명과 여학생 100명의 한 달 용돈에 대한 상대도수의 분포를 나타낸 그래프이다. 다음 중에서 옳지 않은 것은?

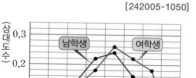

① 여학생이 남학생보다 용돈이 많은 편이다.

② 남학생에서 도수가 가장 큰 계급은 4만 원 이상 5만 원 미만이다.

③ 용돈이 5만 원 이상인 비율은 여학생이 남학생보다 높다.

④ 용돈이 6만 원 이상인 여학생 수는 18이다.

⑤ 용돈이 3만 원 미만인 남학생은 남학생 전체의 16 %이다.

1 📍중요 [242005-1051]

다음은 은율이네 반 학생 16명이 태어난 달을 조사하여 나타낸 자료이다. 이 자료의 중앙값을 a월, 최빈값을 b월이라 할 때, $a+b$의 값을 구하시오.

(단위: 월)

9	11	1	9	2	12	3	9
4	6	10	7	10	9	5	7

2 [242005-1052]

다음은 7개의 변량을 작은 값부터 크기순으로 나열한 자료이다. 이 자료의 평균이 9이고 중앙값이 10일 때, a, b의 값을 각각 구하시오.

a	6	7	b	12	13	13

3 🎁고득점 [242005-1053]

오른쪽 꺾은선그래프는 어느 신발 매장에서 하루 동안 판매한 운동화 20켤레의 치수를 조사하여 나타낸 것이다. 다음 중에서 이 자료에 대하여 바르게 설명한 학생을 있는 대로 고르시오.

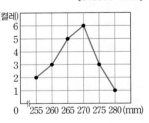

하진: 중앙값은 6켤레야.
지원: 최빈값은 270 mm야.
다솜: 이 자료의 대푯값으로는 중앙값이 가장 적절해.
용재: 판매자는 다음 판매를 위하여 치수가 270 mm인 운동화를 가장 많이 준비하는 게 좋겠어.

4 🎀신유형 [242005-1054]

다음은 정은이네 모둠 학생들의 수학 점수를 조사하여 나타낸 줄기와 잎 그림이다. 정은이네 모둠 학생들의 수학 점수의 평균이 84점일 때, □ 안에 알맞은 수를 구하시오.

(7|2는 72점)

줄기	잎
7	2 3
8	0 3 4 □ 8
9	0 1 3

5 📍중요 [242005-1055]

아래는 세윤이네 반 학생들의 턱걸이 기록을 조사하여 나타낸 줄기와 잎 그림이다. 다음 중에서 옳은 것을 모두 고르면? (정답 2개)

(0|3은 3회)

줄기	잎
0	3 5 6 7 8
1	2 4 5 8 9 9
2	0 1 2 5 6
3	2 4 5
4	0

① 잎이 가장 많은 줄기는 1이다.
② 세윤이네 반 전체 학생 수는 20이다.
③ 턱걸이 기록이 3번째로 많은 학생의 기록은 32회이다.
④ 턱걸이 기록이 10회 미만인 학생 수는 3이다.
⑤ 턱걸이 기록이 30회 이상인 학생은 전체의 25 %이다.

6 [242005-1056]

오른쪽은 어느 과수원에서 수확한 복숭아 50개의 무게를 조사하여 나타낸 도수분포표이다. 판매 가능한 무게가 350 g 이상일 때, 판매할 수 없는 복숭아는 전체의 몇 %인지 구하시오.

무게(g)	도수(개)
330^{이상} ~ 340^{미만}	7
340 ~ 350	
350 ~ 360	15
360 ~ 370	11
370 ~ 380	9
합계	50

7

[242005-1057]

오른쪽은 정원이네 반 학생 25명
의 키를 조사하여 나타낸 도수분
포표이다. 키가 **145 cm 이상
150 cm 미만**인 학생이 전체의
8 %일 때, 다음을 구하시오.

(1) 키가 145 cm 이상 150 cm
미만인 학생 수

(2) 키가 160 cm 이상 165 cm
미만인 학생 수

키(cm)	도수(명)
145^{이상} ～ 150^{미만}	
150 ～ 155	4
155 ～ 160	6
160 ～ 165	
165 ～ 170	3
170 ～ 175	1
합계	25

8 ♥중요

[242005-1058]

오른쪽은 채영이네 반 학생들의
하루 동안 휴대 전화 통화 시간
을 조사하여 나타낸 히스토그램
이다. 다음 중에서 옳지 <u>않은</u> 것
은?

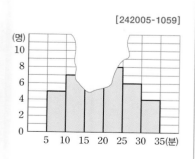

① 계급의 크기는 5분이다.

② 채영이네 반 전체 학생 수는 35이다.

③ 통화 시간이 22분인 학생이 속하는 계급의 도수는 10명이다.

④ 통화 시간이 25분 이상 30분 미만인 학생은 전체의 20 %이다.

⑤ 통화 시간이 5번째로 짧은 학생이 속하는 계급의 도수는 3명
이다.

9

[242005-1059]

오른쪽은 은행에서 고객 40명
의 대기 시간을 조사하여 나
타낸 히스토그램인데 일부가
찢어져 보이지 않는다. 대기
시간이 15분 이상 20분 미만
인 고객은 전체의 몇 %인지
구하시오.

10 ♥신유형

[242005-1060]

오른쪽은 진호네 반 학생들이 하
루 동안 음악을 듣는 시간을 조사
하여 나타낸 도수분포다각형이다.
삼각형 **A~E** 중에서 **F**와 넓이가
같은 삼각형을 모두 고르시오.

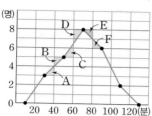

11

[242005-1061]

오른쪽은 지원이네 반 학생들의
오래 매달리기 기록을 조사하여
나타낸 도수분포다각형인데 일부
가 찢어져 보이지 않는다. 기록이
30초 이상 40초 미만인 학생 수와
40초 이상 50초 미만인 학생 수의
비가 **2 : 3**일 때, 지원이네 반 전
체 학생 수를 구하시오.

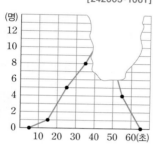

12

[242005-1062]

아윤이네 반 학생들의 통학 거리를 조사하였더니 상대도수가 0.4인
계급의 도수가 16명이었다. 이때 상대도수가 0.25인 계급의 학생
수를 구하시오.

13

[242005-1063]

오른쪽은 성인 **200명**의
일주일 동안의 라디오 청
취 시간에 대한 상대도수
의 분포를 나타낸 그래프
이다. 라디오 청취 시간이
10시간 이상인 사람 수를
구하시오.

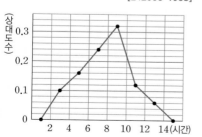

중단원 핵심유형 테스트

14
[242005-1064]

A 중학교 1학년 1반과 2반의 학생 수는 각각 45, 36이다. 각 반에서 어떤 같은 계급에 속하는 학생 수는 1반과 2반이 서로 같다. 2반에서 이 계급의 상대도수가 0.25일 때, 1반에서 이 계급의 상대도수를 구하시오.

15 🎁 고득점
[242005-1065]

다음은 몇 개의 관측 지점에서 미세 먼지 농도를 관측하여 상대도수의 분포표로 나타낸 것인데 일부가 훼손되어 보이지 않는다. 미세 먼지 농도가 29 μg/m³ 미만으로 관측된 지점 중에서 13 μg/m³ 미만으로 관측된 지점은 몇 %인지 구하시오. (단, $a : b = 4 : 1$이다.)

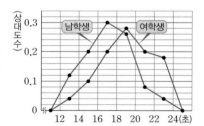

농도(μg/m³)	지점 수(개)	상대도수
5^{이상} ~ 13^{미만}	a	
13 ~ 21		
21 ~ 29		0.28
29 ~ 37	b	0.08
37 ~ 45		0.08
45 ~ 53		0.04
합계		1

16 📍중요
[242005-1066]

오른쪽은 어느 중학교 남학생과 여학생의 100 m 달리기 기록에 대한 상대도수의 분포를 나타낸 그래프이다. 다음 중에서 옳지 않은 것은?

① 남학생의 기록이 여학생의 기록보다 좋은 편이다.
② 남학생에서 도수가 가장 큰 계급은 16초 이상 18초 미만이다.
③ 여학생이 50명이면 기록이 14초 이상 16초 미만인 여학생 수는 3이다.
④ 기록이 14초 미만인 여학생은 여학생 전체의 4 %이다.
⑤ 기록이 18초 이상 20초 미만인 학생의 비율은 여학생이 남학생보다 높다.

🖊 기출 서술형

17
[242005-1067]

오른쪽은 어느 중학교 1학년 1반과 2반 학생들의 키를 조사하여 나타낸 도수분포다각형이다. 다음 물음에 답하시오.

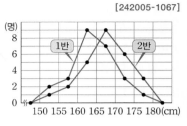

(1) 1반과 2반의 전체 학생 수를 각각 구하시오.
(2) 어느 반 학생들의 키가 더 작은 편인지 구하시오.

풀이 과정

답 |

18
[242005-1068]

오른쪽은 지수네 학교 학생들이 주말에 과제를 한 시간에 대한 상대도수의 분포를 나타낸 그래프인데 일부가 찢어져 보이지 않는다. 걸린 시간이 1시간 미만인 학생이 2명일 때, 걸린 시간이 90분 이상 120분 미만인 학생 수를 구하시오.

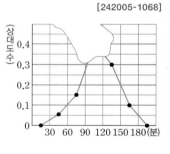

풀이 과정

답 |

유형 베타 β   중학 수학 **1-2**   정답과 풀이

이 책의 차례

빠른 정답 유형책

1. 기본 도형

1 점, 선, 면

2 각

3 위치 관계

4 평행선의 성질

2. 작도와 합동

1 작도

2 삼각형의 작도

● 소단원 필수 유형   36~37쪽

5 11	**5-1** ①, ⑤	**5-2** 3
6 ②	**6-1** ㉠ → ㉢ → ㉠	**6-2** ③
7 ②, ③	**7-1** ㄷ, ㄹ	**7-2** ④, ⑤
8 (가): $\overline{AB}$, (나): $\overline{AC}$, (다): 2, (라): 2		
8-1 ②, ③		
8-2 개수가 가장 많은 것: (다), 개수가 가장 적은 것: (나)		

3 삼각형의 합동

● 소단원 필수 유형   39~42쪽

9 ②	**9-1** ⑤	**9-2** ③
10 ㄴ, ㄷ	**10-1** ④	**10-2** ㄱ, ㄷ
11 ㄴ, ㄹ	**11-1** ①, ⑤	**11-2** ③
12 (가): $\overline{DC}$, (나): $\overline{AC}$, (다): SSS		
12-1 △ABD≡△CBD (SSS 합동)		
12-2 △AOP≡△BOP (SSS 합동)		
13 ④, ⑤	**13-1** ⑤	**13-2** 60°
14 ⑤	**14-1** ③	**14-2** 25 cm²
15 ⑤	**15-1** ③	**15-2** 120°
16 25 cm²	**16-1** 65°	**16-2** 90°

● 중단원 핵심유형 테스트   43~45쪽

1 ㉠ → ㉢ → ㉡	**2** ①	**3** ⑤	**4** ①, ②
5 ①	**6** 2	**7** ③, ④	**8** ㉠	**9** ㄴ, ㄷ, ㅁ
10 ④	**11** ②	**12** 217	**13** 80°	**14** 3
15 ①, ⑤	**16** 3 cm	**17** 6 cm	**18** 40°	**19** 13
20 84 cm²				

3. 다각형

1 다각형

● 소단원 필수 유형   49~50쪽

1 ㄴ, ㅁ, ㅂ	**1-1** ①	
2 162°	**2-1** 55	
3 ③	**3-1** ㄴ	
4 ⑤	**4-1** 20개	**4-2** 8개
5 ④	**5-1** ⑤	**5-2** ⑤

2 다각형의 내각과 외각의 크기

● 소단원 필수 유형   52~58쪽

6 35	**6-1** 50°	**6-2** 36°
7 228°	**7-1** 22	**7-2** 78°
8 40°	**8-1** 126°	**8-2** 125°
9 100°	**9-1** 108°	**9-2** 24°
10 30°	**10-1** 80°	**10-2** 17°
11 60°	**11-1** 45°	**11-2** 180°
12 27	**12-1** 1440°	**12-2** 110
13 63°	**13-1** ②	**13-2** 320°
14 ⑤	**14-1** ②	**14-2** 12
15 ⑤	**15-1** 225°	**15-2** ②
16 ③	**16-1** 1260°	**16-2** ⑤
17 ②	**17-1** ④	**17-2** ③
18 36°	**18-1** 120°	**18-2** 56°
19 105°	**19-1** 36°	**19-2** 31.5°

● 중단원 핵심유형 테스트   59~61쪽

1 ④	**2** 155°	**3** 20	**4** 63°	**5** 80°
6 115°	**7** 15°	**8** 70°	**9** ⑤	**10** 36°
11 68°	**12** ③	**13** ②	**14** ①	**15** ③
16 ⑤	**17** 12°	**18** 54	**19** 120°	**20** 30°

4. 원과 부채꼴

1 원과 부채꼴

● 소단원 필수 유형 65~68쪽

1 ④	1-1 ⑤	1-2 ③
2 ①	2-1 $x=30, y=9$	
2-2 12 cm		
3 120°	3-1 60°	3-2 ②
4 6 cm	4-1 28 cm	4-2 22.5°
5 ③	5-1 18 cm	5-2 24 cm
6 ②	6-1 9 cm²	6-2 99°
7 ①	7-1 44°	7-2 16 cm
8 ④	8-1 ⑤	8-2 ④

2 부채꼴의 호의 길이와 넓이

● 소단원 필수 유형 70~74쪽

9 (둘레의 길이)=24π cm, (넓이)=48π cm²

9-1 ②

9-2 (둘레의 길이)=8π cm, (넓이)=4π cm²

10 (호의 길이)=12π cm, (넓이)=54π cm²

10-1 ④	10-2 30π cm²	
11 90π cm²	11-1 12 cm	11-2 270°
12 $(8\pi+8)$ cm	12-1 $(4\pi+16)$ cm	

12-2 $(4\pi+6)$ cm

13 $(18\pi-36)$ cm²		13-1 6π cm²

13-2 $\left(9-\dfrac{3}{2}\pi\right)$ cm²

14 50 cm²	14-1 18 cm²	14-2 $(24-4\pi)$ cm²
15 2π cm²	15-1 24 cm²	15-2 3π cm
16 ⑤	16-1 $(10\pi+30)$ cm	

16-2 $(4\pi+24)$ cm

17 $(16\pi+96)$ cm²		17-1 $(4\pi+40)$ cm²

17-2 $(108\pi+144)$ cm²

18 2π cm	18-1 4π cm	18-2 $\dfrac{43}{2}\pi$ m²

● 중단원 핵심유형 테스트 75~77쪽

1 ①, ⑤	2 ②	3 ①	4 5 : 2 : 2	5 21 cm
6 ①	7 40000 km		8 ②	9 ⑤
10 $(75\pi+200)$ m²		11 ③	12 ④	
13 $(50\pi-100)$ cm²		14 ⑤	15 ②	
16 $(14\pi+84)$ cm	17 $(2\pi+24)$ cm		18 ②	

19 (둘레의 길이)=48π cm, (넓이)=72π cm²

20 $\left(\dfrac{25}{4}\pi+\dfrac{25}{2}\right)$ cm²

5. 다면체와 회전체

1 다면체

● 소단원 필수 유형 81~86쪽

1 ④	1-1 ①, ②	1-2 ②
2 ③	2-1 ②	2-2 6
3 ④	3-1 ④	3-2 칠각뿔
4 ②	4-1 ⑤	4-2 ④
5 ③	5-1 ③	5-2 ④
6 ②	6-1 ③	6-2 14
7 ③	7-1 정십이면체	7-2 ④
8 ③	8-1 32	8-2 ④
9 ③	9-1 (가): 정육면체, (나): 정팔면체	
9-2 50		
10 ④	10-1 ②	10-2 7
11 ③	11-1 ④	11-2 ㄱ, ㄹ
12 ④	12-1 ⑤	12-2 ②

2 회전체

● 소단원 필수 유형 88~90쪽

13 ⑤	13-1 ②, ⑤	13-2 1
14 ②	14-1 ④	14-2 ㄴ, ㄷ, ㄹ
15 ③	15-1 ④	15-2 ②
16 $30+9\pi$	16-1 $(3\pi+12)$cm	
16-2 60 cm²	17 ①	17-1 ③
17-2 160°	18 ⑤	18-1 ④

중단원 핵심유형 테스트

91~93쪽

1 ④　2 ③　3 3　4 ④　5 2
6 ④　7 ④　8 ②　9 ③　10 ⑤
11 ①, ④　12 ④　13 ④　14 ①, ④　15 ④
16 $\frac{48}{5}$ cm　17 ②, ⑤　18 ②　19 27
20 $(64\pi+16)$ cm

6. 입체도형의 겉넓이와 부피

1 기둥의 겉넓이와 부피

소단원 필수 유형

97~100쪽

1 256 cm^2　1-1 ④　1-2 244 cm^2
2 ③　2-1 ⑤　2-2 192π cm^2
3 ④　3-1 1 : 3 : 5　3-2 ①
4 ⑤　4-1 10π cm　4-2 72π cm^2
5 겉넓이 : 216 cm^2, 부피 : 180 cm^3　5-1 ②
5-2 112π cm^2
6 겉넓이 : $(28\pi+96)$ cm^2, 부피 : 48π cm^3
6-1 70π cm^3　6-2 ③
7 ④
7-1 겉넓이 : 126π cm^2, 부피 : 126π cm^3
7-2 겉넓이 : $(180+9\pi)$ cm^2, 부피 : $(216-27\pi)$ cm^3
8 겉넓이 : 32π cm^2, 부피 : 24π cm^3
8-1 3 : 2　8-2 124π cm^2

2 뿔과 구의 겉넓이와 부피

소단원 필수 유형

102~106쪽

9 95 cm^2　9-1 5
10 ⑤　10-1 7 cm
11 ②　11-1 117 cm^2
12 ①　12-1 ③　12-2 6 cm
13 ④　13-1 10 cm　13-2 96π cm^3
14 ①　14-1 93 cm^3　14-2 258π cm^3
15 겉넓이 : 36π cm^2, 부피 : 16π cm^3　15-1 ②
15-2 겉넓이 : 192π cm^2, 부피 : 192π cm^3
16 ①　16-1 1 : 16　16-2 104π cm^2
17 ⑤　17-1 252π cm^3　17-2 27π cm^3
18 ③　18-1 216π cm^3
18-2 겉넓이 : 105π cm^2, 부피 : 78π cm^3
19 18　19-1 432π cm^3
19-2 A : 2 cm, B : $(6-\pi)$ cm

중단원 핵심유형 테스트

107~109쪽

1 832 cm^3　2 ②　3 352 cm^2　4 72π cm^3
5 $(18\pi-36)$ cm^3　6 ⑤　7 ②　8 ③
9 ⑤　10 48π cm^3　11 102π cm^2
12 32π cm^2　13 ⑤　14 125π cm^3
15 148π cm^3　16 ②　17 693 cm^3　18 1 : 2

7. 자료의 정리와 해석

1 대푯값

소단원 필수 유형 113~114쪽

1	③	1-1	93	1-2	23
2	6.5	2-1	89	2-2	78점
3	①	3-1	예능, 음악	3-2	④
4	13	4-1	77점	4-2	7개

2 줄기와 잎 그림, 도수분포표

소단원 필수 유형 116~117쪽

5	④	5-1	20 %	5-2	6등
6	(1) 6 (2) 70일 이상 90일 미만			6-1	12명
7	③	7-1	6		
8	9	8-1	40 %	8-2	2

3 히스토그램과 도수분포다각형

소단원 필수 유형 119~121쪽

9	⑤	9-1	40 %	9-2	90점
10	18	10-1	80	10-2	$\frac{7}{2}$배
11	10명	11-1	40 %	11-2	40
12	35	12-1	8명	12-2	32 %
13	10	13-1	35	13-2	35 %
14	(1) 남학생 : 20, 여학생 : 20 (2) 50 %			14-1	②

4 상대도수와 그 그래프

소단원 필수 유형 123~125쪽

15	0.12	15-1	0.1	15-2	0.2
16	0.1	16-1	32		
16-2	$a=0.4, b=27$				
17	6	17-1	22 %	17-2	3명
18	9명	18-1	80	18-2	60
19	60	19-1	17	19-2	9
20	4	20-1	ㄱ, ㄴ		

중단원 핵심유형 테스트 126~128쪽

1 ③	2 52	3 ④	4 ②	5 ⑤
6 30	7 10 %	8 32.5 %	9 ④	10 40 %
11 70점	12 9	13 12명	14 6명	15 8
16 7 : 10	17 ⑤	18 2 : 1		
19 $A=0.2, B=0.15$, 1반: 30 %, 2반: 40 %				

1. 기본 도형

 점, 선, 면 2~4쪽

유형 1 | 교점과 교선
1 ⑤   2 14   3 ②, ⑤

유형 2 | 직선, 반직선, 선분
4 $\overleftrightarrow{AB}$와 $\overleftrightarrow{BC}$, $\overrightarrow{BC}$와 $\overrightarrow{CB}$, $\overrightarrow{AC}$와 $\overrightarrow{AB}$ 5 ④, ⑤   6 ③

유형 3 | 직선, 반직선, 선분의 개수
7 9   8 19   9 ①

유형 4 | 선분의 중점
10 2 cm   11 ③   12 6, $\frac{1}{4}$

유형 5 | 두 점 사이의 거리 (1)
13 ④   14 8 cm   15 5 cm

유형 6 | 두 점 사이의 거리 (2)
16 6 cm   17 ②   18 점 B

2 각 5~7쪽

유형 7 | 각의 크기 – 직각
19 ③   20 $\angle x=34°$, $\angle y=56°$ 21 ③

유형 8 | 각의 크기 – 평각
22 ①   23 ②   24 42°

유형 9 | 각의 크기 사이의 조건이 주어진 경우
25 ④   26 72°   27 50°

유형 10 | 맞꼭지각
28 ①   29 ③   30 $x=15$, $y=85$

유형 11 | 맞꼭지각의 쌍의 개수
31 12쌍   32 ③   33 6쌍

유형 12 | 수직과 수선
34 ④   35 28   36 $\frac{24}{5}$ cm

3 위치 관계 8~12쪽

유형 13 | 점과 직선, 점과 평면의 위치 관계
37 ②   38 3   39 ⑤

유형 14 | 평면에서 두 직선의 위치 관계
40 (1) 직선 l, 직선 m, 직선 n (2) 직선 m, 직선 n 41 ⑤
42 ㄴ, ㄷ, ㄹ

유형 15 | 평면이 하나로 정해질 조건
43 ②   44 7

유형 16 | 공간에서 두 직선의 위치 관계
45 (1) 직선 l (2) 직선 n 46 ④   47 2   48 ②, ⑤

유형 17 | 공간에서 직선과 평면의 위치 관계
49 (1) 4 (2) 2 (3) 2   50 ㄱ, ㄷ   51 ④

유형 18 | 점과 평면 사이의 거리
52 23   53 15   54 ③

유형 19 | 공간에서 두 평면의 위치 관계
55 6   56 4   57 4쌍

유형 20 | 일부가 잘린 입체도형에서의 위치 관계
58 (1) 면 AED, 면 BFC (2) $\overline{BF}$, $\overline{FC}$, $\overline{BC}$ 59 ①
60 12

유형 21 | 전개도가 주어진 입체도형에서의 위치 관계
61 ③   62 28   63 ④

유형 9 | 도형의 합동

24 ①, ② **25** ②, ③ **26** 40°

유형 10 | 합동인 삼각형 찾기

27 ㄱ과 ㅁ, ㄴ과 ㅂ, ㄷ과 ㄹ **28** ④ **29** ③

유형 11 | 두 삼각형이 합동이 되도록 추가할 조건

30 ①, ③ **31** ㄱ, ㄷ **32** ⑤

유형 12 | 삼각형의 합동 조건 – SSS 합동

33 (가): $\overline{PC}$, (나): $\overline{PD}$, (다): $\overline{CD}$, (라): SSS **34** ①, ④
35 (가): $\overline{AD}$, (나): 5, (다): $\overline{AC}$, (라): SSS

유형 13 | 삼각형의 합동 조건 – SAS 합동

36 130° **37** 22 m **38** 14 cm

유형 14 | 삼각형의 합동 조건 – ASA 합동

39 20 cm **40** 18 cm **41** 9 km

유형 15 | 삼각형의 합동의 활용 – 정삼각형

42 ② **43** 8 cm **44** (1) △DCB, SAS 합동 (2) 60°

유형 16 | 삼각형의 합동의 활용 – 정사각형

45 36° **46** (1) △GBC≡△EDC, SAS 합동 (2) 10 cm
47 ②

● **중단원 핵심유형** 테스트
28~29쪽

1 ㄷ, ㄹ **2** ㉢ → ㉡ → ㉠ **3** ③ **4** ③, ⑤
5 ② **6** ④ **7** 4 **8** ㄱ, ㄴ **9** ③
10 ㄱ, ㄴ, ㄹ **11** ①, ⑤ **12** ②
13 (1) △CBE, SAS 합동 (2) 55°
14 (1) △ABD≡△BCE, SAS 합동 (2) 120°

3. 다각형

1 다각형
30~31쪽

유형 1 | 다각형

1 ㄴ, ㄷ, ㅂ **2** ④

유형 2 | 다각형의 내각과 외각

3 197° **4** 140°

유형 3 | 정다각형

5 정팔각형 **6** ④

유형 4 | 한 꼭짓점에서 그을 수 있는 대각선의 개수

7 15 **8** 25 **9** 12

유형 5 | 다각형의 대각선의 개수

10 54 **11** 정칠각형 **12** 21

2 다각형의 내각과 외각의 크기
32~38쪽

유형 6 | 삼각형의 세 내각의 크기의 합

13 ③ **14** 75° **15** ②

유형 7 | 삼각형의 내각과 외각의 관계

16 10° **17** 125° **18** 86°

유형 8 | 삼각형의 내각의 크기의 합의 활용 – ⋀ 모양

19 119° **20** 40° **21** 115°

유형 9 | 삼각형의 내각과 외각의 활용 – 이등변삼각형

22 32° **23** 30° **24** 75°

유형 10 | 삼각형의 내각과 외각의 관계의 활용
－ 한 내각과 한 외각의 이등분선

25 35° **26** 56° **27** 63°

유형 11 | 삼각형의 내각과 외각의 관계의 활용－☆ 모양

28 (1) 65° (2) 65° (3) 50° **29** 162° **30** 157°

유형 12 | 다각형의 내각의 크기의 합

31 85 **32** 인서 : ㄹ, 우진 : ㄱ
33 다각형 A : 360°, 다각형 B : 900° **34** ㄱ, ㄷ

유형 13 | 다각형의 내각의 크기의 합의 활용

35 25° **36** ③

유형 14 | 다각형의 외각의 크기의 합

37 ② **38** ④ **39** 360°

유형 15 | 다각형의 외각의 크기의 합의 활용

40 ① **41** 360°

유형 16 | 정다각형의 한 내각과 한 외각의 크기

42 ⑤ **43** 12 **44** ③ **45** (가) : 5, (나) : 72

유형 17 | 정다각형의 한 내각과 한 외각의 크기의 비

46 ③ **47** 20 **48** 1080

유형 18 | 정다각형의 한 내각의 크기의 활용

49 ⑤ **50** 135° **51** 192°

유형 19 | 정다각형의 한 외각의 크기의 활용

52 63° **53** 60° **54** 20

중단원 핵심유형 테스트 39~41쪽

1 ③	**2** ③	**3** 21	**4** 14	**5** ①
6 96°	**7** ②	**8** 85°	**9** 70°	**10** 34°
11 80°	**12** ⑤	**13** 540°	**14** ③	**15** ②
16 정십팔각형		**17** 75°	**18** ④	**19** 135°
20 18°				

4. 원과 부채꼴

1 원과 부채꼴 42~44쪽

유형 1 | 원과 부채꼴

1 8 cm **2** 60°

유형 2 | 중심각의 크기와 호의 길이

3 $x=6, y=30$ **4** 40

유형 3 | 호의 길이의 비가 주어질 때 중심각의 크기 구하기

5 ② **6** 40°

유형 4 | 평행선이 주어질 때 중심각의 크기와 호의 길이

7 24 cm **8** 30°

유형 5 | 중심각의 크기와 호의 길이 구하기 － 보조선 긋기

9 12 cm **10** 4 cm

유형 6 | 중심각의 크기와 부채꼴의 넓이

11 8 cm² **12** 48명

유형 7 | 중심각의 크기와 현의 길이

13 ④ **14** 27 cm **15** 11 cm

유형 8 | 중심각의 크기에 정비례하는 것

16 ④ **17** ④ **18** ①, ⑤

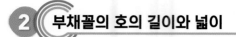

6. 입체도형의 겉넓이와 부피

1 기둥의 겉넓이와 부피
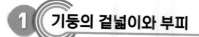
64~67쪽

유형 1 | 각기둥의 겉넓이
1 ④   2 8   3 ②

유형 2 | 원기둥의 겉넓이
4 7 cm   5 ⑤   6 120π cm²

유형 3 | 각기둥의 부피
7 ②   8 540 cm³   9 162 cm³

유형 4 | 원기둥의 부피
10 ③   11 ①   12 캔 A

유형 5 | 전개도가 주어진 기둥의 겉넓이와 부피
13 ⑤   14 겉넓이: 200π cm², 부피: 375π cm³   15 ③

유형 6 | 밑면이 부채꼴인 기둥의 겉넓이와 부피
16 겉넓이: $(18\pi+36)$ cm², 부피: 18π cm³   17 ②
18 6 cm

유형 7 | 구멍이 뚫린 기둥의 겉넓이와 부피
19 (1) 16π cm² (2) 90π cm² (3) 54π cm² (4) 176π cm²
20 겉넓이: 328 cm², 부피: 192 cm³   21 $(216+16\pi)$ cm²

유형 8 | 회전체의 겉넓이와 부피 – 원기둥
22 ①   23 200π cm³   24 224π cm³

2 뿔과 구의 겉넓이와 부피
68~72쪽

유형 9 | 각뿔의 겉넓이
25 7   26 ①

유형 10 | 원뿔의 겉넓이
27 ③   28 85π cm²

유형 11 | 뿔대의 겉넓이
29 ③   30 6

유형 12 | 각뿔의 부피
31 ④   32 243 cm³ 33 1 : 5

유형 13 | 원뿔의 부피
34 ①   35 ③   36 112π cm³

유형 14 | 뿔대의 부피
37 (1) 324π cm³ (2) 12π cm³ (3) 312π cm³   38 ②
39 ⑤

유형 15 | 회전체의 겉넓이와 부피 – 원뿔, 원뿔대
40 ②   41 64π cm³ 42 78π cm³

유형 16 | 구의 겉넓이
43 ②   44 ③   45 5

유형 17 | 구의 부피
46 432π cm³   47 12 cm   48 ①

유형 18 | 회전체의 겉넓이와 부피 – 구
49 ⑤   50 104π cm²   51 72π cm³

유형 **19** | 원기둥에 꼭 맞게 들어가는 구, 원뿔

52 ④   **53** 486π cm³   **54** 36π cm³

● **중단원 핵심유형** 테스트   73~75쪽

1 ③   **2** ④   **3** ②   **4** 26π cm³
5 $(200-32\pi)$ cm³   **6** 216π cm² **7** 105 cm²
8 52π cm² **9** 48π cm² **10** 70 cm³ **11** ⑤
12 112 cm³ **13** ①   **14** ③   **15** ②
16 117π cm²   **17** (1) 680 cm² (2) 1050 cm³
18 원기둥 모양의 용기

---

7. 자료의 정리와 해석

① 대푯값   76~77쪽

유형 **1** | 평균

1 ②   **2** A 농장   **3** ③

유형 **2** | 중앙값

4 22시간   **5** ②   **6** 10.5

유형 **3** | 최빈값

7 솔   **8** 8점   **9** 22

유형 **4** | 대푯값이 주어질 때 변량 구하기

10 88점   **11** 1회   **12** ②

② 줄기와 잎 그림, 도수분포표   78~79쪽

유형 **5** | 줄기와 잎 그림

13 (1) 4 (2) 25   **14** 15 %   **15** 13

유형 **6** | 도수분포표 (1)

16 9   **17** ③, ⑤   **18** 6명

유형 **7** | 도수분포표 (2)

19 6   **20** 11   **21** ③

유형 **8** | 도수분포표에서 특정 계급의 백분율

22 20 %   **23** (1) 10 (2) 45 %   **24** 60 %

3 히스토그램과 도수분포다각형 80~82쪽

유형 9 | 히스토그램

25 ㄱ, ㄷ   **26** 4명   **27** 12 %

유형 10 | 히스토그램의 넓이

28 300   **29** 4배   **30** 13 : 10

유형 11 | 일부가 보이지 않는 히스토그램

31 4   **32** 7   **33** 15

유형 12 | 도수분포다각형

34 28   **35** 3명   **36** ④

유형 13 | 일부가 보이지 않는 도수분포다각형

37 40 %   **38** 13   **39** 400

유형 14 | 두 도수분포다각형의 비교

40 ②, ③   **41** ②

4 상대도수와 그 그래프 83~85쪽

유형 15 | 상대도수

42 0.35   **43** 0.24   **44** 0.25

유형 16 | 상대도수, 도수, 도수의 총합 사이의 관계

45 9   **46** 30   **47** 0.18

유형 17 | 상대도수의 분포표

48 6   **49** (1) $A=0.2$, $B=5$, $C=0.4$, $D=1$, $E=20$ (2) 0.4
50 5

유형 18 | 상대도수의 분포를 나타낸 그래프

51 16   **52** (1) 40 (2) 10회 이상 20회 미만 (3) 8
53 48 %

유형 19 | 일부가 보이지 않는 상대도수의 분포를 나타낸 그래프

54 15   **55** (1) 200 (2) 60   **56** 6명

유형 20 | 도수의 총합이 다른 두 집단의 비교

57 105동   **58** A 동호회 : 6, B 동호회 : 8   **59** ⑤

중단원 핵심유형 테스트 86~88쪽

1 17   **2** $a=2$, $b=10$ **3** 지원, 용재
4 6   **5** ①, ②   **6** 30 %   **7** (1) 2 (2) 9
8 ⑤   **9** 25 %   **10** A, B, E   **11** 30   **12** 10
13 36   **14** 0.2   **15** 40 %   **16** ③
17 (1) 1반 : 25, 2반 : 26 (2) 1반   **18** 16

1. 기본 도형

 **점, 선, 면**

1	⑤	1-1	25	1-2	②, ④
2	③, ⑤	2-1	②	2-2	3개
3	0	3-1	12	3-2	20
4	⑤	4-1	④	4-2	$\dfrac{3}{2}$
5	②	5-1	24 cm	5-2	$\dfrac{27}{2}$ cm
6	①	6-1	6 cm	6-2	30 cm

1 교점의 개수는 꼭짓점의 개수와 같으므로 $x=9$
교선의 개수는 모서리의 개수와 같으므로 $y=16$
면의 개수는 9이므로 $z=9$
따라서 $x+y-z=9+16-9=16$

1-1
교점의 개수는 꼭짓점의 개수와 같으므로 $a=10$
교선의 개수는 모서리의 개수와 같으므로 $b=15$
따라서 $a+b=10+15=25$

1-2
② 선과 면이 만날 때도 교점이 생긴다.
④ 면과 면이 만나면 곡선이 생길 수도 있다.

2 ③ $\overrightarrow{BA}$와 $\overrightarrow{CA}$는 시작점이 다르므로 서로 다른 반직선이다.
⑤ $\overrightarrow{AC}$와 $\overrightarrow{BD}$는 시작점이 다르므로 서로 다른 반직선이다.

2-1
$\overrightarrow{BD}$와 $\overrightarrow{BC}$는 시작점과 방향이 모두 같으므로 같은 반직선이다.

2-2
$\overrightarrow{BC}$를 포함하는 것은 $\overrightarrow{AB}$, $\overrightarrow{AB}$, $\overrightarrow{BD}$의 3개이다.

3 서로 다른 직선은 $\overleftrightarrow{AB}$, $\overleftrightarrow{AC}$, $\overleftrightarrow{AD}$, $\overleftrightarrow{BC}$, $\overleftrightarrow{BD}$, $\overleftrightarrow{CD}$의 6개이므로
$a=6$
서로 다른 반직선은 $\overrightarrow{AB}$, $\overrightarrow{AC}$, $\overrightarrow{AD}$, $\overrightarrow{BA}$, $\overrightarrow{BC}$, $\overrightarrow{BD}$, $\overrightarrow{CA}$, $\overrightarrow{CB}$, $\overrightarrow{CD}$, $\overrightarrow{DA}$, $\overrightarrow{DB}$, $\overrightarrow{DC}$의 12개이므로 $b=12$
서로 다른 선분은 $\overline{AB}$, $\overline{AC}$, $\overline{AD}$, $\overline{BC}$, $\overline{BD}$, $\overline{CD}$의 6개이므로
$c=6$
따라서 $a-b+c=6-12+6=0$

3-1
서로 다른 직선은 $\overleftrightarrow{AB}$, $\overleftrightarrow{AC}$, $\overleftrightarrow{BC}$의 3개이므로 $a=3$
서로 다른 반직선은 $\overrightarrow{AB}$, $\overrightarrow{AC}$, $\overrightarrow{BA}$, $\overrightarrow{BC}$, $\overrightarrow{CA}$, $\overrightarrow{CB}$의 6개이므로 $b=6$

서로 다른 선분은 $\overline{AB}$, $\overline{AC}$, $\overline{BC}$의 3개이므로 $c=3$
따라서 $a+b+c=3+6+3=12$

3-2
서로 다른 직선은 $\overleftrightarrow{AB}$, $\overleftrightarrow{AC}$, $\overleftrightarrow{AD}$, $\overleftrightarrow{BD}$의 4개이므로 $a=4$
서로 다른 반직선은 $\overrightarrow{AB}$, $\overrightarrow{AC}$, $\overrightarrow{AD}$, $\overrightarrow{BA}$, $\overrightarrow{BD}$, $\overrightarrow{CA}$, $\overrightarrow{CB}$, $\overrightarrow{CD}$, $\overrightarrow{DA}$, $\overrightarrow{DB}$의 10개이므로 $b=10$
서로 다른 선분은 $\overline{AB}$, $\overline{AC}$, $\overline{AD}$, $\overline{BC}$, $\overline{BD}$, $\overline{CD}$의 6개이므로
$c=6$
따라서 $a+b+c=4+10+6=20$

4 ③ $\overline{AB}=2\overline{BM}$, $\overline{BC}=2\overline{BN}$이므로
$\overline{AC}=\overline{AB}+\overline{BC}=2(\overline{BM}+\overline{BN})=2\overline{MN}$

4-1
① $\overline{BD}=2\overline{BC}=2\overline{AB}$
② $\overline{BD}=2\overline{BC}=\overline{AC}$
④ $\overline{BD}=\dfrac{2}{3}\overline{AD}$

4-2

A ⋯2a⋯ B ⋯2a⋯ C ⋯a⋯ M ⋯a⋯ D

$\overline{MD}=a$라 하면
$\overline{AB}+\overline{MD}=2a+a=3a$, $\overline{CD}=2a$이므로
□ 안에 알맞은 수는 $\dfrac{3}{2}$이다.

5 $\overline{MB}=\dfrac{1}{2}\overline{AB}$, $\overline{BN}=\dfrac{1}{2}\overline{BC}$이므로
$\overline{MN}=\overline{MB}+\overline{BN}=\dfrac{1}{2}(\overline{AB}+\overline{BC})$
$\qquad=\dfrac{1}{2}(\overline{AN}+\overline{NC})=\dfrac{1}{2}\times(12+2)=7(\text{cm})$

다른 풀이
$\overline{BN}=\overline{NC}=2$ cm이므로
$\overline{AB}=\overline{AN}-\overline{BN}=12-2=10(\text{cm})$
$\overline{MB}=\dfrac{1}{2}\overline{AB}=\dfrac{1}{2}\times10=5(\text{cm})$이므로
$\overline{MN}=\overline{MB}+\overline{BN}=5+2=7(\text{cm})$

5-1
$\overline{CM}=\overline{BM}=4$ cm이므로
$\overline{BC}=\overline{BM}+\overline{CM}=4+4=8(\text{cm})$
이때 $\overline{AB}=\overline{BC}=\overline{CD}=8$ cm이므로
$\overline{AD}=3\overline{BC}=3\times8=24(\text{cm})$

5-2
$\overline{AM}=\dfrac{1}{2}\overline{AB}=\dfrac{1}{2}\times36=18(\text{cm})$이므로
$\overline{AP}=\dfrac{1}{2}\overline{AM}=\dfrac{1}{2}\times18=9(\text{cm})$
이때 $\overline{PB}=\overline{AB}-\overline{AP}=36-9=27(\text{cm})$이므로
$\overline{PQ}=\dfrac{1}{2}\overline{PB}=\dfrac{1}{2}\times27=\dfrac{27}{2}(\text{cm})$

6 $\overline{AB}=2\overline{MB}=2\times5=10(cm)$이므로

$\overline{AC}=4\overline{AB}=4\times10=40(cm)$

이때 $\overline{BC}=\overline{AC}-\overline{AB}=40-10=30(cm)$이므로

$\overline{BN}=\dfrac{1}{2}\overline{BC}=\dfrac{1}{2}\times30=15(cm)$

6-1 $2\overline{AB}=\overline{BD}$에서 $\overline{AD}:\overline{BD}=3:2$이므로

$\overline{BD}=\dfrac{2}{3}\overline{AD}=\dfrac{2}{3}\times12=8(cm)$

$3\overline{BC}=\overline{CD}$에서 $\overline{BD}:\overline{CD}=4:3$이므로

$\overline{CD}=\dfrac{3}{4}\overline{BD}=\dfrac{3}{4}\times8=6(cm)$

6-2

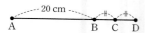

조건 (가)에서 $\overline{AB}=20\,cm$이고 조건 (다)에서

$\overline{AB}:\overline{BC}=4:1$이므로 $\overline{BC}=\dfrac{1}{4}\overline{AB}=\dfrac{1}{4}\times20=5(cm)$

이때 (나)에서 $\overline{BD}=2\overline{BC}=2\times5=10(cm)$이므로

$\overline{AD}=\overline{AB}+\overline{BD}=20+10=30(cm)$

 2 각

소단원 필수 유형   13~15쪽

7	①	7-1	$\angle x=28°$, $\angle y=62°$	7-2	③
8	②	8-1	④	8-2	5°
9	②	9-1	45°	9-2	84°
10	③	10-1	35	10-2	③
11	⑤	11-1	6쌍	11-2	④
12	③	12-1	④	12-2	4 cm

7 $(5x-10)+(2x+30)=90$이므로 $7x=70$

따라서 $x=10$

7-1 $\angle x+62°=90°$이므로 $\angle x=28°$

$\angle x+\angle y=90°$이므로 $\angle y=90°-\angle x=90°-28°=62°$

7-2 $\angle AOB=90°-\angle BOC=\angle COD$이고

$\angle AOB+\angle COD=80°$이므로

$\angle AOB=\angle COD=\dfrac{1}{2}\times80°=40°$

따라서 $\angle BOC=90°-\angle AOB=90°-40°=50°$

8 $(x-15)+65+(y-30)=180$이므로 $x+y+20=180$

따라서 $x+y=160$

8-1 $(6x-2)+(3x+5)+(2x+12)=180$이므로

$11x=165$, $x=15$

따라서 $\angle AOB=6x°-2°=90°-2°=88°$

8-2 $32°+\angle x=90°$이므로 $\angle x=58°$

$\angle y+32°+95°=180°$이므로 $\angle y=53°$

따라서 $\angle x-\angle y=58°-53°=5°$

9 $\angle AOC+\angle COD+\angle DOE+\angle EOB=180°$이므로

$2\angle COD+\angle COD+\angle DOE+2\angle DOE=180°$

$3(\angle COD+\angle DOE)=180°$, $3\angle COE=180°$

따라서 $\angle COE=60°$

9-1 $\angle EOB=\angle DOB-\angle DOE$

$\qquad\quad=4\angle DOE-\angle DOE=3\angle DOE$

$\angle AOC+\angle COD+\angle DOE+\angle EOB=180°$이므로

$3\angle COD+\angle COD+\angle DOE+3\angle DOE=180°$

$4(\angle COD+\angle DOE)=180°$, $4\angle COE=180°$

따라서 $\angle COE=45°$

9-2 $\angle COD=\dfrac{1}{3}\angle DOE$에서 $3\angle COD=\angle DOE$이고

$\angle AOC+\angle COD+\angle DOE+40°=180°$이므로

$\angle COD+\angle COD+3\angle COD+40°=180°$

$5\angle COD=140°$, $\angle COD=28°$

따라서 $\angle DOE=3\angle COD=3\times28°=84°$

10 $5x=90+(x+26)$이므로 $4x=116$, $x=29$

$(3y+5)+90+(x+26)=180$에서

$(3y+5)+90+(29+26)=180$이므로 $3y=30$, $y=10$

따라서 $2x-y=2\times29-10=48$

10-1 $3x-10=x+16$이므로 $2x=26$, $x=13$

$(3x-10)+(7y-3)=180$에서

$(39-10)+(7y-3)=180$이므로 $7y=154$, $y=22$

따라서 $x+y=13+22=35$

10-2 $2x+90+(5x-1)=180$이므로 $7x=91$, $x=13$

맞꼭지각의 크기는 서로 같으므로

$11y-2=5x-1$, $11y-2=5\times13-1$

$11y=66$, $y=6$

따라서 $x-y=13-6=7$

11 네 직선을 a, b, c, d라 하면 직선 a와 b, a와 c, a와 d, b와 c, b와 d, c와 d가 만나서 생기는 맞꼭지각이 각각 2쌍이므로 모두 $2\times6=12$(쌍)이 생긴다.

11-1

세 직선을 각각 a, b, c라 하면 a와 b, a와 c, b와 c가 만나서 생기는 맞꼭지각이 각각 2쌍이므로 모두 $2 \times 3 = 6$(쌍)이 생긴다.

11-2

반직선은 맞꼭지각을 만들지 않으므로 4개의 직선이 한 점에서 만날 때 생기는 맞꼭지각의 쌍의 수를 구한다.

따라서 네 직선을 a, b, c, d라 하면 직선 a와 b, a와 c, a와 d, b와 c, b와 d, c와 d가 만나서 생기는 맞꼭지각이 각각 2쌍이므로 모두 $2 \times 6 = 12$(쌍)이 생긴다.

12 ㄷ. 점 A와 $\overline{CD}$ 사이의 거리는 $\overline{AD}$의 길이와 같으므로 15 cm 이다.

ㅁ. 점 C에서 $\overleftrightarrow{AD}$에 내린 수선의 발은 점 D이다.

12-1

④ 점 D에서 $\overleftrightarrow{AB}$에 내린 수선의 발은 점 H이다.

12-2

오른쪽 그림과 같이 점 C와 $\overleftrightarrow{AB}$ 사이의 거리는 삼각형 ABC의 높이인 $\overline{CH}$의 길이와 같다.

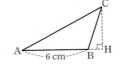

따라서 삼각형 ABC의 넓이가 12 cm^2 이므로

$\dfrac{1}{2} \times 6 \times \overline{CH} = 12$에서 $\overline{CH} = 4$(cm)

③ 위치 관계

🔵 소단원 필수 유형
18~21쪽

13 ③	**13-1** ①	**14** ④
14-1 ③, ⑤	**15** 4	**15-1** 3
16 11	**16-1** ⑤	**17** ⑤
17-1 ㄱ, ㄷ	**18** 3	**18-1** ㄴ, ㅅ
19 4	**19-1** 2쌍	**19-2** ②, ⑤
20 6	**20-1** 6	**20-2** ④, ⑤
21 3	**21-1** ④	**21-2** ③, ⑤
22 ①, ④	**22-1** ㄷ, ㄹ	**22-2** ②, ⑤

13 ③ 두 점 A, C를 지나는 직선은 m이고 점 E는 직선 m 위에 있지 않다.

13-1

① 점 A를 지나는 모서리는 $\overline{AB}$, $\overline{AD}$, $\overline{AE}$의 3개이다.

14 ①, ②, ③, ⑤ 한 점에서 만난다.

④ 평행하다.

14-1

① 점 A에서 변 CD에 내린 수선의 발을 H라 할 때 $\overline{AH}$의 길이가 점 A와 변 CD 사이의 거리이므로 6 cm보다 작다.

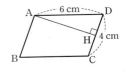

② 변 BC와 변 CD는 한 점에서 만난다.

④ 변 AD와 변 BC는 평행하다.

15 한 직선 위에 있지 않은 서로 다른 세 점은 하나의 평면을 결정하므로 서로 다른 평면은 평면 ABC, 평면 ABD, 평면 ACD, 평면 BCD의 4개이다.

15-1

한 점에서 만나는 두 직선은 하나의 평면을 결정하므로 서로 다른 평면은 직선 l과 직선 m, 직선 l과 직선 k, 직선 m과 직선 k의 3개이다.

16 직선 BG와 한 점에서 만나는 직선은 $\overleftrightarrow{AB}$, $\overleftrightarrow{BC}$, $\overleftrightarrow{FG}$, $\overleftrightarrow{GH}$의 4개이므로 $a = 4$

직선 AB와 꼬인 위치에 있는 직선은 $\overleftrightarrow{CH}$, $\overleftrightarrow{DI}$, $\overleftrightarrow{EJ}$, $\overleftrightarrow{GH}$, $\overleftrightarrow{HI}$, $\overleftrightarrow{IJ}$, $\overleftrightarrow{FJ}$의 7개이므로 $b = 7$

따라서 $a + b = 4 + 7 = 11$

16-1

①, ②, ③, ④ 한 점에서 만난다. ⑤ 꼬인 위치에 있다.

17 ⑤ 면 CGHD와 수직인 모서리는 $\overline{AD}$, $\overline{BC}$, $\overline{FG}$, $\overline{EH}$의 4개이다.

17-1

ㄱ. 면 ABCD와 평행한 모서리는 $\overline{EF}$, $\overline{FG}$, $\overline{GH}$, $\overline{HE}$의 4개이다.

ㄴ. 면 BFGC와 수직인 모서리는 $\overline{AB}$, $\overline{DC}$, $\overline{EF}$, $\overline{HG}$의 4개이다.

ㄷ. 모서리 EF와 수직인 면은 면 AEHD, 면 BFGC의 2개이다.

ㄹ. 모서리 BC를 포함하는 면은 면 ABCD, 면 BFGC의 2개이다.

따라서 옳은 것은 ㄱ, ㄷ이다.

18 점 B와 면 CGHD 사이의 거리는 $\overline{BC} = 6$ cm이므로 $a = 6$

점 D와 면 BFGC 사이의 거리는 $\overline{DC} = 4$ cm이므로 $b = 4$

점 D와 면 EFGH 사이의 거리는 $\overline{DH} = \overline{BF} = 7$ cm이므로 $c = 7$

따라서 $a + b - c = 6 + 4 - 7 = 3$

18-1

점 C와 면 ADEB 사이의 거리는 $\overline{BC}$의 길이와 같고 $\overline{BC}$와 길이가 같은 모서리는 $\overline{EF}$이므로 구하는 모서리는 ㄴ, ㅅ이다.

19 면 ABGH와 수직인 면은 면 AEHD, 면 BFGC의 2개이므로 $a = 2$

면 ABGH와 평행한 모서리는 $\overline{DC}$, $\overline{EF}$의 2개이므로 $b = 2$

따라서 $a + b = 2 + 2 = 4$

19-1

면 ABCD와 면 EFGH, 면 AEHD와 면 BFGC의 2쌍이다.

19 - 2

① 면 ABCD와 수직인 면은 면 ABFE, 면 BFGC, 면 CGHD, 면 AEHD의 4개이다.

② 면 BFGC와 평행한 면은 면 AEHD의 1개이다.

③ 모서리 GH와 평행한 면은 면 ABCD, 면 ABFE의 2개이다.

④ 면 ABFE와 평행한 모서리는 $\overline{DC}$, $\overline{CG}$, $\overline{GH}$, $\overline{HD}$의 4개이다.

⑤ 면 EFGH와 평행한 모서리는 $\overline{AB}$, $\overline{BC}$, $\overline{CD}$, $\overline{DA}$이고 이 중에서 모서리 BF와 꼬인 위치에 있는 모서리는 $\overline{CD}$, $\overline{DA}$의 2개이다.

20 모서리 FG와 꼬인 위치에 있는 모서리는 $\overline{BC}$, $\overline{CD}$, $\overline{AE}$, $\overline{EI}$, $\overline{HC}$, $\overline{DH}$의 6개이다.

20 - 1

모서리 LK와 평행한 모서리는 $\overline{BA}$, $\overline{CD}$, $\overline{EF}$, $\overline{MN}$, $\overline{HG}$, $\overline{IJ}$의 6개이다.

20 - 2

① 모서리 BC와 평행한 면은 면 DEFG의 1개이다.

② 면 ABED와 수직인 면은 면 ABC, 면 ADGC, 면 BEF, 면 DEFG의 4개이다.

③ 모서리 AB와 평행한 면은 면 CFG, 면 DEFG의 2개이다.

④ 모서리 CF를 포함하는 면은 면 CFG, 면 BFC의 2개이다.

⑤ 모서리 BC와 꼬인 위치에 모서리는 $\overline{AD}$, $\overline{DE}$, $\overline{EF}$, $\overline{FG}$, $\overline{DG}$의 5개이다.

21 입체도형을 만들면 오른쪽 그림과 같다.

면 CEF와 수직인 면은 면 ABE, 면 ADF의 2개이므로 $a=2$

모서리 BF와 꼬인 위치에 있는 모서리는 모서리 AE의 1개이므로 $b=1$

따라서 $a+b=2+1=3$

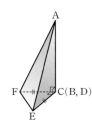

21 - 1

정육면체를 만들면 오른쪽 그림과 같다.

따라서 모서리 AB와 꼬인 위치에 있는 모서리는 $\overline{MD}$, $\overline{LE}$, $\overline{FE}(\overline{FG})$, $\overline{CD}(\overline{IH})$이다.

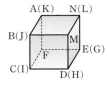

21 - 2

직육면체를 만들면 오른쪽 그림과 같다.

① $\overline{NL}$과 $\overline{FH}$는 꼬인 위치에 있다.

② 모서리 KL은 면 KDEJ에 포함된다.

⑤ 점 M과 $\overline{FH}$ 사이의 거리는 6 cm이다.

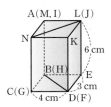

22 오른쪽 그림과 같은 직육면체에서

① $\overrightarrow{BC}$와 수직인 $\overrightarrow{AB}$와 $\overrightarrow{CD}$는 서로 수직이 아니다.

④ 평면 ABCD와 수직인 평면 ABFE와 평면 CGHD는 서로 수직이 아니다.

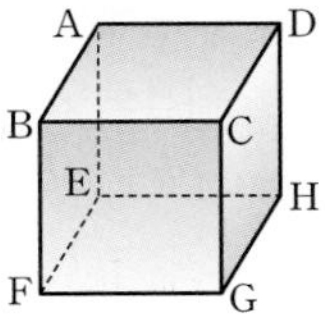

22 - 1

오른쪽 그림과 같은 직육면체에서

ㄱ. $\overrightarrow{AB}$와 평행한 평면 CGHD와 평면 EFGH는 평행하지 않다.

ㄴ. 평면 ABCD와 평행한 $\overrightarrow{FG}$와 $\overrightarrow{GH}$는 한 점에서 만난다.

따라서 항상 평행한 것은 ㄷ, ㄹ이다.

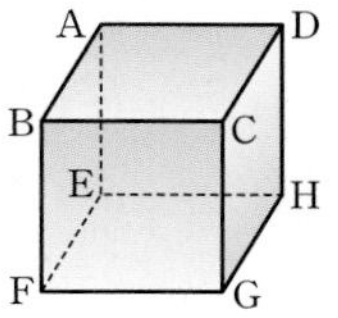

22 - 2

① 오른쪽 그림과 같은 직육면체에서 $l \perp n$, $l \parallel m$이지만 두 직선은 m, n은 수직이 아니다.

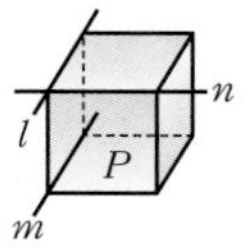

③ 오른쪽 그림과 같은 직육면체에서 $l \parallel P$, $n \parallel P$이지만 두 직선 l, n은 평행하지 않다.

④ 오른쪽 그림과 같은 직육면체에서 $l \parallel m$, $l \parallel n$이지만 두 직선 m, n은 수직이 아니다.

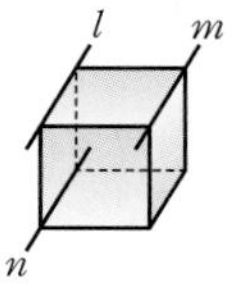

4 평행선의 성질

소단원 필수 유형
23~26쪽

23	③	23 - 1	130°	23 - 2	①, ⑤
24	④	24 - 1	①	24 - 2	②
25	①	25 - 1	③	25 - 2	34
26	②	26 - 1	⑤	26 - 2	60°
27	④	27 - 1	⑤	27 - 2	①
28	①	28 - 1	180°	28 - 2	45°
29	③	29 - 1	70°	29 - 2	100°
30	$p \parallel q$, $l \parallel n$	30 - 1	③	30 - 2	65°

23 ① $\angle c$의 엇각은 $\angle d$이므로 70°이다.

② $\angle e = 180° - 70° = 110°$

③ $\angle a$의 동위각은 $\angle d$이므로 70°이다.

④ $\angle b$의 엇각은 $\angle f$이므로 110°이다.

⑤ $\angle c$의 동위각의 크기는 70°이다.

23 - 1

$\angle x$의 엇각과 동위각은 오른쪽 그림과 같다.

$\angle x$의 동위각의 크기는

$180° - 115° = 65°$

맞꼭지각의 크기는 서로 같으므로

$\angle x$의 엇각의 크기도 65°

따라서 구하는 각의 크기의 합은

$65° + 65° = 130°$

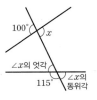

1. 기본 도형 ● **19**

23-2

① ∠a의 엇각은 ∠g이다.

⑤ ∠h의 동위각은 ∠d, ∠l이다.

24 ① ∠$a=180°-(60°+55°)=65°$

② ∠$b=55°$(맞꼭지각)

③ ∠$c=∠a=65°$(엇각)

④ ∠$d=∠a+60°=65°+60°=125°$(엇각)

⑤ ∠$e=∠b=55°$(동위각)

24-1

오른쪽 그림에서 ∠$x+40°=110°$(엇각)

이므로 ∠$x=70°$

또, ∠$y=40°$(맞꼭지각)

따라서 ∠$x-∠y=70°-40°=30°$

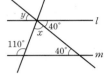

24-2

$l /\!/ m$, $k /\!/ n$이므로

∠$x+70°=130°$(동위각)

따라서 ∠$x=60°$

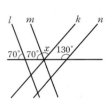

25 오른쪽 그림에서 $l /\!/ m$이므로

∠$x=180°-50°=130°$

삼각형의 세 각의 크기의 합은 180°이므로

$65°+50°+∠y=180°$, ∠$y=65°$

따라서 ∠$x-∠y=130°-65°=65°$

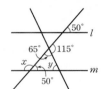

25-1

오른쪽 그림에서 $l /\!/ m$이고 삼각형의

세 각의 크기의 합은 180°이므로

$2x+(x+10)+50=180$

$3x=120$

따라서 $x=40$

25-2

오른쪽 그림에서 두 삼각형의 세 각의

크기의 합은 각각 180°로 같으므로

$(x+36)+58=2x+60$

따라서 $x=34$

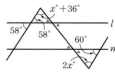

26 오른쪽 그림과 같이 두 직선 l, m에

평행한 직선 n을 그으면

$5x-10=110$(엇각), $5x=120$

따라서 $x=24$

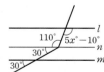

26-1

오른쪽 그림과 같이 두 직선 l, m에 평

행한 직선 n을 그으면

∠$x=65°$(동위각)

또, ∠$y=40°+65°=105°$

따라서 ∠$x+∠y=65°+105°=170°$

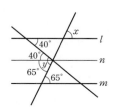

26-2

오른쪽 그림과 같이 두 직선 l, m에 평

행한 직선 n을 긋고

∠CAD$=∠a$, ∠CBE$=∠b$라 하면

∠BAC$=2∠$CAD$=2∠a$

∠ABC$=2∠$CBE$=2∠b$

이때 △ABC에서 $3∠a+3∠b=180°$이므로 ∠$a+∠b=60°$

따라서 ∠ACB$=∠a+∠b=60°$

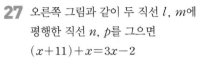

27 오른쪽 그림과 같이 두 직선 l, m에

평행한 직선 n, p를 그으면

$(x+11)+x=3x-2$

따라서 $x=13$

27-1

오른쪽 그림과 같이 두 직선 l, m에

평행한 직선 n, p를 그으면

∠$x=32°+30°=62°$

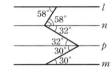

27-2

오른쪽 그림과 같이 두 직선 l, m에

평행한 직선 n, p를 그으면

$82°+∠x=110°$

따라서 ∠$x=28°$

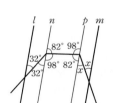

28 오른쪽 그림과 같이 두 직선 l, m에

평행한 직선 n, p를 그으면

$(∠x-35°)+(∠y-50°)=180°$

따라서 ∠$x+∠y=265°$

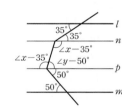

28-1

오른쪽 그림과 같이 두 직선 l,

m에 평행한 직선 n, p, q를 그

으면

∠$a+∠b+∠c+∠d+∠e$

$=180°$

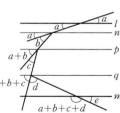

28-2

오른쪽 그림과 같이 두 직선 l, m에

평행한 직선 n, p를 그으면

$105°+(120°-∠x)=180°$

따라서 ∠$x=45°$

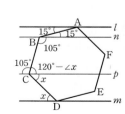

29 그림에서 ∠$a+∠a=68°$(동위각)

이므로 ∠$a=34°$

∠$b+∠b=2∠a+52°$

$\qquad=68°+52°=120°$

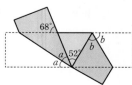

이므로 ∠b=60°

따라서 ∠a+∠b=34°+60°=94°

29-1

오른쪽 그림에서

∠EFC=180°−125°=55°

∠AEF=∠EFC=55° (엇각)

∠FEA'=∠AEF=55° (접은 각)

따라서 55°+55°+∠x=180°이므로 ∠x=70°

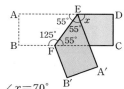

29-2

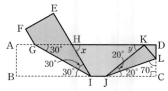

∠BIG=∠HGI=30° (엇각), ∠GIH=∠BIG=30° (접은 각)

이므로 ∠x=∠BIH=60° (엇각)

직각삼각형 LJC에서 ∠LJC=180°−90°−70°=20°

∠KJL=∠LJC=20° (접은 각)이므로

∠y=∠KJC=40° (엇각)

따라서 ∠x+∠y=60°+40°=100°

30 두 직선 p, q가 다른 직선 n과 만날 때,
동위각의 크기가 85°로 같으므로

p∥q

두 직선 l, n이 직선 r과 만날 때, 동위
각의 크기가 91°로 같으므로

l∥n

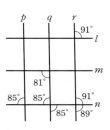

30-1

두 직선 l, n이 직선 r과 만날 때, 동위각
의 크기가 95°로 같으므로 l∥n

두 직선 p, r이 직선 l과 만날 때, 동위
각의 크기가 95°로 같으므로 p∥r

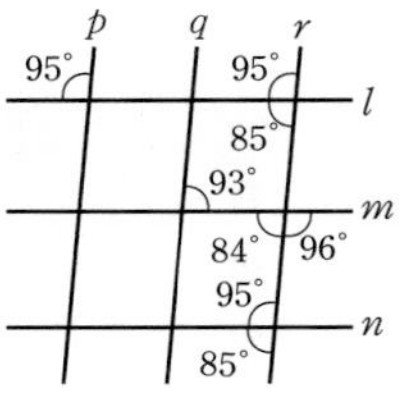

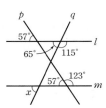

30-2

두 직선 l, m이 직선 p와 만나서 생기
는 동위각의 크기가 57°로 같으므로

l∥m

오른쪽 그림에서 l∥m이므로

∠x=180°−115°=65° (동위각)

1 AN=NM이고 BM=AM=2NM이므로

NB=NM+BM=3NM

NM=⅓NB=⅓×9=3(cm)

따라서 AM=2NM=2×3=6(cm)

2 오른쪽 그림과 같이 일직선 위에 있는
세 점 중 두 점을 이어서 만들 수 있는
선분은 AB, AC, BC로 3개이지만 직선은 AC로 1개이다.

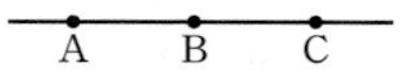

따라서 일직선 위에 있는 세 점으로 만들어지는 선분과 직선의
개수의 차는 2이므로 주어진 경우의 선분과 직선의 개수의 차는
2×4=8이다.

3 ∠AOC=∠BOD=90°에서

∠AOB=90°−∠BOC=∠COD

∠AOB+∠COD=56°이므로

∠AOB=∠COD=½×56°=28°

따라서 ∠BOC=90°−∠AOB

=90°−28°=62°

4 ∠a:∠b=1:2, ∠b:∠c=1:3이므로

∠a:∠b:∠c=1:2:6

따라서 ∠c=180°×6/(1+2+6)=180°×6/9=120°

5 ∠COD=4∠AOB이므로 ∠AOB+90°+4∠AOB=180°

5∠AOB=90°, ∠AOB=18°

따라서 ∠COD=4∠AOB=4×18°=72°

6 ∠a+∠b+75°=180°이므로 ∠a+∠b=105°

∠a:∠b=4:3이므로

∠b=105°×3/(4+3)=45°

따라서 ∠AOC=∠AOB+∠BOC

=75°+45°=120°

7 ㄴ. CH와 HD의 길이가 같은지 알 수 없으므로 AB는 CD의
수직이등분선이라고 할 수 없다.

ㄹ. 점 C와 AB 사이의 거리는 CH의 길이와 같다. 그런데 CH
의 길이는 알 수 없으므로 점 C와 AB 사이의 거리를 알 수
없다.

따라서 옳은 것은 ㄱ, ㄷ, ㅁ이다.

8 ① l⊥m이고 m∥n이면 l⊥n이다.

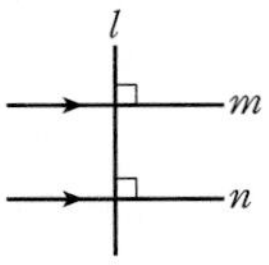

④ l⊥m이고 m⊥n이면 l∥n이다.

중단원 핵심유형 테스트

27~29쪽

1 ②	2 8	3 62°	4 ⑤	5 72°
6 120°	7 ㄱ, ㄷ, ㅁ	8 ①, ④	9 ②	10 ①, ④
11 7	12 ⑤	13 ④	14 105°	15 24
16 ③	17 100°	18 ④	19 70°	20 117°

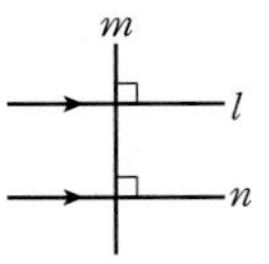

9 $\overline{AG}$와 꼬인 위치에 있는 모서리는 $\overline{BC}$, $\overline{CD}$, $\overline{BF}$, $\overline{DH}$, $\overline{EF}$, $\overline{EH}$이고, 이 중 $\overline{BC}$와 꼬인 위치에 있는 모서리는 $\overline{DH}$, $\overline{EF}$이므로 2개이다.

10 ① 점 A와 모서리 CD 사이의 거리는 $\overline{AD}$의 길이와 같으므로 4 cm이다.

② 삼각형 ACD의 넓이는
$\frac{1}{2} \times 4 \times 3 = 6 \,(\text{cm}^2)$

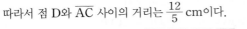

오른쪽 그림과 같이 점 D에서 선분 AC 에 내린 수선의 발을 H라 하면
$\frac{1}{2} \times 5 \times \overline{DH} = 6$, $\overline{DH} = \frac{12}{5}\,(\text{cm})$

따라서 점 D와 $\overline{AC}$ 사이의 거리는 $\frac{12}{5}$ cm이다.

④ 면 AEHD와 평행한 모서리는 $\overline{BF}$, $\overline{FG}$, $\overline{GC}$, $\overline{BC}$의 4개이다.
⑤ 면 AEGC와 평행한 모서리는 $\overline{BF}$, $\overline{DH}$의 2개이다.

11 모서리 AC와 평행한 모서리는 $\overline{FG}$, $\overline{EH}$의 2개이므로 $a=2$
모서리 AC와 꼬인 위치에 있는 모서리는 $\overline{BD}$, $\overline{BF}$, $\overline{DG}$, $\overline{EF}$, $\overline{GH}$의 5개이므로 $b=5$이다.
따라서 $a+b=2+5=7$

12 주어진 전개도로 정육면체를 만들면 오른쪽 그림과 같다.
따라서 $\overline{MK}$와 $\overline{GI}$는 한 점 M에서 만난다.

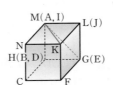

13 오른쪽 그림에서 $\angle x$의 엇 각은 110°, 115°이므로 그 합은 225°이다.

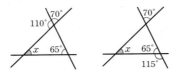

14 오른쪽 그림과 같이 $\overline{AB}$, $\overline{DE}$와 평행한 직선을 그으면
$\angle x = 50° + 55° = 105°$

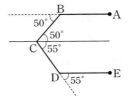

15 오른쪽 그림과 같이 두 직선 l, m에 평행한 직선 n을 그으면
$(3x+5) + (2x+25) = 150$
$5x = 120$
따라서 $x=24$

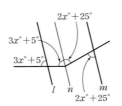

16 오른쪽 그림과 같이 두 직선 l, m에 평행한 직선 n을 그으면
$\angle x + 47° + 90° = 180°$
따라서 $\angle x = 43°$

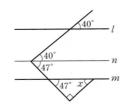

17 $\overline{AH} /\!/ \overline{EG}$이므로
$\angle DEI = \angle ADE = \angle y$ (엇각)
$\angle AED = \angle DEI = \angle y$ (접은 각)

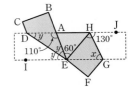

△ADE에서
$2\angle y + 110° = 180°$, $\angle y = 35°$
$\angle JHE = \angle HEI = 35° + 35° + 60° = 130°$ (엇각)
$\angle JHG = \angle GHE = \frac{1}{2}\angle JHE = \frac{1}{2} \times 130° = 65°$ (접은 각)
이므로 $\angle x = \angle JHG = 65°$ (엇각)
따라서 $\angle x + \angle y = 65° + 35° = 100°$

18 ① $l /\!/ m$이면 $\angle a = \angle e$ (동위각)
② $l /\!/ m$이면 $\angle d = \angle h$ (동위각)이고
$\angle h = \angle f$ (맞꼭지각)이므로 $\angle d = \angle f$
③ $\angle b = \angle h$이면 엇각의 크기가 서로 같으므로 $l /\!/ m$
④ 오른쪽 그림과 같이 $\angle c = \angle f$이지만 두 직선 l, m이 평행하지 않을 수 있다.

⑤ $l /\!/ m$이면 $\angle e = \angle c$ (엇각)이고
$\angle e + \angle h = 180°$이므로
$\angle c + \angle h = 180°$

19 시침은 1시간에 30°를 움직이므로 1분에 $\frac{30°}{60} = 0.5°$씩 움직이고,
분침은 1시간에 360°를 움직이므로 1분에 $\frac{360°}{60} = 6°$씩 움직인다.
시침이 12를 가리킬 때부터 5시간 40분 동안 움직인 각도는
$30° \times 5 + 0.5° \times 40 = 170°$ ⋯⋯ ❶
분침이 12를 가리킬 때부터 40분 동안 움직인 각도는
$6° \times 40 = 240°$ ⋯⋯ ❷
따라서 구하는 각의 크기는
$240° - 170° = 70°$ ⋯⋯ ❸

채점 기준	비율
❶ 시침이 움직인 각도 구하기	40 %
❷ 분침이 움직인 각도 구하기	40 %
❸ 시침과 분침이 이루는 각 중에서 작은 쪽의 각의 크기 구하기	20 %

20 $\angle DBC = \angle ADE = 72°$ (동위각)
이므로 $\angle IBC = \frac{1}{2} \times 72° = 36°$ ⋯⋯ ❶
$\angle ECB = \angle AED = 54°$ (동위각)
이므로 $\angle ICB = \frac{1}{2} \times 54° = 27°$ ⋯⋯ ❷
△IBC에서 세 각의 크기의 합은 180°이므로
$\angle x + 36° + 27° = 180°$
따라서 $\angle x = 117°$ ⋯⋯ ❸

채점 기준	비율
❶ $\angle IBC$의 크기 구하기	40 %
❷ $\angle ICB$의 크기 구하기	40 %
❸ $\angle x$의 크기 구하기	20 %

2. 작도와 합동

1 작도

소단원 필수 유형
33~34쪽

1 ③, ⑤	1-1 ④	1-2 ①, ⑤
2 ④	2-1 ④	
2-2 (가): $\overline{AB}$, ㉠: 컴퍼스, ㉡: 눈금 없는 자		
3 ③	3-1 ㉣	
3-2 ㉡→㉣→㉠→㉢→㉤→㉥		
4 ④	4-1	4-2 ④

1 눈금 없는 자는 두 점을 연결하는 직선이나 선분을 그릴 때와 선분을 연장할 때 사용한다.
따라서 눈금 없는 자의 용도로 옳은 것은 ③, ⑤이다.

1-1
원을 그리거나 선분의 길이를 옮길 때 사용하는 도구는 컴퍼스이다.

1-2
① 작도에서는 각도기를 사용하지 않는다.
⑤ 눈금 없는 자와 컴퍼스만을 사용하여 도형을 그리는 것을 작도라 한다.

2 ㉢ 눈금 없는 자로 선분 AB를 점 B의 방향으로 연장한 직선을 그린다.
㉠ 컴퍼스로 선분 AB의 길이를 잰다.
㉡ 점 B를 중심으로 하고 반지름의 길이가 선분 AB인 원을 그려 ㉢의 직선과의 교점을 C라 한다.
따라서 작도 순서는 ㉢→㉠→㉡이다.

2-1
선분의 길이를 재어서 옮겨야 하므로 컴퍼스가 필요하다.

2-2
선분 AB를 한 변으로 하는 정삼각형을 작도하는 것이므로 반지름의 길이가 $\overline{AB}$인 원을 각각 그린다.
원을 그릴 때는 컴퍼스를 이용하고, 두 점을 연결하는 선분을 그을 때는 눈금 없는 자를 이용한다.

> 참고 점 A와 점 B를 각각 중심으로 하고 반지름의 길이가 같은 원을 그리므로 $\overline{AB}=\overline{AC}=\overline{BC}$이다. 즉, △ABC는 정삼각형이다.

3 ③ 점 D를 중심으로 하고 반지름의 길이가 $\overline{AB}$인 원을 그려 점 C를 잡는다.

3-1
작도 순서는 ㉠→㉢→㉡→㉣→㉤이다.
따라서 작도 순서 중 ㉡ 다음에 오는 과정은 ㉣이다.

3-2

㉡→㉣→㉠→㉢의 순서로 작도하면 ∠XOY=∠EPD이다.
다시 점 E를 중심으로 하고 반지름의 길이가 $\overline{AB}$인 원을 그려 ㉣에서 작도한 원과의 교점을 C라 하고, 두 점 P, C를 지나는 반직선을 그으면 ∠XOY=∠CPE이다. 즉, 2∠XOY=∠CPD이다.
따라서 작도 순서는 ㉡→㉣→㉠→㉢→㉤→㉥이다.

4 ④ 작도 순서는 ㉠→㉣→㉡→㉤→㉢→㉥이다.

4-1
∠BAC=∠QPR, 즉 동위각의 크기가 같으면 두 직선 l, m이 서로 평행하다는 것을 이용하여 작도한 것이다.

4-2
① 점 A를 중심으로 반지름의 길이가 $\overline{AB}$인 원을 그리므로 $\overline{AB}=\overline{AC}$
② 점 P를 중심으로 반지름의 길이가 $\overline{PQ}$인 원을 그리므로 $\overline{PQ}=\overline{PR}$
③, ④ $\overline{AB}=\overline{AC}=\overline{PQ}=\overline{PR}$이고 $\overline{BC}=\overline{QR}$이지만 $\overline{BA}=\overline{BC}$가 아닐 수도 있다.
⑤ $\overleftrightarrow{AC}/\!/\overleftrightarrow{PR}$, 즉 엇각의 크기가 서로 같으므로 ∠BAC=∠QPR이다.
따라서 옳지 않은 것은 ④이다.

2 삼각형의 작도

소단원 필수 유형
36~37쪽

5 11	5-1 ①, ⑤	5-2 3
6 ②	6-1 ㉡→㉢→㉠	6-2 ③
7 ②, ③	7-1 ㄷ, ㄹ	7-2 ④, ⑤
8 (가): $\overline{AB}$, (나): $\overline{AC}$, (다): 2, (라): 2		8-1 ②, ③
8-2 개수가 가장 많은 것: (다), 개수가 가장 적은 것: (나)		

5 (ⅰ) 가장 긴 변의 길이가 x cm인 경우: $x<6+8$에서 $x<14$
$x>8$이므로 자연수 x는 9, 10, …, 13
(ⅱ) 가장 긴 변의 길이가 8 cm인 경우: $8<x+6$에서 $x>2$
$x\leq8$이므로 자연수 x는 3, 4, …, 8
(ⅰ), (ⅱ)에서 자연수 x는 3, 4, 5, …, 13의 11개이다.

5-1
① $6=2+4$ ② $6<4+4$ ③ $7<4+6$
④ $9<4+6$ ⑤ $12>4+6$

따라서 나머지 한 변의 길이가 될 수 없는 것은 ①, ⑤이다.

5-2
(i) 가장 긴 변의 길이가 11 cm인 경우 :
  $11=4+7$, $11<4+10$, $11<7+10$이므로 2개
(ii) 가장 긴 변의 길이가 10 cm인 경우 : $10<4+7$이므로 1개
(i), (ii)에서 만들 수 있는 서로 다른 삼각형의 개수는 $2+1=3$

6 작도 순서는 ㉠ → ㉢ → ㉡ → ㉣이다.
참고 △ABC를 작도하는 순서는 다음과 같은 경우도 있다.
(i) $\angle B \to \overline{AB} \to \overline{BC} \to \overline{AC}$ (ii) $\angle B \to \overline{BC} \to \overline{AB} \to \overline{AC}$
(iii) $\overline{AB} \to \angle B \to \overline{BC} \to \overline{AC}$

6-1
㉢ 길이가 a인 선분 BC를 작도한다.
㉢ 두 점 B, C를 중심으로 하고 반지름의 길이가 c, b인 원을 각각 그려 그 교점을 A라 한다.
㉠ 두 점 A와 B, 두 점 A와 C를 각각 이으면 △ABC가 작도된다.
따라서 작도 순서는 ㉡ → ㉢ → ㉠이다.

6-2
(i) 변 AB를 작도하고 양 끝 각을 작도하는 경우
  $\overline{AB} \to \angle A \to \angle B$ 또는 $\overline{AB} \to \angle B \to \angle A$: ①, ②
(ii) 한 끝 각을 작도하고 변 AB를 작도한 후 나머지 끝 각을 작도하는 경우
  $\angle A \to \overline{AB} \to \angle B$ 또는 $\angle B \to \overline{AB} \to \angle A$: ④, ⑤
따라서 삼각형 ABC를 작도하는 순서로 옳지 않은 것은 ③이다.

7
① $9>5+3$이므로 삼각형이 그려지지 않는다.
② 두 변의 길이와 그 끼인각의 크기가 주어졌으므로 삼각형이 하나로 정해진다.
③ $\angle A=180°-(60°+65°)=55°$이고 한 변의 길이와 그 양 끝 각의 크기가 주어졌으므로 삼각형이 하나로 정해진다.
④ 두 각의 크기의 합이 180°보다 크므로 삼각형이 그려지지 않는다.
⑤ 세 각의 크기만 주어지면 크기가 다른 삼각형을 무수히 많이 그릴 수 있으므로 △ABC가 하나로 정해지지 않는다.
따라서 △ABC가 하나로 정해지는 것은 ②, ③이다.

7-1
ㄱ. $9=4+5$이므로 삼각형이 그려지지 않는다.
ㄴ. ∠B가 끼인각이 아니므로 다음 그림과 같이 2개의 삼각형이 그려진다. 즉, 삼각형이 하나로 정해지지 않는다.

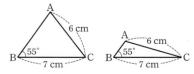

ㄷ. 두 변의 길이와 그 끼인각의 크기가 주어졌으므로 삼각형이 하나로 정해진다.

ㄹ. 한 변의 길이와 그 양 끝 각의 크기가 주어졌으므로 삼각형이 하나로 정해진다.
따라서 △ABC가 하나로 정해지는 것은 ㄷ, ㄹ이다.

7-2
① 세 변의 길이가 주어졌으므로 삼각형이 하나로 정해진다.
② 한 변의 길이와 그 양 끝 각의 크기가 주어졌으므로 삼각형이 하나로 정해진다.
③ 두 변의 길이와 그 끼인각의 크기가 주어졌으므로 삼각형이 하나로 정해진다.
④ $110°+70°=180°$이므로 삼각형이 그려지지 않는다.
⑤ ∠A가 끼인각이 아니므로 △ABC는 하나로 정해지지 않는다.
따라서 필요한 나머지 한 조건이 아닌 것은 ④, ⑤이다.

8 (가) : $\overline{AB}$, (나) : $\overline{AC}$, (다) : 2, (라) : 2

8-1
① 세 변의 길이가 주어진 경우이다.
② ∠B는 $\overline{AB}$, $\overline{AC}$의 끼인각이 아니므로 △ABC가 하나로 정해지지 않는다.
③ ∠A는 $\overline{AC}$, $\overline{BC}$의 끼인각이 아니므로 △ABC가 하나로 정해지지 않는다.
④ 두 변의 길이와 그 끼인각의 크기가 주어진 경우이다.
⑤ ∠B, ∠C의 크기를 알면 ∠A의 크기도 알 수 있으므로 한 변의 길이와 그 양 끝 각의 크기가 주어진 경우이다.

8-2
(가) 두 변의 길이와 그 끼인각이 아닌 다른 한 각의 크기가 주어진 경우이고 삼각형이 2개 그려진다.
(나) 두 변의 길이와 그 끼인각의 크기가 주어진 경우이므로 삼각형이 하나로 정해진다.
(다) 세 각의 크기가 주어진 경우 무수히 많은 삼각형이 그려진다.
따라서 개수가 가장 많은 것은 (다), 가장 적은 것은 (나)이다.

③ 삼각형의 합동

소단원 필수 유형   39~42쪽

9 ②	**9-1** ⑤	**9-2** ③
10 ㄴ, ㄷ	**10-1** ④	**10-2** ㄱ, ㄷ
11 ㄴ, ㄹ	**11-1** ①, ⑤	**11-2** ③
12 (가): $\overline{DC}$, (나) : $\overline{AC}$, (다): SSS		
12-1 △ABD≡△CBD (SSS 합동)		
12-2 △AOP≡△BOP (SSS 합동)		
13 ④, ⑤	**13-1** ⑤	**13-2** 60°
14 ⑤	**14-1** ③	**14-2** 25 cm²
15 ⑤	**15-1** ③	**15-2** 120°
16 25 cm²	**16-1** 65°	**16-2** 90°

9 ② $\overline{BC}$의 대응변은 $\overline{EF}$이므로 $\overline{BC}$의 길이는 $\overline{EF}$의 길이와 같다. 그러나 $\overline{DE}$의 길이와 같은지는 알 수 없다.

9-1
① $\overline{AD}=\overline{EH}=2\,cm$　　　② $\overline{GH}=\overline{CD}=3\,cm$
③ $\overline{FG}=\overline{BC}=4\,cm$　　　④ $\angle B=\angle F=85°$
⑤ $\angle E=\angle A=105°$

9-2
③ 오른쪽 그림의 두 사각형은 둘레의 길이는 같지만 합동이 아니다.

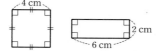

10 ㄱ. $\triangle ABC$와 SAS 합동이다.
　　ㄴ. $\triangle ABC$에서 $\angle B=75°$이므로 주어진 삼각형은 $\triangle ABC$와 ASA 합동이다.
　　ㄷ. 주어진 삼각형에서 길이가 $4\,cm$인 변의 양 끝 각은 $35°$, $70°$이므로 주어진 삼각형은 $\triangle ABC$와 ASA 합동이다.
　따라서 $\triangle ABC$와 ASA 합동인 삼각형은 ㄴ, ㄷ이다.

10-1
④ 주어진 삼각형과 두 변의 길이와 그 끼인각의 크기가 같으므로 SAS 합동이다.

10-2
　ㄱ. 대응하는 세 변의 길이가 각각 같다. (SSS 합동)
　ㄷ. 대응하는 한 변의 길이가 같고, 그 양 끝 각의 크기가 각각 같다. (ASA 합동)
　따라서 $\triangle ABC\equiv\triangle DEF$인 것은 ㄱ, ㄷ이다.

11 합동이 되려면 나머지 한 변의 길이 또는 그 끼인각의 크기가 같아야 하므로
　ㄴ. $\angle B=\angle E$ (SAS 합동)
　ㄹ. $\overline{AC}=\overline{DF}$ (SSS 합동)

11-1
$\angle B=\angle E$, $\angle C=\angle F$이면 $\angle A=\angle D$이므로 ①, ⑤는 ASA 합동 조건을 만족시킨다.

11-2
① SSS 합동　　② SAS 합동　　④, ⑤ ASA 합동

12 (가) : $\overline{DC}$, (나) : $\overline{AC}$, (다) : SSS

12-1
$\triangle ABD$와 $\triangle CBD$에서
$\overline{AB}=\overline{CB}$, $\overline{AD}=\overline{CD}$, $\overline{BD}$는 공통이므로
$\triangle ABD\equiv\triangle CBD$ (SSS 합동)

12-2
$\triangle AOP$와 $\triangle BOP$에서
$\overline{OA}=\overline{OB}$, $\overline{AP}=\overline{BP}$, $\overline{OP}$는 공통이므로
$\triangle AOP\equiv\triangle BOP$ (SSS 합동)

13 ① $\overline{AO}=\overline{DO}$, $\overline{BO}=\overline{CO}$, $\angle AOB=\angle DOC$이므로
　　$\triangle ABO\equiv\triangle DCO$ (SAS 합동)
　② $\triangle BCO$는 이등변삼각형이므로
　　$\angle ACB=\angle DBC$, $\overline{AC}=\overline{DB}$, $\overline{BC}$는 공통
　　따라서 $\triangle ABC\equiv\triangle DCB$ (SAS 합동)
　③ $\triangle AOD$는 이등변삼각형이므로
　　$\angle ADB=\angle DAC$, $\overline{BD}=\overline{CA}$, $\overline{AD}$는 공통
　　따라서 $\triangle ABD\equiv\triangle DCA$ (SAS 합동)

13-1
$\triangle BAC$와 $\triangle BDE$에서
$\overline{AB}=\overline{DB}$, $\angle B$는 공통, $\overline{BC}=\overline{BE}$이므로
$\triangle BAC\equiv\triangle BDE$ (SAS 합동)

13-2
$\triangle DMB$와 $\triangle DMC$에서
$\overline{MB}=\overline{MC}$, $\overline{DM}$은 공통, $\angle DMB=\angle DMC=90°$이므로
$\triangle DMB\equiv\triangle DMC$ (SAS 합동), 즉 $\angle DBM=\angle DCM$
이때 $\angle DCM=\angle DCA$이므로 $\angle DCM=\angle a$라고 하면
$\triangle ABC$에서 $\angle a+(\angle a+\angle a)+90°=180°$, $\angle a=30°$
따라서 $\triangle BDM$에서 $\angle BDM=90°-\angle a=90°-30°=60°$

14 $\triangle ABD$와 $\triangle ACE$에서
$\overline{AB}=\overline{AC}$, $\angle ABD=90°-\angle A=\angle ACE$,
$\angle A$는 공통이므로
$\triangle ABD\equiv\triangle ACE$ (ASA 합동)
즉, $\overline{AE}=\overline{AD}$, $\overline{BE}=\overline{AB}-\overline{AE}=\overline{AC}-\overline{AD}=\overline{CD}$
$\triangle EBC$와 $\triangle DCB$에서 $\angle B=\angle C$, $\overline{BC}$는 공통
$\angle ECB=90°-\angle B=90°-\angle C=\angle DBC$이므로
$\triangle EBC\equiv\triangle DCB$ (ASA 합동)

14-1
$\triangle AMB$와 $\triangle DMC$에서
$\angle ABM=\angle DCM$ (엇각), $\angle AMB=\angle DMC$ (맞꼭지각),
$\overline{BM}=\overline{CM}$이므로
$\triangle AMB\equiv\triangle DMC$ (ASA 합동)

14-2
$\triangle AFD$와 $\triangle EFC$에서
$\overline{AF}=\overline{EF}$, $\angle AFD=\angle EFC$ (맞꼭지각),
$\angle DAF=\angle CEF$ (엇각)이므로
$\triangle AFD\equiv\triangle EFC$ (ASA 합동)
따라서 사다리꼴 $ABCD$의 넓이는 삼각형 ABE의 넓이와 같으므로 사다리꼴 $ABCD$의 넓이는 $\dfrac{1}{2}\times10\times5=25(cm^2)$

15 $\triangle ABD$와 $\triangle ACE$에서
$\overline{AB}=\overline{AC}$, $\overline{AD}=\overline{AE}$,
$\angle BAD=60°-\angle DAC=\angle CAE$이므로
$\triangle ABD\equiv\triangle ACE$ (SAS 합동)
따라서 $\overline{BD}=\overline{CE}$, $\angle ABD=\angle ACE$, $\angle ADB=\angle AEC$

정답과 풀이 유형책

15-1

△ABD와 △CAE에서
$\overline{AB}=\overline{CA}$, $\overline{AD}=\overline{CE}$, ∠BAD=∠ACE=60°이므로
△ABD≡△CAE (SAS 합동)
따라서 $\overline{BE}=\overline{CD}$, $\overline{AE}=\overline{BD}$, ∠ABD=∠CAE,
∠ADB=∠CEA

15-2

△ADC와 △CEB에서
$\overline{AD}=\overline{CE}$, ∠DAC=∠ECB=60°, $\overline{AC}=\overline{CB}$이므로
△ADC≡△CEB (SAS 합동)
따라서 △FBC에서
∠BFC=180°−(∠FBC+∠FCB)
     =180°−(∠DCA+∠FCB)=180°−60°=120°

16 △OBM과 △OCN에서
$\overline{OB}=\overline{OC}$, ∠OBM=∠OCN=45°,
∠BOM=90°−∠COM=∠CON이므로
△OBM≡△OCN (ASA 합동)
따라서 사각형 OMCN의 넓이는
△OMC+△OCN=△OMC+△OBM=△OBC
$=\frac{1}{4}\times$(사각형 ABCD의 넓이)
$=\frac{1}{4}\times100=25(\text{cm}^2)$

16-1

△DAE와 △DCE에서
$\overline{AD}=\overline{CD}$, $\overline{DE}$는 공통, ∠ADE=∠CDE=45°이므로
△DAE≡△DCE (SAS 합동)
즉, ∠CED=∠AED=110°이므로
∠BEC=180°−110°=70°
따라서 ∠BCE=180°−(45°+70°)=65°

16-2

△ADC와 △ABG에서
$\overline{AD}=\overline{AB}$, $\overline{AC}=\overline{AG}$,
∠DAC=90°+∠BAC=∠BAG이므로
△ADC≡△ABG (SAS 합동)
즉, ∠ADC=∠ABG
∠AQD=∠PQB (맞꼭지각)이므로 △QBP에서
∠BPQ=180°−(∠PQB+∠ABG)
     =180°−(∠AQD+∠ADC)=∠DAQ=90°
따라서 ∠BPC=180°−∠BPQ=180°−90°=90°

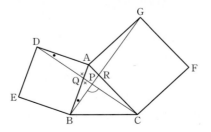

중단원 핵심유형 테스트

43~45쪽

1 ㉠→㉢→㉡		2 ①	3 ⑤	4 ①, ②
5 ①	6 2	7 ③, ④	8 ㉠	9 ㄴ, ㄷ, ㅁ
10 ④	11 ②	12 217	13 80°	14 3
15 ①, ⑤	16 3 cm	17 6 cm	18 40°	19 13
20 84 cm²				

1 작도 순서는 ㉠→㉢→㉡이다.

2 ㉠ 중심이 O인 원을 그려 $\overrightarrow{OX}$와의 교점을 A, $\overrightarrow{OY}$와의 교점을 B라 한다.
㉡ 중심이 B이고 반지름의 길이가 $\overline{OA}$인 원을 그려 ㉠에서 그린 원과의 교점을 Q라 한다.
㉢ 중심이 A이고 반지름의 길이가 $\overline{OA}$인 원을 그려 ㉠에서 그린 원과의 교점을 P라 한다.
㉣ $\overrightarrow{OQ}$를 긋는다.
㉤ $\overrightarrow{OP}$를 긋는다.
① $\overline{OA}=\overline{OQ}=\overline{OP}=\overline{OB}\ne\overline{AB}$

3 $\overline{OA}=\overline{OB}=\overline{PC}=\overline{PD}$, $\overline{AB}=\overline{CD}$

4 $\overline{AB}=\overline{AC}=\overline{PR}=\overline{PQ}$, $\overline{BC}=\overline{QR}$

5 (i) 가장 긴 변의 길이가 18 cm인 경우
   18>6+8, 18>6+10, 18=6+12,
   18=8+10, 18<8+12, 18<10+12이므로 2개
(ii) 가장 긴 변의 길이가 12 cm인 경우
   12<6+8, 12<6+10, 12<8+10이므로 3개
(iii) 가장 긴 변의 길이가 10 cm인 경우
   10<6+8이므로 1개
(i), (ii), (iii)에서 만들 수 있는 서로 다른 삼각형의 개수는
2+3+1=6이다.

6 이등변삼각형의 세 변의 길이를 각각 x cm, x cm, y cm라 하면
(i) 가장 긴 변의 길이가 x cm인 경우
   $x<x+y$, 즉 항상 성립한다.
(ii) 가장 긴 변의 길이가 y cm인 경우
   $y<x+x$, 즉 $y<2x$
(i), (ii)에서 $2x>y$이고 $2x+y=12$인 두 자연수 x, y를 구하면
다음과 같다.

x	$2x$	y	이등변삼각형의 존재 여부
1	2	10	×
2	4	8	×
3	6	6	×
4	8	4	○
5	10	2	○

따라서 구하는 이등변삼각형의 개수는 2이다.

7 ① $9 > 2+4$ ② $9 = 4+5$
③ $9 < 4+8$ ④ $11 < 4+9$
⑤ $14 > 4+9$
따라서 x의 값이 될 수 있는 것은 ③, ④이다.

8 △ABC를 작도하는 순서는
ⓜ → ⓒ → ⓔ → ⓙ → ⓛ 또는 ⓜ → ⓔ → ⓒ → ⓙ → ⓛ
이므로 네 번째 단계는 ⓙ이다.

9 삼각형은 세 변의 길이가 주어진 경우, 두 변의 길이와 그 끼인각의 크기가 주어진 경우, 한 변의 길이와 그 양 끝 각의 크기가 주어진 경우에 하나로 작도할 수 있다.
따라서 한 변의 길이가 주어졌을 때 더 필요한 조건은 다음과 같다.
ㄴ. 양 끝 각의 크기
ㄷ. 나머지 두 변의 길이
ㅁ. 나머지 한 변의 길이와 그 끼인각의 크기

10 ㄴ. ∠B는 $\overline{AB}$, $\overline{BC}$의 끼인각이므로 삼각형이 하나로 정해진다.
ㄹ. $\overline{AC}$의 길이가 주어지면 세 변의 길이가 주어지고, $9 < 7+4$이므로 삼각형이 하나로 정해진다.

11 (i) 두 변과 그 끼인각이 주어지면 삼각형은 하나로 정해지므로
$x = 1$
(ii) 두 변과 그 끼인각이 아닌 각이 주어지면 다음 그림과 같이 3개의 삼각형을 그릴 수 있으므로
$y = 3$

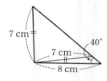 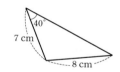

(i), (ii)에서 $x+y = 1+3 = 4$

12 $x = 13$, $y = 4$, $b = 65$, $a = 360 - (70+65+90) = 135$
이므로 $x+y+a+b = 13+4+135+65 = 217$

13 조건 (다)에서 ∠A의 크기가 $30°$이고,
삼각형의 세 각의 크기의 합은 $180°$이므로
∠B $= 180° - (30°+70°) = 80°$
따라서 ∠E = ∠B $= 80°$

14 △ABC에서
∠B $= 180° - (45°+70°) = 65°$
△ABC ≡ △GHI (ASA 합동)
△ABC ≡ △LKJ (ASA 합동)
△ABC ≡ △OMN (ASA 합동)
따라서 △ABC와 합동인 삼각형의 개수는 3이다.

15 ② SAS 합동
③ ∠A = ∠D, ∠C = ∠F이면 ∠B = ∠E이므로 ASA 합동
④ ASA 합동

16 △DAC ≡ △EAB (SAS 합동)이므로
∠ADC = ∠AEB ...... ㉠
△DBF와 △ECF에서
∠BDF = ∠CEF ...... ㉡
∠BFD = ∠CFE (맞꼭지각)
삼각형의 세 각의 크기의 합은 $180°$이므로
∠DBF = ∠ECF ...... ㉢
$\overline{BD} = \overline{CE}$ ...... ㉣
㉡, ㉢, ㉣에서 △DBF ≡ △ECF (ASA 합동)이므로
$\overline{BF} = \overline{CF}$
따라서 $2\overline{BF} = 20 - 14 = 6$(cm)이므로 $\overline{BF} = 3$ cm

17 △ABE와 △ACD에서
$\overline{AE} = \overline{AD}$, $\overline{AB} = \overline{AC}$,
∠BAE $= 60° - $∠EAC = ∠CAD이므로
△ABE ≡ △ACD (SAS 합동)
따라서 $\overline{CD} = \overline{BE} = \overline{BD} - \overline{ED} = 9-3 = 6$(cm)

18 △GBC와 △EDC에서
$\overline{BC} = \overline{DC}$, $\overline{GC} = \overline{EC}$,
∠GCB $= 90° - $∠HCG = ∠ECD이므로
△GBC ≡ △EDC (SAS 합동)
∠EDC = ∠GBC $= 90° - 70° = 20°$
∠DHE $= 180° - 60° = 120°$
따라서 ∠DEH $= 180° - (20°+120°) = 40°$

19 (i) 가장 긴 변의 길이가 x cm인 경우
$x < 7+11$에서 $x < 18$ ...... ❶
$x > 11$이므로 자연수 x는 12, 13, $\cdots$, 17
(ii) 가장 긴 변의 길이가 11 cm인 경우
$11 < 7+x$에서 $x > 4$ ...... ❷
$x \le 11$이므로 자연수 x는 5, 6, $\cdots$, 11
(i), (ii)에서 자연수 x는 5, 6, 7, $\cdots$, 17의 13개이다. ...... ❸

채점 기준	비율
❶ 가장 긴 변의 길이가 x cm인 경우 x의 값의 범위 구하기	40 %
❷ 가장 긴 변의 길이가 11 cm인 경우 x의 값의 범위 구하기	40 %
❸ 자연수 x의 개수 구하기	20 %

20 △ABF와 △DAG에서
$\overline{AB} = \overline{DA}$, ∠ABF $= 90° - $∠BAF = ∠DAG,
∠BAF $= 90° - $∠DAG = ∠ADG이므로
△ABF ≡ △DAG (ASA 합동) ...... ❶
따라서 △ABF의 넓이는 △DAG의 넓이와 같으므로
$\dfrac{1}{2} \times (23-11) \times 14 = 84$(cm²) ...... ❷

채점 기준	비율
❶ △ABF ≡ △DAG임을 보이기	50 %
❷ △ABF의 넓이 구하기	50 %

정답과 풀이 유형책

3. 다각형

 다각형

● 소단원 **필수 유형**   49~50쪽

1	ㄴ, ㅁ, ㅂ	**1-1**	①		
2	162°	**2-1**	55		
3	③	**3-1**	ㄴ		
4	⑤	**4-1**	20개	**4-2**	8개
5	④	**5-1**	⑤	**5-2**	⑤

1 ㄱ. 평면도형이 아니므로 다각형이 아니다.
ㄷ. 곡선과 선분으로 둘러싸여 있으므로 다각형이 아니다.
ㄹ. 선분으로 둘러싸여 있지 않으므로 다각형이 아니다.
따라서 다각형인 것은 ㄴ, ㅁ, ㅂ이다.

1-1 ② 선분으로 둘러싸여 있지 않으므로 다각형이 아니다.
③ 곡선과 선분으로 둘러싸여 있으므로 다각형이 아니다.
④ 곡선으로 둘러싸여 있으므로 다각형이 아니다.
⑤ 평면도형이 아니므로 다각형이 아니다.
따라서 다각형인 것은 ①이다.

2 $\angle x = 180° - 110° = 70°$
$\angle y = 180° - 88° = 92°$
따라서 $\angle x + \angle y = 70° + 92° = 162°$

2-1 $(3x - 40) + x = 180$이므로 $4x = 220$
따라서 $x = 55$

3 ③ 정다각형은 모든 내각의 크기가 같으므로 모든 외각의 크기도 같다.

3-1 모든 변의 길이가 같아도 모든 내각의 크기가 같지 않으면 정다각형이 아니다.

4 구하는 다각형을 n각형이라 하면
$a = n-3$, $b = n-2$이므로
$(n-3) + (n-2) = 25$, $2n = 30$
$n = 15$, 즉 십오각형

4-1 주어진 다각형을 n각형이라 하면
$n-2 = 21$, $n = 23$, 즉 이십삼각형
따라서 이십삼각형의 한 꼭짓점에서 그을 수 있는 대각선은 모두 $23 - 3 = 20$(개)이다.

4-2 주어진 다각형을 n각형이라 하면
$n = 11$, 즉 십일각형
따라서 십일각형의 한 꼭짓점에서 그을 수 있는 대각선은 모두 $11 - 3 = 8$(개)이다.

5 ④ 구각형의 대각선의 개수는 $\dfrac{9 \times (9-3)}{2} = 27$

5-1 구하는 다각형을 n각형이라 하면
$\dfrac{n(n-3)}{2} = 77$, $n(n-3) = 154 = 14 \times 11$
$n = 14$, 즉 십사각형

5-2 6명의 학생들이 이웃한 두 학생을 제외한 모든 학생들과 서로 한 번씩 가위바위보를 하는 횟수는 육각형의 대각선의 개수와 같으므로 $\dfrac{6 \times (6-3)}{2} = 9$이다.
또 이웃한 학생들끼리 가위바위보를 하는 횟수는 육각형의 변의 개수와 같으므로 6이다.
따라서 가위바위보는 모두 $9 + 6 = 15$(번) 하게 된다.

2 다각형의 내각과 외각의 크기

● 소단원 **필수 유형**   52~58쪽

6	35	**6-1**	50°	**6-2**	36°
7	228°	**7-1**	22	**7-2**	78°
8	40°	**8-1**	126°	**8-2**	125°
9	100°	**9-1**	108°	**9-2**	24°
10	30°	**10-1**	80°	**10-2**	17°
11	60°	**11-1**	45°	**11-2**	180°
12	27	**12-1**	1440°	**12-2**	110
13	63°	**13-1**	②	**13-2**	320°
14	⑤	**14-1**	②	**14-2**	12
15	⑤	**15-1**	225°	**15-2**	②
16	③	**16-1**	1260°	**16-2**	⑤
17	②	**17-1**	④	**17-2**	③
18	36°	**18-1**	120°	**18-2**	56°
19	105°	**19-1**	36°	**19-2**	31.5°

6 $(x+30) + (x+25) + (2x-15) = 180$이므로
$4x + 40 = 180$, $4x = 140$
따라서 $x = 35$

6-1

$\triangle ABC$에서 $\angle ACB = 180° - (38° + 45°) = 97°$

$\angle DCE = \angle ACB = 97°$ (맞꼭지각)이므로

$\triangle DCE$에서 $\angle x = 180° - (33° + 97°) = 50°$

6-2

가장 작은 내각의 크기는

$180° \times \dfrac{3}{3+4+8} = 180° \times \dfrac{1}{5} = 36°$

7 $\triangle ABC$에서 $\angle x = 40° + 55° = 95°$

$\triangle EDB$에서 $\angle y = 38° + \angle x = 38° + 95° = 133°$

따라서 $\angle x + \angle y = 95° + 133° = 228°$

7-1

$(x + 10) + 2x = x + 54$이므로

$3x + 10 = x + 54$, $2x = 44$

따라서 $x = 22$

7-2

$\triangle ABE$에서 $\angle EBC = 40° + 18° = 58°$

$\triangle BCD$에서 $\angle x = 58° + 20° = 78°$

8 오른쪽 그림과 같이 $\overline{BC}$를 그으면

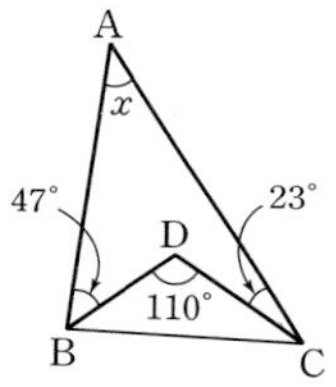

$\triangle DBC$에서

$\angle DBC + \angle DCB = 180° - 110° = 70°$

$\triangle ABC$에서

$\angle x = 180° - (47° + \angle DBC + \angle DCB + 23°)$
$\quad = 180° - (47° + 70° + 23°) = 40°$

8-1

오른쪽 그림과 같이 $\overline{BC}$를 그으면

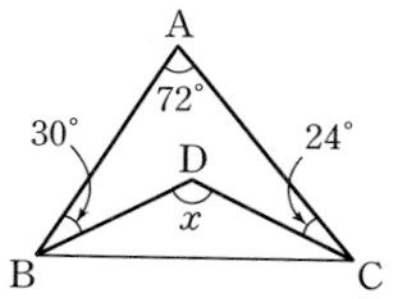

$\triangle ABC$에서

$\angle DBC + \angle DCB$
$= 180° - (72° + 30° + 24°) = 54°$

$\triangle DBC$에서

$\angle x = 180° - (\angle DBC + \angle DCB)$
$\quad = 180° - 54° = 126°$

8-2

$\triangle ABC$에서

$\angle ABC + \angle ACB = 180° - 70° = 110°$이므로

$\angle DBC + \angle DCB = \dfrac{1}{2}(\angle ABC + \angle ACB)$
$\qquad\qquad\qquad = \dfrac{1}{2} \times 110° = 55°$

$\triangle DBC$에서

$\angle x = 180° - (\angle DBC + \angle DCB)$
$\quad = 180° - 55° = 125°$

9 $\triangle ABC$에서 $\overline{AB} = \overline{AC}$이므로

$\angle ACB = \angle ABC = 25°$, $\angle CAD = 25° + 25° = 50°$

$\triangle ACD$에서 $\overline{AC} = \overline{CD}$이므로

$\angle CDA = \angle CAD = 50°$

$\triangle BCD$에서 $\angle DCE = 25° + 50° = 75°$

$\triangle DCE$에서 $\overline{CD} = \overline{DE}$이므로

$\angle DEC = \angle DCE = 75°$

$\triangle BED$에서 $\angle x = 25° + 75° = 100°$

9-1

$\triangle ABC$에서 $\overline{AB} = \overline{AC}$이므로

$\angle ABC = \angle C = 36°$, $\angle BAD = 36° + 36° = 72°$

$\triangle ADB$에서 $\overline{AB} = \overline{BD}$이므로

$\angle D = \angle BAD = 72°$

$\triangle BCD$에서 $\angle x = 72° + 36° = 108°$

9-2

$\triangle ADE$에서 $\overline{AE} = \overline{DE}$이므로

$\angle ADE = \angle A = 26°$, $\angle DEC = 26° + 26° = 52°$

$\triangle DCE$에서 $\overline{DC} = \overline{DE}$이므로

$\angle DCE = \angle DEC = 52°$

$\triangle ADC$에서 $\angle BDC = 26° + 52° = 78°$

$\triangle BCD$에서 $\overline{BC} = \overline{CD}$이므로

$\angle B = \angle BDC = 78°$

따라서 $\angle x = 180° - (78° + 78°) = 24°$

10 $\triangle ABC$에서 $\angle ACE = 60° + \angle ABC$이므로

$\angle DCE = \dfrac{1}{2}\angle ACE = \dfrac{1}{2}(60° + \angle ABC)$
$\qquad\qquad = 30° + \angle DBC$ $\qquad$ ······ ㉠

$\triangle DBC$에서 $\angle DCE = \angle x + \angle DBC$ $\qquad$ ······ ㉡

㉠, ㉡에서 $30° + \angle DBC = \angle x + \angle DBC$

따라서 $\angle x = 30°$

10-1

$\triangle ABC$에서

$\angle ECB = \angle x + \angle CAB = \angle x + 2\angle CAD$이므로

$\angle ECD = \dfrac{1}{2}\angle ECB = \dfrac{1}{2}\angle x + \angle CAD$ $\qquad$ ······ ㉠

$\triangle ADC$에서 $\angle ECD = 40° + \angle CAD$ $\qquad$ ······ ㉡

㉠, ㉡에서 $\dfrac{1}{2}\angle x + \angle CAD = 40° + \angle CAD$이므로

$\dfrac{1}{2}\angle x = 40°$, $\angle x = 80°$

10-2

$\angle DBC = \angle a$, $\angle DCE = \angle b$라 하면

$\angle ABC = 3\angle a$, $\angle ACE = 3\angle b$

$\triangle ABC$에서 $\angle ACE = 51° + \angle ABC$이므로

$3\angle b = 51° + 3\angle a$

따라서 $\angle b - \angle a = 17°$

$\triangle DBC$에서 $\angle DCE = \angle x + \angle DBC$이므로

$\angle b = \angle x + \angle a$

따라서 $\angle x = \angle b - \angle a = 17°$

11 오른쪽 그림의 △ACG에서 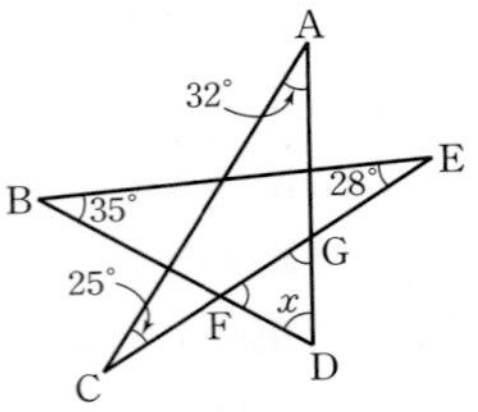
∠DGF$=32°+25°=57°$
△BFE에서
∠DFG$=35°+28°=63°$
△DGF에서
∠$x=180°-(57°+63°)=60°$

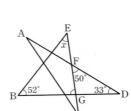

11-1 오른쪽 그림의 △DFG에서
∠BGE$=50°+33°=83°$
△BGE에서
∠$x=180°-(52°+83°)=45°$

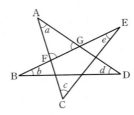

11-2 오른쪽 그림의 △GBD에서
∠AGF$=∠b+∠d$
△CEF에서 ∠AFG$=∠c+∠e$
△AFG에서
∠$a+(∠c+∠e)$
$+(∠b+∠d)=180°$
따라서 ∠$a+∠b+∠c+∠d+∠e=180°$

12 주어진 다각형을 n각형이라 하면
$180°×(n-2)=1260°$, $n-2=7$
$n=9$, 즉 구각형
따라서 구각형의 대각선의 개수는 $\dfrac{9×(9-3)}{2}=27$

12-1 주어진 다각형을 n각형이라 하면
$n-3=7$, $n=10$, 즉 십각형
따라서 십각형의 내각의 크기의 합은 $180°×(10-2)=1440°$

12-2 오각형의 내각의 크기의 합은 $180°×(5-2)=540°$이므로
$x+115+90+(x+5)+(180-70)=540$
$2x+320=540$, $x=110$

13 오른쪽 그림과 같이 선분을 그으면 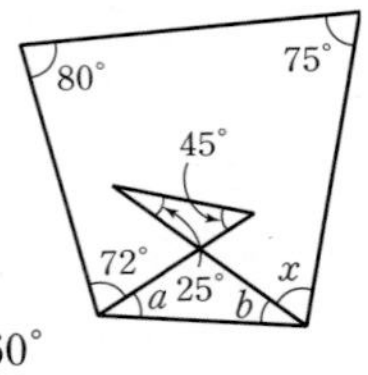
∠$a+∠b=25°+45°=70°$
사각형의 내각의 크기의 합은
$180°×(4-2)=360°$이므로
$80°+(72°+∠a)+(∠b+∠x)+75°=360°$
$80°+72°+70°+∠x+75°=360°$, $∠x+297°=360°$
따라서 ∠$x=63°$

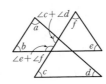

13-1 ∠$a+∠b+(∠c+∠d)+(∠e+∠f)$
$=$(사각형의 내각의 크기의 합)
$=180°×(4-2)$
$=360°$

13-2 오른쪽 그림의 △EGF에서 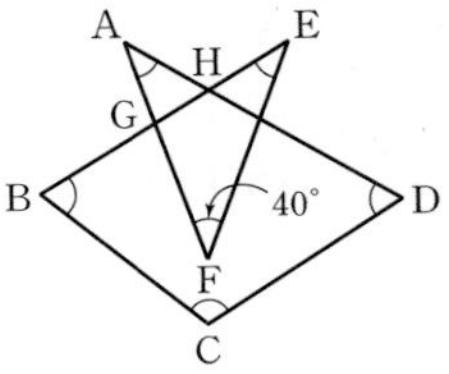
∠AGH$=∠E+40°$
△AGH에서
∠BHD$=∠A+∠AGH$
$=∠A+∠E+40°$
사각형 HBCD에서
∠BHD$+∠B+∠C+∠D=360°$이므로
$(∠A+∠E+40°)+∠B+∠C+∠D=360°$
따라서 ∠$A+∠B+∠C+∠D+∠E=320°$

14 육각형의 외각의 크기의 합은 $360°$이므로 오른쪽 그림에서 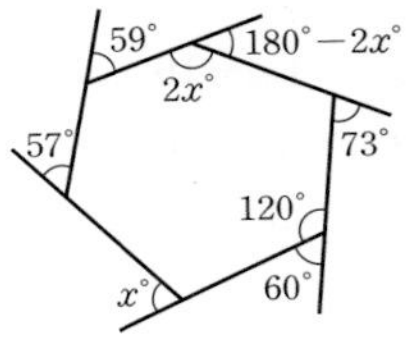
$59+57+x+60+73+(180-2x)$
$=360$
$429-x=360$
따라서 $x=69$

14-1 오각형의 외각의 크기의 합은 $360°$이므로 오른쪽 그림에서 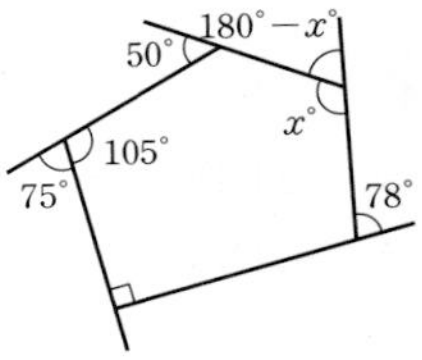
$50+75+90+78+(180-x)=360$
$473-x=360$
따라서 $x=113$

14-2 주어진 다각형을 n각형이라 하면
$180°×(n-2)+360°=2700°$
$180°×n=2700°$
$n=15$, 즉 십오각형
따라서 십오각형의 한 꼭짓점에서 그을 수 있는 대각선의 개수는
$15-3=12$

15 ⑤ ∠$a+∠b+∠c+∠d+∠e+∠f$
$=∠x+∠y+∠z$
$=$(삼각형의 외각의 크기의 합)
$=360°$

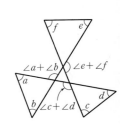

15-1 $38°+27°+∠x+∠y+30°+40°$
$=$(4개의 삼각형의 내각의 크기의 합)
$+$(사각형의 내각의 크기의 합)
$-$(오각형의 외각의 크기의 합)$×2$
$=180°×4+360°-360°×2=360°$
따라서 ∠$x+∠y=360°-135°=225°$

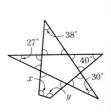

15-2

$\angle a+\angle b+\angle c+\angle d+\angle e+\angle f+\angle g$

$=(7$개의 삼각형의 내각의 크기의 합$)$

$\quad-($칠각형의 외각의 크기의 합$)\times 2$

$=180°\times 7-360°\times 2=540°$

16 주어진 정다각형을 정n각형이라 하면

$\dfrac{n(n-3)}{2}=35,\ n(n-3)=70=10\times 7$

$n=10$, 즉 정십각형

따라서 정십각형의 한 내각의 크기는

$\dfrac{180°\times(10-2)}{10}=144°$

16-1

주어진 다각형을 정n각형이라 하면

$\dfrac{360°}{n}=40°,\ n=9$, 즉 정구각형

따라서 정구각형의 내각의 크기의 합은 $180°\times(9-2)=1260°$

16-2

조건 (가)를 만족시키는 다각형은 정다각형이다.

조건 (나)를 만족시키는 다각형은 십이각형이므로 주어진 조건을

모두 만족시키는 다각형은 정십이각형이다.

⑤ 정십이각형의 한 외각의 크기는 $\dfrac{360°}{12}=30°$이다.

17 주어진 정다각형을 정n각형이라 하면

$($한 외각의 크기$)=180°\times \dfrac{2}{3+2}=72°$이므로

$\dfrac{360°}{n}=72°,\ n=5$, 즉 정오각형

따라서 정오각형의 내각의 크기의 합은 $180°\times(5-2)=540°$

17-1

구하는 정다각형을 정n각형이라 하면

$($한 외각의 크기$)=180°\times \dfrac{1}{8+1}=20°$이므로

$\dfrac{360°}{n}=20°,\ n=18$, 즉 정십팔각형

17-2

주어진 정다각형을 정n각형이라 하면

$($한 외각의 크기$)=180°\times \dfrac{2}{13+2}=24°$이므로

$\dfrac{360°}{n}=24°,\ n=15$, 즉 정십오각형

③ 정십오각형의 한 내각의 크기는 $180°-24°=156°$이다.

18 정오각형의 한 내각의 크기는 $\dfrac{180°\times(5-2)}{5}=108°$

$\triangle$BCA에서 $\overline{AB}=\overline{BC}$이므로

$\angle$BAC$=\dfrac{1}{2}\times(180°-108°)=36°$

마찬가지로 $\triangle$EAD에서 $\angle$EAD$=36°$

따라서 $\angle x=108°-(36°+36°)=36°$

18-1

정육각형의 한 내각의 크기는 $\dfrac{180°\times(6-2)}{6}=120°$

$\triangle$ABF에서 $\overline{AB}=\overline{AF}$이므로

$\angle$AFB$=\dfrac{1}{2}\times(180°-120°)=30°$

마찬가지로 $\triangle$FAE에서 $\angle$FAE$=30°$

$\triangle$AGF에서 $\angle$AGF$=180°-(30°+30°)=120°$

따라서 $\angle x=\angle$AGF$=120°$ (맞꼭지각)

18-2

정오각형의 한 내각의 크기는 $\dfrac{180°\times(5-2)}{5}=108°$이므로

$\angle$EDG$=180°-(108°+20°)=52°$

오른쪽 그림과 같이 점 E를 지나고

두 직선 $l,\ m$에 평행한 직선 n을 그

으면

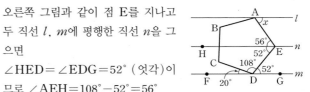

$\angle$HED$=\angle$EDG$=52°$ (엇각)이

므로 $\angle$AEH$=108°-52°=56°$

따라서 $\angle x=\angle$AEH$=56°$ (엇각)

19 오른쪽 그림과 같이 $\angle x$의 크기는 정육

각형의 한 외각의 크기와 정팔각형의

한 외각의 크기의 합이므로

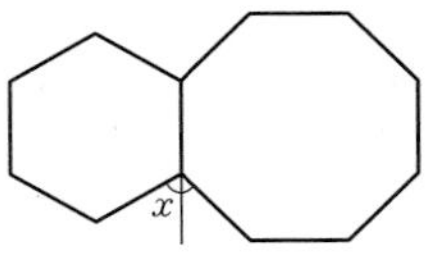

$\angle x=\dfrac{360°}{6}+\dfrac{360°}{8}=60°+45°=105°$

19-1

정오각형의 한 외각의 크기는 $\dfrac{360°}{5}=72°$이므로

$\angle$FED$=\angle$FDE$=72°$

따라서 $\triangle$FED에서 $\angle x=180°-(72°+72°)=36°$

19-2

$\angle$CDF$=($정오각형의 한 외각의 크기$)$

$\quad\quad\quad+($정팔각형의 한 외각의 크기$)$

$\quad\quad=\dfrac{360°}{5}+\dfrac{360°}{8}=72°+45°=117°$

$\triangle$DCF에서 $\overline{CD}=\overline{DF}$이므로

$\angle x=\dfrac{1}{2}\times(180°-117°)=31.5°$

중단원 핵심유형 테스트

59~61쪽

1 ④	**2** 155°	**3** 20	**4** 63°	**5** 80°
6 115°	**7** 15°	**8** 70°	**9** ⑤	**10** 36°
11 68°	**12** ③	**13** ②	**14** ①	**15** ③
16 ⑤	**17** 12°	**18** 54	**19** 120°	**20** 30°

1 ① 다각형은 3개 이상의 선분으로 둘러싸인 평면도형이다.
② 변의 개수가 7인 다각형은 칠각형이다.
③ 구각형의 꼭짓점의 개수는 9이다.
따라서 옳은 것은 ④이다.

2 $\angle x = 180° - 70° = 110°$, $\angle y = 180° - 135° = 45°$
따라서 $\angle x + \angle y = 110° + 45° = 155°$

3 주어진 다각형을 n각형이라 하면
$n - 2 = 6$, $n = 8$, 즉 팔각형
따라서 팔각형의 대각선의 개수는 $\dfrac{8 \times (8-3)}{2} = 20$

4 $2\angle B = 3\angle C$에서 $\angle C = \dfrac{2}{3}\angle B$
$\triangle ABC$에서 $75° + \angle B + \dfrac{2}{3}\angle B = 180°$이므로
$\dfrac{5}{3}\angle B = 105°$, $\angle B = 105° \times \dfrac{3}{5} = 63°$

5 $\triangle BCD$에서 $\angle DBC + 100° = 120°$이므로 $\angle DBC = 20°$
$\triangle ABC$에서 $\angle ABC = 2\angle DBC = 40°$이므로
$\angle x + 40° = 120°$, $\angle x = 80°$

6 $\overrightarrow{AB} /\!/ \overrightarrow{CD}$이므로 $\angle ABC = \angle BCD = 70°$ (엇각)
따라서 $\triangle AEB$에서 $\angle x = 45° + 70° = 115°$

7 $\triangle ABC$에서 $\overline{AB} = \overline{AC}$이므로
$\angle C = \dfrac{1}{2} \times (180° - 50°) = 65°$
$\triangle BCD$에서 $\overline{BC} = \overline{BD}$이므로
$\angle BDC = \angle C = 65°$
따라서 $\triangle ABD$에서 $\angle x + 50° = 65°$이므로
$\angle x = 15°$

8 $\triangle BCD$에서 $\angle DCE = 35° + \angle DBC$ ······ ㉠
$\triangle ABC$에서 $2\angle DCE = \angle x + 2\angle DBC$
$\angle DCE = \dfrac{1}{2}\angle x + \angle DBC$ ······ ㉡
㉠, ㉡에서 $35° + \angle DBC = \dfrac{1}{2}\angle x + \angle DBC$이므로
$\dfrac{1}{2}\angle x = 35°$, $\angle x = 70°$

9 오른쪽 그림의 $\triangle CFI$에서
$\angle b = 35° + 26° = 61°$
$\triangle ADG$에서 $\angle c = 60° + 30° = 90°$
$\triangle CDB$에서
$\angle d = 35° + \angle c = 35° + 90° = 125°$
$\angle HFG = \angle b$ (맞꼭지각)이므로
$\triangle FGH$에서 $\angle e = \angle b + 30° = 61° + 30° = 91°$
$\triangle AEH$에서 $\angle a + \angle e + 60° = 180°$이므로
$\angle a + 91° + 60° = 180°$, $\angle a = 29°$
따라서 옳은 것은 ⑤이다.

10 $\angle DBE = \angle EBC = \angle a$, $\angle BCE = \angle ECF = \angle b$라 하자.
$\triangle ABC$에서 $108° + (180° - 2\angle a) + (180° - 2\angle b) = 180°$
$2\angle a + 2\angle b = 288°$, $\angle a + \angle b = 144°$
따라서 $\triangle BEC$에서
$\angle x = 180° - (\angle a + \angle b) = 180° - 144° = 36°$

11 오각형의 내각의 크기의 합은 $180° \times (5-2) = 540°$
$\angle FCD + \angle FDC = 540° - (98° + 93° + 66° + 60° + 111°)$
$\qquad\qquad\qquad\quad = 112°$
따라서 $\triangle FCD$에서
$\angle x = 180° - (\angle FCD + \angle FDC)$
$\qquad = 180° - 112° = 68°$

12 주어진 다각형을 n각형이라 하면
$180° \times (n-2) = 1620°$, $n - 2 = 9$
$n = 11$, 즉 십일각형
따라서 십일각형의 대각선의 개수는 $\dfrac{11 \times (11-3)}{2} = 44$

13 오른쪽 그림과 같이 선분을 그으면
$\angle y + \angle z = \angle x + 35°$
오각형의 내각의 크기의 합은
$180° \times (5-2) = 540°$이므로
$(\angle x + 35°) + 60° + 100° + 130° + 150°$
$+ 50° = 540°$
$\angle x + 525° = 540°$
따라서 $\angle x = 15°$

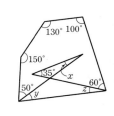

14 오른쪽 그림에서
$\angle a + 50° + \angle b + \angle c + \angle d + \angle e$
$+ \angle f + \angle g$
$= ($사각형의 외각의 크기의 합$)$
$= 360°$
따라서
$\angle a + \angle b + \angle c + \angle d + \angle e + \angle f + \angle g = 360° - 50° = 310°$

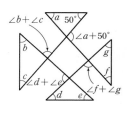

15 ① 조건 (가), (나)를 만족시키는 다각형은 정다각형이다.
조건 (다)를 만족시키는 다각형을 정n각형이라 하면
$\dfrac{180° \times (n-2)}{n} = 135°$
$180° \times n - 360° = 135° \times n$, $45° \times n = 360°$
$n = 8$, 즉 정팔각형
② 대각선의 개수는 $\dfrac{8 \times (8-3)}{2} = 20$
③ 내각의 크기의 합은 $180° \times (8-2) = 1080°$
④ 한 꼭짓점에서 그을 수 있는 대각선의 개수는 $8 - 3 = 5$
⑤ 한 외각의 크기는 $180° - 135° = 45°$이므로
$135° : 45° = 3 : 1$
따라서 옳지 않은 것은 ③이다.

16 (한 외각의 크기)$=180°\times\dfrac{1}{9+1}=18°$

구하는 정다각형을 정n각형이라 하면

$\dfrac{360°}{n}=18°$에서 $n=20$, 즉 정이십각형

17 정오각형의 한 내각의 크기는 $\dfrac{180°\times(5-2)}{5}=108°$

정육각형의 한 내각의 크기는 $\dfrac{180°\times(6-2)}{6}=120°$

따라서 $\angle x=360°-(120°+120°+108°)=12°$

18 주어진 조건대로 삼각형을 이어 붙이면 외각의 크기가 모두 $30°$인 정다각형을 만들 수 있다. 구하는 정다각형을 정n각형이라 하면

$\dfrac{360°}{n}=30°$에서 $n=12$, 즉 정십이각형

따라서 정십이각형의 대각선의 개수는

$\dfrac{12\times(12-3)}{2}=54$

19 사각형의 내각의 크기의 합은 $180°\times(4-2)=360°$이므로

$\angle ABC+\angle BCD=360°-(115°+125°)=120°$ ...... ❶

$\angle OBC+\angle OCB=\dfrac{1}{2}(\angle ABC+\angle BCD)$

$\qquad\qquad\qquad\quad =\dfrac{1}{2}\times120°=60°$ ...... ❷

$\triangle OBC$에서

$\angle x=180°-(\angle OBC+\angle OCB)$

$\qquad =180°-60°=120°$ ...... ❸

채점 기준	비율
❶ $\angle ABC+\angle BCD$의 크기 구하기	40 %
❷ $\angle OBC+\angle OCB$의 크기 구하기	20 %
❸ $\angle x$의 크기 구하기	40 %

20 정육각형의 한 내각의 크기는

$\dfrac{180°\times(6-2)}{6}=120°$ ...... ❶

$\triangle ABC$에서 $\overline{AB}=\overline{BC}$이므로

$\angle x=\angle ACB=\dfrac{1}{2}\times(180°-120°)=30°$

마찬가지로 $\triangle BCD$에서 $\angle CBD=30°$

$\triangle BCG$에서

$\angle y=\angle ACB+\angle CBD=30°+30°=60°$ ...... ❷

따라서 $\angle y-\angle x=60°-30°=30°$ ...... ❸

채점 기준	비율
❶ 정육각형의 한 내각의 크기 구하기	20 %
❷ $\angle x$, $\angle y$의 크기 각각 구하기	60 %
❸ $\angle y-\angle x$의 크기 구하기	20 %

4. 원과 부채꼴

1 원과 부채꼴

● 소단원 필수 유형
65~68쪽

1 ④	**1-1** ⑤	**1-2** ③
2 ①	**2-1** $x=30, y=9$	
2-2 12 cm		
3 120°	**3-1** 60°	**3-2** ②
4 6 cm	**4-1** 28 cm	**4-2** 22.5°
5 ③	**5-1** 18 cm	**5-2** 24 cm
6 ②	**6-1** 9 cm²	**6-2** 99°
7 ①	**7-1** 44°	**7-2** 16 cm
8 ④	**8-1** ⑤	**8-2** ④

1 ④ – 호 AC

1-1

부채꼴과 활꼴이 같아지는 경우는 반원일 때이므로 부채꼴 AOB의 중심각의 크기는 $180°$이다.

1-2

③ $\overline{AB}$와 $\widehat{AB}$로 이루어진 도형은 활꼴이다.

2 $(x-10):(3x-10)=2:8$이므로

$(x-10):(3x-10)=1:4$, $4x-40=3x-10$

따라서 $x=30$

2-1

$20:x=2:3$이므로 $x=30$

또 $20:90=2:y$이므로 $y=9$

2-2

$3\angle AOB=4\angle BOC$이므로

$\angle AOB:\angle BOC=4:3$

이때 $\widehat{AB}:\widehat{BC}=\angle AOB:\angle BOC$이므로

$16:\widehat{BC}=4:3$, $4\widehat{BC}=48$

따라서 $\widehat{BC}=12$(cm)

3 $\widehat{AB}:\widehat{BC}:\widehat{CA}=4:1:7$이므로

$\angle AOB:\angle BOC:\angle COA=4:1:7$

따라서 $\angle AOB=360°\times\dfrac{4}{4+1+7}=120°$

3-1

$\widehat{AB}=2\widehat{BC}$에서 $\widehat{AB}:\widehat{BC}=2:1$이므로

$\angle AOB:\angle BOC=2:1$

따라서 $\angle BOC=180°\times\dfrac{1}{2+1}=60°$

3-2

$\angle AOC + \angle BOC = 360° - 110° = 250°$

$\overarc{AC} : \overarc{BC} = 3 : 2$이므로 $\angle AOC : \angle BOC = 3 : 2$

따라서 $\angle AOC = 250° \times \dfrac{3}{3+2} = 150°$

$\triangle AOC$에서 $\overline{OA} = \overline{OC}$이므로 $\angle CAO = \angle ACO$

따라서 $\angle ACO = \dfrac{1}{2} \times (180° - 150°) = 15°$

4 $\triangle COD$에서 $\overline{OC} = \overline{OD}$이므로

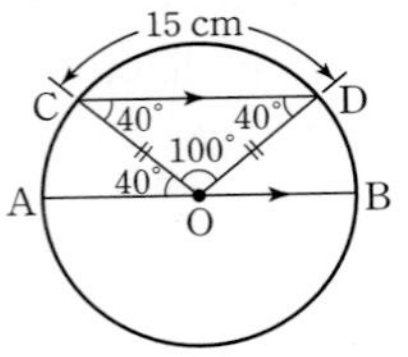

$\angle OCD = \angle ODC$

$\qquad = \dfrac{1}{2} \times (180° - 100°) = 40°$

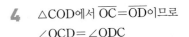

$\overline{AB} /\!/ \overline{CD}$이므로

$\angle AOC = \angle OCD = 40°$ (엇각)

이때 $\overarc{AC} : 15 = 40 : 100$이므로

$\overarc{AC} : 15 = 2 : 5$, $5\overarc{AC} = 30$

따라서 $\overarc{AC} = 6(\text{cm})$

4-1

$\overline{AB} /\!/ \overline{OC}$이므로

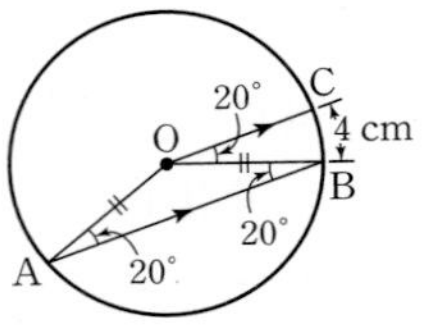

$\angle OBA = \angle COB = 20°$ (엇각)

$\triangle OAB$에서 $\overline{OA} = \overline{OB}$이므로

$\angle OAB = \angle OBA = 20°$

따라서

$\angle AOB = 180° - (20° + 20°) = 140°$

이때 $\overarc{AB} : 4 = 140 : 20$이므로 $\overarc{AB} : 4 = 7 : 1$

따라서 $\overarc{AB} = 28(\text{cm})$

4-2

$\overline{OC} /\!/ \overline{AB}$이므로

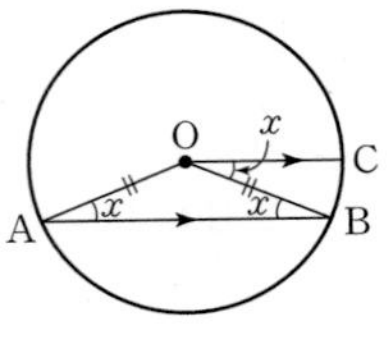

$\angle OBA = \angle COB = \angle x$ (엇각)

$\triangle OAB$에서 $\overline{OA} = \overline{OB}$이므로

$\angle OAB = \angle OBA = \angle x$

이때 $\overarc{AB} : \overarc{BC} = 6 : 1$이므로

$\angle AOB : \angle COB = 6 : 1$, $\angle AOB = 6\angle x$

$\triangle OAB$에서 $6\angle x + \angle x + \angle x = 180°$이므로 $8\angle x = 180°$

따라서 $\angle x = 22.5°$

5 오른쪽 그림과 같이 $\overline{OB}$를 그으면

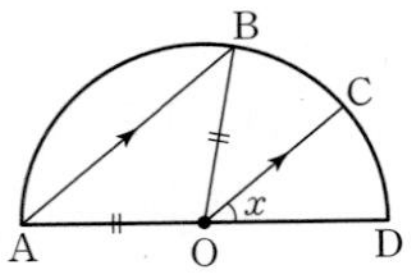

$\angle AOB : \angle BOD = \overarc{AB} : \overarc{BD} = 5 : 4$

이므로

$\angle AOB = 180° \times \dfrac{5}{5+4} = 100°$

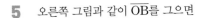

$\triangle AOB$에서 $\overline{OA} = \overline{OB}$이므로

$\angle OAB = \angle OBA = \dfrac{1}{2} \times (180° - 100°) = 40°$

따라서 $\overline{AB} /\!/ \overline{OC}$이므로

$\angle x = \angle OAB = 40°$ (동위각)

5-1

$\overline{AE} /\!/ \overline{CD}$이므로

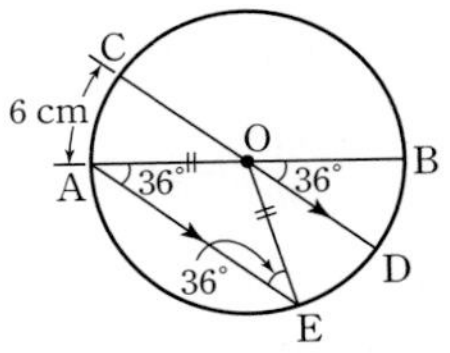

$\angle OAE = \angle BOD = 36°$ (동위각)

오른쪽 그림과 같이 $\overline{OE}$를 그으면

$\triangle OAE$에서 $\overline{OA} = \overline{OE}$이므로

$\angle OEA = \angle OAE = 36°$

따라서 $\angle AOE = 180° - (36° + 36°) = 108°$

또 $\angle AOC = \angle BOD = 36°$ (맞꼭지각)이므로

$\overarc{AE} : \overarc{AC} = \angle AOE : \angle AOC$에서

$\overarc{AE} : 6 = 108 : 36$, $\overarc{AE} : 6 = 3 : 1$

따라서 $\overarc{AE} = 18(\text{cm})$

5-2

$\triangle CEO$에서 $\overline{CE} = \overline{CO}$이므로

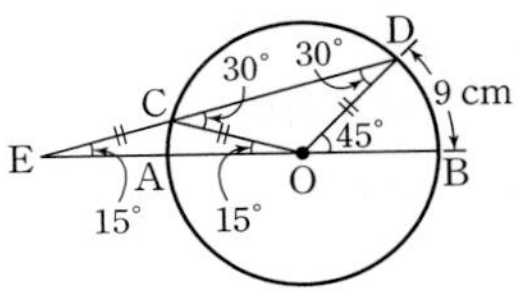

$\angle COE = \angle CEO = 15°$

$\angle OCD = 15° + 15° = 30°$

오른쪽 그림과 같이 $\overline{OD}$를 그으면

$\triangle ODC$에서 $\overline{OC} = \overline{OD}$이므로

$\angle ODC = \angle OCD = 30°$, $\angle COD = 180° - (30° + 30°) = 120°$

$\triangle DEO$에서 $\angle DOB = 15° + 30° = 45°$

$\angle COD : \angle DOB = \overarc{CD} : \overarc{DB}$에서

$120 : 45 = \overarc{CD} : 9$, $8 : 3 = \overarc{CD} : 9$, $3\overarc{CD} = 72$

따라서 $\overarc{CD} = 24(\text{cm})$

6 $(x-5) : (2x+10) = 25 : 75$이므로

$(x-5) : (2x+10) = 1 : 3$, $3x - 15 = 2x + 10$

따라서 $x = 25$

6-1

부채꼴 AOB의 넓이를 $S \text{ cm}^2$라 하면

$S : 45 = 30 : 150$이므로 $S : 45 = 1 : 5$

$5S = 45$, $S = 9$

따라서 부채꼴 AOB의 넓이는 9 cm^2이다.

6-2

$\angle AOB : 360° = 9 : 40$이므로 $\angle AOB = 81°$

따라서 $\triangle OPQ$에서 $\angle x + \angle y = 180° - 81° = 99°$

7 $\overline{AC} = \overline{BD}$이므로 $\angle BOD = \angle AOC = 45°$

따라서 $\angle COD = 180° - (45° + 45°) = 90°$

7-1

$\overline{AB} = \overline{CD} = \overline{DE} = \overline{EF}$이므로

$\angle x = \angle COD = \angle DOE = \angle EOF = \dfrac{1}{3} \times 132° = 44°$

7-2

$\overarc{AB} = \overarc{BC}$이므로 오른쪽 그림과 같이

$\overline{OB}$를 그으면 $\angle AOB = \angle BOC$

따라서 $\overline{BC} = \overline{AB} = 5 \text{ cm}$이고

$\overline{OC} = \overline{OA} = 3 \text{ cm}$이므로

색칠한 부분의 둘레의 길이는

$5 + 5 + 3 + 3 = 16(\text{cm})$

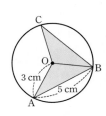

8 ④ $\overset{\frown}{AB}=\overset{\frown}{CD}=\overset{\frown}{DE}$이므로 $\overline{AB}=\overline{CD}=\overline{DE}$

$\triangle CDE$에서

$\overline{CE}<\overline{CD}+\overline{DE}=\overline{AB}+\overline{AB}=2\overline{AB}$

따라서 $\overline{CE}<2\overline{AB}$

8-1

⑤ 현의 길이는 중심각의 크기에 정비례하지 않으므로

$\overline{AC}\neq2\overline{DE}$

8-2

④ 현의 길이는 중심각의 크기에 정비례하지 않으므로

$\overline{CD}\neq4\overline{AB}$

② 부채꼴의 호의 길이와 넓이

🔵 소단원 필수 유형

9 (둘레의 길이)$=24\pi$ cm, (넓이)$=48\pi$ cm²

9-1 ②

9-2 (둘레의 길이)$=8\pi$ cm, (넓이)$=4\pi$ cm²

10 (호의 길이)$=12\pi$ cm, (넓이)$=54\pi$ cm²

10-1 ④   **10-2** 30π cm²

11 90π cm²   **11-1** 12 cm   **11-2** 270°

12 $(8\pi+8)$ cm   **12-1** $(4\pi+16)$ cm

12-2 $(4\pi+6)$ cm

13 $(18\pi-36)$ cm²   **13-1** 6π cm²

13-2 $\left(9-\dfrac{3}{2}\pi\right)$ cm²

14 50 cm²   **14-1** 18 cm²

14-2 $(24-4\pi)$ cm²

15 2π cm²   **15-1** 24 cm²   **15-2** 3π cm

16 ⑤   **16-1** $(10\pi+30)$ cm

16-2 $(4\pi+24)$ cm

17 $(16\pi+96)$ cm²   **17-1** $(4\pi+40)$ cm²

17-2 $(108\pi+144)$ cm²

18 2π cm   **18-1** 4π cm   **18-2** $\dfrac{43}{2}\pi$ m²

9 (둘레의 길이)$=2\pi\times8+2\pi\times4$

$=16\pi+8\pi=24\pi$(cm)

(넓이)$=\pi\times8^2-\pi\times4^2$

$=64\pi-16\pi=48\pi$(cm²)

9-1

반지름의 길이가 8 cm이므로

(넓이)$=\dfrac{1}{2}\times\pi\times8^2=32\pi$(cm²)

9-2

(둘레의 길이)$=\dfrac{1}{2}\times2\pi\times4+\left(\dfrac{1}{2}\times2\pi\times2\right)\times2$

$=4\pi+4\pi=8\pi$(cm)

(넓이)$=\dfrac{1}{2}\times\pi\times4^2-\left(\dfrac{1}{2}\times\pi\times2^2\right)\times2$

$=8\pi-4\pi=4\pi$(cm²)

10 (호의 길이)$=2\pi\times9\times\dfrac{240}{360}=12\pi$(cm)

(넓이)$=\pi\times9^2\times\dfrac{240}{360}=54\pi$(cm²)

10-1

부채꼴의 중심각의 크기를 $x°$라 하면

$2\pi\times6\times\dfrac{x}{360}=2\pi$, $x=60$

따라서 부채꼴의 중심각의 크기는 60°이다.

10-2

정오각형의 한 내각의 크기는 $\dfrac{180°\times(5-2)}{5}=108°$

따라서 색칠한 부분은 중심각의 크기가 108°이고 반지름의 길이가 10 cm인 부채꼴이므로 그 넓이는

$\pi\times10^2\times\dfrac{108}{360}=30\pi$(cm²)

11 부채꼴의 반지름의 길이를 r cm라 하면

(호의 길이)$=2\pi r\times\dfrac{225}{360}=15\pi$이므로 $r=12$

따라서 부채꼴의 넓이는 $\dfrac{1}{2}\times12\times15\pi=90\pi$(cm²)

11-1

부채꼴의 반지름의 길이를 r cm라 하면

(넓이)$=\dfrac{1}{2}\times r\times18\pi=108\pi$이므로 $r=12$

따라서 부채꼴의 반지름의 길이는 12 cm이다.

11-2

부채꼴의 반지름의 길이를 r cm, 중심각의 크기를 $x°$라 하면

(넓이)$=\dfrac{1}{2}\times r\times6\pi=12\pi$이므로 $r=4$

(호의 길이)$=2\pi\times4\times\dfrac{x}{360}=6\pi$이므로 $x=270$

따라서 부채꼴의 중심각의 크기는 270°이다.

12 (둘레의 길이)$=\dfrac{1}{2}\times2\pi\times4+2\pi\times8\times\dfrac{90}{360}+8$

$=4\pi+4\pi+8=8\pi+8$(cm)

12-1

(둘레의 길이)$=\left(2\pi\times2\times\dfrac{90}{360}\right)\times4+2\times8=4\pi+16$(cm)

12-2

(둘레의 길이)$=\overset{\frown}{AB}+\overset{\frown}{BC}+\overline{AC}$

$=\dfrac{1}{2}\times2\pi\times3+2\pi\times6\times\dfrac{30}{360}+6$

$=3\pi+\pi+6=4\pi+6$(cm)

4. 원과 부채꼴 • **35**

13 색칠한 부분의 넓이는

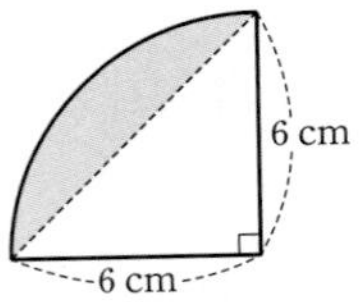

$$\left(\pi \times 6^2 \times \frac{90}{360} - \frac{1}{2} \times 6 \times 6\right) \times 2$$
$$=(9\pi - 18) \times 2 = 18\pi - 36 \,(\text{cm}^2)$$

13-1 색칠한 부분의 넓이는

$$\pi \times 8^2 \times \frac{45}{360} - \pi \times 4^2 \times \frac{45}{360} = 8\pi - 2\pi = 6\pi \,(\text{cm}^2)$$

13-2 $\overline{BC} = \overline{CE} = \overline{BE}$ (반지름)이므로 △BCE는 정삼각형이다.

즉 ∠EBC = ∠ECB = 60°이므로

∠ABE = ∠DCE = 90° - 60° = 30°

따라서 색칠한 부분의 넓이는

$$3 \times 3 - \left(\pi \times 3^2 \times \frac{30}{360}\right) \times 2 = 9 - \frac{3}{2}\pi \,(\text{cm}^2)$$

14 오른쪽 그림과 같이 이동하면 구하는 넓이는

$$10 \times 5 = 50 \,(\text{cm}^2)$$

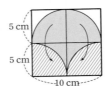

14-1 오른쪽 그림과 같이 이동하면 구하는 넓이는

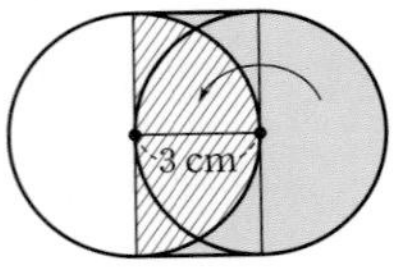

$$3 \times 6 = 18 \,(\text{cm}^2)$$

14-2 점 P에서 $\overline{BC}$에 내린 수선의 발을 E라 하고 오른쪽 그림과 같이 이동하면 구하는 넓이는

(사다리꼴 ABEP의 넓이)

ㅡ (부채꼴 BEP의 넓이)

$$=\frac{1}{2} \times (8+4) \times 4 - \pi \times 4^2 \times \frac{90}{360}$$
$$=24 - 4\pi \,(\text{cm}^2)$$

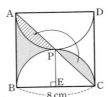

15 색칠한 부분의 넓이는

(지름이 $\overline{AB}$인 반원의 넓이) + (부채꼴 BAB′의 넓이)

ㅡ (지름이 $\overline{AB'}$인 반원의 넓이)

= (부채꼴 BAB′의 넓이)

$$=\pi \times 6^2 \times \frac{20}{360} = 2\pi \,(\text{cm}^2)$$

15-1 색칠한 부분의 넓이는

(지름이 $\overline{AB}$인 반원의 넓이) + (지름이 $\overline{AC}$인 반원의 넓이)

+ (△ABC의 넓이) ㅡ (지름이 $\overline{BC}$인 반원의 넓이)

$$=\frac{1}{2} \times \pi \times 4^2 + \frac{1}{2} \times \pi \times 3^2 + \frac{1}{2} \times 8 \times 6 - \frac{1}{2} \pi \times 5^2$$
$$=8\pi + \frac{9}{2}\pi + 24 - \frac{25}{2}\pi = 24 \,(\text{cm}^2)$$

15-2 오른쪽 그림에서

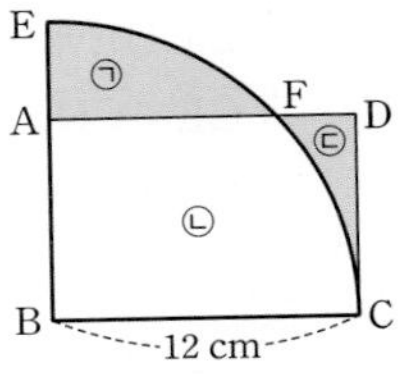

(부채꼴 EBC의 넓이) = ㉠ + ㉡

(직사각형 ABCD의 넓이) = ㉡ + ㉢

이때 ㉠ = ㉢이므로

(부채꼴 EBC의 넓이)

= (직사각형 ABCD의 넓이)

따라서 $\pi \times 12^2 \times \frac{90}{360} = 12 \times \overline{AB}$이므로 $\overline{AB} = 3\pi \,(\text{cm})$

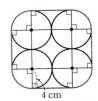

16 오른쪽 그림에서 곡선 부분의 길이는

$$2\pi \times 4 = 8\pi \,(\text{cm})$$

직선 부분의 길이는

$$8 \times 4 = 32 \,(\text{cm})$$

따라서 끈의 최소 길이는 $(8\pi + 32)$ cm

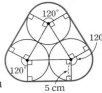

16-1 오른쪽 그림에서 곡선 부분의 길이는

$$2\pi \times 5 = 10\pi \,(\text{cm})$$

직선 부분의 길이는

$$10 \times 3 = 30 \,(\text{cm})$$

따라서 끈의 최소 길이는 $(10\pi + 30)$ cm

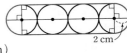

16-2 오른쪽 그림에서 곡선 부분의 길이는

$$2\pi \times 2 = 4\pi \,(\text{cm})$$

직선 부분의 길이는 $12 \times 2 = 24 \,(\text{cm})$

따라서 끈의 최소 길이는 $(4\pi + 24)$ cm

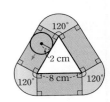

17 원이 지나간 자리는 오른쪽 그림과 같고, 부채꼴 부분을 모두 합하면 원이 된다.

따라서 원이 지나간 자리의 넓이는

$$\pi \times 4^2 + (8 \times 4) \times 3 = 16\pi + 96 \,(\text{cm}^2)$$

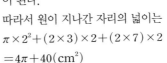

17-1 원이 지나간 자리는 오른쪽 그림과 같고, 부채꼴 부분을 모두 합하면 원이 된다.

따라서 원이 지나간 자리의 넓이는

$$\pi \times 2^2 + (2 \times 3) \times 2 + (2 \times 7) \times 2$$
$$=4\pi + 40 \,(\text{cm}^2)$$

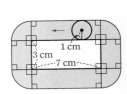

17-2 원이 지나간 자리는 오른쪽 그림과 같고, 부채꼴 부분을 모두 합하면 반원이 된다.

따라서 원이 지나간 자리의 넓이는

$$\frac{1}{2} \times \pi \times 18^2 - \frac{1}{2} \times \pi \times 12^2 + \frac{1}{2} \times \pi \times 6^2 + 24 \times 6$$
$$=162\pi - 72\pi + 18\pi + 144$$
$$=108\pi + 144 \,(\text{cm}^2)$$

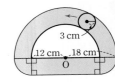

18 점 D가 움직인 거리는 중심각의 크기
가 90°이고 반지름의 길이가 4 cm인
부채꼴의 호의 길이와 같으므로

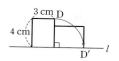

$$2\pi \times 4 \times \frac{90}{360} = 2\pi(\text{cm})$$

18-1

오른쪽 그림에서 점 A가 움직인 거
리는

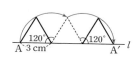

$$\left(2\pi \times 3 \times \frac{120}{360}\right) \times 2 = 4\pi(\text{cm})$$

18-2

소가 움직일 수 있는 영역은 오른쪽
그림의 색칠한 부분과 같다. 따라서
소가 움직일 수 있는 영역의 최대 넓
이는

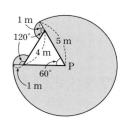

$$\pi \times 5^2 \times \frac{300}{360} + \left(\pi \times 1^2 \times \frac{120}{360}\right) \times 2$$

$$= \frac{125}{6}\pi + \frac{2}{3}\pi = \frac{43}{2}\pi(\text{m}^2)$$

중단원 핵심유형 테스트

75~77쪽

1 ①, ⑤	**2** ②	**3** ①	**4** 5 : 2 : 2	**5** 21 cm
6 ①	**7** 40000 km		**8** ②	**9** ⑤
10 $(75\pi + 200)$ m²	**11** ③	**12** ④		
13 $(50\pi - 100)$ cm²	**14** ⑤	**15** ②		
16 $(14\pi + 84)$ cm	**17** $(2\pi + 24)$ cm	**18** ②		
19 (둘레의 길이)=48π cm, (넓이)=72π cm²				
20 $\left(\frac{25}{4}\pi + \frac{25}{2}\right)$ cm²				

1 ① ∠COD=3∠AOB이므로 $\overset{\frown}{CD}=3\overset{\frown}{AB}$

② 현의 길이는 중심각의 크기에 정비례하지 않으므로
$\overline{CD} \neq 3\overline{AB}$

③ ∠BOC=180°-45°=135°
즉 ∠BOC=9∠AOB이므로 $\overset{\frown}{BC}=9\overset{\frown}{AB}$

④ $\overline{OC}$와 $\overline{CD}$의 길이가 같으려면 ∠COD=60°이어야 한다.

⑤ ∠BOD=12∠AOB이므로 $\overset{\frown}{BD}=12\overset{\frown}{AB}$
즉 $\overset{\frown}{AB}+\overset{\frown}{CD}=\overset{\frown}{AB}+3\overset{\frown}{AB}=4\overset{\frown}{AB}=\frac{1}{3}\overset{\frown}{BD}$

따라서 옳은 것은 ①, ⑤이다.

2 오른쪽 그림과 같이 $\overline{OA}, \overline{OC}$를 그으면
△ABO에서 $\overline{OA}=\overline{OB}$이므로
∠AOB=180°-(30°+30°)=120°
△COD에서 $\overline{OC}=\overline{OD}$이므로
∠COD=180°-(50°+50°)=80°
이때 120 : 80=18π : $\overset{\frown}{CD}$이므로

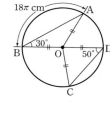

3 : 2=18π : $\overset{\frown}{CD}$, 3$\overset{\frown}{CD}$=36π
따라서 $\overset{\frown}{CD}$=12π(cm)

3 오른쪽 그림과 같이 $\overline{OA}, \overline{OB}, \overline{OO'}$,
$\overline{O'A}, \overline{O'B}$를 그으면
$\overline{OA}=\overline{OB}=\overline{O'A}=\overline{O'B}=\overline{OO'}$
(반지름)이므로 △AOO'과
△OBO'은 각각 정삼각형이다.

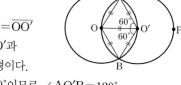

∠AO'O=∠BO'O=60°이므로 ∠AO'B=120°
따라서
$\overset{\frown}{AOB} : \overset{\frown}{APB}$
=($\overset{\frown}{AOB}$에 대한 중심각) : ($\overset{\frown}{APB}$에 대한 중심각)
=120° : (360°-120°)=120° : 240°=1 : 2

4 오른쪽 그림과 같으면 $\overline{OC}$를 그으면
$\overline{AC} /\!/ \overline{OD}$이므로
∠OAC=∠BOD=40° (동위각)
△OCA에서 $\overline{OA}=\overline{OC}$이므로

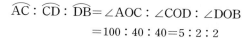

∠OCA=∠OAC=40°
따라서 ∠AOC=180°-(40°+40°)=100°
또 ∠COD=∠OCA=40° (엇각)
따라서
$\overset{\frown}{AC} : \overset{\frown}{CD} : \overset{\frown}{DB}$=∠AOC : ∠COD : ∠DOB
=100 : 40 : 40=5 : 2 : 2

5 오른쪽 그림과 같이 $\overline{OC}$를 그으면
△OCA에서 $\overline{OA}=\overline{OC}$이므로
∠OCA=∠OAC=20°
따라서 ∠AOC=180°-(20°+20°)
=140°

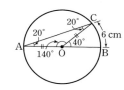

이므로 ∠BOC=180°-140°=40°
40 : 140=6 : $\overset{\frown}{AC}$에서
2 : 7=6 : $\overset{\frown}{AC}$, 2$\overset{\frown}{AC}$=42
따라서 $\overset{\frown}{AC}$=21(cm)

6 ∠CEO=∠a라 하면
△OCE에서 $\overline{CO}=\overline{CE}$이므로
∠COE=∠CEO=∠a,
∠OCB=∠a+∠a=2∠a
또 △OBC에서 $\overline{OC}=\overline{OB}$이므로

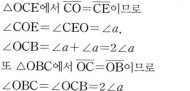
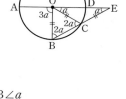

∠OBC=∠OCB=2∠a
△OBE에서 ∠AOB=∠a+2∠a=3∠a
따라서 $\overset{\frown}{AB} : \overset{\frown}{CD}$=∠AOB : ∠COD=3∠a : ∠a=3 : 1이
므로 $\overset{\frown}{AB}$의 길이는 $\overset{\frown}{CD}$의 길이의 3배이다.

7 지구의 둘레의 길이를 x km라 하면
x : 800=360 : 7.2
x : 800=50 : 1, x=40000
따라서 지구의 둘레의 길이는 40000 km이다.

8 △OAB에서 $\overline{OA}=\overline{OB}$이므로

$\angle OBA=\dfrac{1}{2}\times(180°-130°)=25°$

$\overline{AB}\,/\!/\,\overline{OC}$이므로

$\angle COB=\angle OBA=25°$ (엇각)

이때 $130:25=52:($부채꼴 BOC의 넓이$)$이므로

$26:5=52:($부채꼴 BOC의 넓이$)$

따라서 (부채꼴 BOC의 넓이)$=10(cm^2)$

9 ① $\angle AOB=\angle EOF$이므로 $\widehat{AB}=\widehat{EF}=3(cm)$

② $\angle AOB=\angle EOF$이므로 $\overline{AB}=\overline{EF}$

③ $25°:\angle COD=3:12$이므로 $25°:\angle COD=1:4$

따라서 $\angle COD=100°$

④ $\angle COD=4\angle AOB$이므로 $\widehat{CD}=4\widehat{AB}$

⑤ 삼각형의 넓이는 중심각의 크기에 정비례하지 않으므로

(삼각형 COD의 넓이)$\neq 4\times$(삼각형 EOF의 넓이)

따라서 옳지 않은 것은 ⑤이다.

10 (트랙의 넓이)

$=$(반지름의 길이가 10 m인 원의 넓이)

$\quad-$(반지름의 길이가 5 m인 원의 넓이)

$\quad+$(직사각형의 넓이)$\times 2$

$=\pi\times10^2-\pi\times5^2+(20\times5)\times2$

$=100\pi-25\pi+200$

$=75\pi+200(m^2)$

11 $\widehat{AB}:\widehat{BC}:\widehat{CA}=8:7:3$이므로

$\angle AOB:\angle BOC:\angle COA=8:7:3$

따라서 $\angle BOC=360°\times\dfrac{7}{8+7+3}=140°$이므로

부채꼴 BOC의 넓이는 $\pi\times6^2\times\dfrac{140}{360}=14\pi(cm^2)$

12 색칠한 부분의 둘레의 길이는

$\left(2\pi\times6\times\dfrac{90}{360}\right)\times2+6\times2$

$=6\pi+12(cm)$

13 구하는 넓이는 오른쪽 그림에서 ㉠의 넓이의 8배와 같으므로

(넓이)

$=\left(\pi\times5^2\times\dfrac{90}{360}-\dfrac{1}{2}\times5\times5\right)\times8$

$=\left(\dfrac{25}{4}\pi-\dfrac{25}{2}\right)\times8$

$=50\pi-100(cm^2)$

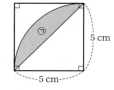

14 정삼각형 ABC의 한 내각의 크기는 60°이고 세 원의 반지름의

길이는 각각 $\dfrac{8}{2}=4(cm)$이므로 색칠한 부분의 넓이는

$\left(\pi\times4^2\times\dfrac{300}{360}\right)\times3=40\pi(cm^2)$

15 오른쪽 그림과 같이 이동하면 구하는 넓이는

$\pi\times2^2\times\dfrac{60}{360}=\dfrac{2}{3}\pi(cm^2)$

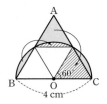

16 오른쪽 그림에서 곡선 부분의 길이는

$2\pi\times7=14\pi(cm)$

직선 부분의 길이는

$28\times3=84(cm)$

따라서 끈의 최소 길이는

$(14\pi+84)$ cm

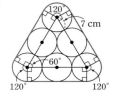

17 원의 중심이 움직인 거리는 오른쪽 그림과 같고, 부채꼴 부분을 모두 합하면 원이 된다.

따라서 원의 중심이 움직인 거리는

$2\pi\times1+(6+10+8)=2\pi+24(cm)$

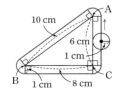

18 오른쪽 그림에서 점 A가 움직인 거리는

$2\pi\times10\times\dfrac{90}{360}=5\pi(cm)$

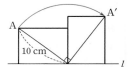

19 (색칠한 부분의 둘레의 길이)

$=2\pi\times12+2\pi\times9+2\pi\times3$

$=24\pi+18\pi+6\pi=48\pi(cm)$ ...... ❶

(색칠한 부분의 넓이)

$=\pi\times12^2-\pi\times9^2+\pi\times3^2$

$=144\pi-81\pi+9\pi=72\pi(cm^2)$ ...... ❷

채점 기준	비율
❶ 색칠한 부분의 둘레의 길이 구하기	50 %
❷ 색칠한 부분의 넓이 구하기	50 %

20 (색칠한 부분의 넓이)

$=$(부채꼴 AOM의 넓이)$+$(직사각형 ABNO의 넓이)

$\quad-$(삼각형 MBN의 넓이) ...... ❶

$=\pi\times5^2\times\dfrac{90}{360}+5\times10-\dfrac{1}{2}\times5\times15$ ...... ❷

$=\dfrac{25}{4}\pi+50-\dfrac{75}{2}=\dfrac{25}{4}\pi+\dfrac{25}{2}(cm^2)$ ...... ❸

채점 기준	비율
❶ 색칠한 부분의 넓이를 구할 수 있는 도형의 넓이의 합과 차로 나타내기	40 %
❷ 식 세우기	30 %
❸ 색칠한 부분의 넓이 구하기	30 %

5. 다면체와 회전체

다면체

소단원 필수 유형
81~86쪽

1	④	1-1	①, ②	1-2	②
2	③	2-1	②	2-2	6
3	④	3-1	④	3-2	칠각뿔
4	②	4-1	⑤	4-2	④
5	③	5-1	③	5-2	④
6	③	6-1	③	6-2	14
7	③	7-1	정십이면체	7-2	④
8	③	8-1	32	8-2	④
9	③			9-1	(가): 정육면체, (나): 정팔면체
9-2	50				
10	③	10-1	②	10-2	7
11	③	11-1	④	11-2	ㄱ, ㄹ
12	④	12-1	⑤	12-2	②

1 다면체는 정육면체, 오각뿔, 십이면체, 칠각뿔대, 삼각기둥의 5개이다.

1-1
다면체는 다각형 모양의 면으로만 둘러싸인 입체도형이므로 ①, ②이다.

1-2
② 원뿔은 원과 곡면으로 둘러싸여 있으므로 다면체가 아니다.

2 각 다면체의 꼭짓점의 개수는 다음과 같다.
① $2 \times 4 = 8$ ② $7 + 1 = 8$ ③ $4 + 1 = 5$
④ $2 \times 4 = 8$ ⑤ $2 \times 4 = 8$
따라서 꼭짓점의 개수가 나머지 넷과 다른 하나는 ③이다.

2-1
육각뿔대의 모서리의 개수는 $3 \times 6 = 18$
각 다면체의 모서리의 개수는 다음과 같다.
① $3 \times 8 = 24$ ② $2 \times 9 = 18$ ③ $3 \times 10 = 30$
④ $3 \times 11 = 33$ ⑤ $2 \times 12 = 24$
따라서 육각뿔대와 모서리의 개수가 같은 다면체는 구각뿔이다.

2-2
팔각기둥의 꼭짓점의 개수는 $2 \times 8 = 16$이므로 $a = 16$
오각뿔의 모서리의 개수는 $2 \times 5 = 10$이므로 $b = 10$
따라서 $a - b = 16 - 10 = 6$

3 주어진 각기둥을 n각기둥이라 하면 꼭짓점의 개수는 12이므로
$2n = 12$, $n = 6$, 즉 주어진 각기둥은 육각기둥이다.

육각기둥의 면의 개수는 $6 + 2 = 8$이므로 $a = 8$
육각기둥의 모서리의 개수는 $3 \times 6 = 18$이므로 $b = 18$
따라서 $a + b = 8 + 18 = 26$

3-1
주어진 각뿔대를 n각뿔대라 하면 모서리의 개수는 $3n$, 면의 개수는 $n + 2$이므로
$3n - (n + 2) = 14$, $2n = 16$, $n = 8$
따라서 구하는 각뿔대는 팔각뿔대이므로 팔각뿔대의 꼭짓점의 개수는
$2 \times 8 = 16$

3-2
주어진 각뿔을 n각뿔이라 하면 면의 개수는 $n + 1$, 모서리의 개수는 $2n$, 꼭짓점의 개수는 $n + 1$이므로
$(n + 1) + 2n + (n + 1) = 30$, $4n = 28$, $n = 7$
따라서 구하는 다면체는 칠각뿔이다.

4 ① 육각기둥 − 직사각형 ③ 삼각기둥 − 직사각형
④ 오각뿔대 − 사다리꼴 ⑤ 사각뿔 − 삼각형

4-1
옆면의 모양이 사다리꼴인 다면체는 ⑤ 오각뿔대이다.

4-2
각기둥은 옆면의 모양이 직사각형, 각뿔은 옆면의 모양이 삼각형, 각뿔대는 옆면의 모양이 사다리꼴이므로 옆면의 모양이 사각형이 아닌 다면체는 ④ 오각뿔이다.

5 ① 두 밑면은 모양은 같고 크기가 다르므로 두 밑면은 합동이 아니다.
② 옆면의 모양은 사다리꼴이다.
④ 육각뿔대는 육각기둥과 모서리의 개수가 같다.
⑤ 육각뿔을 밑면에 평행한 평면으로 자르면 육각뿔대를 얻는다.

5-1
③ 옆면과 밑면은 서로 수직이 아니다.

5-2
④ n각뿔의 모서리의 개수는 $2n$이다.

6 조건 (가), (나)를 만족시키는 입체도형은 각기둥이다.
이 입체도형을 n각기둥이라 하면 조건 (다)에서 모서리의 개수가 24이므로
$3n = 24$, $n = 8$
따라서 조건을 모두 만족시키는 입체도형은 팔각기둥이다.

6-1
조건 (가), (나)를 만족시키는 입체도형은 각뿔대이고, (다)를 만족시키는 각뿔대는 밑면이 사각형인 사각뿔대이다.

6-2
조건 (가), (나)를 만족시키는 입체도형은 각뿔이다. 구하는 입체도형의 밑면을 n각형이라 하면
$180° \times (n - 2) = 900°$, $n - 2 = 5$, $n = 7$

따라서 주어진 입체도형은 칠각뿔이므로 모서리의 개수는
$2 \times 7 = 14$

7 ① 정사면체 – 정삼각형 – 3
② 정육면체 – 정사각형 – 3
④ 정십이면체 – 정오각형 – 3
⑤ 정이십면체 – 정삼각형 – 5

7-1
한 꼭짓점에 모인 면의 개수가 3인 정다면체는 정사면체, 정육면체, 정십이면체이므로 이 중에서 면의 개수가 가장 많은 것은 정십이면체이다.

7-2
④ 각 면의 모양이 모두 합동인 정다각형이고, 각 꼭짓점에 모인 면의 개수가 같은 다면체가 정다면체이다.

8 정사면체의 모서리의 개수는 6, 정팔면체의 꼭짓점의 개수는 6이므로 $a=6$, $b=6$
따라서 $ab=6 \times 6 = 36$

8-1
한 꼭짓점에 모인 면의 개수가 가장 많은 정다면체는 정이십면체이고 면의 모양이 정오각형인 정다면체는 정십이면체이다.
정이십면체의 면의 개수는 20, 정십이면체의 면의 개수는 12이므로 구하는 면의 개수의 합은 $20+12=32$

8-2
① 4　　② 12　　③ 8　　④ 3　　⑤ 12
따라서 그 값이 가장 작은 것은 ④이다.

9 조건 (가), (나)를 만족시키는 입체도형은 정다면체이고, 각 꼭짓점에 모인 면의 개수가 4인 정다면체는 정팔면체로 모서리의 개수가 12이다. 각 다면체의 모서리의 개수는 다음과 같다.
① 8　　② 15　　③ 12　　④ 21　　⑤ 24
따라서 정팔면체와 모서리의 개수가 같은 다면체는 ③이다.

9-1
면의 모양이 정사각형인 정다면체는 정육면체이고, 꼭짓점의 개수가 6인 정다면체는 정팔면체이다.

9-2
면의 모양이 정오각형인 정다면체는 정십이면체이다. 정십이면체의 꼭짓점의 개수는 20, 모서리의 개수는 30이므로
$a=20$, $b=30$
따라서 $a+b=20+30=50$

10 주어진 전개도로 정팔면체를 만들면 오른쪽 그림과 같으므로 $\overline{CB}$와 겹쳐지는 모서리는 $\overline{GH}$이고, 평행한 모서리는 $\overline{AD}$이다.

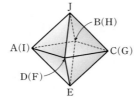

10-1
모두 합동인 정삼각형 4개로 이루어진 입체도형은 정사면체이다.

따라서 정사면체의 꼭짓점의 개수는 4, 모서리의 개수는 6으로 개수의 차는 $6-4=2$

10-2
주어진 전개도로 정육면체를 만들면 오른쪽 그림과 같다.
a가 적힌 면과 4가 적힌 면이 마주 보므로
$a+4=7$, $a=3$
6이 적힌 면과 b가 적힌 면이 마주 보므로
$6+b=7$, $b=1$
2가 적힌 면과 c가 적힌 면이 마주 보므로
$2+c=7$, $c=5$
따라서 $a-b+c=3-1+5=7$

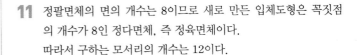

11 정팔면체의 면의 개수는 8이므로 새로 만든 입체도형은 꼭짓점의 개수가 8인 정다면체, 즉 정육면체이다.
따라서 구하는 모서리의 개수는 12이다.

11-1
① 정사면체의 면의 개수는 4이므로 새로 만든 입체도형은 꼭짓점의 개수가 4인 정다면체, 즉 정사면체이다.
② 정육면체의 면의 개수는 6이므로 새로 만든 입체도형은 꼭짓점의 개수가 6인 정다면체, 즉 정팔면체이다.
③ 정팔면체의 면의 개수는 8이므로 새로 만든 입체도형은 꼭짓점의 개수가 8인 정다면체, 즉 정육면체이다.
④ 정십이면체의 면의 개수는 12이므로 새로 만든 입체도형은 꼭짓점의 개수가 12인 정다면체, 즉 정이십면체이다.
⑤ 정이십면체의 면의 개수는 20이므로 새로 만든 입체도형은 꼭짓점의 개수가 20인 정다면체, 즉 정십이면체이다.

11-2
정이십면체의 면의 개수는 20이므로 새로 만든 입체도형은 꼭짓점의 개수가 20인 정다면체, 즉 정십이면체이다.
ㄴ. 면의 개수는 12이다.
ㄷ. 모서리의 개수는 30이다.
따라서 옳은 것은 ㄱ, ㄹ이다.

12 주어진 정육면체를 세 꼭짓점 A, G, H를 지나는 평면으로 자를 때 생기는 단면의 모양은 오른쪽 그림과 같은 직사각형이다.

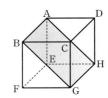

12-1
오른쪽 그림과 같이 세 점 C, M, E를 지나는 평면은 $\overline{FG}$의 중점 N을 지난다.
이때 △CDM, △EAM, △EFN, △CGN이 모두 합동이므로
$\overline{CM}=\overline{EM}=\overline{EN}=\overline{CN}$
따라서 사각형 CMEN은 마름모이다.

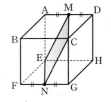

12-2

①
이등변삼각형

③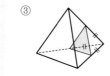
정삼각형

④
사다리꼴

⑤
직사각형

2 회전체

13 ⑤ 삼각뿔은 다면체이다.

13-1
② 삼각기둥은 다면체이다.
⑤ 사각뿔은 다면체이다.

13-2
회전체는 구, 원뿔, 원뿔대, 원기둥, 반구이므로 $a=5$
다면체는 사각뿔대, 사각뿔, 정팔면체, 사각기둥이므로 $b=4$
따라서 $a-b=5-4=1$

14 각 변 또는 대각선을 회전축으로 하여 1회전 시킬 때 생기는 회전체는 다음과 같다.

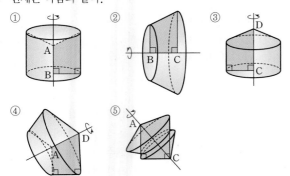

따라서 원뿔대의 회전축이 될 수 있는 것은 ②이다.

14-1

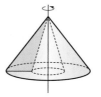

14-2
보기의 직선을 회전축으로 하여 1회전 시킬 때 생기는 회전체는 다음과 같다.

ㄱ. 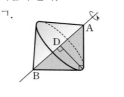   ㄴ.

ㄷ. 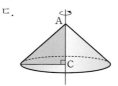   ㄹ.

따라서 원뿔의 회전축이 될 수 있는 것은 ㄴ, ㄷ, ㄹ이다.

15 ③ 원뿔을 회전축을 포함하는 평면으로 자른 경우 단면의 모양은 이등변삼각형이다.

15-1
회전축을 포함하는 평면으로 자를 때 생기는 단면의 모양은 다음과 같다.
① 원   ② 이등변삼각형   ③ 직사각형
④ 사다리꼴   ⑤ 반원

15-2
직사각형을 1회전 시켜 만들어진 회전체는 원기둥이다.
원기둥을 한 평면으로 자를 때 생기는 단면의 모양은 다음과 같다.

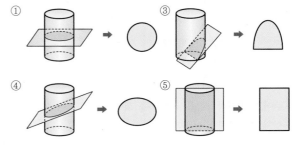

16 회전축을 포함하는 평면으로 자를 때 생기는 단면과 회전축에 수직인 평면으로 자를 때 생기는 단면은 다음과 같다.

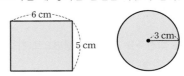

$x=6\times5=30$, $y=\pi\times3^2=9\pi$
따라서 $x+y=30+9\pi$

16-1

주어진 회전체를 회전축을 포함하는 평면으로 자르면 오른쪽 그림과 같이 반원과 정삼각형이 합쳐진 모양이 나온다.

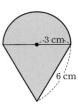

따라서 구하는 단면의 둘레의 길이는

$\frac{1}{2} \times 2\pi \times 3 + 2 \times 6 = 3\pi + 12$ (cm)

16-2

회전체는 오른쪽 그림과 같고 회전축을 포함하는 평면으로 자르면 주어진 사다리꼴을 선대칭하여 그린 모양이 된다.

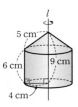

따라서 구하는 단면의 넓이는

$\left\{ \frac{1}{2} \times (6+9) \times 4 \right\} \times 2 = 60$ (cm²)

17 전개도로 만들어지는 입체도형은 원뿔대이고, 이 원뿔대를 회전축을 포함하는 평면으로 자를 때 생기는 단면의 모양은 오른쪽 그림과 같이 사다리꼴이다.

따라서 이 사다리꼴의 둘레의 길이는

$2 + 4 + 3 \times 2 = 12$ (cm)

17-1

주어진 원기둥의 전개도는 오른쪽 그림과 같다.

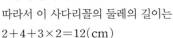

이때 옆면이 되는 직사각형의 가로의 길이는 밑면인 원의 둘레의 길이와 같으므로

(가로의 길이) $= 2\pi \times 3 = 6\pi$ (cm)

따라서 구하는 직사각형의 넓이는

$6\pi \times 5 = 30\pi$ (cm²)

17-2

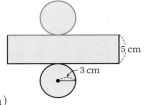

주어진 직각삼각형을 직선 l을 회전축으로 하여 1회전 시킬 때 생기는 회전체는 원뿔이다.

원뿔의 전개도에서 옆면인 부채꼴의 호의 길이는 밑면인 원의 둘레의 길이와 같으므로

$2\pi \times 9 \times \frac{x}{360} = 2\pi \times 4$, $x = 160$

18 ⑤ 원뿔은 회전축을 포함하는 평면으로 자를 때 생기는 단면은 이등변삼각형이다.

18-1

④ 구의 회전축은 무수히 많다.

🔵 중단원 핵심유형 테스트   91~93쪽

1 ④	**2** ③	**3** 3	**4** ④	**5** 2
6 ④	**7** ④	**8** ②	**9** ③	**10** ⑤
11 ①, ④	**12** ④	**13** ④	**14** ①, ④	**15** ④
16 $\frac{48}{5}$ cm	**17** ②, ⑤	**18** ②	**19** 27	
20 $(64\pi + 16)$ cm				

1 ① 사각뿔의 면의 개수는 $4+1=5$이므로 오면체
② 사각뿔대의 면의 개수는 $4+2=6$이므로 육면체
③ 오각뿔의 면의 개수는 $5+1=6$이므로 육면체
④ 칠각기둥의 면의 개수는 $7+2=9$이므로 구면체
⑤ 구각뿔대의 면의 개수는 $9+2=11$이므로 십일면체

2 각 다면체의 모서리의 개수는
①, ②, ④, ⑤ 12   ③ 15

3 칠면체인 각뿔은 육각뿔이고, 칠면체인 각뿔대는 오각뿔대이다.
육각뿔의 꼭짓점의 개수는 $6+1=7$이므로 $a=7$
오각뿔대의 꼭짓점의 개수는 $2 \times 5 = 10$이므로 $b=10$
따라서 $b-a = 10-7 = 3$

4 주어진 각뿔을 n각뿔이라 하면 밑면은 n각형이고 대각선의 개수가 9이므로

$\frac{n(n-3)}{2} = 9$, $n(n-3) = 18$

이때 $18 = 6 \times 3$이므로 $n=6$
따라서 밑면의 모양이 육각형인 육각뿔이므로 면의 개수는
$6+1=7$

5 옆면의 모양이 삼각형인 다면체는 ㄴ, ㄹ의 2개이고 사각형인 다면체는 ㄱ, ㅂ, ㅅ, ㅈ의 4개이다.
따라서 $a=2$, $b=4$이므로 $b-a = 4-2 = 2$

6 조건 (가), (나)를 만족시키는 입체도형은 각기둥이다. 조건 (다)를 만족시키는 입체도형은 $6+2=8$이므로 옆면이 6개인 각기둥으로 육각기둥이다.

7 주어진 전개도로 정팔면체를 만들면 오른쪽 그림과 같으므로 모서리 BC와 꼬인 위치에 있는 모서리는 $\overline{AJ}$, $\overline{DJ}$, $\overline{IE}$, $\overline{DE}$이다.

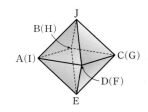

8 각 면이 모두 합동인 정다각형이며, 한 꼭짓점에 모인 면의 개수가 5인 조건을 만족시키는 다면체는 정이십면체이다. 정이십면체의 모서리의 개수는 30, 꼭짓점의 개수는 12이다.
각 면의 한가운데 점을 연결하면 꼭짓점이 20개인 정십이면체가 만들어진다.

---

9 점 M에서 시작하여 세 모서리 AC, AB, BD를 거쳐 다시 점 M 까지 오는 최단 거리는 지나는 세 모서리의 중점을 지나야 한다. 주어진 정사면체의 전개도의 일부를 이 용하여 오른쪽 그림과 같이 나타내면 구 하는 최단 거리는 $\overline{MM'}$의 2배이므로 $2 \times 10 = 20$(cm)

10 정육면체의 각 면의 대각선의 교점을 꼭짓점으로 하여 만든 입체 도형은 꼭짓점의 개수가 6인 정팔면체이다.
⑤ 모든 면이 합동인 정삼각형으로 이루어져 있다.

11 ① 한 꼭짓점에 모인 면의 개수는 정팔면체는 4, 정이십면체는 5 로 다르다.
④ 정삼각형이 한 꼭짓점에 4개가 모인 정다면체는 정팔면체이다.

12 ④

13 주어진 그래프는 시간에 따른 물의 높이의 변화를 나타낸 그래프 이다. 해당 그래프는 일정한 속도로 물의 높이가 높아지는데, 특 정 시점을 기준으로 물의 높이가 빠른 속도로 높아진다.
따라서 구하는 것은 ④이다.

14 ② 회전축을 포함하는 평면으로 자른 단면은 원뿔은 이등변삼각 형, 원기둥은 직사각형, 원뿔대는 사다리꼴, 구는 원으로 회 전체에 따라 다양하다.
③ 직각삼각형을 한 변을 축으로 하여 1회전 시키면 항상 원뿔인 것은 아니다.
⑤ 회전축에 수직인 평면으로 자른 단면은 모두 합동인 것은 아 니다. 구, 원뿔, 원뿔대의 경우 크기가 다양한 원이 나온다.

15 원뿔대를 평면으로 자를 때 생기는 단면의 모양은 다음과 같다.

①   ②

③   ⑤

16 회전체를 회전축에 수직인 평면으 로 자를 때 생기는 단면인 원의 넓 이가 가장 큰 경우는 오른쪽 그림과 같이 자를 때이므로 구하는 반지름 의 길이를 r cm라 하면

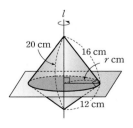

$\dfrac{1}{2} \times 20 \times r = \dfrac{1}{2} \times 16 \times 12$, $r = \dfrac{48}{5}$

따라서 구하는 반지름의 길이는 $\dfrac{48}{5}$ cm이다.

17 ① 정사면체는 모든 면이 정삼각형이다.
② 삼각뿔대는 밑면이 삼각형, 옆면이 사다리꼴이다.
③ 육각뿔은 밑면이 육각형, 옆면이 삼각형이다.
④ 원뿔은 밑면이 원, 옆면이 부채꼴이다.
⑤ 원기둥은 밑면이 원, 옆면이 직사각형이다.

18 원뿔의 전개도의 옆면인 부채꼴의 중심각의 크기는
$2\pi \times 2 = 2\pi \times 8 \times \dfrac{x}{360}$, $x = 90$
따라서 원뿔을 4바퀴 굴려야 원래의 자리로 돌아온다.

19 n각뿔대의 면의 개수는 $n+2$, 모서리의 개수는 $3n$, 꼭짓점의 개수는 $2n$이다. ...... ❶
이때 면의 개수, 모서리의 개수, 꼭짓점의 개수의 합이 56이므로
$(n+2) + 3n + 2n = 56$
$6n = 54$, $n = 9$ ...... ❷
따라서 이 각뿔대는 밑면이 구각형인 구각뿔대이므로
구각형의 대각선의 개수는
$\dfrac{9 \times (9-3)}{2} = 27$ ...... ❸

채점 기준	비율
❶ n각뿔대의 면의 개수, 모서리의 개수, 꼭짓점의 개수를 n에 대한 식으로 나타내기	30 %
❷ 주어진 각뿔대 구하기	30 %
❸ 한 밑면의 대각선의 개수 구하기	40 %

20 원뿔대의 전개도는 다음 그림과 같다.

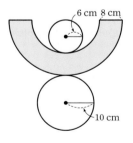

...... ❶

따라서 구하는 전개도의 옆면의 둘레의 길이는
$2\pi \times 6 + 2\pi \times 10 + 8 \times 2 = 32\pi + 16$(cm)
두 밑면의 둘레의 길이의 합은
$2\pi \times 6 + 2\pi \times 10 = 32\pi$(cm) ...... ❷
따라서 구하는 전개도의 둘레의 길이는
$(32\pi + 16) + 32\pi = 64\pi + 16$(cm) ...... ❸

채점 기준	비율
❶ 원뿔대의 전개도 그리기	40 %
❷ 전개도의 옆면, 두 밑면의 둘레의 길이 구하기	40 %
❸ 전개도의 둘레의 길이 구하기	20 %

6. 입체도형의 겉넓이와 부피

1 기둥의 겉넓이와 부피

소단원 필수 유형

97~100쪽

1 256 cm^2	**1-1** ④	**1-2** 244 cm^2
2 ③	**2-1** ⑤	**2-2** $192\pi \text{ cm}^2$
3 ④	**3-1** $1:3:5$	**3-2** ①
4 ⑤	**4-1** $10\pi \text{ cm}$	**4-2** $72\pi \text{ cm}^2$
5 겉넓이: 216 cm^2, 부피: 180 cm^3		**5-1** ②
5-2 $112\pi \text{ cm}^2$		
6 겉넓이: $(28\pi+96) \text{ cm}^2$, 부피: $48\pi \text{ cm}^3$		
6-1 $70\pi \text{ cm}^3$	**6-2** ③	
7 ④		**7-1** 겉넓이: $126\pi \text{ cm}^2$, 부피: $126\pi \text{ cm}^3$
7-2 겉넓이: $(180+9\pi) \text{ cm}^2$, 부피: $(216-27\pi) \text{ cm}^3$		
8 겉넓이: $32\pi \text{ cm}^2$, 부피: $24\pi \text{ cm}^3$		
8-1 $3:2$	**8-2** $124\pi \text{ cm}^2$	

1 (밑넓이)$=\dfrac{1}{2}\times(12+4)\times3=24(\text{cm}^2)$

(옆넓이)$=(12+5+4+5)\times8=208(\text{cm}^2)$

이므로 사각기둥의 겉넓이는 $24\times2+208=256(\text{cm}^2)$

1-1

정육면체의 한 모서리의 길이를 $a \text{ cm}$라 하면 겉넓이는 96 cm^2이므로

$(a\times a)\times6=96$에서 $a^2=16$

이때 $a>0$이므로 $a=4$

따라서 한 모서리의 길이는 4 cm이다.

1-2

(밑넓이)$=\dfrac{1}{2}\times8\times3+4\times8=44(\text{cm}^2)$

(옆넓이)$=(5+5+4+8+4)\times6=156(\text{cm}^2)$

이므로 오각기둥의 겉넓이는 $44\times2+156=244(\text{cm}^2)$

2 원기둥의 밑면인 원의 반지름의 길이를 $r \text{ cm}$라 하면 옆넓이는 $30\pi \text{ cm}^2$이므로

$(2\pi\times r)\times5=30\pi$에서 $r=3$

따라서 밑면인 원의 반지름의 길이는 3 cm이다.

2-1

원기둥의 높이를 $h \text{ cm}$라 하면 겉넓이는 $108\pi \text{ cm}^2$이므로

$(\pi\times3^2)\times2+(2\pi\times3)\times h=108\pi$에서

$18\pi+6\pi h=108\pi$, $6\pi h=90\pi$, $h=15$

따라서 원기둥의 높이는 15 cm이다.

2-2

오른쪽 그림과 같이 빗금친 두 부분의 넓이의 합은 큰 원기둥의 한 밑면의 넓이와 같다.

(밑넓이)$=\pi\times6^2=36\pi(\text{cm}^2)$

(옆넓이)$=2\pi\times3\times4+2\pi\times6\times8$
$\qquad=24\pi+96\pi=120\pi(\text{cm}^2)$

따라서 입체도형의 겉넓이는

$36\pi\times2+120\pi=72\pi+120\pi=192\pi(\text{cm}^2)$

3 사각기둥의 높이를 $h \text{ cm}$라 하면 부피가 144 cm^3이므로

$\left(\dfrac{1}{2}\times6\times8\right)\times h=144$에서 $24h=144$, $h=6$

따라서 사각기둥의 높이는 6 cm이다.

3-1

사각기둥 모양의 그릇 세 개의 밑넓이가 모두 같으므로 물의 부피의 비는 물의 높이의 비와 같다.

따라서 $10:30:50=1:3:5$

3-2

(밑넓이)$=\dfrac{1}{2}\times12\times5=30(\text{cm}^2)$

(옆넓이)$=(12+13+5)\times h=30h(\text{cm}^2)$

이때 삼각기둥의 겉넓이가 360 cm^2이므로

$30\times2+30h=360$에서 $30h=300$, $h=10$

따라서 (부피)$=30\times10=300(\text{cm}^3)$

4 원기둥의 높이를 $h \text{ cm}$라 하면 옆넓이가 $112\pi \text{ cm}^2$이므로

$2\pi\times4\times h=112\pi$에서 $8\pi h=112\pi$, $h=14$

따라서 (부피)$=\pi\times4^2\times14=224\pi(\text{cm}^3)$

4-1

원기둥의 밑면인 원의 반지름의 길이를 $r \text{ cm}$라 하면 부피가 $150\pi \text{ cm}^3$이므로 $\pi r^2\times6=150\pi$에서 $r^2=25$

이때 $r>0$이므로 $r=5$

따라서 밑면인 원의 둘레의 길이는 $2\pi\times5=10\pi(\text{cm})$

4-2

원기둥 A의 부피는 $(\pi\times6^2)\times4=144\pi(\text{cm}^3)$

원기둥 B의 밑면인 원의 반지름의 길이가 $r \text{ cm}$이고, 두 원기둥의 부피가 서로 같으므로

$(\pi\times r^2)\times9=144\pi$에서 $r^2=16$

이때 $r>0$이므로 $r=4$

따라서 원기둥 B의 옆넓이는

$2\pi\times4\times9=72\pi(\text{cm}^2)$

5 (겉넓이)$=\left\{\dfrac{1}{2}\times(3+6)\times4\right\}\times2+(4+6+5+3)\times10$
$\qquad=36+180=216(\text{cm}^2)$

(부피)$=\left\{\dfrac{1}{2}\times(3+6)\times4\right\}\times10$
$\qquad=180(\text{cm}^3)$

5-1

$(\text{부피})=\left(\dfrac{1}{2}\times3\times4\right)\times8=48(\text{cm}^3)$

5-2

원기둥의 전개도의 옆면의 가로의 길이는 밑면인 원의 둘레의 길이와 같다. 이때 밑면인 원의 반지름의 길이를 r cm라 하면

$2\pi\times r=8\pi$에서 $r=4$

$(\text{밑넓이})=\pi\times4^2=16\pi(\text{cm}^2)$

$(\text{옆넓이})=8\pi\times10=80\pi(\text{cm}^2)$

이므로 원기둥의 겉넓이는 $16\pi\times2+80\pi=112\pi(\text{cm}^2)$

6

밑면의 중심각의 크기는 $360°\times\dfrac{1}{8}=45°$이므로

$(\text{밑넓이})=\pi\times8^2\times\dfrac{45}{360}=8\pi(\text{cm}^2)$

$(\text{옆넓이})=\left(2\pi\times8\times\dfrac{45}{360}+8\times2\right)\times6=12\pi+96(\text{cm}^2)$

따라서 겉넓이와 부피는

$(\text{겉넓이})=8\pi\times2+12\pi+96=28\pi+96(\text{cm}^2)$

$(\text{부피})=8\pi\times6=48\pi(\text{cm}^3)$

6-1

원기둥의 부피는 $(\pi\times4^2)\times7=112\pi(\text{cm}^3)$

밑면의 중심각의 크기의 비는 부피의 비와 같다.

따라서 큰 기둥의 부피는 $112\pi\times\dfrac{5}{8}=70\pi(\text{cm}^3)$

6-2

기둥의 높이를 h cm라 하면 부피가 15π cm³이므로

$\left(\pi\times3^2\times\dfrac{60}{360}\right)\times h=15\pi$에서 $\dfrac{3}{2}\pi h=15\pi$, $h=10$

따라서 기둥의 겉넓이는

$\left(\pi\times3^2\times\dfrac{60}{360}\right)\times2+\left(2\pi\times3\times\dfrac{60}{360}+3\times2\right)\times10$

$=3\pi+10\pi+60=13\pi+60(\text{cm}^2)$

7

$(\text{부피})=(5^2-\pi\times2^2)\times8$

$\qquad\ =(25-4\pi)\times8=200-32\pi(\text{cm}^3)$

7-1

주어진 입체도형은 오른쪽 그림과 같다.

따라서 입체도형의 겉넓이와 부피는

(겉넓이)

$=(\pi\times5^2-\pi\times2^2)\times2$

$\quad+(2\pi\times5)\times6+(2\pi\times2)\times6$

$=42\pi+60\pi+24\pi=126\pi(\text{cm}^2)$

$(\text{부피})=(\pi\times5^2-\pi\times2^2)\times6=21\pi\times6=126\pi(\text{cm}^3)$

7-2

(겉넓이)

$=\left(6\times6-\pi\times3^2\times\dfrac{1}{2}\right)\times2+\left(6\times3+2\pi\times3\times\dfrac{1}{2}\right)\times6$

$=72-9\pi+108+18\pi=180+9\pi(\text{cm}^2)$

$(\text{부피})=\left(6\times6-\pi\times3^2\times\dfrac{1}{2}\right)\times6=216-27\pi(\text{cm}^3)$

8

주어진 직사각형을 직선 l을 회전축으로 하여 1회전 시킬 때 생기는 회전체는 오른쪽 그림과 같다. 따라서

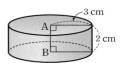

$(\text{겉넓이})=(\pi\times2^2)\times2+(2\pi\times2)\times6$

$\qquad\quad\ =8\pi+24\pi=32\pi(\text{cm}^2)$

$(\text{부피})=(\pi\times2^2)\times6=24\pi(\text{cm}^3)$

8-1

$\overline{\text{AB}}$를 회전축으로 하여 1회전 시킬 때 생기는 회전체는 오른쪽 그림과 같으므로 구하는 부피는

$\pi\times3^2\times2=18\pi(\text{cm}^3)$

$\overline{\text{AD}}$를 회전축으로 하여 1회전 시킬 때 생기는 회전체는 오른쪽 그림과 같으므로 구하는 부피는

$\pi\times2^2\times3=12\pi(\text{cm}^3)$

따라서 구하는 부피의 비는 $18\pi:12\pi=3:2$

8-2

주어진 평면도형을 직선 l을 회전축으로 하여 1회전 시킬 때 생기는 회전체는 오른쪽 그림과 같다.

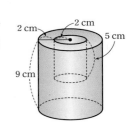

$(\text{밑넓이})=\pi\times4^2=16\pi(\text{cm}^2)$

$(\text{옆넓이})=(2\pi\times4)\times9$

$\qquad\qquad\ +(2\pi\times2)\times5$

$\qquad\qquad\ =72\pi+20\pi=92\pi(\text{cm}^2)$

이므로 $(\text{겉넓이})=16\pi\times2+92\pi=124\pi(\text{cm}^2)$

2 뿔과 구의 겉넓이와 부피

소단원 필수 유형

102~106쪽

9 95 cm²	**9-1** 5		
10 ⑤	**10-1** 7 cm		
11 ②	**11-1** 117 cm²		
12 ①	**12-1** ③	**12-2** 6 cm	
13 ④	**13-1** 10 cm	**13-2** 96π cm³	
14 ①	**14-1** 93 cm³	**14-2** 258π cm³	
15 겉넓이: 36π cm², 부피: 16π cm³	**15-1** ②		
15-2 겉넓이: 192π cm², 부피: 192π cm³			
16 ①	**16-1** 1 : 16	**16-2** 104π cm²	
17 ⑤	**17-1** 252π cm³	**17-2** 27π cm³	
18 ③	**18-1** 216π cm³		
18-2 겉넓이: 105π cm², 부피: 78π cm³			
19 18	**19-1** 432π cm³		
19-2 A: 2 cm, B: (6−π) cm			

9 (밑넓이)$=5 \times 5 = 25(\text{cm}^2)$

(옆넓이)$=\left(\dfrac{1}{2} \times 5 \times 7\right) \times 4 = 70(\text{cm}^2)$

이므로 사각뿔의 겉넓이는

$25+70=95(\text{cm}^2)$

9-1

(밑넓이)$=6 \times 6 = 36(\text{cm}^2)$

(옆넓이)$=\left(\dfrac{1}{2} \times 6 \times x\right) \times 4 = 12x(\text{cm}^2)$

이고, 겉넓이는 $96\ \text{cm}^2$이므로

$36+12x=96$에서 $12x=60$, $x=5$

10 (밑넓이)$=\pi \times 8^2 = 64\pi(\text{cm}^2)$

(옆넓이)$=\pi \times 8 \times 15 = 120\pi(\text{cm}^2)$

이므로 원뿔의 겉넓이는

$64\pi+120\pi=184\pi(\text{cm}^2)$

10-1

원뿔의 모선의 길이를 $l\ \text{cm}$라 하면

(밑넓이)$=\pi \times 5^2 = 25\pi(\text{cm}^2)$

(옆넓이)$=\pi \times 5 \times l = 5\pi l(\text{cm}^2)$

이고, 겉넓이는 $60\pi\ \text{cm}^2$이므로

$25\pi+5\pi l=60\pi$에서 $5\pi l=35\pi$, $l=7$

따라서 구하는 모선의 길이는 $7\ \text{cm}$이다.

11 원뿔대와 원기둥이 만나는 부분은 겉넓이가 아니므로

(밑넓이의 합)$=\pi \times 2^2 + \pi \times 4^2 = 20\pi(\text{cm}^2)$

(원뿔대의 옆넓이)$=\pi \times 4 \times 8 - \pi \times 2 \times 4 = 24\pi(\text{cm}^2)$

(원기둥의 옆넓이)$=(2\pi \times 4) \times 10 = 80\pi(\text{cm}^2)$

이므로 입체도형의 겉넓이는 $20\pi+24\pi+80\pi=124\pi(\text{cm}^2)$

11-1

(밑넓이의 합)$=3 \times 3 + 6 \times 6 = 45(\text{cm}^2)$

(옆넓이)$=\left\{\dfrac{1}{2} \times (3+6) \times 4\right\} \times 4 = 72(\text{cm}^2)$

이므로 사각뿔대의 겉넓이는 $45+72=117(\text{cm}^2)$

12 (부피)$=\dfrac{1}{3} \times \left(\dfrac{1}{2} \times 12 \times 12\right) \times 7 = 168(\text{cm}^3)$

12-1

사각뿔의 높이를 $h\ \text{cm}$라 하면

$\dfrac{1}{3} \times (7 \times 7) \times h = 147$, $\dfrac{49}{3}h=147$, $h=9$

따라서 구하는 사각뿔의 높이는 $9\ \text{cm}$이다.

12-2

정육면체 그릇의 한 모서리의 길이를 $x\ \text{cm}$라 하면 남아 있는 물의 모양이 삼각뿔이므로 물의 부피는 $36\ \text{cm}^3$이므로

$\dfrac{1}{3} \times \left(\dfrac{1}{2} \times x \times x\right) \times x = 36$, $x^3=216$, $x=6$

따라서 구하는 한 모서리의 길이는 $6\ \text{cm}$이다.

13 (위쪽 원뿔의 부피)$=\dfrac{1}{3} \times (\pi \times 3^2) \times 4 = 12\pi(\text{cm}^3)$

(아래쪽 원뿔의 부피)$=\dfrac{1}{3} \times (\pi \times 3^2) \times 6 = 18\pi(\text{cm}^3)$

이므로 입체도형의 부피는 $12\pi+18\pi=30\pi(\text{cm}^3)$

13-1

원뿔의 높이를 $h\ \text{cm}$라 하면

$\dfrac{1}{3} \times (\pi \times 9^2) \times h = 270\pi$, $27\pi h = 270\pi$, $h=10$

따라서 구하는 원뿔의 높이는 $10\ \text{cm}$이다.

13-2

밑면인 원의 반지름의 길이를 $r\ \text{cm}$라 하면

(부채꼴의 호의 길이)$=$(원의 둘레의 길이)이므로

$2\pi \times 10 \times \dfrac{216}{360} = 2\pi \times r$에서 $r=6$

따라서 원뿔의 부피는 $\dfrac{1}{3} \times \pi \times 6^2 \times 8 = 96\pi(\text{cm}^3)$

14 (큰 원뿔의 부피)$=\dfrac{1}{3} \times (\pi \times 4^2) \times 6 = 32\pi(\text{cm}^3)$

(작은 원뿔의 부피)$=\dfrac{1}{3} \times (\pi \times 2^2) \times 3 = 4\pi(\text{cm}^3)$

(원뿔대의 부피)$=32\pi-4\pi=28\pi(\text{cm}^3)$

이므로 위쪽 원뿔과 아래쪽 원뿔대의 부피의 비는

$4\pi : 28\pi = 1 : 7$

14-1

(부피)$=$(큰 사각뿔의 부피)$-$(작은 사각뿔의 부피)

$=\dfrac{1}{3} \times (7 \times 7) \times 7 - \dfrac{1}{3} \times (4 \times 4) \times 4$

$=\dfrac{343}{3} - \dfrac{64}{3} = 93(\text{cm}^3)$

14-2

(원뿔대의 부피)$=\dfrac{1}{3} \times (\pi \times 6^2) \times 4 - \dfrac{1}{3} \times (\pi \times 3^2) \times 2$

$=48\pi-6\pi=42\pi(\text{cm}^3)$

(원기둥의 부피)$=(\pi \times 6^2) \times 6 = 216\pi(\text{cm}^3)$

이므로 입체도형의 부피는

$42\pi+216\pi=258\pi(\text{cm}^3)$

15 $\overline{\text{AC}}$를 회전축으로 하여 1회전 시킬 때 생기는 회전체는 오른쪽 그림과 같다.

(겉넓이)

$=\pi \times 4^2 + \pi \times 4 \times 5$

$=16\pi+20\pi=36\pi(\text{cm}^2)$

(부피)$=\dfrac{1}{3} \times (\pi \times 4^2) \times 3 = 16\pi(\text{cm}^3)$

15-1

직선 l을 회전축으로 하여 1회전 시킬 때 생기는 회전체는 오른쪽 그림과 같다.

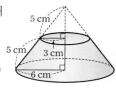

(밑넓이의 합)$=\pi \times 3^2 + \pi \times 6^2$

$=9\pi+36\pi=45\pi(\text{cm}^2)$

(옆넓이)$=\pi\times6\times10-\pi\times3\times5$

$\qquad=60\pi-15\pi=45\pi(cm^2)$

따라서 (겉넓이)$=45\pi+45\pi=90\pi(cm^2)$

15-2

직선 l을 회전축으로 하여 1회전 시킬 때 생기는 회전체는 오른쪽 그림과 같다.

(겉넓이)

$=\pi\times6^2+2\pi\times6\times8+\pi\times6\times10$

$=36\pi+96\pi+60\pi=192\pi(cm^2)$

(부피)$=\pi\times6^2\times8-\dfrac{1}{3}\times(\pi\times6^2)\times8=192\pi(cm^3)$

16 (겉넓이)$=$(구의 겉넓이)$\times\dfrac{3}{4}+$(원의 넓이)

$\qquad=(4\pi\times6^2)\times\dfrac{3}{4}+\pi\times6^2$

$\qquad=108\pi+36\pi=144\pi(cm^2)$

16-1

(작은 구의 겉넓이)$=4\pi\times1^2=4\pi(cm^2)$

(큰 구의 겉넓이)$=4\pi\times4^2=64\pi(cm^2)$

이므로 두 구의 겉넓이의 비는

(작은 구) : (큰 구)$=4\pi:64\pi=1:16$

16-2

주어진 입체도형은 반구 2개와 원기둥으로 이루어져 있다.

(구의 겉넓이)$=4\pi\times4^2=64\pi(cm^2)$

(원기둥의 옆넓이)$=(2\pi\times4)\times5=40\pi(cm^2)$

이므로 입체도형의 겉넓이는 $64\pi+40\pi=104\pi(cm^2)$

17 주어진 입체도형은 반구와 원뿔로 이루어져 있다.

(반구의 부피)$=\left(\dfrac{4}{3}\pi\times5^3\right)\times\dfrac{1}{2}=\dfrac{250}{3}\pi(cm^3)$

(원뿔의 부피)$=\dfrac{1}{3}\times(\pi\times5^2)\times10=\dfrac{250}{3}\pi(cm^3)$

이므로 입체도형의 부피는 $\dfrac{250}{3}\pi+\dfrac{250}{3}\pi=\dfrac{500}{3}\pi(cm^3)$

17-1

(부피)$=\left(\dfrac{4}{3}\pi\times6^3\right)\times\dfrac{7}{8}=252\pi(cm^3)$

17-2

구의 반지름의 길이를 r cm라 하면

(겉넓이)$=(4\pi\times r^2)\times\dfrac{3}{4}+\pi\times r^2$

$\qquad=3\pi r^2+\pi r^2=4\pi r^2(cm^2)$

이때 겉넓이는 36π cm^{2}이므로

$4\pi r^2=36\pi$에서 $r^2=9$

이때 $r>0$이므로 $r=3$

따라서 입체도형의 부피는 $\left(\dfrac{4}{3}\pi\times3^3\right)\times\dfrac{3}{4}=27\pi(cm^3)$

18 반원의 반지름의 길이를 r cm라 하면

$\pi r^2\times\dfrac{1}{2}=32\pi$, $r^2=64$

이때 $r>0$이므로 $r=8$

주어진 반원을 지름을 회전축으로 하여 1회전 시킬 때 생기는 회전체는 구이다.

따라서 구의 겉넓이는

$4\pi\times8^2=256\pi(cm^2)$

18-1

직선 l을 회전축으로 하여 1회전 시킬 때 생기는 회전체는 오른쪽 그림과 같다.

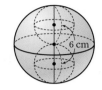

(부피)$=\dfrac{4}{3}\pi\times6^3-\left(\dfrac{4}{3}\pi\times3^3\right)\times2$

$\qquad=288\pi-72\pi=216\pi(cm^3)$

18-2

직선 l을 회전축으로 하여 1회전 시킬 때 생기는 회전체는 오른쪽 그림과 같다.

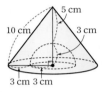

(겉넓이)$=\pi\times6^2-\pi\times3^2+\pi\times6\times10$

$\qquad+4\pi\times3^2\times\dfrac{1}{2}$

$\qquad=27\pi+60\pi+18\pi=105\pi(cm^2)$

(부피)$=\dfrac{1}{3}\times(\pi\times6^2)\times8-\left(\dfrac{4}{3}\pi\times3^3\right)\times\dfrac{1}{2}$

$\qquad=96\pi-18\pi=78\pi(cm^3)$

19 구의 반지름의 길이를 r cm라 하면 원뿔의 부피가 18π cm^{3}이므로

(원뿔의 부피)$=\dfrac{1}{3}\times(\pi\times r^2)\times2r=\dfrac{2}{3}\pi r^3(cm^3)$

$\dfrac{2}{3}\pi r^3=18\pi$에서 $r^3=27$

(원기둥의 부피)$=(\pi\times r^2)\times2r=2\pi r^3=2\pi\times27=54\pi(cm^3)$

(구의 부피)$=\dfrac{4}{3}\pi\times r^3=\dfrac{4}{3}\pi\times27=36\pi(cm^3)$

따라서 $a=54$, $b=36$이므로 $a-b=54-36=18$

19-1

구의 반지름의 길이를 r cm라 하면 구의 부피가 288π cm^{3}이므로

$\dfrac{4}{3}\pi r^3=288\pi$에서 $r^3=216$

따라서 원기둥의 부피는

$(\pi\times r^2)\times2r=2\pi r^3=2\pi\times216=432\pi(cm^3)$

19-2

(그릇 A의 부피)$=(\pi\times3^2)\times6=54\pi(cm^3)$

(그릇 B의 부피)$=6\times6\times6=216(cm^3)$

(구의 부피)$=\dfrac{4}{3}\pi\times3^3=36\pi(cm^3)$

두 그릇 A, B에 남아 있는 물의 높이를 각각 h_1 cm, h_2 cm라 하면

(그릇 A에 남아 있는 물의 부피)$=54\pi-36\pi=18\pi(cm^3)$

이므로 $(\pi\times3^2)\times h_1=18\pi$에서 $h_1=2$

(그릇 B에 남아 있는 물의 부피)$=216-36\pi(cm^3)$

이므로 $(6\times6)\times h_2=216-36\pi$에서 $h_2=6-\pi$

중단원 핵심유형 테스트 107~109쪽

1 832 cm³	**2** ②	**3** 352 cm²	**4** 72π cm³
5 (18π−36) cm³		**6** ⑤	**7** ②	**8** ③
9 ⑤	**10** 48π cm³		**11** 102π cm²
12 32π cm²		**13** ⑤	**14** 125π cm³
15 148π cm³		**16** ②	**17** 693 cm³ **18** 1 : 2

1 (밑넓이)$=(30-2\times2)\times(20-2\times2)$
$\qquad\qquad=26\times16=416(\text{cm}^2)$
이므로 상자의 부피는 $416\times2=832(\text{cm}^3)$

2 전개도로 만들 수 있는 도형은 삼각기둥이고, 삼각기둥의 높이를 h cm라 하면
(밑넓이)$=\dfrac{1}{2}\times6\times8=24(\text{cm}^2)$
(옆넓이)$=(6+8+10)\times h=24h(\text{cm}^2)$
이고, 겉넓이는 384 cm²이므로
$24\times2+24h=384$에서 $24h=336$, $h=14$
따라서 입체도형의 부피는 $24\times14=336(\text{cm}^3)$

3 정육면체의 한 모서리의 길이를 x cm라 하면 입체도형의 부피가 320 cm³이므로 $5x^3=320$에서 $x^3=64$, $x=4$
이 입체도형에서 중심에 있는 정육면체를 제외한 4개의 정육면체는 각각 5개의 면이 밖으로 드러나 있다.
따라서 구하는 겉넓이는
$(4\times4)\times5\times4+(4\times4)\times2=320+32=352(\text{cm}^2)$

4 물의 양은 일정하므로
(병의 부피)$=$(물의 부피)$+$(물이 담기지 않은 부분의 부피)
(물의 부피)$=(\pi\times3^2)\times5=45\pi(\text{cm}^3)$
(물이 담기지 않은 부분의 부피)$=(\pi\times3^2)\times3=27\pi(\text{cm}^3)$
따라서 (병의 부피)$=45\pi+27\pi=72\pi(\text{cm}^3)$

5 그릇을 밑면에 평행한 평면으로 자른 단면은 오른쪽 그림과 같다.
(색칠한 부분의 넓이)
$=\pi\times3^2\times\dfrac{90}{360}-\dfrac{1}{2}\times3\times3$
$=\dfrac{9}{4}\pi-\dfrac{9}{2}(\text{cm}^2)$
이므로 남아 있는 물의 부피는
$\left(\dfrac{9}{4}\pi-\dfrac{9}{2}\right)\times8=18\pi-36(\text{cm}^3)$

6 원뿔의 모선의 길이를 l cm라 하면 옆넓이가 15π cm²이므로
$\pi\times3\times l=15\pi$에서 $l=5$
부채꼴의 중심각의 크기를 $x°$라 하면

$\pi\times5^2\times\dfrac{x}{360}=15\pi$에서 $x=216$
따라서 부채꼴의 중심각의 크기는 216°이다.

7 (밑넓이의 합)$=\pi\times3^2+\pi\times9^2$
$\qquad\qquad\qquad=9\pi+81\pi=90\pi(\text{cm}^2)$
(옆넓이)$=\pi\times9\times15-\pi\times3\times5$
$\qquad\qquad=135\pi-15\pi=120\pi(\text{cm}^2)$
이므로 원뿔대의 겉넓이는
$90\pi+120\pi=210\pi(\text{cm}^2)$

8 (부피)$=\dfrac{1}{3}\times\left(\dfrac{1}{2}\times2\times4\right)\times6=8(\text{cm}^3)$

9 (그릇의 부피)$=\dfrac{1}{3}\times(\pi\times3^2)\times4=12\pi(\text{cm}^3)$
1분에 1.5π cm³씩 물을 넣으므로 빈 그릇에 물을 가득 채우는 데 걸리는 시간은
$12\pi\div1.5\pi=8(분)$

10 $\overline{CD}$를 회전축으로 하여 1회전 시킬 때 생기는 회전체는 오른쪽 그림과 같다.
(원기둥의 부피)$=(\pi\times3^2)\times6$
$\qquad\qquad\qquad=54\pi(\text{cm}^3)$
(원뿔의 부피)$=\dfrac{1}{3}\times(\pi\times3^2)\times2$
$\qquad\qquad\qquad=6\pi(\text{cm}^3)$
이므로 회전체의 부피는
$54\pi-6\pi=48\pi(\text{cm}^3)$

11 직선 l을 회전축으로 하여 1회전 시킬 때 생기는 회전체는 오른쪽 그림과 같다.
(겉넓이)$=\pi\times6^2+\pi\times6\times10$
$\qquad\qquad=42\pi+60\pi$
$\qquad\qquad=102\pi(\text{cm}^2)$

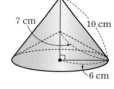

12 야구공의 겉넓이는
$4\pi\times4^2=64\pi(\text{cm}^2)$
따라서 가죽 한 조각의 넓이는
$64\pi\times\dfrac{1}{2}=32\pi(\text{cm}^2)$

13 원뿔의 모선의 길이를 l cm라 하면
(구의 겉넓이)$=4\pi\times3^2=36\pi(\text{cm}^2)$
(원뿔의 겉넓이)$=\pi\times3^2+\pi\times3\times l$
$\qquad\qquad\qquad=9\pi+3\pi l(\text{cm}^2)$
구와 원뿔의 겉넓이가 같으므로
$9\pi+3\pi l=36\pi$에서 $3\pi l=27\pi$, $l=9$
따라서 모선의 길이는 9 cm이다.

14 (부피)$=\left(\dfrac{4}{3}\pi\times5^3\right)\times\dfrac{3}{4}=125\pi(\text{cm}^3)$

16 - 1

전체 학생 수는 $\dfrac{8}{0.25}=32$

16 - 2

도수의 총합은 $\dfrac{18}{0.3}=60$이다.

도수가 24인 계급의 상대도수는 $\dfrac{24}{60}=0.4$이므로 $a=0.4$

상대도수가 0.45인 계급의 도수는 $0.45\times60=27$이므로 $b=27$

17 특강에 참여한 횟수가 2회 이상 4회 미만인 계급과 4회 이상 6회 미만인 계급의 상대도수의 합은

$1-(0.08+0.28+0.2)=0.44$

이때 특강에 참여한 횟수가 2회 이상 4회 미만인 학생 수와 4회 이상 6회 미만인 학생 수의 비가 5 : 6이므로

특강에 참여한 횟수가 4회 이상 6회 미만인 계급의 상대도수는

$0.44\times\dfrac{6}{11}=0.24$

따라서 구하는 학생 수는 $0.24\times25=6$

17 - 1

영화 관람객 중 40세 이상 50세 미만인 계급의 상대도수는

$1-(0.16+0.4+0.22+0.08)=0.14$

따라서 40세 이상인 계급의 상대도수의 합은

$0.14+0.08=0.22$이므로 $0.22\times100=22(\%)$

17 - 2

도수의 총합은 $\dfrac{18}{0.3}=60$(명)이다.

따라서 방과 후 공부 시간이 1시간 미만인 계급의 상대도수는 0.05이므로 그 도수는 $0.05\times60=3$(명)

18 기록이 60회 이상인 학생 수는 $0.04\times50=2$

기록이 50회 이상인 학생 수는 $(0.04+0.18)\times50=11$

따라서 기록이 7번째로 좋은 학생이 속하는 계급은 50회 이상 60회 미만이므로 그 도수는

$0.18\times50=9$(명)

18 - 1

기록이 20회 이상 30회 미만인 계급의 도수는 12명, 상대도수는

0.15이므로 전체 학생 수는 $\dfrac{12}{0.15}=80$

18 - 2

상대도수가 가장 큰 계급의 도수는 80명, 상대도수는 0.32이므로

전체 학생 수는 $\dfrac{80}{0.32}=250$

따라서 수면 시간이 7시간 미만인 계급의 상대도수의 합은

$0.08+0.16=0.24$이므로 그 학생 수는 $0.24\times250=60$

19 과학 성적이 70점 이상 80점 미만인 계급의 상대도수는

$1-(0.14+0.36+0.1)=0.4$

따라서 구하는 학생 수는 $0.4\times150=60$

19 - 1

전체 학생 수는 $\dfrac{3}{0.06}=50$

편의점 이용 횟수가 13회 이상 17회 미만인 계급의 상대도수는

$1-(0.06+0.16+0.28+0.12+0.04)=0.34$

따라서 구하는 학생 수는 $0.34\times50=17$

19 - 2

미술 숙제를 하는 데 걸린 시간이 40분 이상 50분 미만인 계급과 50분 이상 60분 미만인 계급의 상대도수의 합은

$1-(0.04+0.12+0.28+0.08)=0.48$

이때 두 계급의 학생 수의 비가 3 : 1이므로

40분 이상 50분 미만인 계급의 상대도수는 $0.48\times\dfrac{3}{4}=0.36$

따라서 구하는 학생 수는 $0.36\times25=9$

20 상대도수가 서로 같은 계급은 15분 이상 20분 미만이고 상대도수는 0.2이다.

1학년 중에서 통학 시간이 15분 이상 20분 미만인 학생 수는

$0.2\times200=40$

2학년 중에서 통학 시간이 15분 이상 20분 미만인 학생 수는

$0.2\times220=44$

따라서 구하는 학생 수의 차는 $44-40=4$

20 - 1

ㄴ. B 중학교의 그래프가 A 중학교의 그래프보다 오른쪽으로 치우쳐 있으므로 B 중학교 학생들의 봉사 활동 시간이 A 중학교 학생들의 봉사 활동 시간보다 상대적으로 긴 편이다.

ㄷ. 봉사 활동 시간이 3시간 이상 9시간 미만인 학생 수를 알 수 없으므로 어느 중학교가 더 많은지 알 수 없다.

따라서 옳은 것은 ㄱ, ㄴ이다.

중단원 핵심유형 테스트
126~128쪽

1 ③	**2** 52	**3** ④	**4** ②	**5** ⑤
6 30	**7** 10 %	**8** 32.5 %	**9** ④	**10** 40 %
11 70점	**12** 9	**13** 12명	**14** 6명	**15** 8
16 7 : 10	**17** ⑤	**18** 2 : 1		
19 $A=0.2$, $B=0.15$, 1반: 30 %, 2반: 40 %				

1 ③ 자료에 극단적으로 큰 값인 1000이 있으므로 평균을 대푯값으로 하기에 가장 적절하지 않다.

2 주어진 자료의 중앙값은 23초이므로 $a=23$

최빈값은 29초이므로 $b=29$

따라서 $a+b=23+29=52$

3 ④ 자료 (가)는 모든 변량이 2개씩 있으므로 최빈값을 대푯값으로 정하는 것은 적절하지 않다.

4 $\dfrac{a+b}{2}=5$, $\dfrac{b+c}{2}=7$, $\dfrac{c+a}{2}=9$이므로 변끼리 더하면

$a+b+c=21$

따라서 세 수 a, b, c의 평균은 $\dfrac{a+b+c}{3}=\dfrac{21}{3}=7$

5 ㄱ. 줄기와 잎 그림에서 중복된 자료의 변량은 중복된 횟수만큼 모두 나타낸다.

ㄷ. 각 계급의 도수를 조사하여 나타낸 표를 도수분포표라 한다.

따라서 옳은 것은 ㄴ, ㄹ이다.

6 줄기가 6과 7인 학생 수의 합은 전체의 30 %이므로 줄기가 5, 8, 9인 학생 수의 합은 전체의 70 %이다.

이때 줄기가 5, 8, 9인 학생 수는 $11+7+3=21$이므로 전체 학생 수를 x라 하면

$x\times\dfrac{70}{100}=21$, $x=30$

따라서 전체 학생 수는 30이다.

7 키가 162 cm인 준호는 키가 160 cm 이상 165 cm 미만인 계급에 속한다.

따라서 민경이네 반에서 160 cm 이상인 학생 수는

$3+1=4$이므로 $\dfrac{4}{40}\times100=10(\%)$

즉 최소 상위 10 % 이내에 든다.

8 몸무게가 60 kg 이상 70 kg 미만인 학생은 전체의 25 %이므로 이 계급을 제외한 계급의 학생은 전체의 75 %이다.

이때 60 kg 이상 70 kg 미만인 계급을 제외한 계급의 학생 수는 $4+9+15+2=30$이므로 전체 학생 수는 $30\div0.75=40$

따라서 몸무게가 50 kg 미만인 학생 수는 $4+9=13$이므로

$\dfrac{13}{40}\times100=32.5(\%)$

9 ④ 도덕 점수가 가장 높은 학생의 점수는 알 수 없다.

10 한 달 동안 PC방을 6번 이상 8번 미만 방문한 학생이 전체의 30 %이므로 학생 수는 $30\times\dfrac{30}{100}=9$

PC방을 4번 이상 6번 미만 방문한 학생 수를 a라 하면

$3+5+a+9+1=30$, $a=12$

따라서 $\dfrac{12}{30}\times100=40(\%)$

11 전체 학생 수는 $2+6+13+9+2=32$

이때 하위 25 %에 속하는 학생 수는 $32\times0.25=8$

수행 평가 성적이 60점 미만인 학생은 2명,

수행 평가 성적이 70점 미만인 학생은 $2+6=8$(명)

따라서 보충 과제를 수행하지 않으려면 성적이 적어도 70점 이상이어야 한다.

12 환동이네 반 전체 학생 수가 25이므로 운동 시간이 40분 이상 50분 미만인 학생 수는

$25-(1+4+7+3+1)=9$

13 세로축 한 칸의 크기를 a라 하자.

도수분포다각형과 가로축으로 둘러싸인 부분의 넓이는 히스토그램의 넓이와 같으므로

$10\times(2a+4a+6a+5a)=340$, $a=2$

따라서 도수가 가장 큰 계급의 도수는 $6\times2=12$(명)

14 구하는 계급의 도수는 $0.15\times40=6$(명)

15 달리기 기록이 17초 미만인 학생 수는 20이고, 상대도수는

$0.02+0.04+0.12+0.22=0.4$이므로

전체 학생 수는 $\dfrac{20}{0.4}=50$

이때 17초 이상 18초 미만인 계급의 상대도수는

$1-(0.02+0.04+0.12+0.22+0.18+0.1+0.06)=0.26$

따라서 $a=0.26\times50=13$, $b=0.1\times50=5$이므로

$a-b=8$

16 수학 성적이 80점 이상 90점 미만인 학생 수의 비가 $3:5$이므로 이 계급의 동석이네 반 학생 수를 $3x$, 민정이네 반 학생 수를 $5x$라 하면 상대도수는 각각

동석이네 반 : $\dfrac{3x}{30}=\dfrac{x}{10}$, 민정이네 반 : $\dfrac{5x}{35}=\dfrac{x}{7}$

따라서 구하는 상대도수의 비는 $\dfrac{x}{10}:\dfrac{x}{7}=7:10$

17 ⑤ 성적이 80점 이상인 학생의 비율을 비교할 수는 있지만 학생 수는 알 수 없다.

18 30회 이상 40회 미만인 학생 수를 a, 60회 이상 70회 미만인 학생 수를 b라 하자.

$(2+a):(b+1)=2:1$이므로 $2(b+1)=a+2$

$a=2b$ ...... ❶

따라서 30회 이상 40회 미만인 학생 수와 60회 이상 70회 미만인 학생 수의 비는

$a:b=2b:b=2:1$ ...... ❷

채점 기준	비율
❶ 30회 이상 40회 미만인 학생 수와 60회 이상 70회 미만인 학생 수 사이의 관계식 구하기	70 %
❷ 두 계급의 학생 수의 비 구하기	30 %

19 $A=1-(0.1+0.35+0.25+0.1)=0.2$

$B=1-(0.25+0.35+0.2+0.05)=0.15$ ...... ❶

1반에서 70점 미만인 계급의 상대도수의 합은

$0.1+0.2=0.3$이므로 $0.3\times100=30(\%)$

2반에서 70점 미만인 계급의 상대도수의 합은

$0.15+0.25=0.4$이므로 $0.4\times100=40(\%)$ ...... ❷

채점 기준	비율
❶ A, B의 값 각각 구하기	40 %
❷ 영어 성적이 70점 미만인 학생은 각 반에서 몇 %인지 구하기	60 %

1. 기본 도형

유형 1 교점과 교선

1 ⑤　　　　2 14　　　　3 ②, ⑤

2 교점의 개수는 꼭짓점의 개수와 같으므로 $a=8$
교선의 개수는 모서리의 개수와 같으므로 $b=12$
면의 개수는 6이므로 $c=6$
따라서 $a+b-c=8+12-6=14$

3 ① 도형은 점, 선, 면으로 이루어져 있다.
③ 선과 선이 만나면 교점이 생긴다.
④ 면과 면이 만나면 교선이 생긴다.

유형 2 직선, 반직선, 선분

4 $\overline{AB}$와 $\overline{BC}$, $\overrightarrow{BC}$와 $\overrightarrow{CB}$, $\overleftrightarrow{AC}$와 $\overleftrightarrow{AB}$　　5 ④, ⑤　　6 ③

6 ③ $\overrightarrow{DA}$와 $\overrightarrow{DC}$는 시작점은 같지만 방향이 다르므로 $\overrightarrow{DA} \neq \overrightarrow{DC}$

유형 3 직선, 반직선, 선분의 개수

7 9　　　　8 19　　　　9 ①

7 서로 다른 직선은 $\overleftrightarrow{AB}$, $\overleftrightarrow{BC}$, $\overleftrightarrow{CA}$의 3개이므로 $a=3$
서로 다른 반직선은 $\overrightarrow{AB}$, $\overrightarrow{AC}$, $\overrightarrow{BA}$, $\overrightarrow{BC}$, $\overrightarrow{CA}$, $\overrightarrow{CB}$의 6개이므로 $b=6$
따라서 $a+b=3+6=9$

8 서로 다른 직선은 $\overleftrightarrow{AB}$, $\overleftrightarrow{AE}$, $\overleftrightarrow{BE}$, $\overleftrightarrow{CE}$, $\overleftrightarrow{DE}$의 5개이므로 $a=5$　　……❶
서로 다른 반직선은 $\overrightarrow{AD}$, $\overrightarrow{AE}$, $\overrightarrow{BA}$, $\overrightarrow{BD}$, $\overrightarrow{BE}$, $\overrightarrow{CA}$, $\overrightarrow{CD}$, $\overrightarrow{CE}$, $\overrightarrow{DA}$, $\overrightarrow{DE}$, $\overrightarrow{EA}$, $\overrightarrow{EB}$, $\overrightarrow{EC}$, $\overrightarrow{ED}$의 14개이므로 $b=14$　　……❷
따라서 $a+b=5+14=19$　　……❸

채점 기준	비율
❶ a의 값 구하기	40 %
❷ b의 값 구하기	40 %
❸ $a+b$의 값 구하기	20 %

9 서로 다른 직선은 $\overleftrightarrow{AC}$, $\overleftrightarrow{AD}$, $\overleftrightarrow{AE}$, $\overleftrightarrow{BD}$, $\overleftrightarrow{BE}$, $\overleftrightarrow{CD}$, $\overleftrightarrow{CE}$, $\overleftrightarrow{DE}$의 8개이므로 $a=8$
서로 다른 반직선은 $\overrightarrow{AB}(\overrightarrow{AC})$, $\overrightarrow{AD}$, $\overrightarrow{AE}$, $\overrightarrow{BA}$, $\overrightarrow{BC}$, $\overrightarrow{BD}$, $\overrightarrow{BE}$, $\overrightarrow{CA}(\overrightarrow{CB})$, $\overrightarrow{CD}$, $\overrightarrow{CE}$, $\overrightarrow{DA}$, $\overrightarrow{DB}$, $\overrightarrow{DC}$, $\overrightarrow{DE}$, $\overrightarrow{EA}$, $\overrightarrow{EB}$, $\overrightarrow{EC}$, $\overrightarrow{ED}$의 18개이므로 $b=18$

서로 다른 선분은 $\overline{AB}$, $\overline{AC}$, $\overline{AD}$, $\overline{AE}$, $\overline{BC}$, $\overline{BD}$, $\overline{BE}$, $\overline{CD}$, $\overline{CE}$, $\overline{DE}$의 10개이므로 $c=10$
따라서 $a-b+c=8-18+10=0$

유형 4 선분의 중점

10 2 cm　　11 ③　　12 6, $\dfrac{1}{4}$

10 $\overline{AM}=\overline{MB}$에서 $5x-9=7-3x$이므로
$x=2$, 즉 $\overline{AM}=5\times2-9=1(cm)$
따라서 $\overline{AB}=2\overline{AM}=2\times1=2(cm)$

11 ③ $\overline{AB}=2\overline{AM}=2\times2\overline{AN}=4\overline{AN}$
⑤ $\overline{MN}=\dfrac{1}{2}\overline{AM}=\dfrac{1}{2}\times\dfrac{1}{2}\overline{AB}=\dfrac{1}{4}\overline{AB}$

12 $\overline{AB}=3\overline{MN}=3\times2\overline{MP}=\boxed{6}\,\overline{MP}$
$\overline{PN}=\dfrac{1}{2}\overline{MN}=\dfrac{1}{2}\times\dfrac{1}{2}\overline{AN}=\boxed{\dfrac{1}{4}}\,\overline{AN}$

유형 5 두 점 사이의 거리 (1)

13 ④　　14 8 cm　　15 5 cm

13 $\overline{AM}=\overline{MN}=\overline{NB}$에서 $\overline{AB}=3\overline{AM}$이므로 $a=3$
$\overline{MN}=\dfrac{1}{3}\overline{AB}=\dfrac{1}{3}\times18=6(cm)$,
$\overline{NO}=\dfrac{1}{2}\overline{NB}=\dfrac{1}{2}\times6=3(cm)$에서
$\overline{MO}=\overline{MN}+\overline{NO}=6+3=9(cm)$이므로 $b=9$
따라서 $a+b=3+9=12$

14 $\overline{MC}=\dfrac{1}{2}\overline{AC}$, $\overline{CN}=\dfrac{1}{2}\overline{CB}$이므로
$\overline{MN}=\overline{MC}+\overline{CN}=\dfrac{1}{2}\overline{AC}+\dfrac{1}{2}\overline{CB}$
$=\dfrac{1}{2}(\overline{AC}+\overline{CB})=\dfrac{1}{2}\overline{AB}=\dfrac{1}{2}\times16=8(cm)$

15 $\overline{AM}=\dfrac{1}{2}\overline{AB}=\dfrac{1}{2}\times14=7(cm)$　　……❶
또 $\overline{AC}=\overline{AB}+\overline{BC}=14+10=24(cm)$이므로
$\overline{AN}=\dfrac{1}{2}\overline{AC}=\dfrac{1}{2}\times24=12(cm)$　　……❷
따라서 $\overline{MN}=\overline{AN}-\overline{AM}=12-7=5(cm)$　　……❸

채점 기준	비율
❶ $\overline{AM}$의 길이 구하기	30 %
❷ $\overline{AN}$의 길이 구하기	40 %
❸ $\overline{MN}$의 길이 구하기	30 %

유형 ❻ 두 점 사이의 거리 (2)

16 6 cm   **17** ②   **18** 점 B

16 $\overline{AC}=\overline{AB}+\overline{BC}=2\overline{MB}+2\overline{BN}$
$=2(\overline{MB}+\overline{BN})=2\overline{MN}=2\times12=24(cm)$
$\overline{AB}:\overline{BC}=1:3$에서 $\overline{AB}:\overline{AC}=1:4$이므로
$\overline{AB}=\dfrac{1}{4}\overline{AC}=\dfrac{1}{4}\times24=6(cm)$

17 $\overline{AB}=\dfrac{4}{5}\overline{AC}=\dfrac{4}{5}\times25=20(cm)$이므로
$\overline{MB}=\dfrac{3}{4}\overline{AB}=\dfrac{3}{4}\times20=15(cm)$
$\overline{BC}=\overline{AC}-\overline{AB}=25-20=5(cm)$이므로
$\overline{BN}=\dfrac{1}{2}\overline{BC}=\dfrac{1}{2}\times5=\dfrac{5}{2}(cm)$
따라서 $\overline{MN}=\overline{MB}+\overline{BN}=15+\dfrac{5}{2}=\dfrac{35}{2}(cm)$

18 조건 (가)에서 세빈이의 집은 직선 BC 위에 있으므로 네 점 A, B, C, D 중 하나이다.
조건 (나)에서 선분 AC의 중점이 점 B이므로 $\overline{AB}=\overline{BC}$이고, 선분 AD의 중점이 점 C이므로 $\overline{AC}=\overline{CD}$이다.
조건 (다)에서 세빈이의 집은 점 B 또는 점 C이다.
이때 $\overline{AB}=\overline{BC}$, $\overline{AC}=\overline{CD}$이므로
$\overline{BD}=\overline{BC}+\overline{CD}=\overline{AB}+\overline{AC}=\overline{AB}+2\overline{AB}=3\overline{AB}$
따라서 점 B에서 점 D까지의 거리는 점 B에서 점 A까지의 거리의 3배이므로 세빈이의 집은 점 B이다.

2 각

5~7쪽

유형 ❼ 각의 크기─직각

19 ③   **20** $\angle x=34°$, $\angle y=56°$ **21** ③

19 $(3x-30)+(2x+25)=90$이므로 $5x=95$
따라서 $x=19$

20 $56°+\angle x=90°$이므로 $\angle x=34°$
$\angle x+\angle y=90°$이므로
$\angle y=90°-\angle x=90°-34°=56°$

21 $\angle AOB=90°-\angle BOC=\angle COD$이고
$\angle AOB+\angle COD=70°$이므로 $\angle AOB=\angle COD=35°$
따라서 $\angle BOC=90°-\angle AOB=90°-35°=55°$

다른 풀이
$\angle AOB+\angle BOC=90°$, $\angle BOC+\angle COD=90°$이므로
$\angle AOB+2\angle BOC+\angle COD=180°$

이때 $\angle AOB+\angle COD=70°$이므로 $2\angle BOC=110°$
따라서 $\angle BOC=55°$

유형 ❽ 각의 크기─평각

22 ①   **23** ②   **24** $42°$

22 $(x+31)+x+(3x-16)=180$이므로
$5x=165$, $x=33$
따라서 $\angle AOC=x°+31°=33°+31°=64°$

23 $(x+y)+(3x-y)=180$이므로
$4x=180$, $x=45$
$(3x-y)+60=180$이므로
$3\times45-y+60=180$, $y=15$
따라서 $2x+y=2\times45+15=105$

24 $\angle BOD=180°-\angle AOD=180°-90°=90°$이므로
$\angle DOE=90°-42°=48°$ ┄┄┄ ❶
$\angle COE=90°$이므로
$\angle x=90°-\angle DOE=90°-48°=42°$ ┄┄┄ ❷

채점 기준	비율
❶ $\angle DOE$의 크기 구하기	50 %
❷ $\angle x$의 크기 구하기	50 %

유형 ❾ 각의 크기 사이의 조건이 주어진 경우

25 ④   **26** $72°$ **27** $50°$

25 $\angle x=180°\times\dfrac{4}{4+3+2}=180°\times\dfrac{4}{9}=80°$

26 $\angle COD=4\angle AOB$이므로
$\angle AOB+90°+4\angle AOB=180°$
$5\angle AOB=90°$, $\angle AOB=18°$
따라서 $\angle COD=4\angle AOB=4\times18°=72°$

27 $\angle AOD=4\angle COD$에서 $90°+\angle COD=4\angle COD$
$3\angle COD=90°$, $\angle COD=30°$ ┄┄┄ ❶
한편 $\angle DOB=\angle COB-\angle COD=90°-30°=60°$이므로
$\angle DOB=3\angle DOE$에서
$\angle DOE=\dfrac{1}{3}\angle DOB=\dfrac{1}{3}\times60°=20°$ ┄┄┄ ❷
따라서 $\angle COE=\angle COD+\angle DOE$
$=30°+20°=50°$ ┄┄┄ ❸

채점 기준	비율
❶ $\angle COD$의 크기 구하기	40 %
❷ $\angle DOE$의 크기 구하기	40 %
❸ $\angle COE$의 크기 구하기	20 %

28 ①	29 ③	30 $x=15$, $y=85$

28 $x+20=90$이므로 $x=70$
$y=35+x=35+70=105$
따라서 $x+y=70+105=175$

29 $\angle AOE=5\angle EOD$이므로
$\angle AOE+\angle EOD=180°$에서
$5\angle EOD+\angle EOD=180°$
$6\angle EOD=180°$, $\angle EOD=30°$
따라서 $\angle EOF=90°-\angle EOD=90°-30°=60°$이므로
$\angle BOC=\angle EOF=60°$ (맞꼭지각)

30 오른쪽 그림에서
$3x+50+(7x-20)=180$이므로
$10x=150$, $x=15$
$y=7x-20$ (맞꼭지각)
$\quad=7\times15-20=85$

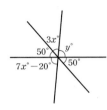

31 12쌍	32 ③	33 6쌍

31 네 직선을 a, b, c, d라 하면 직선 a와 b, a와 c, a와 d, b와 c, b와 d, c와 d가 만나서 생기는 맞꼭지각이 각각 2쌍이므로 모두 $2\times6=12$(쌍)이 생긴다.

32 $\overleftrightarrow{AD}$와 $\overleftrightarrow{BE}$가 만나서 생기는 맞꼭지각은
$\angle AOB$와 $\angle DOE$, $\angle AOE$와 $\angle DOB$의 2쌍
$\overleftrightarrow{AD}$와 $\overleftrightarrow{CF}$가 만나서 생기는 맞꼭지각은
$\angle AOC$와 $\angle DOF$, $\angle AOF$와 $\angle DOC$의 2쌍
$\overleftrightarrow{BE}$와 $\overleftrightarrow{CF}$가 만나서 생기는 맞꼭지각은
$\angle BOC$와 $\angle EOF$, $\angle BOF$와 $\angle EOC$의 2쌍
따라서 맞꼭지각은 모두 $2\times3=6$(쌍)이 생긴다.

다른 풀이
서로 다른 n개의 직선이 한 점에서 만날 때 생기는 맞꼭지각은 $n(n-1)$쌍이므로 맞꼭지각은 모두 $3\times(3-1)=6$(쌍)이 생긴다.

33 반직선은 맞꼭지각을 만들지 않으므로 3개의 직선이 한 점에서 만날 때 생기는 맞꼭지각의 쌍의 수를 구한다.
따라서 세 직선을 a, b, c라 하면 직선 a와 b, a와 c, b와 c가 만나서 생기는 맞꼭지각이 각각 2쌍이므로 모두 $2\times3=6$(쌍)이 생긴다.

34 ④	35 28	36 $\dfrac{24}{5}$ cm

34 ④ 점 D와 $\overline{BC}$ 사이의 거리는 8 cm이다.

35 점 B와 $\overline{CD}$ 사이의 거리는 16 cm이므로 $x=16$ ⋯⋯ ❶
점 D와 $\overline{BC}$ 사이의 거리는 12 cm이므로 $y=12$ ⋯⋯ ❷
따라서 $x+y=16+12=28$ ⋯⋯ ❸

채점 기준	비율
❶ x의 값 구하기	40 %
❷ y의 값 구하기	40 %
❸ $x+y$의 값 구하기	20 %

36 $\triangle ABC$의 밑변이 $\overline{BC}$, 높이가 $\overline{AH}$라 하면
$(\triangle ABC$의 넓이$)=\dfrac{1}{2}\times6\times4=12\,(cm^2)$
점 B에서 $\overline{AC}$에 내린 수선의 발을 D라 하면
$\dfrac{1}{2}\times5\times\overline{BD}=12$이므로 $\overline{BD}=\dfrac{24}{5}\,(cm)$
따라서 점 B와 $\overline{AC}$ 사이의 거리는 $\dfrac{24}{5}$ cm이다.

3 위치 관계
8~12쪽

37 ②	38 3	39 ⑤

37 ② 점 D는 직선 m 위에 있지 않다.

38 모서리 AB 위에 있는 꼭짓점은 점 A, 점 B의 2개이므로
$a=2$ ⋯⋯ ❶
면 ABCD 위에 있지 않은 꼭짓점은 점 O의 1개이므로
$b=1$ ⋯⋯ ❷
따라서 $a+b=2+1=3$ ⋯⋯ ❸

채점 기준	비율
❶ a의 값 구하기	40 %
❷ b의 값 구하기	40 %
❸ $a+b$의 값 구하기	20 %

39 ⑤ 모서리 BF와 모서리 FE가 공통으로 지나는 점은 점 F이다.

40 (1) 직선 l, 직선 m, 직선 n (2) 직선 m, 직선 n	41 ⑤
42 ㄴ, ㄷ, ㄹ	

41 ①, ②, ③, ④ 한 점에서 만난다.
⑤ 평행하다.

42 ㄱ. $\overleftrightarrow{AB}$와 $\overleftrightarrow{CD}$는 한 점에서 만난다.
따라서 옳은 것은 ㄴ, ㄷ, ㄹ이다.

유형 15 평면이 하나로 정해질 조건

43 ②　　　**44** 7

44 (i) 네 점 B, C, D, E 중 세 점으로 정해지는 평면은 평면 P의 1개이다.

(ii) 네 점 B, C, D, E 중 두 점과 점 A로 정해지는 평면은 평면 ABC, 평면 ABD, 평면 ABE, 평면 ACD, 평면 ACE, 평면 ADE의 6개이다.

따라서 구하는 평면의 개수는 1+6=7이다.

유형 16 공간에서 두 직선의 위치 관계

45 (1) 직선 l (2) 직선 n　　**46** ④　　**47** 2　　**48** ②, ⑤

46 ④ 모서리 CD와 모서리 FG는 꼬인 위치에 있다.

47 $\overline{\text{AC}}$와 꼬인 위치에 있는 모서리는
$\overline{\text{BF}}$, $\overline{\text{DH}}$, $\overline{\text{EF}}$, $\overline{\text{EH}}$, $\overline{\text{FG}}$, $\overline{\text{GH}}$
이 중에서 $\overline{\text{BH}}$와 꼬인 위치에 있는 모서리는
$\overline{\text{EF}}$, $\overline{\text{FG}}$
따라서 $\overline{\text{AC}}$, $\overline{\text{BH}}$와 동시에 꼬인 위치에 있는 모서리는 $\overline{\text{EF}}$, $\overline{\text{FG}}$의 2개이다.

48 ① $\overline{\text{AB}}$와 평행한 직선은 $\overline{\text{FG}}$의 1개이다.
② $\overline{\text{CH}}$와 한 점에서 만나는 직선은 $\overline{\text{BC}}$, $\overline{\text{CD}}$, $\overline{\text{GH}}$, $\overline{\text{HI}}$의 4개이다.
③ $\overline{\text{HI}}$와 수직으로 만나는 직선은 $\overline{\text{CH}}$, $\overline{\text{DI}}$의 2개이다.
④ $\overline{\text{EJ}}$와 평행한 직선은 $\overline{\text{AF}}$, $\overline{\text{BG}}$, $\overline{\text{CH}}$, $\overline{\text{DI}}$의 4개이다.
⑤ $\overline{\text{CD}}$와 꼬인 위치에 있는 직선은 $\overline{\text{AF}}$, $\overline{\text{BG}}$, $\overline{\text{EJ}}$, $\overline{\text{FG}}$, $\overline{\text{GH}}$, $\overline{\text{IJ}}$, $\overline{\text{FJ}}$의 7개이다.

유형 17 공간에서 직선과 평면의 위치 관계

49 (1) 4 (2) 2 (3) 2　　**50** ㄱ, ㄷ　　**51** ④

49 (1) $\overline{\text{AB}}$, $\overline{\text{AD}}$, $\overline{\text{EF}}$, $\overline{\text{EH}}$의 4개이다.
(2) 면 ABFE, 면 AEHD의 2개이다.
(3) 면 ABCD, 면 EFGH의 2개이다.

50 ㄴ. 모서리 CF와 면 ADEB는 평행하다.
ㄷ. 면 ADFC와 평행한 모서리는 $\overline{\text{BE}}$의 1개이다.
ㄹ. 면 DEF와 수직인 모서리는 $\overline{\text{AD}}$, $\overline{\text{BE}}$, $\overline{\text{CF}}$의 3개이다.
따라서 옳은 것은 ㄱ, ㄷ이다.

51 ④ 모서리 GH와 면 AEGC는 점 G에서 만나지만 수직은 아니다.

유형 18 점과 평면 사이의 거리

52 23　　**53** 15　　**54** ③

52 점 A와 면 BEFC 사이의 거리는 $\overline{\text{AB}}$의 길이와 같으므로
$a=12$
점 C와 면 DEF 사이의 거리는 $\overline{\text{CF}}$의 길이와 같으므로
$b=11$
따라서 $a+b=12+11=23$

53 점 B와 면 CGHD 사이의 거리는 $\overline{\text{BC}}$의 길이와 같으므로 9 cm
이다. 즉, $a=9$　　　　　　　　…… ❶
점 E와 면 ABCD 사이의 거리는 $\overline{\text{AE}}$의 길이와 같으므로 6 cm
이다. 즉, $b=6$　　　　　　　　…… ❷
따라서 $a+b=9+6=15$　　　　…… ❸

채점 기준	비율
❶ a의 값 구하기	40 %
❷ b의 값 구하기	40 %
❸ $a+b$의 값 구하기	20 %

54 점 A와 면 BFGC 사이의 거리는 $\overline{\text{AB}}$의 길이와 같으므로 $\overline{\text{AB}}=a$ cm
점 A와 면 EFGH 사이의 거리는 $\overline{\text{AE}}$의 길이와 같으므로 8 cm이다. 즉, $b=8$
이때 직육면체의 부피가 96 cm³이므로
$3\times a\times 8=96$, $a=4$
따라서 $ab=4\times 8=32$

유형 19 공간에서 두 평면의 위치 관계

55 6　　**56** 4　　**57** 4쌍

55 면 ABC와 수직인 면은 면 ADFC, 면 ADEB, 면 CFEB의 3개이므로 $a=3$
면 ADFC와 수직인 면은 면 ABC, 면 CFEB, 면 DEF의 3개이므로 $b=3$
따라서 $a+b=3+3=6$

56 면 ABCDE와 만나지 않는 면은 면 FGHIJ의 1개이므로
$a=1$　　　　　　　　…… ❶
면 ABCDE와 수직인 면은 면 ABGF, 면 BGHC, 면 CHID, 면 DIJE, 면 AFJE의 5개이므로
$b=5$　　　　　　　　…… ❷
따라서 $b-a=5-1=4$　　…… ❸

채점 기준	비율
❶ a의 값 구하기	40 %
❷ b의 값 구하기	40 %
❸ $b-a$의 값 구하기	20 %

57 서로 평행한 두 면은 면 ABCDEF와 면 GHIJKL, 면 ABHG와 면 EDJK, 면 BHIC와 면 FLKE, 면 CIJD와 면 AGLF의 4쌍이다.

유형 ⑳ 일부가 잘린 입체도형에서의 위치 관계

58 (1) 면 AED, 면 BFC (2) $\overline{BF}$, $\overline{FC}$, $\overline{BC}$ **59** ①

60 12

59 ① 모서리 DQ와 평행한 면은 면 ABFE의 1개이다.

② 면 EFPQH와 수직인 면은 면 ABFE, 면 BFP, 면 DQH, 면 AEHD의 4개이다.

③ 면 ABD와 수직인 모서리는 $\overline{AE}$, $\overline{BF}$, $\overline{DH}$의 3개이다.

④ 모서리 BD를 포함하는 평면은 면 ABD, 면 BPQD의 2개이다.

⑤ 모서리 DH와 꼬인 위치에 있는 모서리는 $\overline{AB}$, $\overline{BP}$, $\overline{EF}$, $\overline{FP}$, $\overline{PQ}$의 5개이다.

60 모서리 JK와 평행한 면은 면 ABCD, 면 EFGH의 2개이므로

$a=2$ ······ ❶

모서리 JK와 꼬인 위치에 있는 모서리는 $\overline{AB}$, $\overline{BC}$, $\overline{CD}$, $\overline{AD}$, $\overline{AE}$, $\overline{BF}$, $\overline{DI}$, $\overline{EF}$, $\overline{FG}$, $\overline{EH}$의 10개이므로

$b=10$ ······ ❷

따라서 $a+b=2+10=12$ ······ ❸

채점 기준	비율
❶ a의 값 구하기	40 %
❷ b의 값 구하기	50 %
❸ $a+b$의 값 구하기	10 %

유형 ㉑ 전개도가 주어진 입체도형에서의 위치 관계

61 ③ **62** 28 **63** ④

61 주어진 전개도로 만든 삼각뿔은 오른쪽 그림 과 같다.

따라서 모서리 BF와 꼬인 위치에 있는 모서 리는 ③ $\overline{CE}$이다.

62 주어진 전개도로 만든 정육면체는 오른 쪽 그림과 같다. 3이 적힌 면과 평행한 면은 5가 적힌 면이므로 평행한 두 면 에 적힌 숫자의 합은 8이다.

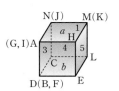

a가 적힌 면과 4가 적힌 면이 평행하므로

$a+4=8$에서 $a=4$

b가 적힌 면과 1이 적힌 면이 평행하므로

$b+1=8$에서 $b=7$

따라서 $ab=4\times7=28$

63 주어진 전개도로 만든 삼각기둥은 오른쪽 그림과 같다.

④ 면 HEFG와 수직인 면은 면 JIH, 면 JCBA, 면 CDE의 3개이다.

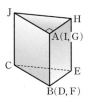

유형 ㉒ 여러 가지 위치 관계

64 ② **65** ㄷ **66** ②

64 오른쪽 그림과 같이 $l /\!/ m$, $m /\!/ n$이면 $l /\!/ n$ 이다.

65 ㄱ, ㄷ. 오른쪽 그림과 같이 $P /\!/ Q$이고 $P \perp R$이 면 $Q \perp R$이다.

또, $P /\!/ Q$이고 $Q \perp R$이면 $P \perp R$이다.

ㄴ. 오른쪽 그림과 같이 $P \perp Q$이고 $Q \perp R$이면 두 평면 P, R는 한 직선에서 만나거나 평행하다.

따라서 옳은 것은 ㄷ이다.

66 ① 다음 그림과 같이 $l /\!/ P$, $m /\!/ P$이면 두 직선 l과 m은 한 점 에서 만나거나 평행하거나 꼬인 위치에 있다.

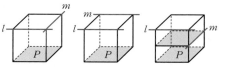

③ 오른쪽 그림과 같이 $l /\!/ P$, $l /\!/ Q$이면 두 평면 P, Q는 한 직선에서 만나거나 평행하다.

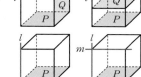

④ 오른쪽 그림과 같이 $l \perp P$, $l \perp m$이면 직선 m은 평면 P 에 포함되거나 $m /\!/ P$이다.

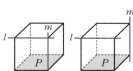

⑤ 오른쪽 그림과 같이 $l /\!/ P$, $m \perp P$이면 두 직선 l과 m은 한 점에서 만나거나 꼬인 위 치에 있다.

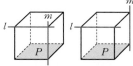

4 평행선의 성질

13~16쪽

유형 ㉓ 동위각과 엇각

67 ③, ④ **68** 200° **69** 245°

67 $\angle a$, $\angle b$, $\angle h$, $\angle g$의 엇각은 존재하지 않는다.

$\angle c$의 엇각은 $\angle e$, $\angle d$의 엇각은 $\angle f$이다.

68 $\angle a$의 동위각은 $\angle d$이므로 $\angle d = 180° - 70° = 110°$ ······ ❶

$\angle f$의 엇각은 $\angle b$이므로 $\angle b = 90°$ (맞꼭지각) ······ ❷

따라서 구하는 각의 크기의 합은

$110° + 90° = 200°$ ······ ❸

채점 기준	비율
❶ $\angle a$의 동위각의 크기 구하기	40 %
❷ $\angle f$의 엇각의 크기 구하기	40 %
❸ $\angle a$의 동위각의 크기와 $\angle f$의 엇각의 크기의 합 구하기	20 %

69 오른쪽 그림과 같이 $\angle x$의 엇각은
2개이므로 그 크기의 합은
$(180°-55°)+(180°-60°)$
$=125°+120°$
$=245°$

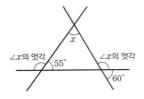

유형 **24** 평행선의 성질

70 $\angle a$, $\angle g$, $\angle e$ **71** ②   **72** 145°

70 $\angle a=\angle c$ (맞꼭지각)
$l /\!/ m$이므로
$\angle g=\angle c$ (동위각), $\angle e=\angle c$ (엇각)

71 오른쪽 그림에서
$(x+20)+(3x-40)=180$
$4x=200$
따라서 $x=50$

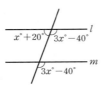

72 오른쪽 그림에서
$\angle x=25°+60°=85°$ (엇각)
$\angle y=60°$ (맞꼭지각)
따라서 $\angle x+\angle y=85°+60°$
$\qquad\qquad\qquad =145°$

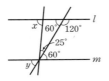

유형 **25** 평행선과 삼각형 모양

73 $\angle x=45°$, $\angle y=65°$ **74** ④   **75** 44°

73 오른쪽 그림에서
$\angle y=65°$ (엇각)
$\angle x+70°+65°=180°$이므로
$\angle x=45°$

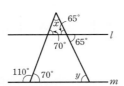

74 오른쪽 그림에서
$(x-25)+75+x=180$
$2x=130$
따라서 $x=65$

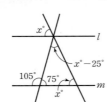

75 $\angle x=42°$ (동위각)
$40°+(180°-42°)+\angle y=180°$이므로 $\angle y=2°$
따라서 $\angle x+\angle y=42°+2°=44°$

유형 **26** 평행선과 꺾인 직선 (1)

76 ④   **77** 60°   **78** ②

76 오른쪽 그림과 같이 두 직선 l, m에 평행
한 직선 n을 그으면
$45°+\angle x=110°$
따라서 $\angle x=65°$

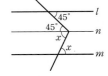

77 오른쪽 그림과 같이 두 직선 l, m에 평
행한 직선 n을 그으면 정삼각형의 한
각의 크기는 60°이므로
$\angle x+\angle y=60°$

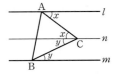

78 오른쪽 그림과 같이 두 직선 l, m에 평행
한 직선 n을 긋고
$\angle DAC=\angle a$, $\angle EBC=\angle b$라 하면
$\angle CAB=\angle DAC=\angle a$,
$\angle CBA=\angle EBC=\angle b$
이때 삼각형의 세 각의 크기의 합은 180°이므로 삼각형 ACB에서
$2\angle a+2\angle b=180°$, $\angle a+\angle b=90°$
따라서 $\angle ACB=\angle a+\angle b=90°$

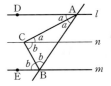

유형 **27** 평행선과 꺾인 직선 (2)

79 ④   **80** ③   **81** 55°

79 오른쪽 그림과 같이 두 직선 l, m에 평행
한 직선 p, q를 그으면
$(x-5)+20=80$
따라서 $x=65$

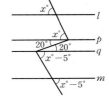

80 오른쪽 그림과 같이 두 직선 l, m에 평행
한 직선 p, q를 그으면
$\angle x+95°=110°$
따라서 $\angle x=15°$

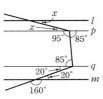

81 오른쪽 그림과 같이 두 직선 l, m에 평행
한 직선 p, q를 그으면
$\angle x=30°+25°=55°$

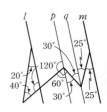

유형 **28** 평행선과 꺾인 직선 (3)

82 ②   **83** ②   **84** 255°

82 오른쪽 그림과 같이 두 직선 l, m에 평행한 직선 p, q를 그으면
$90°+(∠x-20°)=180°$
따라서 $∠x=110°$

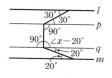

83 오른쪽 그림과 같이 두 직선 l, m에 평행한 직선 p, q를 그으면
$(∠x+20°)+65°+58°=180°$
따라서 $∠x=37°$

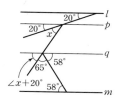

84 오른쪽 그림과 같이 두 직선 l, m에 평행한 직선 p, q를 그으면 ······ ❶
$(∠x-45°)+(∠y-30°)=180°$ ······ ❷
따라서 $∠x+∠y=255°$ ······ ❸

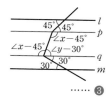

채점 기준	비율
❶ 두 직선 l, m에 평행한 직선 긋기	30 %
❷ $∠x$, $∠y$에 대한 식 구하기	50 %
❸ $∠x+∠y$의 크기 구하기	20 %

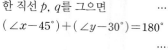
유형 **29** 종이 접기

85 ③   **86** 63°   **87** (1) 110° (2) 50°

85 ① $∠a=∠b$ (접은 각)
② $∠a=∠e$ (엇각)
④ $∠a+∠c=∠b+∠c=∠d$ (엇각)
⑤ $∠b=∠a=∠e$ (접은 각, 엇각)

86 $∠EAG=∠C=90°$이므로
$∠FAG=90°-36°=54°$
$∠AGB=∠FAG=54°$ (엇각)
$∠FGC=∠AGF=∠x$ (접은 각)
따라서 $54°+∠x+∠x=180°$이므로
$∠x=63°$

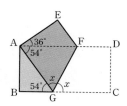

87 (1) 오른쪽 그림에서
$∠EBD=∠DBC=35°$ (접은 각)
$∠EDB=∠DBC=35°$ (엇각)
삼각형의 세 각의 크기의 합은
180°이므로 삼각형 EBD에서
$∠x+35°+35°=180°$
따라서 $∠x=110°$ ······ ❶

(2) 위의 그림에서 $∠GBA=∠FGB=30°$ (엇각)
$∠FBG=∠GBA=30°$ (접은 각)
따라서 $30°+30°+∠y+35°+35°=180°$이므로
$∠y=50°$ ······ ❷

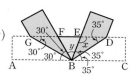

채점 기준	비율
❶ $∠x$의 크기 구하기	50 %
❷ $∠y$의 크기 구하기	50 %

유형 **30** 두 직선이 평행할 조건

88 $l \mathbin{/\mkern-5mu/} m$, $p \mathbin{/\mkern-5mu/} q$ **89** ①   **90** 평행하다.

88 오른쪽 그림에서 두 직선 l, m이 직선 q와 만날 때, 동위각의 크기가 98°로 같으므로 $l \mathbin{/\mkern-5mu/} m$
두 직선 p, q가 직선 l과 만날 때, 동위각의 크기가 98°로 같으므로 $p \mathbin{/\mkern-5mu/} q$

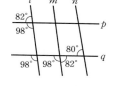

89 두 직선 l, m이 직선 p와 만나서 생기는 동위각의 크기가 50°로 같으므로 $l \mathbin{/\mkern-5mu/} m$
따라서
$∠x=180°-120°=60°$

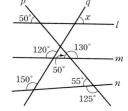

90 오른쪽 그림과 같이 $\overline{CD}$의 연장선이 $\overline{AB}$와 만나는 점을 O라 하면 삼각형 BOC에서 $∠BOC+62°+55°=180°$이므로
$∠BOC=63°$
따라서 $∠BAE=∠BOC$, 즉 동위각의 크기가 같으므로 $\overleftrightarrow{AE} \mathbin{/\mkern-5mu/} \overleftrightarrow{CD}$이다.

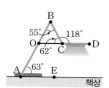

중단원 핵심유형 테스트

17~19쪽

1 ③, ⑤	2 ㄱ, ㄹ	3 ④	4 ④	5 20 cm
6 ④	7 72°	8 100°	9 ㄱ, ㄷ, ㄹ	10 ㄱ, ㄷ
11 6	12 ③, ⑤	13 ②	14 은서	15 ㄴ, ㄹ
16 45°	17 40°	18 61°	19 125°	20 2

1 ③ 선과 선 또는 선과 면이 만나면 교점이 생긴다.
⑤ 육각뿔의 교선의 개수는 모서리의 개수와 같으므로 12이다.

2 ㄴ. $\overrightarrow{AD}$와 $\overrightarrow{DA}$는 시작점과 방향이 모두 다르므로 $\overrightarrow{AD}≠\overrightarrow{DA}$
ㄷ. $\overrightarrow{CA}$와 $\overrightarrow{CD}$는 시작점은 같지만 방향이 다르므로 $\overrightarrow{CA}≠\overrightarrow{CD}$
따라서 옳은 것은 ㄱ, ㄹ이다.

3 서로 다른 반직선은 $\overrightarrow{AB}$, $\overrightarrow{AC}$, $\overrightarrow{AD}$, $\overrightarrow{BA}$, $\overrightarrow{BC}$, $\overrightarrow{BD}$, $\overrightarrow{CA}$, $\overrightarrow{CB}$, $\overrightarrow{CD}$, $\overrightarrow{DA}$, $\overrightarrow{DB}$, $\overrightarrow{DC}$의 12개이다.

4 ④ $\overline{MB}=\frac{1}{2}\overline{AB}=\frac{1}{2}×\frac{1}{2}\overline{AC}=\frac{1}{4}\overline{AC}$

⑤ $\overline{BD}=2\overline{CD}$이고 $\overline{CD}=\dfrac{1}{3}\overline{AD}$이므로

$$\overline{BD}=2\overline{CD}=2\times\dfrac{1}{3}\overline{AD}=\dfrac{2}{3}\overline{AD}$$

5 두 점 M, N은 각각 $\overline{AB}$, $\overline{BC}$의 중점이므로

$\overline{AB}=2\overline{MB}$, $\overline{BC}=2\overline{BN}$

따라서 $\overline{AC}=\overline{AB}+\overline{BC}=2\overline{MB}+2\overline{BN}$

$\qquad\qquad=2(\overline{MB}+\overline{BN})=2\overline{MN}$

$\qquad\qquad=2\times10=20\,(\text{cm})$

6 $40+x+(4x-60)=180$이므로 $5x=200$

따라서 $x=40$

7 $\angle x+60°+\angle y=180°$이므로 $\angle x+\angle y=120°$

$\angle x=120°\times\dfrac{1}{1+4}=24°$, $\angle y=120°\times\dfrac{4}{1+4}=96°$

따라서 $\angle y-\angle x=96°-24°=72°$

8 시침은 1시간에 $30°$만큼 움직이므로 1분에 $0.5°$씩 움직이고, 분침은 1시간에 $360°$만큼 움직이므로 1분에 $6°$씩 움직인다.

12시 지점에서 시침과 분침까지의 각의 크기는 각각

시침: $30°\times7+0.5°\times20=220°$, 분침: $6°\times20=120°$

따라서 구하는 각의 크기는 $220°-120°=100°$

9 ㄴ. 오른쪽 그림과 같이 점 A에서 $\overline{BC}$에 내린 수선의 발을 H라 하면 점 A와 $\overline{BC}$ 사이의 거리는 $\overline{AH}$의 길이와 같으므로 $\overline{AH}=\overline{DC}=4$ cm

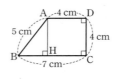

따라서 옳은 것은 ㄱ, ㄷ, ㄹ이다.

10 ㄴ. $l\perp m$, $m\perp n$이면 $l/\!/n$이다.

따라서 옳은 것은 ㄱ, ㄷ이다.

11 $\overline{BD}$와 만나지도 않고 평행하지도 않은 모서리는 꼬인 위치에 있는 모서리이다. 따라서 $\overline{BD}$와 꼬인 위치에 있는 모서리는 $\overline{AE}$, $\overline{CG}$, $\overline{EF}$, $\overline{FG}$, $\overline{GH}$, $\overline{EH}$의 6개이다.

12 ① 모서리 AD와 평행한 면은 면 BFGC, 면 EFGH의 2개이다.

② 면 BFGC와 수직인 면은 면 ABCD, 면 ABFE, 면 EFGH, 면 CGHD의 4개이다.

③ 면 ABFE와 평행한 모서리는 $\overline{CG}$, $\overline{GH}$, $\overline{HD}$, $\overline{DC}$의 4개이다.

④ 모서리 AE와 꼬인 위치에 있는 모서리는 $\overline{BC}$, $\overline{CD}$, $\overline{FG}$, $\overline{GH}$의 4개이다.

⑤ 모서리 GH는 면 ABCD와 평행하다.

13 ② 모서리 CF와 모서리 CG는 한 점에서 만난다.

14 하준: 다음 그림과 같이 $l\perp m$, $l\perp n$이면 두 직선 m, n은 한 점에서 만나거나 평행하거나 꼬인 위치에 있다.

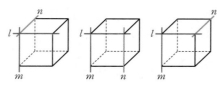

세연: 다음 그림과 같이 $l\perp P$, $m/\!/P$이면 두 직선 l, m은 한 점에서 만나거나 꼬인 위치에 있다.

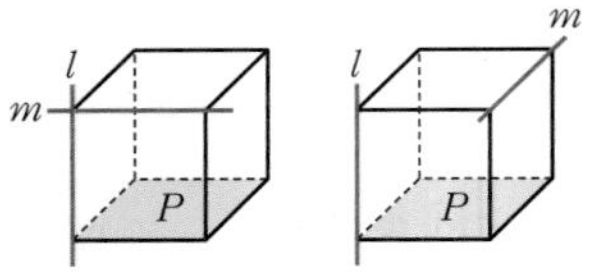

따라서 옳게 말한 사람은 은서이다.

15 ㄱ. $\angle b$와 $\angle h$는 엇각이다.

ㄷ. $\angle h$와 $\angle j$는 엇각이지만 크기가 같지는 않다.

따라서 옳은 것은 ㄴ, ㄹ이다.

16 오른쪽 그림에서 삼각형의 세 각의 크기의 합은 $180°$이므로

$\angle x+40°+95°=180°$

따라서 $\angle x=45°$

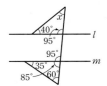

17 오른쪽 그림과 같이 두 직선 l, m에 평행한 직선 p, q를 그으면

$(\angle x+25°)+70°+45°=180°$

따라서 $\angle x=40°$

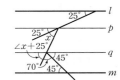

18 오른쪽 그림에서 $\angle EAG=90°$이므로

$\angle FAG=90°-32°=58°$

$\angle FGC=\angle AGF=\angle x$ (접은 각)이고

$\angle AFG=\angle FGC=\angle x$ (엇각)이므로

삼각형 AGF에서

$58°+\angle x+\angle x=180°$, $2\angle x=122°$

따라서 $\angle x=61°$

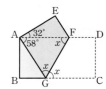

19 $\angle FOD=90°$이므로 $\angle EOD=90°-55°=35°$ ······ ❶

$\angle AOB=\angle EOD=35°$ (맞꼭지각)이고,

$\angle BOC=90°$이므로 ······ ❷

$\angle AOC=\angle AOB+\angle BOC=35°+90°=125°$ ······ ❸

채점 기준	비율
❶ $\angle EOD$의 크기 구하기	30 %
❷ $\angle AOB$, $\angle BOC$의 크기 구하기	50 %
❸ $\angle AOC$의 크기 구하기	20 %

20 면 ABCD와 수직인 면은 면 ABFE, 면 BFGC, 면 CGHD, 면 AEHD의 4개이므로 $a=4$ ······ ❶

모서리 FG와 평행한 면은 면 ABCD, 면 AEHD의 2개이므로

$b=2$ ······ ❷

따라서 $a-b=4-2=2$ ······ ❸

채점 기준	비율
❶ a의 값 구하기	40 %
❷ b의 값 구하기	40 %
❸ $a-b$의 값 구하기	20 %

2. 작도와 합동

1 작도
20~21쪽

유형 1 작도

1 ①, ⑤　　**2** ④　　**3** ③

2 ④ 두 점을 연결하는 선분을 그릴 때는 눈금 없는 자를 사용한다.

유형 2 길이가 같은 선분의 작도

4 ⓒ → ⓛ → ㉠　　**5** 컴퍼스, -2　　**6** 정삼각형

5 ㉠ 컴퍼스를 사용하여 점 O를 중심으로 하고 반지름의 길이가 1인 원을 그려 수직선과 만나는 점 중 A가 아닌 점을 B라 한다. 이때 점 B에 대응하는 수는 -1이다. …… ❶
　ⓛ 다시 컴퍼스를 사용하여 점 B를 중심으로 하고 반지름의 길이가 1인 원을 그려 수직선과 만나는 점 중 O가 아닌 점을 C라 한다. 이때 점 C에 대응하는 수는 -2이다. …… ❷
따라서 작도할 때 사용하는 도구는 컴퍼스이고, 점 C에 대응하는 수는 -2이다. …… ❸

채점 기준	비율
❶ 점 B를 작도하여 점 B에 대응하는 수 구하기	40 %
❷ 점 C를 작도하여 점 C에 대응하는 수 구하기	40 %
❸ 작도할 때 사용하는 도구와 점 C에 대응하는 수 각각 구하기	20 %

6 점 C는 반지름의 길이가 $\overline{AB}$인 두 원 위에 있는 점이므로 $\overline{AB}=\overline{BC}=\overline{CA}$이다.
따라서 세 점 A, B, C를 이어서 만든 삼각형은 세 변의 길이가 모두 같으므로 정삼각형이다.

유형 3 크기가 같은 각의 작도

7 ㄱ, ㄴ, ㄹ　　**8** ③　　**9** N, Q, $\overline{MN}$

7 ㄷ. $\overline{PC}=\overline{PQ}$인지는 알 수 없다.
따라서 옳은 것은 ㄱ, ㄴ, ㄹ이다.

8 점 O와 점 P를 각각 중심으로 하고 반지름의 길이가 같은 원을 그리므로 $\overline{OA}=\overline{OB}=\overline{PC}=\overline{PD}$

유형 4 평행선의 작도

10 ③　　**11** ㉤　　**12** ⑤

10 ①, ②, ③ $\overline{QA}=\overline{QB}=\overline{PC}=\overline{PD}$이고 $\overline{AB}=\overline{CD}$이지만 $\overline{AB}=\overline{PD}$가 아닐 수도 있다.
④, ⑤ 크기가 같은 각의 작도를 이용한 것이므로 ∠CPD=∠AQB이다. 이때 동위각의 크기가 같으므로 $\overleftrightarrow{QB}\,/\!/\,\overleftrightarrow{PD}$이다.

11 작도 순서는 ⓛ → ㉣ → ㉠ → ㉤ → ㉢ → ㉥이므로 네 번째 과정은 ㉤이다.

12 ⑤ 평행한 두 직선이 다른 한 직선과 만날 때, 엇각의 크기가 같으면 두 직선은 서로 평행하다는 성질을 이용한다.

2 삼각형의 작도
22~23쪽

유형 5 삼각형의 세 변의 길이 사이의 관계

13 ①, ②　　**14** 3　　**15** 3

13 ① $x=1$이면 세 변의 길이는 6 cm, 4 cm, 1 cm이고 $6>4+1$이므로 삼각형이 될 수 없다.
② $x=2$이면 세 변의 길이는 7 cm, 4 cm, 3 cm이고 $7=4+3$이므로 삼각형이 될 수 없다.
③ $x=3$이면 세 변의 길이는 8 cm, 4 cm, 5 cm이고 $8<4+5$이므로 삼각형이 될 수 있다.
④ $x=4$이면 세 변의 길이는 9 cm, 4 cm, 7 cm이고 $9<4+7$이므로 삼각형이 될 수 있다.
⑤ $x=5$이면 세 변의 길이는 10 cm, 4 cm, 9 cm이고 $10<4+9$이므로 삼각형이 될 수 있다.
따라서 x의 값이 될 수 없는 것은 ①, ②이다.

14 (i) 가장 긴 막대의 길이가 10 cm인 경우
　　$10>4+5$, $10<4+7$, $10<5+7$이므로 2개 …… ❶
(ii) 가장 긴 막대의 길이가 7 cm인 경우
　　$7<4+5$이므로 1개 …… ❷
(i), (ii)에서 만들 수 있는 서로 다른 삼각형의 개수는
$2+1=3$ …… ❸

채점 기준	비율
❶ 가장 긴 막대의 길이가 10 cm인 경우 만들 수 있는 삼각형의 개수 구하기	40 %
❷ 가장 긴 막대의 길이가 7 cm인 경우 만들 수 있는 삼각형의 개수 구하기	40 %
❸ 만들 수 있는 서로 다른 삼각형의 개수 구하기	20 %

15 삼각형에서 (가장 긴 변의 길이)<(나머지 두 변의 길이의 합)이므로 주어진 조건을 만족시키는 삼각형의 세 변의 길이는

(2 cm, 8 cm, 8 cm), (4 cm, 7 cm, 7 cm),
(8 cm, 5 cm, 5 cm)이다.
따라서 조건을 만족시키는 삼각형의 개수는 3이다.

유형 ⑥ 삼각형의 작도

16 ②　　　**17** (가): ∠B, (나): c, (다): a

16 ㉠ 직선 l 위에 점 B를 잡고 길이가 a인 원을 그려 직선 l과의
교점을 C라 한다.
㉡ 점 B를 중심으로 하고 반지름의 길이가 c인 원과 점 C를 중
심으로 하고 반지름의 길이가 b인 원을 각각 그려 두 원의
교점을 A라 한다.
㉢ 두 점 A와 B, 두 점 A와 C를 각각 이으면 △ABC가 작도
된다.
따라서 옳지 않은 것은 ②이다.

17 ㉠ ∠B와 크기가 같은 ∠XBY를 작도한다.
㉡ 점 B를 중심으로 하고 반지름의 길이가 c인 원을 그려 반직
선 BX와의 교점을 A라 한다.
㉢ 점 B를 중심으로 하고 반지름의 길이가 a인 원을 그려 반직
선 BY와의 교점을 C라 한다.
㉣ 점 A와 점 C를 이으면 △ABC가 작도된다.
따라서 (가): ∠B, (나): c, (다): a이다.

유형 ⑦ 삼각형이 하나로 정해지는 경우

18 ①, ⑤　　**19** ②, ④　　**20** ㄴ, ㄹ

18 ② 세 각의 크기만 주어지면 크기가 다른 삼각형을 무수히 많이
그릴 수 있다.
③ ∠A+∠B=185°이므로 △ABC가 그려지지 않는다.
④ ∠A는 $\overline{BC}$, $\overline{CA}$의 끼인각이 아니므로 △ABC가 하나로 정
해지지 않는다.

19 ② 한 변의 길이와 그 양 끝 각의 크기가 주어졌으므로 △ABC
가 하나로 정해진다.
④ 두 변의 길이와 그 끼인각의 크기가 주어졌으므로 △ABC가
하나로 정해진다.

20 ㄱ. 6=2+4이므로 △ABC가 그려지지 않는다.
ㄴ. 두 변의 길이와 그 끼인각의 크기가 주어졌으므로 △ABC가
하나로 정해진다.
ㄷ. ∠A는 $\overline{AC}$, $\overline{BC}$의 끼인각이 아니므로 △ABC가 하나로 정
해지지 않는다.
ㄹ. 한 변의 길이와 그 양 끝 각의 크기가 주어졌으므로 △ABC
가 하나로 정해진다.
따라서 △ABC가 하나로 정해지기 위해 필요한 조건은 ㄴ, ㄹ이다.

유형 ⑧ 삼각형이 하나로 정해지지 않는 경우

21 (가): ∠ADE, (나): ∠AED, (다): ∠A　　**22** ③
23 3

21 $\overline{BC}$∥$\overline{DE}$이므로
∠ABC=∠ADE (동위각),
∠ACB=∠AED (동위각),
∠A 는 공통
즉, △ABC와 △ADE는 세 각의 크기가 각각 같다.
따라서 세 각의 크기가 주어지면 삼각형을 무수히 많이 그릴 수
있으므로 삼각형이 하나로 정해지지 않는다.
따라서 (가): ∠ADE, (나): ∠AED, (다): ∠A이다.

22 $\overline{AB}$=7 cm, $\overline{AC}$=5 cm, ∠B=40°인 △ABC는 다음 그림과
같이 2개이다.

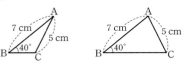

23 나머지 한 각의 크기는
180°−(50°+60°)=70°
즉, 한 변의 길이가 5 cm이고 그 양 끝 각의 크기의 쌍은
(50°, 60°), (50°, 70°), (60°, 70°)의 3개이다.
따라서 구하는 삼각형의 개수는 3이다.

---

③ 삼각형의 합동　　24~27쪽

유형 ⑨ 도형의 합동

24 ①, ②　　**25** ②, ③　　**26** 40°

24

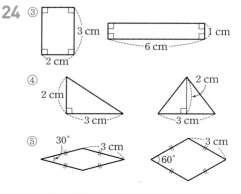

25 ① $\overline{DE}$=$\overline{AB}$이지만 $\overline{DE}$=9 cm인지는 알 수 없다.
② $\overline{DF}$=$\overline{AC}$=9 cm
③ ∠C=∠F=30°

④ △ABC에서 ∠A=180°−(70°+30°)=80°

⑤ ∠E=∠B=70°

26 조건 (나)에서 △ABC가 $\overline{AB}=\overline{AC}$인 이등변삼각형이다.
　　　　　　　　　　　　　　　　　…… ❶

조건 (다)에서 ∠C=70°이므로 ∠B=∠C=70°이다. …… ❷

즉, ∠A=180°−70°−70°=40°이다.

조건 (가)에서 △ABC≡△DEF이므로

∠D=∠A=40°　　　　　　　　　　　　…… ❸

채점 기준	비율
❶ 조건 (나)로부터 △ABC가 이등변삼각형임을 말하기	30 %
❷ 조건 (다)로부터 ∠B의 크기 구하기	30 %
❸ ∠D의 크기 구하기	40 %

유형 ⑩ **합동인 삼각형 찾기**

27 ㄱ과 ㅁ, ㄴ과 ㅂ, ㄷ과 ㄹ　　**28** ④　　**29** ③

27 ㄱ과 ㅁ : SSS 합동

ㄴ과 ㅂ : SAS 합동

ㄷ과 ㄹ : ASA 합동

28 ① 나머지 한 각의 크기는 180°−(70°+60°)=50°

따라서 ①과 ③은 SAS 합동, ①과 ②, ①과 ⑤는 ASA 합동이다.

29 ① SSS 합동　　　② SAS 합동　　　④ ASA 합동

⑤ ∠A=∠D, ∠B=∠E이면 ∠C=∠F이므로 ASA 합동

유형 ⑪ **두 삼각형이 합동이 되도록 추가할 조건**

30 ①, ③　　**31** ㄱ, ㄷ　　**32** ⑤

30 두 변의 길이가 같으므로 두 삼각형이 합동이 되기 위해서는

① $\overline{AC}=\overline{DF}$ (SSS 합동) 또는 ③ ∠B=∠E (SAS 합동)

따라서 나머지 한 조건과 합동 조건을 바르게 짝 지은 것은 ①, ③ 이다.

31 ㄱ. $\overline{AB}=\overline{DE}$이면 SAS 합동

ㄷ. ∠A=∠D이면 ∠C=∠F이므로 ASA 합동

따라서 나머지 한 조건이 될 수 있는 것은 ㄱ, ㄷ이다.

32 ① SAS 합동

②, ③, ④ ASA 합동

유형 ⑫ **삼각형의 합동 조건 – SSS 합동**

33 (가): $\overline{PC}$, (나): $\overline{PD}$, (다): $\overline{CD}$, (라): SSS　　**34** ①, ④

35 (가): $\overline{AD}$, (나): 5, (다): $\overline{AC}$, (라): SSS

34 △ABC와 △CDA에서

$\overline{AB}=\overline{CD}$, $\overline{BC}=\overline{DA}$, $\overline{AC}$는 공통이므로

△ABC≡△CDA(SSS 합동)(⑤)

따라서 ∠ABC=∠CDA (②), ∠BAC=∠DCA (③)

유형 ⑬ **삼각형의 합동 조건 – SAS 합동**

36 130°　　**37** 22 m　　**38** 14 cm

36 △CAB와 △EAD에서

$\overline{AB}=\overline{AD}$, $\overline{AC}=\overline{AE}$, ∠A는 공통이므로

△CAB≡△EAD (SAS 합동)

△CAB에서 ∠A=180°−(85°+35°)=60°

따라서 ∠ADE=∠ABC=85°이므로

∠BFD=360°−(60°+85°+85°)=130°

37 △AOB와 △DOC에서

$\overline{OA}=\overline{OD}$=17 m, $\overline{OB}=\overline{OC}$=18 m,

∠AOB=∠DOC (맞꼭지각)이므로

△AOB≡△DOC (SAS 합동)

즉, $\overline{AB}=\overline{DC}$=22 m

따라서 두 지점 A, B 사이의 거리는 22 m이다.

38 △ABC와 △AED에서

$\overline{AB}=\overline{AE}$, $\overline{AC}=\overline{AD}$, ∠BAC=∠EAD이므로

△ABC≡△AED (SAS 합동)

따라서 $\overline{ED}=\overline{BC}$=8 cm이므로

$\overline{BD}=\overline{BE}+\overline{ED}$=6+8=14(cm)

유형 ⑭ **삼각형의 합동 조건 – ASA 합동**

39 20 cm　　**40** 18 cm　　**41** 9 km

39 오른쪽 그림의 △ABP와 △CAQ에서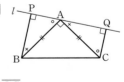

$\overline{AB}=\overline{CA}$, ∠PAB=∠QCA,

∠ABP=∠CAQ이므로

△ABP≡△CAQ (ASA 합동)

따라서 $\overline{BP}=\overline{AQ}=\overline{PQ}-\overline{PA}=\overline{PQ}-\overline{QC}$

　　　=35−15=20(cm)

참고 ∠PAB+∠QAC=90°, ∠QAC+∠QCA=90°에서

∠PAB=∠QCA

또, ∠ABP=90°−∠PAB=90°−∠QCA=∠CAQ

40 오른쪽 그림의 △ABD와 △BCE에서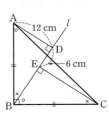

$\overline{AB}=\overline{BC}$, ∠DAB=∠EBC,

∠ABD=∠BCE이므로

△ABD≡△BCE (ASA 합동)

따라서

$\overline{CE}=\overline{BD}=\overline{BE}+\overline{ED}=\overline{AD}+\overline{ED}$
$\qquad\qquad =12+6=18(cm)$

41 △AOD와 △COB에서
$\overline{OD}=\overline{OB}=5\ km$, ∠ADO=∠CBO=70°,
∠AOD=∠COB (맞꼭지각)이므로
△AOD≡△COB (ASA 합동)
따라서 $\overline{DA}=\overline{BC}=9\ km$이므로 두 지점 A, D 사이의 거리는 9 km이다.

유형 ⑮ 삼각형의 합동의 활용 – 정삼각형

42 ② **43** 8 cm **44** (1) △DCB, SAS 합동 (2) 60°

42 △ACD와 △BCE에서
$\overline{AC}=\overline{BC}$, $\overline{CD}=\overline{CE}$,
∠ACD=60°−∠ACE=∠BCE이므로
△ACD≡△BCE (SAS 합동)
따라서 $\overline{AD}=\overline{BE}$ (①), ∠ACD=∠BCE (③)
∠ADC=∠BEC (④), ∠DAC=∠EBC (⑤)

43 △ABF와 △AEG에서
$\overline{AB}=\overline{AE}=10\ cm$, ∠ABF=∠AEG=60°,
∠BAF=60°−∠FAG=∠EAG이므로
△ABF≡△AEG (ASA 합동)
따라서 $\overline{BF}=\overline{EG}=\overline{ED}-\overline{DG}=10-2=8(cm)$

44 (1) △ACE와 △DCB에서
$\overline{AC}=\overline{DC}$, $\overline{CE}=\overline{CB}$,
∠ACE=∠DCB=180°−60°=120°이므로
△ACE≡△DCB (SAS 합동) …… ❶
(2) △ACE에서 ∠ACE=120°이므로
∠APB=180°−(∠CAE+∠CBD)
$\qquad =180°-(∠CAE+∠CEA)$
$\qquad =180°-60°=120°$
따라서 ∠APD=180°−120°=60° …… ❷

채점 기준	비율
❶ △ACE와 합동인 삼각형을 찾고, 합동 조건 말하기	50 %
❷ ∠APD의 크기 구하기	50 %

유형 ⑯ 삼각형의 합동의 활용 – 정사각형

45 36° **46** (1) △GBC≡△EDC, SAS 합동 (2) 10 cm
47 ②

45 △ABP와 △CBQ에서
$\overline{BA}=\overline{BC}$, $\overline{AP}=\overline{CQ}$, ∠BAP=∠BCQ=90°이므로

△ABP≡△CBQ (SAS 합동)
즉, $\overline{BP}=\overline{BQ}$
따라서 △BQP는 이등변삼각형이므로
∠PBQ=180°−(72°+72°)=36°

46 (1) △GBC와 △EDC에서
$\overline{BC}=\overline{DC}$, $\overline{CG}=\overline{CE}$,
∠BCG=∠DCE=90°이므로
△GBC≡△EDC (SAS 합동)
(2) $\overline{DE}=\overline{BG}=10\ cm$

47 △ABE와 △BCF에서
$\overline{AB}=\overline{BC}$, $\overline{BE}=\overline{CF}$,
∠ABE=∠BCF=90°이므로
△ABE≡△BCF (SAS 합동)
즉, ∠AEB=∠BFC
따라서 ∠AEB+∠FBC=∠BFC+∠FBC=90°이므로
∠BGE=180°−(∠AEB+∠FBC)
$\qquad =180°-90°=90°$

● 중단원 핵심유형 테스트 28~29쪽

1 ㄷ, ㄹ **2** ㉢→㉡→㉠ **3** ③ **4** ③, ⑤
5 ② **6** ④ **7** 4 **8** ㄱ, ㄴ **9** ③
10 ㄱ, ㄴ, ㄹ **11** ①, ⑤ **12** ②
13 (1) △CBE, SAS 합동 (2) 55°
14 (1) △ABD≡△BCE, SAS 합동 (2) 120°

1 ㄱ. 선분을 연장할 때에는 눈금 없는 자를 사용한다.
ㄴ. 선분의 길이를 잴 때에는 컴퍼스를 사용한다.
따라서 옳은 것은 ㄷ, ㄹ이다.

3 두 변의 길이와 그 끼인각의 크기가 주어진 경우 삼각형의 작도는 다음과 같은 순서로 한다.
(i) 한 변의 길이 → 끼인각의 크기 → 다른 한 변의 길이(①, ②)
(ii) 끼인각의 크기 → 한 변의 길이 → 다른 한 변의 길이(④, ⑤)
따라서 △ABC를 작도하는 순서로 옳지 않은 것은 ③이다.

4 ③ $\overline{OQ}=\overline{CD}$인지는 알 수 없다.
⑤ 작도 순서는 ㉠ → ㉢ → ㉡ → ㉢ → ㉣이다.

5 ② $\overline{BC}=\overline{PR}$인지는 알 수 없다.

6 ① 7=3+4 ② 9>4+4
③ 12>5+6 ④ 10<6+7
⑤ 20>8+8
따라서 삼각형의 세 변의 길이가 될 수 있는 것은 ④이다.

7 $11=4+7$, $11<5+7$, $11<7+9$, $13<7+11$, $17<7+11$, $20>7+11$이므로 x의 값이 될 수 있는 것은 5, 9, 13, 17의 4개이다.

8 ㄱ. 세 변의 길이가 주어졌으므로 △ABC가 하나로 정해진다.
ㄴ. 두 변의 길이와 그 끼인각의 크기가 주어졌으므로 △ABC가 하나로 정해진다.
따라서 필요한 조건은 ㄱ, ㄴ이다.

9 ① $\angle A=\angle E=130°$
② $\angle F=\angle B=70°$
③ 사각형 EFGH에서
　$\angle G=360°-(75°+130°+70°)=85°$
④ $\overline{AB}=\overline{EF}=7$ cm
⑤ $\overline{GF}=\overline{CB}=8$ cm

10 ㄱ. SSS 합동
ㄴ. SAS 합동
ㄹ. ASA 합동
따라서 △ABC≡△PQR인 것은 ㄱ, ㄴ, ㄹ이다.

11 ② SAS 합동
③ ASA 합동
④ ASA 합동

12 ② (나) : $\angle$AMP

13 (1) △ABE와 △CBE에서
$\overline{AB}=\overline{CB}$, $\overline{BE}$는 공통,
$\angle ABE=\angle CBE=45°$이므로
△ABE≡△CBE (SAS 합동)
(2) △ABF에서 $\angle BAF=180°-(90°+35°)=55°$이므로
$\angle BCE=\angle BAE=55°$

14 (1) △ABD와 △BCE에서
$\overline{AB}=\overline{BC}$, $\overline{BD}=\overline{CE}$,
$\angle ABD=\angle BCE=60°$이므로
△ABD≡△BCE (SAS 합동)　……❶
(2) $\angle BAD=\angle CBE=\angle x$, $\angle ADB=\angle BEC=\angle y$라 하면
△BCE에서
$\angle x+\angle y+60°=180°$, $\angle x+\angle y=120°$
따라서
$\angle PBD+\angle PDB=\angle CBE+\angle ADB$
$=\angle x+\angle y$
$=120°$　……❷

채점 기준	비율
❶ 합동인 두 삼각형을 찾아 기호 ≡를 사용하여 나타내고, 합동 조건 말하기	50 %
❷ $\angle PBD+\angle PDB$의 크기 구하기	50 %

3. 다각형

30~31쪽

연습책

유형 ① 다각형

1 ㄴ, ㄷ, ㅂ　**2** ④

1 ㄱ. 곡선으로 둘러싸여 있으므로 다각형이 아니다.
ㄹ. 평면도형이 아니므로 다각형이 아니다.
ㅁ. 선분으로 둘러싸여 있지 않으므로 다각형이 아니다.
따라서 다각형인 것은 ㄴ, ㄷ, ㅂ이다.

2 ④ 다각형을 이루는 선분을 변이라 한다.

유형 ② 다각형의 내각과 외각

3 197°　　**4** 140°

3 $\angle x=180°-90°=90°$, $\angle y=180°-73°=107°$
따라서 $\angle x+\angle y=90°+107°=197°$

4 ($\angle$C의 외각의 크기)$=180°-135°=45°$
($\angle$D의 외각의 크기)$=180°-85°=95°$
따라서 구하는 합은 $45°+95°=140°$

유형 ③ 정다각형

5 정팔각형　　　　**6** ④

5 조건 (가), (나)를 만족시키는 다각형은 정다각형이고, 조건 (다)를 만족시키는 다각형은 팔각형이다.
따라서 주어진 조건을 만족시키는 다각형은 정팔각형이다.

6 ④ 네 변의 길이가 같아도 네 내각의 크기가 다르면 정사각형이 아니다.

유형 ④ 한 꼭짓점에서 그을 수 있는 대각선의 개수

7 15　　**8** 25　　**9** 12

7 십각형의 한 꼭짓점에서 그을 수 있는 대각선의 개수는
$10-3=7$이므로 $a=7$
이때 생기는 삼각형의 개수는 $10-2=8$이므로 $b=8$
따라서 $a+b=7+8=15$

8 주어진 다각형을 n각형이라 하면
$n-2=12$, $n=14$, 즉 십사각형
따라서 $a=14$, $b=14-3=11$이므로 $a+b=25$

9 다각형의 내부의 한 점에서 각 꼭짓점에 선분을 그었을 때 생기는 삼각형의 개수는 꼭짓점의 개수와 같으므로 주어진 다각형은 십오각형이다. ······ ❶
따라서 십오각형의 한 꼭짓점에서 그을 수 있는 대각선의 개수는
$15-3=12$ ······ ❷

채점 기준	비율
❶ 주어진 다각형 구하기	40 %
❷ 한 꼭짓점에서 그을 수 있는 대각선의 개수 구하기	60 %

유형 **5** 다각형의 대각선의 개수

10 54   **11** 정칠각형 **12** 21

10 주어진 다각형을 n각형이라 하면
$n-3=9$, $n=12$, 즉 십이각형
따라서 십이각형의 대각선의 개수는 $\dfrac{12\times(12-3)}{2}=54$

11 조건 (가)를 만족시키는 다각형은 정다각형이다.
조건을 만족시키는 다각형을 정n각형이라 하면 조건 (나)에서
$\dfrac{n(n-3)}{2}=14$, $n(n-3)=28=7\times4$
따라서 $n=7$, 즉 정칠각형

12 이웃하지 않는 두 도시를 연결하는 자전거 길의 개수는 칠각형의
대각선의 개수와 같으므로 $\dfrac{7\times(7-4)}{2}=14$이다.
또 이웃하는 두 도시를 연결하는 자전거 길의 개수는 칠각형의
변의 개수와 같으므로 7이다.
따라서 만들어야 하는 자전거 길의 개수는 $14+7=21$이다.

2 다각형의 내각과 외각의 크기 32~38쪽

유형 **6** 삼각형의 세 내각의 크기의 합

13 ③   **14** 75°   **15** ②

13 $(2x-25)+65+(x+20)=180$이므로 $3x=120$
따라서 $x=40$

14 $\overleftrightarrow{DE}\,/\!/\,\overleftrightarrow{BC}$이므로 $\angle C=\angle EAC$ (엇각)
따라서 △ABC에서
$\angle EAC=\angle C=180°-(43°+62°)=75°$

15 가장 작은 내각의 크기는
$180°\times\dfrac{2}{2+3+5}=180°\times\dfrac{1}{5}=36°$

유형 **7** 삼각형의 내각과 외각의 관계

16 10°   **17** 125°   **18** 86°

16 △ACD에서 $\angle x=25°+50°=75°$
△ABC에서 $40°+\angle y+75°=180°$이므로 $\angle y=65°$
따라서 $\angle x-\angle y=75°-65°=10°$

17 △ADC에서 $\angle ADB=37°+60°=97°$
△BDE에서 $\angle x=28°+97°=125°$

18 $\angle CAD=\dfrac{1}{2}\angle BAD=\dfrac{1}{2}\times(180°-122°)=29°$
$\angle ADC=180°-123°=57°$
따라서 △ACD에서 $\angle x=29°+57°=86°$

유형 **8** 삼각형의 내각의 크기의 합의 활용 – ⋀ 모양

19 119°   **20** 40°   **21** 115°

19 △ABC에서
$\angle DAC+\angle DCA=180°-(32°+59°+28°)=61°$
따라서 △ADC에서
$\angle x=180°-(\angle DAC+\angle DCA)$
$=180°-61°=119°$

20 오른쪽 그림과 같이 $\overline{BC}$를 그으면
△DBC에서
$\angle DBC+\angle DCB=180°-110°=70°$
△ABC에서
$\angle x=180°-(40°+\angle DBC+\angle DCB+30°)$
$=180°-(40°+70°+30°)=40°$

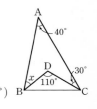

21 △ABC에서
$\angle ABC+\angle ACB=180°-50°=130°$ ······ ❶
$\angle IBC+\angle ICB=\dfrac{1}{2}(\angle ABC+\angle ACB)$
$=\dfrac{1}{2}\times130°=65°$ ······ ❷
△IBC에서
$\angle x=180°-(\angle IBC+\angle ICB)$
$=180°-65°=115°$ ······ ❸

채점 기준	비율
❶ $\angle ABC+\angle ACB$의 크기 구하기	40 %
❷ $\angle IBC+\angle ICB$의 크기 구하기	30 %
❸ $\angle x$의 크기 구하기	30 %

유형 **9** 삼각형의 내각과 외각의 활용 – 이등변삼각형

22 32°   **23** 30°   **24** 75°

22 △ABD에서 $\overline{\mathrm{AD}}=\overline{\mathrm{BD}}$이므로

∠DBA=∠DAB=∠x, ∠BDC=∠x+∠x=2∠x

△BCD에서 $\overline{\mathrm{BC}}=\overline{\mathrm{BD}}$이므로

∠BDC=∠BCD=64°

따라서 2∠x=64°이므로 ∠x=32°

23 △ABC에서 $\overline{\mathrm{AB}}=\overline{\mathrm{AC}}$이므로

∠ACB=∠B=∠x, ∠CAD=∠x+∠x=2∠x

△ACD에서 $\overline{\mathrm{AC}}=\overline{\mathrm{CD}}$이므로 ∠ADC=∠CAD=2∠$x$

△BCD에서 ∠DCE=∠x+2∠x=3∠x

따라서 3∠x=90°이므로 ∠x=30°

24 △AOB에서 $\overline{\mathrm{OA}}=\overline{\mathrm{AB}}$이므로

∠ABO=∠AOB=15°, ∠BAC=15°+15°=30°

△CAB에서 $\overline{\mathrm{AB}}=\overline{\mathrm{BC}}$이므로 ∠BCA=∠BAC=30°

△COB에서 ∠CBD=15°+30°=45°

△CBD에서 $\overline{\mathrm{BC}}=\overline{\mathrm{CD}}$이므로 ∠CDB=∠CBD=45°

△COD에서 ∠DCE=15°+45°=60°

△ECD에서 $\overline{\mathrm{CD}}=\overline{\mathrm{DE}}$이므로 ∠DEC=∠DCE=60°

따라서 △EOD에서 ∠x=15°+60°=75°

유형 **10** 삼각형의 내각과 외각의 관계의 활용
－ 한 내각과 한 외각의 이등분선

25 35° **26** 56° **27** 63°

25 △ABC에서 ∠ACE=70°+∠ABC이므로

∠DCE=$\frac{1}{2}$∠ACE=$\frac{1}{2}$×(70°+∠ABC)

=35°+∠DBC   ······ ㉠

△DBC에서 ∠DCE=∠x+∠DBC   ······ ㉡

㉠, ㉡에서 35°+∠DBC=∠x+∠DBC

따라서 ∠x=35°

26 △ABC에서 ∠ACE=∠x+∠ABC이므로

∠DCE=$\frac{1}{2}$∠ACE=$\frac{1}{2}$(∠x+∠ABC)

=$\frac{1}{2}$∠x+∠DBC   ······ ㉠

△DBC에서 ∠DCE=28°+∠DBC   ······ ㉡

㉠, ㉡에서 $\frac{1}{2}$∠x+∠DBC=28°+∠DBC이므로

$\frac{1}{2}$∠x=28°, ∠x=56°

27 △ABC에서 ∠ACF=63°+∠ABC이므로

∠ECF=$\frac{1}{3}$∠ACF=21°+∠EBC   ······ ㉠

△DBC에서 ∠DCF=∠x+∠DBC이므로

∠ECF=$\frac{1}{2}$∠DCF=$\frac{1}{2}$∠x+∠EBC   ······ ㉡

△EBC에서 ∠ECF=∠y+∠EBC   ······ ㉢

㉠, ㉡에서 21°+∠EBC=$\frac{1}{2}$∠x+∠EBC, ∠x=42°

㉠, ㉢에서 21°+∠EBC=∠y+∠EBC, ∠y=21°

따라서 ∠x+∠y=42°+21°=63°

유형 **11** 삼각형의 내각과 외각의 관계의 활용 － ☆ 모양

28 (1) 65° (2) 65° (3) 50°   **29** 162°   **30** 157°

28 (1) △AGD에서

∠CGH=35°+30°=65°   ······ ❶

(2) △BHE에서

∠CHG=25°+40°=65°   ······ ❷

(3) △CHG에서 ∠x+65°+65°=180°이므로

∠x=50°   ······ ❸

	채점 기준	비율
(1)	❶ ∠CGH의 크기 구하기	40 %
(2)	❷ ∠CHG의 크기 구하기	40 %
(3)	❸ ∠x의 크기 구하기	20 %

29 오른쪽 그림의 △BDF에서

∠x=35°+30°=65°

△EFG에서

∠y=∠x+32°=65°+32°=97°

따라서 ∠x+∠y=65°+97°=162°

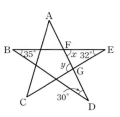

30 오른쪽 그림의 △ACG에서

∠EGF=∠a+∠c

△BDF에서 ∠EFG=∠b+∠d

따라서 △EFG에서

23°+(∠a+∠c)+(∠b+∠d)=180°

따라서

∠a+∠b+∠c+∠d=180°−20°=157°

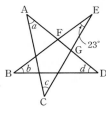

유형 **12** 다각형의 내각의 크기의 합

31 85   **32** 인서: ㄹ, 우진: ㄱ

33 다각형 A : 360°, 다각형 B : 900°   **34** ㄱ, ㄷ

31 오각형의 내각의 크기의 합은 180°×(5−2)=540°이므로

90+(x+25)+145+x+110=540, 2x=170

따라서 x=85

32 인서 : 오각형의 한 꼭짓점에서 대각선을 모두 그었을 때 삼각형이 3개 만들어지므로 오각형의 내각의 크기의 합은 180°×3 (ㄹ)이다.

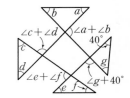
우진 : 오각형의 내부의 한 점에서 각 꼭짓점에 선분을 그었을 때 삼각형이 5개 만들어지고, 내부의 한 점에서 모인 각의 크기의 합이 $360°$이므로 오각형의 내각의 크기의 합은 $180°×5-360°$ (ㄱ)이다.

33 다각형 A는 사각형이므로 사각형의 내각의 크기의 합은 $180°×(4-2)=360°$
다각형 B는 칠각형이므로 칠각형의 내각의 크기의 합은 $180°×(7-2)=900°$

34 주어진 다각형을 n각형이라 하면
$180°×(n-2)=1980°$, $n-2=11$
$n=13$, 즉 십삼각형
ㄴ. 십삼각형의 한 꼭짓점에서 대각선을 모두 그었을 때 생기는 삼각형의 개수는 $13-2=11$이다.
ㄷ. 십삼각형의 대각선의 개수는 $\frac{13×(13-3)}{2}=65$이다.
따라서 옳은 것은 ㄱ, ㄷ이다.

유형 ⑬ 다각형의 내각의 크기의 합의 활용

35 $25°$ **36** ③

35 오른쪽 그림과 같이 선분을 그으면
$∠a+∠b=∠x+15°$
$75°+(35°+∠a)+(b+30°)=180°$
$75°+35°+∠x+15°+30°=180°$
따라서 $∠x=25°$
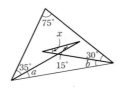

36 오른쪽 그림에서
$∠a+∠b+(∠c+∠d)+(∠e+55°)$
$=$(사각형의 내각의 크기의 합)
$=360°$
따라서
$∠a+∠b+∠c+∠d+∠e=305°$
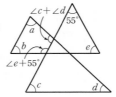

유형 ⑭ 다각형의 외각의 크기의 합

37 ②   **38** ④   **39** $360°$

37 오각형의 외각의 크기의 합은 $360°$이므로
$60+75+78+(180-x)+70=360$, $463-x=360$
따라서 $x=103$

38 육각형의 외각의 크기의 합은 $360°$이므로
$40+75+x+70+60+(180-2x)$
$=360$
$425-x=360$
따라서 $x=65$
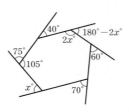

39 로봇이 점 A에서 출발하여 다시 점 A로 돌아올 때까지 회전한 각은 모두 팔각형의 외각이므로 다시 점 A로 돌아올 때까지 회전한 각의 크기의 합은 팔각형의 외각의 크기의 합인 $360°$이다.

유형 ⑮ 다각형의 외각의 크기의 합의 활용

40 ①   **41** $360°$

40 $(∠a+∠b)$
$+(∠c+∠d)$
$+(∠e+∠f)+(∠g+40°)$
$=$(사각형의 외각의 크기의 합)
$=360°$
따라서
$∠a+∠b+∠c+∠d+∠e+∠f+∠g$
$=360°-40°=320°$

41 $∠a+∠b+∠c+∠d+∠e+∠f+∠g+∠h+∠i+∠j$
$=$(오각형의 외각의 크기의 합)
$=360°$

유형 ⑯ 정다각형의 한 내각과 한 외각의 크기

42 ⑤   **43** 12   **44** ③   **45** (가): 5, (나): 72

42 주어진 정다각형을 정n각형이라 하면
$\frac{360°}{n}=36°$, $n=10$, 즉 정십각형
따라서 정십각형의 내각의 크기의 합은
$180°×(10-2)=1440°$

43 주어진 정다각형을 정n각형이라 하면
$\frac{180°×(n-2)}{n}=156°$, $180°×n-360°=156°×n$
$24°×n=360°$, $n=15$, 즉 정십오각형 ……❶
따라서 정십오각형의 한 꼭짓점에서 그을 수 있는 대각선의 개수는
$15-3=12$ ……❷

채점 기준	비율
❶ 주어진 정다각형 구하기	70 %
❷ 한 꼭짓점에서 그을 수 있는 대각선의 개수 구하기	30 %

44 ① 한 꼭짓점에서 그을 수 있는 대각선의 개수는 $6-3=3$이다.
② 내각의 크기의 합은 $180°×(6-2)=720°$이다.
③ 한 내각의 크기는 $\frac{720°}{6}=120°$이다.

④ 한 외각의 크기는 $\dfrac{360°}{6}=60°$이다.

⑤ 대각선의 개수는 $\dfrac{6\times(6-3)}{2}=9$이다.

따라서 옳은 것은 ③이다.

45 정오각형을 그릴 때 각 변을 그리는 과정을 5번 반복해야 하므로 (가)에 알맞은 값은 5이고, 한 선분을 그린 후 이웃한 선분을 그리려면 이동 방향에서 시계 방향으로 정오각형의 한 외각의 크기인 $\dfrac{360°}{5}=72°$만큼 회전해야 하므로 (나)에 알맞은 값은 72이다.

연습책

유형 **17** 정다각형의 한 내각과 한 외각의 크기의 비

46 ③ 　**47** 20 　**48** 1080

46 (한 외각의 크기)$=180°\times\dfrac{2}{7+2}=180°\times\dfrac{2}{9}=40°$

이때 주어진 정다각형을 정n각형이라 하면

$\dfrac{360°}{n}=40°$, $n=9$, 즉 정구각형

47 한 내각의 크기와 한 외각의 크기의 비가 3 : 1이므로

(한 외각의 크기)$=180°\times\dfrac{1}{3+1}=180°\times\dfrac{1}{4}=45°$

이때 주어진 정다각형을 정n각형이라 하면

$\dfrac{360°}{n}=45°$, $n=8$, 즉 정팔각형

따라서 정팔각형의 대각선의 개수는 $\dfrac{8\times(8-3)}{2}=20$

48 (한 외각의 크기)$=180°\times\dfrac{1}{4+1}=36°$

이때 주어진 정다각형을 정n각형이라 하면

$\dfrac{360°}{n}=36°$, $n=10$, 즉 정십각형

정십각형의 내각의 크기의 합은 $180°\times(10-2)=1440°$,

외각의 크기의 합은 $360°$이므로 $a=1440$, $b=360$이다.

따라서 $a-b=1440-360=1080$

유형 **18** 정다각형의 한 내각의 크기의 활용

49 ⑤ 　**50** 135° 　**51** 192°

49 정오각형의 한 내각의 크기는 $\dfrac{180°\times(5-2)}{5}=108°$

△ABE에서 $\overline{AB}=\overline{AE}$이므로

$\angle ABE=\dfrac{1}{2}\times(180°-108°)=36°$

마찬가지로 △BCA에서 $\angle BAC=36°$

△ABF에서 $\angle x=36°+36°=72°$

---

50 정팔각형의 한 내각의 크기는 $\dfrac{180°\times(8-2)}{8}=135°$

△CDE에서 $\overline{DC}=\overline{DE}$이므로

$\angle DCE=\dfrac{1}{2}\times(180°-135°)=22.5°$

마찬가지로 △BCD에서 $\angle CDB=22.5°$

△CDI에서 $\angle CID=180°-(22.5°+22.5°)=135°$

따라서 $\angle x=\angle CID=135°$ (맞꼭지각)

51 정오각형의 한 내각의 크기는

$\dfrac{180°\times(5-2)}{5}=108°$

정육각형의 한 내각의 크기는

$\dfrac{180°\times(6-2)}{6}=120°$

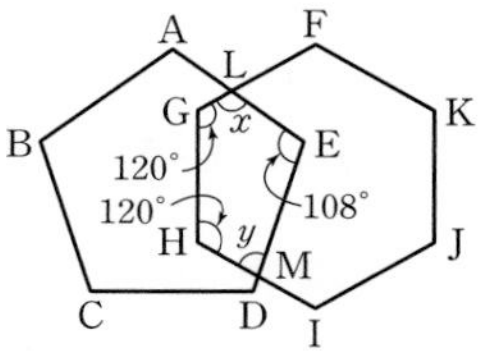

오각형 LGHME의 내각의 크기의 합은

$180°\times(5-2)=540°$이므로

$\angle x+\angle y=540°-(120°+120°+108°)=192°$

유형 **19** 정다각형의 한 외각의 크기의 활용

52 63° 　**53** 60° 　**54** 20

52 오른쪽 그림에서

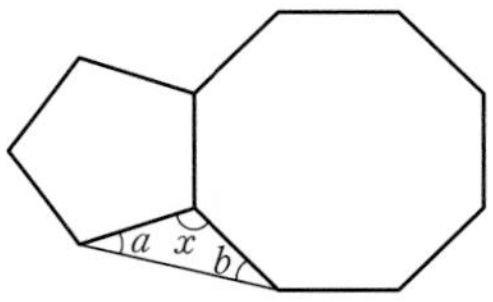

$\angle x=\dfrac{360°}{5}+\dfrac{360°}{8}$

$=72°+45°=117°$

따라서 $\angle a+\angle b=180°-117°=63°$

53 정육각형의 한 외각의 크기는 $\dfrac{360°}{6}=60°$이므로

$\angle EDG=\angle GED=60°$

따라서 △DGE에서 $\angle x=180°-(60°+60°)=60°$

54 정n각형의 한 내각의 크기를 $\angle x$라 하면 $\angle x$는 정사각형의 한 외각의 크기와 정오각형의 한 외각의 크기의 합이므로

$\angle x=\dfrac{360°}{4}+\dfrac{360°}{5}=90°+72°=162°$

즉 $\dfrac{180°\times(n-2)}{n}=162°$이므로

$180°\times(n-2)=162°\times n$, $18°\times n=360°$

따라서 $n=20$

중단원 **핵심유형** 테스트 39~41쪽

1 ③	**2** ③	**3** 21	**4** 14	**5** ①
6 96°	**7** ②	**8** 85°	**9** 70°	**10** 34°
11 80°	**12** ⑤	**13** 540°	**14** ③	**15** ②
16 정십팔각형		**17** 75°	**18** ④	**19** 135°
20 18°				

1 $\angle x = 180° - 80° = 100°$, $\angle y = 180° - 105° = 75°$
따라서 $\angle x - \angle y = 100° - 75° = 25°$

2 ③ 모든 변의 길이가 같고 모든 내각의 크기가 같은 팔각형이 정팔각형이다.

3 십삼각형의 한 꼭짓점에서 그을 수 있는 대각선의 개수는
$13 - 3 = 10$이므로 $a = 10$
이때 생기는 삼각형의 개수는 $13 - 2 = 11$이므로
$b = 11$
따라서 $a + b = 10 + 11 = 21$

4 다각형의 내부의 한 점에서 각 꼭짓점에 선분을 그었을 때 생기는 삼각형의 개수는 꼭짓점의 개수와 같으므로 주어진 다각형은 칠각형이다.
따라서 칠각형의 대각선의 개수는
$\dfrac{7 \times (7-3)}{2} = 14$

5 정십이각형의 한 꼭짓점에서 그을 수 있는 대각선의 개수는 $12 - 3 = 9$이고 오른쪽 그림과 같이 대각선 AG에 대하여 대칭이므로 $\overline{AG}$를 제외한 8개의 대각선 중에서 길이가 서로 다른 대각선의 개수는 4이다.
따라서 정십이각형의 한 꼭짓점에서 그을 수 있는 길이가 서로 다른 대각선의 개수는 $4 + 1 = 5$이다.

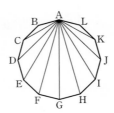

6 $\angle A + 36° + \angle C = 180°$이므로
$2\angle C + 36° + \angle C = 180°$, $3\angle C = 144°$, $\angle C = 48°$
따라서 $\angle A = 2\angle C = 2 \times 48° = 96°$

7 $x + 50 = 5x - 30$이므로 $4x = 80$
따라서 $x = 20$

8 $\triangle ABC$에서 $\angle ACB = 180° - (55° + 65°) = 60°$
이때 $\angle ACD = \dfrac{1}{2}\angle ACB = \dfrac{1}{2} \times 60° = 30°$
$\triangle ADC$에서 $\angle x = 55° + 30° = 85°$

9 오른쪽 그림과 같이 $\overline{BC}$를 긋고
$\angle ABD = \angle DBE = \angle a$,
$\angle ACD = \angle DCE = \angle b$라 하면
$\triangle EBC$에서
$\angle EBC + \angle ECB = 180° - 150° = 30°$
이므로
$\triangle DBC$에서
$\angle a + \angle b = 180° - 110° - 30° = 40°$
따라서 $\triangle ABC$에서
$\angle x = 180° - (2\angle a + 2\angle b + 30°)$
$= 180° - (2 \times 40° + 30°) = 70°$

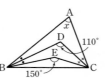

10 $\triangle ABC$에서 $\overline{AB} = \overline{AC}$이므로
$\angle ACB = \angle ABC = \angle x$
$\angle DAC = \angle x + \angle x = 2\angle x$
$\triangle ACD$에서 $\overline{AC} = \overline{CD}$이므로
$\angle CDA = \angle CAD = 2\angle x$
$\triangle DBC$에서 $\angle DCE = \angle x + 2\angle x = 3\angle x$
따라서 $3\angle x = 102°$이므로 $\angle x = 34°$

11 $\triangle ABC$에서 $\angle ACE = \angle x + \angle ABC$이므로
$\angle DCE = \dfrac{1}{2}\angle ACE = \dfrac{1}{2}(\angle x + \angle ABC)$
$= \dfrac{1}{2}\angle x + \angle DBC$ ...... ㉠
$\triangle DBC$에서 $\angle DCE = 40° + \angle DBC$ ...... ㉡
㉠, ㉡에서 $\dfrac{1}{2}\angle x + \angle DBC = 40° + \angle DBC$이므로
$\dfrac{1}{2}\angle x = 40°$, $\angle x = 80°$

12 주어진 다각형을 n각형이라 하면
$\dfrac{n(n-3)}{2} = 54$, $n(n-3) = 108 = 12 \times 9$
$n = 12$, 즉 십이각형
따라서 십이각형의 내각의 크기의 합은
$180° \times (12 - 2) = 1800°$

13 오른쪽 그림과 같이 선분을 그으면
$\angle d + \angle e = \angle h + \angle i$이므로
$\angle a + \angle b + \angle c + \angle d + \angle e + \angle f + \angle g$
$= \angle a + \angle b + \angle c + \angle h + \angle i + \angle f + \angle g$
$= (오각형의 내각의 크기의 합)$
$= 180° \times (5 - 2) = 540°$

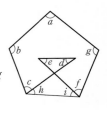

14 오각형의 외각의 크기의 합은 $360°$이므로
$80° + 75° + 50° + 65° + (180° - \angle x) = 360°$
따라서 $\angle x = 90°$

15 $(한 외각의 크기) = 180° \times \dfrac{1}{2+1} = 180° \times \dfrac{1}{3} = 60°$
이때 주어진 정다각형을 정n각형이라 하면
$\dfrac{360°}{n} = 60°$, $n = 6$, 즉 정육각형
① 변의 개수는 6이다.
② 내각의 크기의 합은 $180° \times (6 - 2) = 720°$이다.
③ 한 내각의 크기는 $\dfrac{180° \times (6-2)}{6} = 120°$이다.
④ 대각선의 개수는 $\dfrac{6 \times (6-3)}{2} = 9$이다.
⑤ 한 꼭짓점에서 그을 수 있는 대각선의 개수는 $6 - 3 = 3$이다.
따라서 옳은 것은 ②이다.

16 $\triangle ABC$에서 $\overline{AB} = \overline{AC}$이므로
$\angle ACB = \angle ABC = 10°$

$\angle BAC = 180° - (10° + 10°) = 160°$
주어진 그릇의 원래 모양을 정n각형이라 하면
$\dfrac{180° \times (n-2)}{n} = 160°$, $180° \times n - 360° = 160° \times n$
$20° \times n = 360°$, $n = 18$
따라서 그릇의 원래 모양의 정다각형은 정십팔각형이다.

17 $\angle CDE = \angle CDA + \angle ADE$
$\qquad = 90° + 60° = 150°$
$\triangle DEC$에서 $\overline{DE} = \overline{DC}$이므로
$\angle DEC = \dfrac{1}{2} \times (180° - 150°) = 15°$
따라서 $\triangle DEF$에서
$\angle x = \angle DEF + \angle EDF = 15° + 60° = 75°$

18 정오각형의 한 외각의 크기는 $\dfrac{360°}{5} = 72°$
정팔각형의 한 외각의 크기는 $\dfrac{360°}{8} = 45°$
따라서 오른쪽 그림에서
$\angle BAD = 72°$, $\angle BCD = 45°$,
$\angle ADC = 72° + 45° = 117°$이고, 사각형
의 내각의 크기의 합은
$180° \times (4-2) = 360°$이므로
$72° + \angle x + 45° + 117° = 360°$
따라서 $\angle x = 126°$

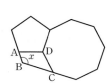

19 $\triangle ACF$에서 $\angle GFD = \angle a + \angle c$ ⋯⋯ ❶
$\triangle BGE$에서 $\angle FGD = \angle b + \angle d$ ⋯⋯ ❷
$\triangle FGD$에서
$(\angle a + \angle c) + (\angle b + \angle d) + 45° = 180°$
따라서 $\angle a + \angle b + \angle c + \angle d = 135°$ ⋯⋯ ❸

채점 기준	비율
❶ $\angle GFD$의 크기 알기	30 %
❷ $\angle FGD$의 크기 알기	30 %
❸ $\angle a + \angle b + \angle c + \angle d$의 크기 구하기	40 %

20 주어진 정다각형을 정n각형이라 하면
$180° \times (n-2) = 3240°$, $n-2 = 18$
$n = 20$, 즉 정이십각형 ⋯⋯ ❶
따라서 정이십각형의 한 외각의 크기는
$\dfrac{360°}{20} = 18°$ ⋯⋯ ❷

채점 기준	비율
❶ 주어진 정다각형 구하기	50 %
❷ 주어진 정다각형의 한 외각의 크기 구하기	50 %

4. 원과 부채꼴

① 원과 부채꼴
42~44쪽

유형 ① 원과 부채꼴
1 8 cm   **2** 60°

1 원에서 길이가 가장 긴 현은 지름이므로 반지름의 길이가 4 cm
인 원에서 길이가 가장 긴 현의 길이는 8 cm이다.

2 $\overline{OA} = \overline{OB} = \overline{AB}$이므로 $\triangle OAB$는 정삼각형이다.
따라서 $\overset{\frown}{AB}$에 대한 중심각의 크기는 $\angle AOB = 60°$

유형 ② 중심각의 크기와 호의 길이
3 $x = 6$, $y = 30$ **4** 40

3 $45 : 60 = x : 8$이므로 $3 : 4 = x : 8$, $4x = 24$
따라서 $x = 6$
또 $y : 60 = 4 : 8$이므로 $y : 60 = 1 : 2$, $2y = 60$
따라서 $y = 30$

4 $3 : 9 = (x-10) : (2x+10)$이므로
$1 : 3 = (x-10) : (2x+10)$
$3x - 30 = 2x + 10$
따라서 $x = 40$

유형 ③ 호의 길이의 비가 주어질 때 중심각의 크기 구하기
5 ②   **6** 40°

5 $\overset{\frown}{AB} : \overset{\frown}{BC} : \overset{\frown}{CA} = 3 : 4 : 5$이므로
$\angle AOB : \angle BOC : \angle COA = 3 : 4 : 5$
따라서 $\angle AOB = 360° \times \dfrac{3}{3+4+5} = 90°$

6 $\overset{\frown}{AB} : \overset{\frown}{BC} = 7 : 4$이고
$\overset{\frown}{BC} : \overset{\frown}{CD} = 2 : 1$, 즉 $\overset{\frown}{BC} : \overset{\frown}{CD} = 4 : 2$이므로
$\overset{\frown}{AB} : \overset{\frown}{BC} : \overset{\frown}{CD} = 7 : 4 : 2$
따라서 $\angle AOB : \angle BOC : \angle COD = 7 : 4 : 2$이므로
$\angle BOC = 130° \times \dfrac{4}{7+4+2} = 40°$

유형 ④ 평행선이 주어질 때 중심각의 크기와 호의 길이
7 24 cm   **8** 30°

7 $\overline{AB} /\!/ \overline{CD}$이므로
∠OCD=∠AOC=50° (엇각)
또 △OCD에서 $\overline{OC}=\overline{OD}$이므로
∠ODC=∠OCD=50°
따라서 ∠COD=180°−(50°+50°)
=80°
이때 50 : 80=15 : $\widehat{CD}$이므로
5 : 8=15 : $\widehat{CD}$, $5\widehat{CD}=120$
따라서 $\widehat{CD}=24$(cm)

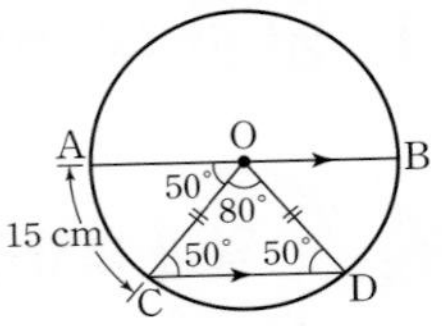

8 $\overline{OC} /\!/ \overline{AB}$이므로
∠OBA=∠COB=∠x (엇각)
또 △OAB에서 $\overline{OA}=\overline{OB}$이므로
∠OAB=∠OBA=∠x ……❶
이때 $\widehat{AB} : \widehat{BC}=4 : 1$이므로
∠AOB : ∠x=4 : 1, ∠AOB=4∠x ……❷
△OAB에서 4∠x+∠x+∠x=180°이므로 6∠x=180°
따라서 ∠x=30° ……❸

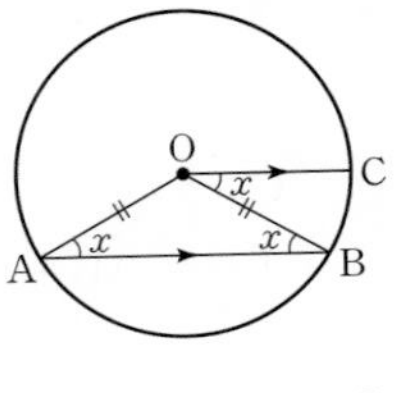

채점 기준	비율
❶ ∠OBA와 ∠OAB의 크기를 각각 ∠x로 나타내기	40 %
❷ ∠AOB의 크기를 ∠x로 나타내기	30 %
❸ ∠x의 크기 구하기	30 %

유형 5 **중심각의 크기와 호의 길이 구하기 – 보조선 긋기**

9 12 cm   **10** 4 cm

9 오른쪽 그림과 같이 $\overline{OB}$를 그으면
△OBA에서 $\overline{OA}=\overline{OB}$이므로
∠OBA=∠OAB=36°
따라서 ∠AOB=180°−(36°+36°)
=108°
$\overline{AB} /\!/ \overline{CD}$이므로 ∠AOC=∠OAB=36° (엇각)
이때 36 : 108=4 : $\widehat{AB}$이므로
1 : 3=4 : $\widehat{AB}$
따라서 $\widehat{AB}=12$(cm)

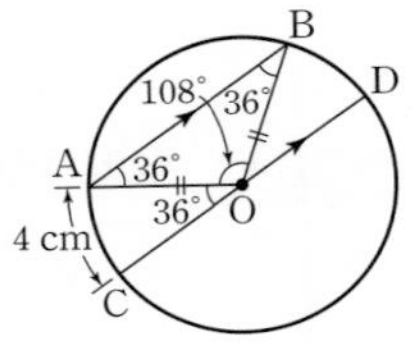

10 △ODE에서 $\overline{DE}=\overline{DO}$이므로
∠EOD=∠DEO=30°
따라서 ∠ODC=30°+30°=60°
오른쪽 그림과 같이 $\overline{OC}$를 그으면
△OCD에서 $\overline{OC}=\overline{OD}$이므로
∠OCD=∠ODC=60°
△OCE에서 ∠AOC=60°+30°=90°
90 : 30=12 : $\widehat{BD}$이므로
3 : 1=12 : $\widehat{BD}$, $3\widehat{BD}=12$
따라서 $\widehat{BD}=4$(cm)

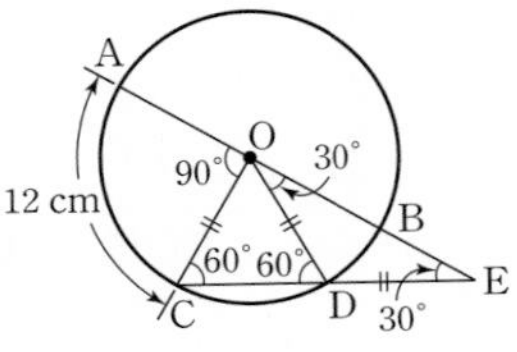

유형 6 **중심각의 크기와 부채꼴의 넓이**

11 8 cm²   **12** 48명

11 $\widehat{AC} : \widehat{BC}=1 : 3$이므로 ∠AOC : ∠BOC=1 : 3 ……❶
부채꼴 AOC의 넓이를 S cm²라 하면
1 : 3=S : 24이므로 3S=24, S=8
따라서 부채꼴 AOC의 넓이는 8 cm²이다. ……❷

채점 기준	비율
❶ ∠AOC의 크기와 ∠BOC의 크기의 비 구하기	30 %
❷ 부채꼴 AOC의 넓이 구하기	70 %

12 겨울을 좋아하는 학생을 x명이라 하면
54 : 72=36 : x이므로 3 : 4=36 : x
3x=144, x=48
따라서 겨울을 좋아하는 학생은 48명이다.

유형 7 **중심각의 크기와 현의 길이**

13 ④   **14** 27 cm   **15** 11 cm

13 $\overline{AB}=\overline{BC}=\overline{DE}$이므로
∠AOB=∠BOC=∠DOE
이때 ∠AOC=130°이므로
∠AOB=∠BOC=$\frac{1}{2}$×130°=65°
따라서 ∠DOE=65°

14 오른쪽 그림과 같이 $\overline{AO}$를 그으면
$\widehat{AB}=\widehat{AC}$이므로
∠AOB=∠AOC
=$\frac{1}{2}$×(360°−120°)
=120°
따라서 ∠AOB=∠AOC=∠BOC이므로
$\overline{AB}=\overline{AC}=\overline{BC}=9$ cm
즉 △ABC의 둘레의 길이는
9+9+9=27(cm)

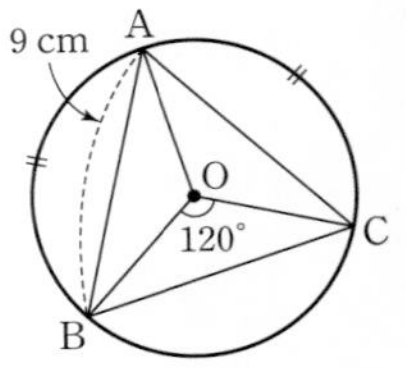

15 $\overline{AD} /\!/ \overline{OC}$이므로
∠DAO=∠COB (동위각)
오른쪽 그림과 같이 $\overline{OD}$를 그으면
△ODA에서
$\overline{OA}=\overline{OD}$이므로 ∠ODA=∠OAD
또 ∠COD=∠ODA (엇각)이므로
∠COB=∠COD
따라서 $\overline{CD}=\overline{BC}=11$ cm

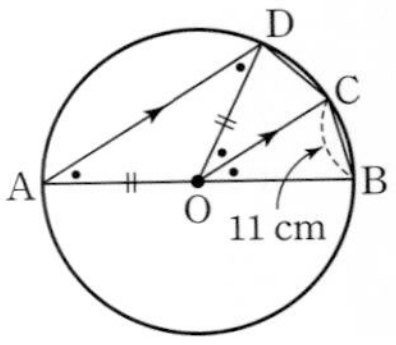

16 ④   **17** ④   **18** ①, ⑤

16 ④ 현의 길이는 중심각의 크기에 정비례하지 않으므로
$$\overline{EF} \neq \frac{1}{2}\overline{AC}$$

17 ④ 현의 길이는 중심각의 크기에 정비례하지 않는다.

18 ② 현의 길이는 중심각의 크기에 정비례하지 않으므로
$$\overline{AB} \neq \frac{1}{2}\overline{CD}$$
③ ∠AOD=∠BOC인지는 알 수 없다.
④ 삼각형의 넓이는 중심각의 크기에 정비례하지 않으므로
$$\triangle COD \neq 2\triangle AOB$$

2 부채꼴의 호의 길이와 넓이
45~48쪽

19 ④   **20** 36π cm   **21** ②

19 반지름의 길이가 10 cm이므로
$$(넓이)=\frac{1}{2}\times\pi\times 10^2=50\pi\,(cm^2)$$

20 (둘레의 길이)$=2\pi\times 12+2\pi\times 6$
$$=24\pi+12\pi=36\pi\,(cm)$$

21 (넓이)$=\frac{1}{2}\times\pi\times 2^2+\frac{1}{2}\times\pi\times 6^2-\frac{1}{2}\times\pi\times 4^2$
$$=2\pi+18\pi-8\pi=12\pi\,(cm^2)$$

22 18π cm^2 **23** 10π cm^2 **24** ⑤

22 부채꼴의 반지름의 길이를 r cm라 하면
$$2\pi r\times\frac{45}{360}=3\pi,\ r=12$$
따라서 부채꼴의 넓이는
$$\pi\times 12^2\times\frac{45}{360}=18\pi\,(cm^2)$$

23 구하는 넓이의 합은 반지름의 길이가 6 cm이고 중심각의 크기가
$50°+20°+30°=100°$인 부채꼴의 넓이와 같다.
따라서 색칠한 부분의 넓이의 합은
$$\pi\times 6^2\times\frac{100}{360}=10\pi\,(cm^2)$$

24 부채꼴의 중심각의 크기를 $x°$라 하면
$$\pi\times 9^2\times\frac{x}{360}=36\pi,\ x=160$$
따라서 부채꼴의 중심각의 크기는 160°이다.

25 12π cm   **26** ③   **27** (1) 12 cm   (2) 120°

25 부채꼴의 호의 길이를 l cm라 하면
$$\frac{1}{2}\times 9\times l=54\pi,\ l=12\pi$$
따라서 부채꼴의 호의 길이는 12π cm이다.

26 부채꼴의 반지름의 길이를 r cm라 하면
$$\frac{1}{2}\times r\times 2\pi=10\pi,\ r=10$$
따라서 부채꼴의 반지름의 길이는 10 cm이다.

27 (1) 부채꼴의 반지름의 길이를 r cm라 하면
$$\frac{1}{2}\times r\times 8\pi=48\pi,\ r=12$$
따라서 부채꼴의 반지름의 길이는 12 cm이다.   …… ❶
(2) 부채꼴의 중심각의 크기를 $x°$라 하면
$$\pi\times 12^2\times\frac{x}{360}=48\pi,\ x=120$$
따라서 부채꼴의 중심각의 크기는 120°이다.   …… ❷

	채점 기준	비율
(1)	❶ 부채꼴의 반지름의 길이 구하기	50 %
(2)	❷ 부채꼴의 중심각의 크기 구하기	50 %

28 ④   **29** $(34\pi+24)$ cm   **30** 7π cm

28 (둘레의 길이)$=2\pi\times 8\times\frac{60}{360}+2\pi\times 4\times\frac{60}{360}+4\times 2$
$$=\frac{8}{3}\pi+\frac{4}{3}\pi+8=4\pi+8\,(cm)$$

29 (둘레의 길이)$=2\pi\times 12\times\frac{270}{360}+2\pi\times 8+12\times 2$
$$=18\pi+16\pi+24$$
$$=34\pi+24\,(cm)$$

30 (둘레의 길이)$=\left(2\pi\times\frac{7}{2}\times\frac{90}{360}\right)\times 4=7\pi\,(cm)$

31 8π cm^2 **32** $\left(27-\frac{9}{2}\pi\right)$ cm^2

31 $(넓이)=\pi\times8^2\times\dfrac{90}{360}-\dfrac{1}{2}\times\pi\times4^2$

$\qquad\quad=16\pi-8\pi=8\pi(\mathrm{cm}^2)$

32 $(넓이)$

$=6\times6-3\times3-\left(\pi\times3^2\times\dfrac{90}{360}\right)\times2$ ··· ❶

$=36-9-\dfrac{9}{2}\pi$

$=27-\dfrac{9}{2}\pi(\mathrm{cm}^2)$ ······ ❷

채점 기준	비율
❶ 색칠한 부분의 넓이 구하는 식 세우기	60 %
❷ 색칠한 부분의 넓이 구하기	40 %

유형 ⑭ 색칠한 부분의 넓이 (2)

33 ① **34** $50\pi\ \mathrm{cm}^2$

33 오른쪽 그림과 같이 이동하면 구하는 넓이는
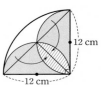

$\dfrac{1}{2}\times12\times12=72(\mathrm{cm}^2)$

34 오른쪽 그림과 같이 이동하면 구하는 넓이의 합은

$\dfrac{1}{2}\times\pi\times10^2=50\pi(\mathrm{cm}^2)$

유형 ⑮ 색칠한 부분의 넓이 (3)

35 $6\ \mathrm{cm}^2$ **36** $36\pi\ \mathrm{cm}^2$

35 $(넓이)$

$=(지름이 \overline{AB}인 반원의 넓이)+(지름이 \overline{AC}인 반원의 넓이)$

$\quad+(\triangle ABC의 넓이)-(지름이 \overline{BC}인 반원의 넓이)$

$=\dfrac{1}{2}\times\pi\times2^2+\dfrac{1}{2}\times\pi\times\left(\dfrac{3}{2}\right)^2+\dfrac{1}{2}\times3\times4-\dfrac{1}{2}\times\pi\times\left(\dfrac{5}{2}\right)^2$

$=2\pi+\dfrac{9}{8}\pi+6-\dfrac{25}{8}\pi=6(\mathrm{cm}^2)$

36 $\angle CBD=180°-60°=120°$

$\angle EBD=\angle ABC=60°$이므로

$\angle ABE=180°-60°=120°$

따라서 색칠한 부분의 넓이는

$(부채꼴 ABE의 넓이)+(\triangle EBD의 넓이)$

$\quad-(\triangle ABC의 넓이)-(부채꼴 CBD의 넓이)$

$=(부채꼴 ABE의 넓이)-(부채꼴 CBD의 넓이)$

$=\pi\times12^2\times\dfrac{120}{360}-\pi\times6^2\times\dfrac{120}{360}$

$=48\pi-12\pi=36\pi(\mathrm{cm}^2)$

유형 ⑯ 끈의 길이

37 $(8\pi+48)\ \mathrm{cm}$ **38** 민서, 8 cm

37 오른쪽 그림에서 곡선 부분의 길이는
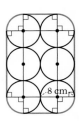

$2\pi\times4=8\pi(\mathrm{cm})$

직선 부분의 길이는

$16\times2+8\times2=48(\mathrm{cm})$

따라서 끈의 최소 길이는 $(8\pi+48)\ \mathrm{cm}$

38 민서 : 곡선 부분의 길이는 $2\pi\times2=4\pi(\mathrm{cm})$

$\qquad$ 직선 부분의 길이는 $4\times4=16(\mathrm{cm})$

$\qquad$ 따라서 민서가 사용한 끈의 최소 길이는

$\qquad(4\pi+16)\ \mathrm{cm}$ ······ ❶

우진 : 곡선 부분의 길이는
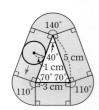

$\qquad 2\pi\times2=4\pi(\mathrm{cm})$

$\qquad$ 직선 부분의 길이는

$\qquad 12\times2=24(\mathrm{cm})$

$\qquad$ 따라서 우진이가 사용한 끈의 최소 길이는

$\qquad(4\pi+24)\ \mathrm{cm}$ ······ ❷

따라서 민서가 끈을 8 cm 더 적게 사용한다. ······ ❸

채점 기준	비율
❶ 민서의 방법으로 묶을 때 사용한 끈의 최소 길이 구하기	40 %
❷ 우진이의 방법으로 묶을 때 사용한 끈의 최소 길이 구하기	40 %
❸ 누구의 방법이 끈을 더 적게 사용하는지 구하기	20 %

유형 ⑰ 원의 지나간 자리의 넓이

39 $(4\pi+26)\ \mathrm{cm}^2$ **40** $(36\pi+450)\ \mathrm{cm}^2$

39 원이 지나간 자리는 오른쪽 그림과 같다.
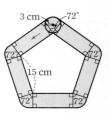

이때 부채꼴 부분을 모두 합하면 원이 되므로 원이 지나간 자리의 넓이는

$\pi\times2^2+(2\times5)\times2+2\times3$

$=4\pi+26(\mathrm{cm}^2)$

40 원이 지나간 자리는 오른쪽 그림과 같다.

이때 부채꼴 부분을 모두 합하면 원이 되므로 원이 지나간 자리의 넓이는

$\pi\times6^2+(6\times15)\times5$

$=36\pi+450(\mathrm{cm}^2)$

유형 ⑱ 도형을 회전시켰을 때 점이 움직인 거리

41 $12\pi\ \mathrm{cm}$ **42** $\dfrac{200}{3}\pi\ \mathrm{m}^2$

41 오른쪽 그림에서 점 A가 움직인 거리는

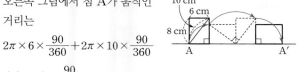

$$2\pi \times 6 \times \frac{90}{360} + 2\pi \times 10 \times \frac{90}{360}$$
$$+2\pi \times 8 \times \frac{90}{360}$$
$$=3\pi + 5\pi + 4\pi = 12\pi\,(\text{cm})$$

42 강아지가 움직일 수 있는 영역은 오른쪽 그림의 색칠한 부분과 같다.

이때 정육각형의 한 외각의 크기는

$$\frac{360°}{6} = 60°$$

따라서 구하는 최대 넓이는

$$\pi \times 10^2 \times \frac{180}{360} + \left(\pi \times 7^2 \times \frac{60}{360}\right) \times 2 + \left(\pi \times 1^2 \times \frac{60}{360}\right) \times 2$$
$$=50\pi + \frac{49}{3}\pi + \frac{1}{3}\pi = \frac{200}{3}\pi\,(\text{m}^2)$$

● 중단원 핵심유형 테스트　　　　49~51쪽

1 ⑤	**2** ③	**3** ㄱ, ㄹ	**4** ①	**5** ③
6 $(\pi+12)$ cm		**7** 12 cm	**8** ①	**9** ④
10 12π cm²		**11** ②	**12** 8π cm	**13** 80°
14 ③		**15** 32π cm²	**16** 21π cm²	**17** $(8\pi+56)$ cm
18 $\frac{49}{4}\pi$ m²		**19** 80°	**20** $(6-\pi)$ cm²	

1 ⑤ $\overline{\text{BC}}$와 $\overparen{\text{BC}}$로 둘러싸인 도형은 활꼴이다.

2 $\overparen{\text{AB}} : \overparen{\text{BC}} = 2 : 1$이므로 $\angle \text{AOB} = 180° \times \frac{2}{3} = 120°$

따라서 △OBA에서 $\overline{\text{OA}} = \overline{\text{OB}}$이므로

$$\angle \text{BAC} = \frac{1}{2} \times (180° - 120°) = 30°$$

3 ㄱ. $\overparen{\text{AB}} : \overparen{\text{BC}} : \overparen{\text{CA}} = 3 : 7 : 8$이므로

$\angle \text{AOB} : \angle \text{BOC} : \angle \text{COA} = 3 : 7 : 8$

따라서 $\angle \text{AOB} = 360° \times \frac{3}{3+7+8} = 60°$

ㄴ. $\overparen{\text{AB}} = 6$ cm이면 $\angle \text{AOB} : \angle \text{BOC} = 3 : 7$이므로

$3 : 7 = 6 : \overparen{\text{BC}}, 3\overparen{\text{BC}} = 42$

따라서 $\overparen{\text{BC}} = 14\,(\text{cm})$

ㄷ. 원 O의 반지름의 길이가 9 cm이면 $\angle \text{AOB} = 60°$이므로

$$\overparen{\text{AB}} = 2\pi \times 9 \times \frac{60}{360} = 3\pi\,(\text{cm})$$

ㄹ. 원 O의 반지름의 길이가 3 cm이면

$$\angle \text{AOC} = 360° \times \frac{8}{3+7+8} = 160°$$이므로

부채꼴 AOC의 넓이는 $\pi \times 3^2 \times \frac{160}{360} = 4\pi\,(\text{cm}^2)$

따라서 옳은 것은 ㄱ, ㄹ이다.

4 $\overline{\text{AC}} /\!/ \overline{\text{OD}}$이므로

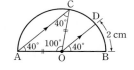

$\angle \text{OAC} = \angle \text{BOD} = 40°$ (동위각)

오른쪽 그림과 같이 $\overline{\text{OC}}$를 그으면

△OCA에서 $\overline{\text{OA}} = \overline{\text{OC}}$이므로

$\angle \text{OCA} = \angle \text{OAC} = 40°$

따라서 $\angle \text{AOC} = 180° - (40° + 40°) = 100°$

이때 $40 : 100 = 2 : \overparen{\text{AC}}$이므로

$2 : 5 = 2 : \overparen{\text{AC}}, 2\overparen{\text{AC}} = 10$

따라서 $\overparen{\text{AC}} = 5\,(\text{cm})$

5 $(x-10) : 2x = 20 : 50$이므로

$(x-10) : 2x = 2 : 5, 4x = 5x - 50$

따라서 $x = 50$

6 부채꼴의 호의 길이를 l cm라 하면

$$\frac{1}{2} \times 6 \times l = 3\pi, l = \pi$$

따라서 부채꼴의 둘레의 길이는

$$\pi + 6 + 6 = \pi + 12\,(\text{cm})$$

7 $\angle \text{BOF} = \angle a$라 하면

△FAO에서 $\overline{\text{FA}} = \overline{\text{FO}}$이므로

$\angle \text{FAO} = \angle \text{BOF} = \angle a$

따라서 $\angle \text{EFO} = \angle a + \angle a = 2\angle a$

△EFO에서 $\overline{\text{OE}} = \overline{\text{OF}}$이므로

$\angle \text{OEF} = \angle \text{EFO} = 2\angle a$

△EAO에서 $\angle \text{EOD} = \angle a + 2\angle a = 3\angle a$

이때 $\angle \text{BOC} = \angle \text{EOD} = 3\angle a$ (맞꼭지각)이므로

$\overparen{\text{BF}} : \overparen{\text{BC}} = \angle a : 3\angle a, 4 : \overparen{\text{BC}} = 1 : 3$

따라서 $\overparen{\text{BC}} = 12\,(\text{cm})$

8 오른쪽 그림과 같이 $\overline{\text{OC}}$를 그으면

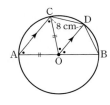

△OCA에서 $\overline{\text{OA}} = \overline{\text{OC}}$이므로

$\angle \text{OCA} = \angle \text{OAC}$

$\overline{\text{AC}} /\!/ \overline{\text{OD}}$이므로

$\angle \text{BOD} = \angle \text{OAC}$ (동위각),

$\angle \text{COD} = \angle \text{OCA}$ (엇각)

따라서 $\angle \text{BOD} = \angle \text{COD}$이므로

$\overline{\text{BD}} = \overline{\text{CD}} = 8$ cm

9 ① △AOB는 정삼각형이므로 원 O의 반지름의 길이는 6 cm 이다.

② 이 원의 가장 긴 현은 지름이므로 그 길이는 12 cm이다.

③ 반지름의 길이가 6 cm이므로 중심각의 크기가 120°인 부채 꼴의 호의 길이는 $2\pi \times 6 \times \frac{120}{360} = 4\pi\,(\text{cm})$

④ 현의 길이는 중심각의 크기에 정비례하지 않는다.

⑤ 반지름의 길이가 6 cm이므로 중심각의 크기가 80°인 부채꼴
의 넓이는 $\pi \times 6^2 \times \dfrac{80}{360} = 8\pi \, (\text{cm}^2)$

따라서 옳지 않은 것은 ④이다.

10 (넓이)$=\dfrac{1}{2} \times \pi \times 6^2 - \dfrac{1}{2} \times \pi \times 4^2 + \dfrac{1}{2} \times \pi \times 2^2$

$= 18\pi - 8\pi + 2\pi = 12\pi \, (\text{cm}^2)$

11 정팔각형의 한 내각의 크기는

$\dfrac{180° \times (8-2)}{8} = 135°$

따라서 색칠한 부채꼴의 넓이는

$\pi \times 8^2 \times \dfrac{135}{360} = 24\pi \, (\text{cm}^2)$

12 오른쪽 그림에서 △ABH, △EBC는
모두 정삼각형이므로

$\angle ABH = \angle EBC = 60°$

따라서 $\angle ABE = \angle HBC$

$= 90° - 60° = 30°$

이므로

$\angle EBH = \angle ABH - \angle ABE$

$= 60° - 30° = 30°$

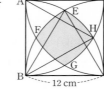

따라서 $\overset{\frown}{EH} = 2\pi \times 12 \times \dfrac{30}{360} = 2\pi \, (\text{cm})$

이때 $\overset{\frown}{EF} = \overset{\frown}{FG} = \overset{\frown}{GH} = \overset{\frown}{EH} = 2\pi \, (\text{cm})$이므로

색칠한 부분의 둘레의 길이는 $2\pi \times 4 = 8\pi \, (\text{cm})$

13 색칠한 두 부분의 넓이가 같으므로 부채꼴 AOB의 넓이와 반원
O′의 넓이가 같다.

이때 $\angle AOB = x°$라 하면

$\pi \times 9^2 \times \dfrac{x}{360} = \dfrac{1}{2} \times \pi \times 6^2$이므로

$\dfrac{9}{40}x = 18, \ x = 80$

따라서 $\angle AOB = 80°$

14 오른쪽 그림에서 ㉠=㉡이므로
색칠한 부분의 넓이는

$\left(6 \times 6 - \pi \times 6^2 \times \dfrac{90}{360}\right) \times 2$

$= (36 - 9\pi) \times 2$

$= 72 - 18\pi \, (\text{cm}^2)$

15 오른쪽 그림과 같이 이동하면 구하는 넓이는

$\left(\pi \times 8^2 \times \dfrac{90}{360}\right) \times 2 = 32\pi \, (\text{cm}^2)$

16 정육각형의 한 외각의 크기는 $\dfrac{360°}{6} = 60°$

이때 $\overline{AF} = 3 \, \text{cm}, \ \overline{EG} = 3 + 3 = 6 \, (\text{cm}),$
$\overline{DH} = 3 + 6 = 9 \, (\text{cm})$이므로
색칠한 부분의 넓이는

$\pi \times 3^2 \times \dfrac{60}{360} + \pi \times 6^2 \times \dfrac{60}{360} + \pi \times 9^2 \times \dfrac{60}{360}$

$= \dfrac{3}{2}\pi + 6\pi + \dfrac{27}{2}\pi = 21\pi \, (\text{cm}^2)$

17

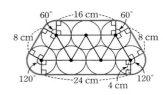

위의 그림에서 곡선 부분의 길이는

$2\pi \times 4 = 8\pi \, (\text{cm})$

직선 부분의 길이는 $16 + 8 + 24 + 8 = 56 \, (\text{cm})$

따라서 끈의 최소 길이는 $(8\pi + 56) \, \text{cm}$

18 강아지가 울타리 밖에서 움직일 수 있는 영역
은 오른쪽 그림의 색칠한 부분과 같다.

따라서 강아지가 움직일 수 있는 영역의 최대
넓이는

$\pi \times 4^2 \times \dfrac{270}{360} + \pi \times 1^2 \times \dfrac{90}{360}$

$= 12\pi + \dfrac{1}{4}\pi = \dfrac{49}{4}\pi \, (\text{m}^2)$

19 부채꼴의 반지름의 길이를 r cm라 하면

$\dfrac{1}{2} \times r \times 4\pi = 18\pi, \ r = 9$ ⋯⋯ ❶

부채꼴의 중심각의 크기를 $x°$라 하면

$\pi \times 9^2 \times \dfrac{x}{360} = 18\pi, \ x = 80$

따라서 부채꼴의 중심각의 크기는 80°이다. ⋯⋯ ❷

채점 기준	비율
❶ 부채꼴의 반지름의 길이 구하기	50 %
❷ 부채꼴의 중심각의 크기 구하기	50 %

20 색칠한 부분의 넓이는 사다리꼴의 넓이에서 중심각의 크기가
90°인 부채꼴의 넓이를 뺀 것과 같다. ⋯⋯ ❶

따라서 색칠한 부분의 넓이는

$\dfrac{1}{2} \times (2+4) \times 2 - \pi \times 2^2 \times \dfrac{90}{360} = 6 - \pi \, (\text{cm}^2)$ ⋯⋯ ❷

채점 기준	비율
❶ 색칠한 부분의 넓이를 구할 수 있는 도형의 넓이의 차로 나타내기	40 %
❷ 색칠한 부분의 넓이 구하기	60 %

5. 다면체와 회전체

① 다면체

52~57쪽

연습책

유형 ① 다면체

1 ③, ⑤   2 ③   3 4개

1 다각형인 면으로만 둘러싸인 입체도형은 다면체이다.
① 평면도형   ②, ④ 회전체   ③, ⑤ 다면체

2 ③ 원과 곡면으로 둘러싸여 있으므로 다면체가 아니다.

3 다면체는 사각뿔, 오각기둥, 삼각뿔대, 정육면체의 4개이다.

유형 ② 다면체의 면, 모서리, 꼭짓점의 개수

4 ④   5 ③   6 39

4 주어진 다면체의 면의 개수는 7이다.
각 다면체의 면의 개수는 다음과 같다.
① $4+2=6$ ② $4+2=6$ ③ $5+1=6$
④ $5+2=7$ ⑤ $7+2=9$
따라서 주어진 다면체와 면의 개수가 같은 것은 ④이다.

5 각 다면체의 모서리의 개수는 다음과 같다.
삼각기둥: $3×3=9$ 사각뿔대: $3×4=12$
사각뿔: $2×4=8$ 육각뿔대: $3×6=18$
육각뿔: $2×6=12$
따라서 모서리의 개수가 가장 적은 것은 사각뿔, 가장 많은 것은
육각뿔대이므로 바르게 짝 지어진 것은 ③이다.

6 육각기둥의 꼭짓점의 개수는 $2×6=12$ ······ ❶
팔각뿔의 꼭짓점의 개수는 $8+1=9$ ······ ❷
구각뿔대의 꼭짓점의 개수는 $2×9=18$ ······ ❸
따라서 구하는 합은
$12+9+18=39$ ······ ❹

채점 기준	비율
❶ 육각기둥의 꼭짓점의 개수 구하기	30 %
❷ 팔각뿔의 꼭짓점의 개수 구하기	30 %
❸ 구각뿔대의 꼭짓점의 개수 구하기	30 %
❹ 주어진 다면체의 꼭짓점의 개수의 합 구하기	10 %

유형 ③ 다면체의 면, 모서리, 꼭짓점의 개수의 활용

7 ②   8 ②   9 12

7 주어진 각뿔대를 n각뿔대라 하면 모서리의 개수가 24이므로
$3n=24$, $n=8$
따라서 팔각뿔대의 밑면의 모양은 팔각형이다.

8 각 입체도형의 면의 개수와 모서리의 개수를 차례대로 구하면 다음과 같다.
① 8, 18   ② 10, 24   ③ 10, 18
④ 11, 27   ⑤ 11, 20

9 주어진 각기둥을 n각기둥이라 하면 면의 개수가 14이므로
$n+2=14$, $n=12$
따라서 주어진 각기둥은 십이각기둥이다. ······ ❶
십이각기둥의 모서리의 개수는 $3×12=36$이므로
$a=36$ ······ ❷
십이각기둥의 꼭짓점의 개수는 $2×12=24$이므로
$b=24$ ······ ❸
따라서 $a-b=36-24=12$ ······ ❹

채점 기준	비율
❶ 주어진 각기둥 구하기	30 %
❷ a의 값 구하기	30 %
❸ b의 값 구하기	30 %
❹ $a-b$의 값 구하기	10 %

유형 ④ 다면체의 옆면의 모양

10 ②   11 ③   12 4개

10 각기둥, 각뿔, 각뿔대의 옆면의 모양은 차례대로 직사각형, 삼각형, 사다리꼴이다.

11 ① 삼각기둥 － 직사각형
② 사각뿔 － 삼각형
④ 오각뿔 － 삼각형
⑤ 육각기둥 － 직사각형

12 옆면의 모양이 직사각형인 것은 칠각기둥, 직육면체이고 옆면의
모양이 사다리꼴인 것은 육각뿔대, 팔각뿔대이므로 옆면의 모양
이 사각형인 것은 모두 4개이다.

유형 ⑤ 다면체의 이해

13 ①, ③   14 ①   15 ⑤

13 ② 각기둥의 옆면의 모양은 직사각형이다.
④ 각뿔대의 밑면은 2개이다.
⑤ 각뿔대의 밑면과 옆면은 서로 수직이 아니다.

14 ① 각뿔대의 두 밑면의 모양은 같지만 합동은 아니다.

15 ③ 오각뿔의 면의 개수는 $5+1=6$이므로 육면체이다.

④ 오각뿔의 꼭짓점의 개수는 $5+1=6$이고 삼각기둥의 꼭짓점의 개수는 $2\times3=6$이므로 꼭짓점의 개수가 같다.

⑤ 오각뿔의 모서리의 개수는 $2\times5=10$이고 오각뿔대의 모서리의 개수는 $3\times5=15$이므로 모서리의 개수는 같지 않다.

유형 ⑥ 조건을 만족시키는 다면체

| 16 ④ | 17 구각뿔대 | 18 팔각뿔 |

16 조건 (가), (나)를 만족시키는 입체도형은 각기둥이다. 이 입체도형을 n각기둥이라 하면 조건 (다)에서 칠면체이므로

$n+2=7$, $n=5$

조건을 모두 만족시키는 입체도형은 오각기둥이다.

오각기둥의 꼭짓점의 개수는 $2\times5=10$이고 각 다면체의 꼭짓점의 개수는 다음과 같다.

① 6 ② 12 ③ 16 ④ 10 ⑤ 20

따라서 오각기둥과 꼭짓점의 개수가 같은 것은 ④이다.

17 조건 (가), (나)를 만족시키는 입체도형은 각뿔대이다. …… ❶
이 입체도형을 n각뿔대라 하면 조건 (다)에서 모서리의 개수가 27이므로 $3n=27$, $n=9$

따라서 조건을 모두 만족시키는 입체도형은 구각뿔대이다.
…… ❷

채점 기준	비율
❶ 조건 (가), (나)를 만족시키는 입체도형은 각뿔대임을 알기	40 %
❷ 조건을 모두 만족시키는 입체도형 구하기	60 %

18 밑면이 1개이고 옆면의 모양이 삼각형인 입체도형은 각뿔이다. 이 입체도형을 n각뿔이라 하면 꼭짓점의 개수가 9이므로

$n+1=9$, $n=8$

따라서 학생들이 설명하는 조건을 모두 만족시키는 입체도형은 팔각뿔이다.

유형 ⑦ 정다면체의 이해

| 19 ④ | 20 ⑤ |
| 21 (1) 풀이 참조 (2) 정다면체가 아니다. / 이유: 풀이 참조 |

19 각 정다면체의 면의 모양은 다음과 같다.

① 정삼각형 ② 정사각형 ③ 정삼각형

④ 정오각형 ⑤ 정삼각형

20 ⑤ 각 면의 모양이 모두 합동인 정다각형이고, 각 꼭짓점에 모인 면의 개수가 같은 다면체를 정다면체라 한다.

21 (1) 어떤 다면체가 정다면체가 되려면 각 면의 모양이 모두 합동인 정다각형이고, 각 꼭짓점에 모인 면의 개수가 모두 같아야 한다.
…… ❶

(2) 각 면의 모양이 모두 합동인 정삼각형이지만 한 꼭짓점에 모인 면의 개수가 3 또는 4로 같지 않으므로 정다면체가 아니다.
…… ❷

채점 기준	비율
❶ 어떤 다면체가 정다면체가 되는 조건 말하기	50 %
❷ 주어진 입체도형이 정다면체인지 아닌지 말하고, 그 이유 설명하기	50 %

유형 ⑧ 정다면체의 면, 모서리, 꼭짓점의 개수

| 22 ④ | 23 ① | 24 18 |

22 각 정다면체의 꼭짓점의 개수는 다음과 같다.

① 4 ② 8 ③ 6 ④ 20 ⑤ 12

따라서 꼭짓점의 개수가 가장 많은 것은 ④ 정십이면체이다.

23 4개의 인공위성 중 어느 세 개를 선택하여도 인공위성이 같은 거리에 있으므로 세 개의 인공위성을 꼭짓점으로 하는 도형은 항상 정삼각형이 된다. 따라서 각 면이 모두 합동인 정삼각형이고, 꼭짓점이 4개인 입체도형은 정사면체이다.

24 면의 개수가 가장 많은 정다면체는 정이십면체이고, 정이십면체의 꼭짓점의 개수는 12이므로 $a=12$

면의 개수가 가장 적은 정다면체는 정사면체이고, 정사면체의 모서리의 개수는 6이므로 $b=6$

따라서 $a+b=12+6=18$

유형 ⑨ 조건을 만족시키는 정다면체

| 25 ④ | 26 30 | 27 ㄱ, ㄴ, ㄹ |

25 조건 (가), (나)를 만족시키는 입체도형은 정다면체이다. 이때 각 면의 모양이 모두 합동이고 정오각형인 정다면체는 정십이면체이다.

26 조건 (가), (나)를 만족시키는 입체도형은 정다면체이고 한 꼭짓점에 모인 면의 개수가 5인 정다면체는 정이십면체이다.

따라서 정이십면체의 모서리의 개수는 30이다.

27 ㄱ. 정사면체와 정이십면체의 면의 모양은 모두 정삼각형으로 같다.

ㄷ. 꼭짓점의 개수가 가장 많은 정다면체는 정십이면체이고, 정십이면체의 한 꼭짓점에 모인 면의 개수는 3이다.

ㄹ. 정십이면체와 정이십면체의 모서리의 개수는 모두 30이다.

따라서 옳은 것은 ㄱ, ㄴ, ㄹ이다.

유형 ⑩ 정다면체의 전개도

| 28 ④ | 29 30 | 30 ④ |

80 • 정답과 풀이 연습책

28 ④ 오른쪽 그림의 색칠한 두 면이 겹쳐지므로 정육면체가 만들어지지 않는다.

29 주어진 전개도로 만들어지는 정다면체는 정십이면체이므로 구하는 모서리의 개수는 30이다.

30 주어진 전개도로 만들어지는 정다면체는 오른쪽 그림과 같은 정육면체이다.
따라서 $\overline{AN}$과 꼬인 위치에 있는 모서리가 아닌 것은 ④ $\overline{IJ}$이다.

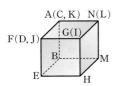

유형 **11** 정다면체의 각 면의 한가운데 점을 연결하여 만든 입체도형

31 정사면체   **32** ③   **33** 12

31 (바깥쪽 정다면체의 면의 개수)=(안쪽 정다면체의 꼭짓점의 개수)
이므로 바깥쪽 정다면체와 안쪽 정다면체가 같다면 면의 개수와 꼭짓점의 개수가 같아야 한다. 따라서 면의 개수와 꼭짓점의 개수가 같은 정다면체는 정사면체뿐이다.

32 정십이면체의 면의 개수는 12이므로 새로 만든 입체도형은 꼭짓점의 개수가 12인 정다면체, 즉 정이십면체이다.
① 꼭짓점의 개수는 12이다.
② 모서리의 개수는 30이다.
④ 각 면의 모양은 합동인 정삼각형이다.
⑤ 정다면체 중에서 꼭짓점의 개수가 가장 많은 것은 정십이면체이다.

33 새로 만든 입체도형은 각 면이 모두 합동인 정삼각형이고, 각 꼭짓점에 모인 면의 개수가 4이므로 정팔면체이다.
따라서 구하는 모서리의 개수는 12이다.

유형 **12** 정다면체의 단면

34 ⑤   **35** ㄷ, ㅂ   **36** 30

34 오른쪽 그림과 같이 세 점 A, M, N을 지나는 평면으로 자를 때 생기는 단면의 모양은 오각형이다.

35 각 단면의 모양이 생기도록 정육면체를 자르면 다음과 같다.

정삼각형

직사각형

오각형

사다리꼴

36 오른쪽 그림과 같이 단면의 모양이 육각형이면서 단면의 꼭짓점이 모두 정육면체의 모서리 위에 있도록 자를 때 두 입체도형의 모서리의 개수의 합이 가장 크다.
따라서 구하는 두 입체도형의 모서리의 개수의 합은
(잘리지 않은 모서리의 개수)+(잘린 모서리의 개수)×2
  +(단면의 변의 개수)×2
$=6+6\times2+6\times2=30$

2 회전체
58~60쪽

유형 **13** 회전체

37 ②   **38** ①, ⑤   **39** 0

37 ② 다면체

38 ①, ⑤ 다면체

39 다면체는 ㄱ, ㄹ, ㅂ, ㅇ의 4개이므로 $a=4$
회전체는 ㄴ, ㄷ, ㅁ, ㅈ의 4개이므로 $b=4$
따라서 $a-b=4-4=0$

유형 **14** 평면도형을 회전시킬 때 생기는 회전체 그리기

40 원기둥, $\overline{AB}$ **41** ④   **42** 풀이 참조

40 주어진 직사각형 ABCD를 직선 l을 회전축으로 하여 1회전 시킬 때 생기는 회전체는 오른쪽 그림과 같은 원기둥이고, 모선이 되는 선분은 $\overline{AB}$이다.

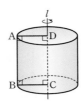

41

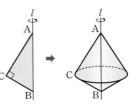

42 주어진 평행사변형을 직선 l을 회전축으로 하여 1회전 시킬 때 생기는 회전체는 오른쪽 그림과 같다.

유형 **15** 회전체의 단면의 모양

43 ①, ④   **44** ④

연습책

43 회전축을 포함하는 평면으로 자르면 다음과 같은 단면이 나온다.
① 원   ② 이등변삼각형   ③ 직사각형
④ 반원   ⑤ 사다리꼴

44 주어진 평면도형을 직선 l을 회전축으로 하여 1회전 시킬 때 생기는 회전체는 오른쪽 그림과 같으므로 회전축에 수직인 평면으로 자를 때 생기는 단면의 모양은 ④이다.

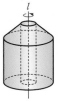

유형 ⑯ 회전체의 단면의 둘레의 길이와 넓이

45 36 cm   **46** 40 cm²

47 둘레의 길이: $(5\pi+2)$ cm, 넓이: $\dfrac{13}{2}\pi$ cm²

---

45 오른쪽 그림과 같이 회전축을 포함하는 평면으로 자를 때 생기는 단면의 넓이가 가장 크다. ⋯⋯ ❶

따라서 구하는 단면의 둘레의 길이는
$2\times(2\times4+10)=36(\mathrm{cm})$ ⋯⋯ ❷

채점 기준	비율
❶ 원기둥을 밑면에 수직인 평면으로 자를 때 생기는 단면 중에서 넓이가 가장 큰 단면의 모양 알기	70 %
❷ 넓이가 가장 큰 단면의 둘레의 길이 구하기	30 %

46 주어진 사다리꼴을 직선 l을 회전축으로 하여 1회전 시킬 때 생기는 회전체는 원뿔대이고, 원뿔대를 회전축을 포함하는 평면으로 자를 때 생기는 단면은 오른쪽 그림과 같은 사다리꼴이다.
따라서 구하는 단면의 넓이는
$\dfrac{1}{2}\times(6+14)\times4=40(\mathrm{cm}^2)$

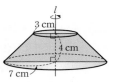

47 회전체는 오른쪽 그림과 같으므로 구하는 단면의 둘레의 길이는
$\left(2\pi\times2\times\dfrac{90}{360}+2\pi\times3\times\dfrac{90}{360}+1\right)\times2$
$=5\pi+2(\mathrm{cm})$
단면의 넓이는
$\left(\pi\times2^2\times\dfrac{90}{360}+\pi\times3^2\times\dfrac{90}{360}\right)\times2$
$=\dfrac{13}{2}\pi(\mathrm{cm}^2)$

유형 ⑰ 회전체의 전개도

48 10π cm   **49** ④

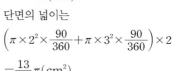

---

48 주어진 직각삼각형을 직선 l을 회전축으로 하여 1회전 시킬 때 생기는 회전체는 오른쪽 그림과 같은 원뿔이다. ⋯⋯ ❶
이때 원뿔의 전개도에서 옆면인 부채꼴의 호의 길이는 밑면인 원의 둘레의 길이와 같으므로
(호의 길이)$=2\pi\times5=10\pi$(cm) ⋯⋯ ❷

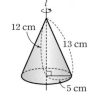

채점 기준	비율
❶ 회전체가 원뿔임을 알기	40 %
❷ 옆면인 부채꼴의 호의 길이 구하기	60 %

49 점 A에서 점 B까지 실로 원기둥을 한 바퀴 팽팽하게 감았을 때 실의 길이가 가장 짧게 되는 경로는 원기둥의 전개도에서 옆면인 직사각형의 대각선과 같다.

유형 ⑱ 회전체의 이해

50 ③   **51** ②   **52** ㄴ, ㄹ

---

50 ③ 두 밑면은 서로 평행하지만 합동은 아니다. 두 밑면의 모양은 같고 크기는 다르다.

51 ② 전개도를 그릴 수 없다.

52 ㄱ. 회전체를 회전축에 수직인 평면으로 자른 단면은 항상 원이지만 그 크기는 다를 수 있다.
ㄷ. 구는 회전축이 무수히 많다.
따라서 옳은 것은 ㄴ, ㄹ이다.

중단원 핵심유형 테스트   61~63쪽

1 ③, ④	**2** ④	**3** 38	**4** ③	**5** ③, ⑤
6 36	**7** 24	**8** $\overline{\mathrm{CF}}$	**9** ④, ⑤	**10** 60°
11 ⑤	**12** ④	**13** ④	**14** ⑤	**15** 32π cm²
16 ⑤	**17** ㄴ, ㄹ	**18** ①	**19** 15	**20** 9π cm²

1 각 다면체의 면의 개수는 다음과 같다.
① 5+2=7   ② 4+2=6   ③ 6+2=8
④ 7+1=8   ⑤ 8+1=9
따라서 팔면체는 ③, ④이다.

2 각 다면체의 모서리의 개수는 다음과 같다.
① 3×5=15   ② 2×6=12   ③ 3×6=18
④ 3×7=21   ⑤ 2×8=16
따라서 모서리의 개수가 가장 많은 것은 ④이다.

3 오각뿔대의 면의 개수는 5+2=7이므로 $a=7$
구각뿔의 꼭짓점의 개수는 9+1=10이므로 $b=10$

칠각기둥의 모서리의 개수는 $3 \times 7 = 21$이므로 $c = 21$
따라서 $a + b + c = 7 + 10 + 21 = 38$

4 ③ n각뿔은 $(n+1)$면체이다.

5 조건 (나), (다)를 만족시키는 입체도형은 각뿔대이다.
이 입체도형을 n각뿔대라 하면 조건 (가)에서 육면체이므로
$n + 2 = 6$, $n = 4$
이때 조건을 모두 만족시키는 입체도형은 사각뿔대이고 사각뿔
대의 모서리의 개수는 $3 \times 4 = 12$이다.
각 다면체의 모서리의 개수는 다음과 같다.
① 8   ② 15   ③ 12   ④ 21   ⑤ 12
따라서 사각뿔대와 모서리의 개수가 같은 입체도형은 ③, ⑤이다.

6 정사면체의 면의 개수는 4이므로 $a = 4$
정육면체의 모서리의 개수는 12이므로 $b = 12$
정십이면체의 꼭짓점의 개수는 20이므로 $c = 20$
따라서 $a + b + c = 4 + 12 + 20 = 36$

7 조건 (가)에서 정n각형의 한 외각의 크기가 45°이므로
$\dfrac{360}{n} = 45$, $n = 8$
조건 (나)를 만족시키는 다면체는 각기둥이다.
즉, (가), (나)를 모두 만족시키는 입체도형은 팔각기둥이다.
따라서 팔각기둥의 모서리의 개수는 $3 \times 8 = 24$

8 주어진 전개도로 만들어지는 정다면체는
오른쪽 그림과 같은 정사면체이다.
따라서 $\overline{AB}$와 꼬인 위치에 있는 모서리
는 $\overline{CF}$이다.

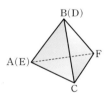

9 주어진 전개도로 만들어지는 정다면체는 정팔면체이다.
④ 모서리의 개수는 12이다.
⑤ 한 꼭짓점에 모인 면의 개수는 4이다.

10 주어진 전개도로 만들어지는 정육면체를 세
점 A, B, C를 지나는 평면으로 자를 때 생기
는 단면은 오른쪽 그림과 같이 △ABC이다.
이때 $\overline{AB} = \overline{BC} = \overline{CA}$이므로 △ABC는 정
삼각형이다.
따라서 ∠ABC = 60°

11 주어진 직각삼각형을 직선 l을 회전축으로 하
여 1회전 시킬 때 생기는 입체도형은 오른쪽 그
림과 같다.

12 ④ 구는 어떤 평면으로 잘라도 그 단면이 항상 원이다.

13
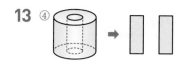

14 원뿔을 평면 ①~⑤로 자를 때 생기는 단면의 모양은 다음과 같다.

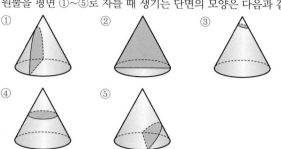

15 주어진 직사각형을 직선 l을 회전축으로 하여
1회전 시킬 때 생기는 회전체를 회전축에 수
직인 평면으로 자를 때 생기는 단면은 오른쪽
그림과 같다.
따라서 구하는 단면의 넓이는
$\pi \times 6^2 - \pi \times 2^2 = 36\pi - 4\pi = 32\pi\,(\text{cm}^2)$

16 원뿔대의 전개도는 오른쪽 그림과 같다.
이때 바닥에 칠해지는 모양은 원뿔대의 옆면
과 같으므로 ⑤이다.

17 ㄴ. 단면의 모양은 직사각형이다.
ㄹ. 단면의 모양은 크기가 다양한 원이다.

18 ① 구의 전개도는 그릴 수 없다.

19 밑면은 크기가 다른 두 개의 삼각형이고, 옆면은 사다리꼴이므로
주어진 전개도로 만든 입체도형은 삼각뿔대이다. ...... ❶
삼각뿔대의 모서리의 개수는 $3 \times 3 = 9$이므로 $a = 9$
삼각뿔대의 꼭짓점의 개수는 $2 \times 3 = 6$이므로 $b = 6$ ...... ❷
따라서 $a + b = 9 + 6 = 15$ ...... ❸

채점 기준	비율
❶ 전개도로 만들어지는 입체도형 구하기	40 %
❷ a, b의 값 구하기	50 %
❸ $a+b$의 값 구하기	10 %

20 원뿔의 전개도에서 옆면인 부채꼴의 호의 길이는 밑면인 원의 둘
레의 길이와 같으므로 원의 반지름의 길이를 r cm라 하면
$2\pi \times 9 \times \dfrac{120}{360} = 2\pi r$, $r = 3$ ...... ❶
따라서 주어진 전개도로 만들어지는 원뿔의 밑면의 넓이는
$\pi \times 3^2 = 9\pi\,(\text{cm}^2)$ ...... ❷

채점 기준	비율
❶ 원뿔의 밑면인 원의 반지름의 길이 구하기	60 %
❷ 원뿔의 밑면의 넓이 구하기	40 %

6. 입체도형의 겉넓이와 부피

① 기둥의 겉넓이와 부피   64~67쪽

유형 ① 각기둥의 겉넓이

1 ④   2 8   3 ②

1 (밑넓이)$=\frac{1}{2}\times(3+7)\times3=15(\text{cm}^2)$

(옆넓이)$=(3+3+7+5)\times6=108(\text{cm}^2)$

따라서 (겉넓이)$=15\times2+108=138(\text{cm}^2)$

2 (밑넓이)$=6\times7=42(\text{cm}^2)$

(옆넓이)$=(6+7+6+7)\times h=26h(\text{cm}^2)$

이때 겉넓이는 $292\,\text{cm}^2$이므로

$42\times2+26h=292$에서 $26h=208$, $h=8$

3 주어진 입체도형의 겉넓이는 가로, 세로의 길이가 각각 $4\,\text{cm}$이고 높이가 $6\,\text{cm}$인 직육면체의 겉넓이와 같다.

따라서 입체도형의 겉넓이는

$(4\times4)\times2+(4+4+4+4)\times6=32+96=128(\text{cm}^2)$

유형 ② 원기둥의 겉넓이

4 7 cm   5 ⑤   6 $120\pi\,\text{cm}^2$

4 원기둥의 높이를 $h\,\text{cm}$라 하면

(옆넓이)$=(2\pi\times5)\times h=10\pi h(\text{cm}^2)$

이때 원기둥의 옆넓이가 $70\pi\,\text{cm}^2$이므로

$10\pi h=70\pi$에서 $h=7$

따라서 원기둥의 높이는 $7\,\text{cm}$이다.

5 (밑넓이)$=(\pi\times4^2)\times\frac{1}{2}=8\pi(\text{cm}^2)$

(옆넓이)$=\left(8+2\pi\times4\times\frac{1}{2}\right)\times10=80+40\pi(\text{cm}^2)$

따라서 (겉넓이)$=8\pi\times2+(80+40\pi)=80+56\pi(\text{cm}^2)$

6 페인트가 칠해진 부분의 넓이는 원기둥의 옆넓이와 같으므로

$(2\pi\times3)\times20=120\pi(\text{cm}^2)$

유형 ③ 각기둥의 부피

7 ②   8 $540\,\text{cm}^3$ 9 $162\,\text{cm}^3$

7 (밑넓이)$=\frac{1}{2}\times5\times4=10(\text{cm}^2)$

삼각기둥의 높이를 $h\,\text{cm}$라 하면 부피가 $90\,\text{cm}^3$이므로

$10h=90$에서 $h=9$

따라서 삼각기둥의 높이는 $9\,\text{cm}$이다.

8 (밑넓이)$=\frac{1}{2}\times6\times4+\frac{1}{2}\times(6+4)\times3$

$=12+15=27(\text{cm}^2)$ …… ❶

따라서 오각기둥의 부피는 $27\times20=540(\text{cm}^3)$ …… ❷

채점 기준	비율
❶ 밑넓이 구하기	50 %
❷ 오각기둥의 부피 구하기	50 %

9 정육면체의 부피는 $(6\times6)\times6=216(\text{cm}^3)$

색칠한 부분의 부피는 $\left(\frac{1}{2}\times6\times3\right)\times6=54(\text{cm}^3)$

이므로 남은 부분의 부피는 $216-54=162(\text{cm}^3)$

유형 ④ 원기둥의 부피

10 ③   11 ①   12 캔 A

10 원기둥의 높이를 $h\,\text{cm}$라 하면 부피가 $175\pi\,\text{cm}^3$이므로

$(\pi\times5^2)\times h=175\pi$에서 $h=7$

따라서 원기둥의 높이는 $7\,\text{cm}$이다.

11 (밑넓이)$=\pi\times4^2\times\frac{1}{2}=8\pi(\text{cm}^2)$

따라서 (부피)$=8\pi\times10=80\pi(\text{cm}^3)$

12 음료수 캔 A의 부피는 $(\pi\times7^2)\times3=147\pi(\text{cm}^3)$

음료수 캔 B의 부피는 $(\pi\times4^2)\times9=144\pi(\text{cm}^3)$

따라서 더 많은 양의 음료수를 담을 수 있는 것은 캔 A이다.

유형 ⑤ 전개도가 주어진 기둥의 겉넓이와 부피

13 ⑤   14 겉넓이: $200\pi\,\text{cm}^2$, 부피: $375\pi\,\text{cm}^3$ 15 ③

13 (밑넓이)$=\frac{1}{2}\times(4+10)\times4=28(\text{cm}^2)$

(옆넓이)$=(5+10+5+4)\times8=192(\text{cm}^2)$

따라서 (겉넓이)$=28\times2+192=248(\text{cm}^2)$

14 밑면의 반지름의 길이를 $r\,\text{cm}$라 하면 밑면의 둘레의 길이가 $10\pi\,\text{cm}$이므로

$2\pi r=10\pi$에서 $r=5$ …… ❶

따라서 (밑넓이)$=\pi\times5^2=25\pi(\text{cm}^2)$이므로

(겉넓이)$=25\pi\times2+10\pi\times15$

$=50\pi+150\pi=200\pi(\text{cm}^2)$ …… ❷

(부피)$=25\pi\times15=375\pi(\text{cm}^3)$ …… ❸

채점 기준	비율
❶ 밑면의 반지름의 길이 구하기	20 %
❷ 겉넓이 구하기	40 %
❸ 부피 구하기	40 %

15 $(\text{밑넓이})=\dfrac{1}{2}\times3\times4=6(\text{cm}^2)$

$(\text{옆넓이})=(5+3+4)\times8=96(\text{cm}^2)$이므로

$(\text{겉넓이})=6\times2+96=108(\text{cm}^2)$

$(\text{부피})=6\times8=48(\text{cm}^3)$

따라서 $a=108$, $b=48$이므로

$a-b=108-48=60$

유형 **6** 밑면이 부채꼴인 기둥의 겉넓이와 부피

16 겉넓이: $(18\pi+36)\,\text{cm}^2$, 부피: $18\pi\,\text{cm}^3$ **17** ②

18 6 cm

16 밑면인 부채꼴의 반지름의 길이를 r cm라 하면

밑넓이가 $3\pi\,\text{cm}^2$이므로

$\pi r^2\times\dfrac{120}{360}=3\pi$에서 $r^2=9$

이때 $r>0$이므로 $r=3$

$(\text{옆넓이})=\left(2\pi\times3\times\dfrac{120}{360}+3+3\right)\times6$

$\qquad\qquad=12\pi+36(\text{cm}^2)$

따라서 기둥의 겉넓이와 부피는

$(\text{겉넓이})=3\pi\times2+12\pi+36$

$\qquad\qquad=18\pi+36(\text{cm}^2)$

$(\text{부피})=3\pi\times6=18\pi(\text{cm}^3)$

17 $(\text{밑넓이})=\pi\times6^2\times\dfrac{30}{360}=3\pi(\text{cm}^2)$

$(\text{옆넓이})=\left(2\pi\times6\times\dfrac{30}{360}+6+6\right)\times10$

$\qquad\qquad=10\pi+120(\text{cm}^2)$

따라서 기둥의 겉넓이는

$(\text{겉넓이})=3\pi\times2+10\pi+120$

$\qquad\qquad=16\pi+120(\text{cm}^2)$

18 $(\text{밑넓이})=\pi\times4^2\times\dfrac{270}{360}=12\pi(\text{cm}^2)$

기둥의 높이를 h cm라 하면 부피가 $72\pi\,\text{cm}^3$이므로

$12\pi\times h=72\pi$에서 $h=6$

따라서 기둥의 높이는 6 cm이다.

유형 **7** 구멍이 뚫린 기둥의 겉넓이와 부피

19 (1) $16\pi\,\text{cm}^2$ (2) $90\pi\,\text{cm}^2$ (3) $54\pi\,\text{cm}^2$ (4) $176\pi\,\text{cm}^2$

20 겉넓이: $328\,\text{cm}^2$, 부피: $192\,\text{cm}^3$ **21** $(216+16\pi)\,\text{cm}^2$

19 (1) $(\text{밑넓이})=\pi\times5^2-\pi\times3^2$

$\qquad\qquad=25\pi-9\pi=16\pi(\text{cm}^2)$

(2) $(\text{큰 기둥의 옆넓이})=(2\pi\times5)\times9=90\pi(\text{cm}^2)$

(3) $(\text{작은 기둥의 옆넓이})=(2\pi\times3)\times9=54\pi(\text{cm}^2)$

(4) $(\text{겉넓이})=16\pi\times2+90\pi+54\pi=176\pi(\text{cm}^2)$

---

20 $(\text{밑넓이})=6\times8-4\times4=48-16=32(\text{cm}^2)$

$(\text{옆넓이})=(6+8+6+8)\times6+(4+4+4+4)\times6$

$\qquad\qquad=168+96=264(\text{cm}^2)$

따라서 입체도형의 겉넓이와 부피는

$(\text{겉넓이})=32\times2+264=328(\text{cm}^2)$

$(\text{부피})=32\times6=192(\text{cm}^3)$

21 $(\text{밑넓이})=6\times6-\pi\times2^2=36-4\pi(\text{cm}^2)$

$(\text{옆넓이})=(6\times4+2\pi\times2)\times6=144+24\pi(\text{cm}^2)$

따라서 구하는 상자의 겉넓이는

$(\text{겉넓이})=(36-4\pi)\times2+(144+24\pi)$

$\qquad\qquad=72-8\pi+144+24\pi=216+16\pi(\text{cm}^2)$

유형 **8** 회전체의 겉넓이와 부피 – 원기둥

22 ①   **23** $200\pi\,\text{cm}^3$ **24** $224\pi\,\text{cm}^3$

22 주어진 직사각형을 직선 l을 회전축으로 하여 1회전 시킬 때 생기는 회전체는 오른쪽 그림과 같은 원기둥이다.

따라서 구하는 회전체의 겉넓이는

$(\pi\times3^2)\times2+(2\pi\times3)\times5$

$=18\pi+30\pi=48\pi(\text{cm}^2)$

23 주어진 직사각형을 변 AD를 회전축으로 하여 1회전 시킬 때 생기는 회전체는 오른쪽 그림과 같은 원기둥이다.

따라서 구하는 회전체의 부피는

$(\pi\times5^2)\times8=200\pi(\text{cm}^3)$

24 주어진 직사각형을 직선 l을 회전축으로 하여 1회전 시킬 때 생기는 회전체는 오른쪽 그림과 같다.

따라서 구하는 회전체의 부피는

$(\text{큰 원기둥의 부피})-(\text{작은 원기둥의 부피})$

$=(\pi\times6^2)\times7-(\pi\times2^2)\times7$

$=252\pi-28\pi=224\pi(\text{cm}^3)$

---

2 ⓢ **뿔과 구의 겉넓이와 부피**   68~72쪽

유형 **9** 각뿔의 겉넓이

25 7   **26** ①

25 $(\text{밑넓이})=6\times6=36(\text{cm}^2)$

$(\text{옆넓이})=\left(\dfrac{1}{2}\times6\times x\right)\times4=12x(\text{cm}^2)$

이때 사각뿔의 겉넓이가 120 cm²이므로

$36+12x=120$에서 $12x=84$, $x=7$

26 (밑넓이)$=7 \times 7=49(\text{cm}^2)$

(옆넓이)$=\left(\dfrac{1}{2} \times 7 \times 8\right) \times 4=112(\text{cm}^2)$

따라서 (겉넓이)$=49+112=161(\text{cm}^2)$

유형 ⑩ 원뿔의 겉넓이

27 ③ **28** 85π cm²

27 (밑넓이)$=\pi \times 4^2=16\pi(\text{cm}^2)$

(옆넓이)$=\pi \times 4 \times 10=40\pi(\text{cm}^2)$

따라서 (겉넓이)$=16\pi+40\pi=56\pi(\text{cm}^2)$

28 부채꼴의 호의 길이는

$2\pi \times 12 \times \dfrac{150}{360}=10\pi(\text{cm})$

밑면인 원의 반지름의 길이를 r cm라 하면

$2\pi r=10\pi$에서 $r=5$ ...... ❶

(밑넓이)$=\pi \times 5^2=25\pi(\text{cm}^2)$

(옆넓이)$=\pi \times 5 \times 12=60\pi(\text{cm}^2)$

따라서 (겉넓이)$=25\pi+60\pi=85\pi(\text{cm}^2)$ ...... ❷

채점 기준	비율
❶ 밑면인 원의 반지름의 길이 구하기	40 %
❷ 원뿔의 겉넓이 구하기	60 %

유형 ⑪ 뿔대의 겉넓이

29 ③ **30** 6

29 (두 밑넓이의 합)$=\pi \times 4^2+\pi \times 8^2$

$=16\pi+64\pi=80\pi(\text{cm}^2)$

(옆넓이)$=\pi \times 8 \times 12-\pi \times 4 \times 6$

$=96\pi-24\pi=72\pi(\text{cm}^2)$

따라서 (겉넓이)$=80\pi+72\pi=152\pi(\text{cm}^2)$

30 (두 밑넓이의 합)$=5 \times 5+9 \times 9=106(\text{cm}^2)$

(옆넓이)$=\left\{\dfrac{1}{2} \times (5+9) \times h\right\} \times 4=28h(\text{cm}^2)$

이때 겉넓이가 274 cm²이므로

$106+28h=274$에서 $28h=168$, $h=6$

유형 ⑫ 각뿔의 부피

31 ④ **32** 243 cm³ **33** 1 : 5

31 (밑넓이)$=6 \times 6=36(\text{cm}^2)$

사각뿔의 높이를 h cm라 하면 부피가 180 cm³이므로

$\dfrac{1}{3} \times 36 \times h=180$, $12h=180$, $h=15$

따라서 사각뿔의 높이는 15 cm이다.

32 주어진 전개도로 만든 입체도형은 오른쪽 그림과 같은 사각뿔이므로 구하는 부피는

$\dfrac{1}{3} \times (9 \times 9) \times 9=243(\text{cm}^3)$

33 △BCD를 삼각뿔의 밑면으로 생각하면

(삼각뿔의 밑넓이)$=\dfrac{1}{2} \times 6 \times 6=18(\text{cm}^2)$

(삼각뿔의 부피)$=\dfrac{1}{3} \times 18 \times 6=36(\text{cm}^3)$

(남은 입체도형의 부피)$=6 \times 6 \times 6-36=180(\text{cm}^3)$

따라서 삼각뿔과 남은 입체도형의 부피의 비는

(삼각뿔의 부피) : (남은 입체도형의 부피)$=36 : 180=1 : 5$

유형 ⑬ 원뿔의 부피

34 ① **35** ③ **36** 112π cm³

34 (밑넓이)$=\pi \times 6^2=36\pi(\text{cm}^2)$

따라서 (부피)$=\dfrac{1}{3} \times 36\pi \times 15=180\pi(\text{cm}^3)$

35 원뿔의 밑면인 원의 반지름의 길이를 r cm라 하면 부피가

100π cm³이므로

$\dfrac{1}{3} \times (\pi \times r^2) \times 12=100\pi$에서 $r^2=25$

이때 $r>0$이므로 $r=5$

따라서 밑면의 반지름의 길이는 5 cm이다.

36 (원뿔의 부피)$=\dfrac{1}{3} \times (\pi \times 4^2) \times 3$

$=16\pi(\text{cm}^3)$ ...... ❶

(원기둥의 부피)$=(\pi \times 4^2) \times 6$

$=96\pi(\text{cm}^3)$ ...... ❷

따라서 입체도형의 부피는

(원뿔의 부피)$+$(원기둥의 부피)$=16\pi+96\pi$

$=112\pi(\text{cm}^3)$ ...... ❸

채점 기준	비율
❶ 원뿔의 부피 구하기	40 %
❷ 원기둥의 부피 구하기	40 %
❸ 입체도형의 부피 구하기	20 %

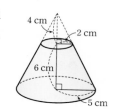
유형 ⑭ 뿔대의 부피

37 (1) 324π cm³ (2) 12π cm³ (3) 312π cm³   **38** ②

39 ⑤

37 (1) (밑넓이)$=\pi\times9^2=81\pi(\text{cm}^2)$

따라서 (부피)$=\dfrac{1}{3}\times81\pi\times12=324\pi(\text{cm}^3)$

(2) (밑넓이)$=\pi\times3^2=9\pi(\text{cm}^2)$

따라서 (부피)$=\dfrac{1}{3}\times9\pi\times4=12\pi(\text{cm}^3)$

(3) (원뿔대의 부피)$=$(큰 원뿔의 부피)$-$(작은 원뿔의 부피)

$\qquad\qquad\qquad\quad=324\pi-12\pi=312\pi(\text{cm}^3)$

38 (큰 사각뿔의 부피)$=\dfrac{1}{3}\times(9\times9)\times9=243(\text{cm}^3)$

(작은 사각뿔의 부피)$=\dfrac{1}{3}\times(3\times3)\times3=9(\text{cm}^3)$

따라서 사각뿔대의 부피는

(큰 사각뿔의 부피)$-$(작은 사각뿔의 부피)

$=243-9=234(\text{cm}^3)$

39 (원뿔의 부피)$=\dfrac{1}{3}\times(\pi\times4^2)\times7=\dfrac{112}{3}\pi(\text{cm}^3)$

(원뿔대의 부피)$=\dfrac{1}{3}\times(\pi\times4^2)\times10-\dfrac{1}{3}\times(\pi\times2^2)\times5$

$\qquad\qquad\qquad=\dfrac{160}{3}\pi-\dfrac{20}{3}\pi=\dfrac{140}{3}\pi(\text{cm}^3)$

이므로 입체도형의 부피는

$\dfrac{112}{3}\pi+\dfrac{140}{3}\pi=\dfrac{252}{3}\pi=84\pi(\text{cm}^3)$

유형 ⑮ 회전체의 겉넓이와 부피 – 원뿔, 원뿔대

40 ②   **41** 64π cm³   **42** 78π cm³

40 주어진 직각삼각형을 직선 l을 회전축으로 하여 1회전 시킬 때 생기는 회전체는 오른쪽 그림과 같은 원뿔이다.

(밑넓이)$=\pi\times7^2=49\pi(\text{cm}^2)$

(옆넓이)$=\pi\times7\times12=84\pi(\text{cm}^2)$

따라서 구하는 회전체의 겉넓이는 $49\pi+84\pi=133\pi(\text{cm}^2)$

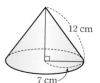

41 주어진 직각삼각형을 직선 l을 회전축으로 하여 1회전 시킬 때 생기는 회전체는 오른쪽 그림과 같다.   …… ❶

(원기둥의 부피)$=(\pi\times4^2)\times6$

$\qquad\qquad\qquad=96\pi(\text{cm}^3)$ …… ❷

(원뿔의 부피)$=\dfrac{1}{3}\times(\pi\times4^2)\times6=32\pi(\text{cm}^3)$ …… ❸

따라서 구하는 회전체의 부피는

(원기둥의 부피)$-$(원뿔의 부피)$=96\pi-32\pi$

$\qquad\qquad\qquad\qquad\qquad\qquad\quad=64\pi(\text{cm}^3)$ …… ❹

42 주어진 사다리꼴을 직선 l을 회전축으로 하여 1회전 시킬 때 생기는 회전체는 오른쪽 그림과 같은 원뿔대이다.

(큰 원뿔의 부피)$=\dfrac{1}{3}\times(\pi\times5^2)\times10$

$\qquad\qquad\qquad=\dfrac{250}{3}\pi(\text{cm}^3)$

(작은 원뿔의 부피)$=\dfrac{1}{3}\times(\pi\times2^2)\times4$

$\qquad\qquad\qquad\quad=\dfrac{16}{3}\pi(\text{cm}^3)$

따라서 구하는 회전체의 부피는

(큰 원뿔의 부피)$-$(작은 원뿔의 부피)

$=\dfrac{250}{3}\pi-\dfrac{16}{3}\pi=\dfrac{234}{3}\pi=78\pi(\text{cm}^3)$

유형 ⑯ 구의 겉넓이

43 ②   **44** ③   **45** 5

43 구의 반지름의 길이를 r cm라 하면 겉넓이가 324π cm²이므로

$4\pi r^2=324\pi$에서 $r^2=81$

이때 $r>0$이므로 $r=9$

따라서 구의 반지름의 길이는 9 cm이다.

44 (겉넓이)$=$(구의 겉넓이)$\times\dfrac{7}{8}+$(원의 넓이)$\times\dfrac{3}{4}$

$\qquad\quad=(4\pi\times2^2)\times\dfrac{7}{8}+(\pi\times2^2)\times\dfrac{3}{4}$

$\qquad\quad=14\pi+3\pi=17\pi(\text{cm}^2)$

45 (겉넓이)$=$(원뿔의 옆넓이)$+$(구의 겉넓이)$\times\dfrac{1}{2}$

$\qquad\quad=\pi\times3\times x+(4\pi\times3^2)\times\dfrac{1}{2}$

$\qquad\quad=3\pi x+18\pi(\text{cm}^2)$

이때 겉넓이는 33π cm²이므로

$3\pi x+18\pi=33\pi$에서 $3\pi x=15\pi$, $x=5$

유형 ⑰ 구의 부피

46 432π cm³   **47** 12 cm   **48** ①

46 (부피)$=$(구의 부피)$\times\dfrac{1}{2}+$(원기둥의 부피)

$\qquad\quad=\left(\dfrac{4}{3}\pi\times6^3\right)\times\dfrac{1}{2}+(\pi\times6^2)\times8$

$\qquad\quad=144\pi+288\pi=432\pi(\text{cm}^3)$

47 (구의 부피)$=\dfrac{4}{3}\pi\times3^3=36\pi\,(\text{cm}^3)$ ······ **❶**

원뿔의 높이를 h cm라 하면 부피가 36π cm³이므로

$\dfrac{1}{3}\times(\pi\times3^2)\times h=36\pi$에서

$3\pi h=36\pi,\ h=12$

따라서 원뿔의 높이는 12 cm이다. ······ **❷**

채점 기준	비율
❶ 구의 부피 구하기	40 %
❷ 원뿔의 높이 구하기	60 %

48 반구의 반지름의 길이를 r cm라 하면

겉넓이가 27π cm²이므로

$4\pi r^2\times\dfrac{1}{2}+\pi r^2=27\pi$에서

$3\pi r^2=27\pi,\ r^2=9$

이때 $r>0$이므로 $r=3$

따라서 반구의 부피는

$\left(\dfrac{4}{3}\pi\times3^3\right)\times\dfrac{1}{2}=18\pi\,(\text{cm}^3)$

유형 **18** 회전체의 겉넓이와 부피 – 구

49 ⑤   **50** 104π cm²   **51** 72π cm³

49 주어진 평면도형을 직선 l을 회전축으로
하여 1회전 시킬 때 생기는 회전체는 오
른쪽 그림과 같다.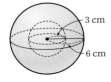

(큰 구의 부피)$=\dfrac{4}{3}\pi\times6^3=288\pi\,(\text{cm}^3)$

(작은 구의 부피)$=\dfrac{4}{3}\pi\times3^3=36\pi\,(\text{cm}^3)$

따라서 구하는 회전체의 부피는

(큰 구의 부피)$-$(작은 구의 부피)$=288\pi-36\pi$

$=252\pi\,(\text{cm}^3)$

50 주어진 평면도형을 직선 l을 회전축으로 하
여 1회전 시킬 때 생기는 회전체는 오른쪽
그림과 같다.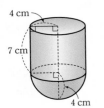

(밑넓이)$=\pi\times4^2=16\pi\,(\text{cm}^2)$

(원기둥의 옆넓이)$=(2\pi\times4)\times7$

$=56\pi\,(\text{cm}^2)$

(구의 겉넓이)$\times\dfrac{1}{2}=(4\pi\times4^2)\times\dfrac{1}{2}=32\pi\,(\text{cm}^2)$

이므로 회전체의 겉넓이는

$16\pi+56\pi+32\pi=104\pi\,(\text{cm}^2)$

51 주어진 평면도형을 직선 l을 회전축으로
하여 1회전 시킬 때 생기는 회전체는 오른
쪽 그림과 같다. ······ **❶**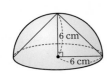

(반구의 부피)$=$(구의 부피)$\times\dfrac{1}{2}$

$=\left(\dfrac{4}{3}\pi\times6^3\right)\times\dfrac{1}{2}$

$=144\pi\,(\text{cm}^3)$ ······ **❷**

(원뿔의 부피)$=\dfrac{1}{3}\times(\pi\times6^2)\times6$

$=72\pi\,(\text{cm}^3)$ ······ **❸**

따라서 구하는 회전체의 부피는

(반구의 부피)$-$(원뿔의 부피)$=144\pi-72\pi$

$=72\pi\,(\text{cm}^3)$ ······ **❹**

채점 기준	비율
❶ 회전체의 모양 알기	10 %
❷ 반구의 부피 구하기	40 %
❸ 원뿔의 부피 구하기	40 %
❹ 회전체의 부피 구하기	10 %

유형 **19** 원기둥에 꼭 맞게 들어 있는 구, 원뿔

52 ④   **53** 486π cm³   **54** 36π cm³

52 구의 반지름의 길이를 r cm라 하면 구의 부피가 36π cm³이므로

$\dfrac{4}{3}\pi r^3=36\pi$에서 $r^3=27,\ r=3$

따라서 원기둥의 겉넓이는

$(\pi\times3^2)\times2+(2\pi\times3)\times6=18\pi+36\pi=54\pi\,(\text{cm}^2)$

53 (남아 있는 물의 부피)$=$(그릇의 부피)$-$(구의 부피)

$=\pi\times9^2\times18-\dfrac{4}{3}\pi\times9^3$

$=1458\pi-972\pi=486\pi\,(\text{cm}^3)$

54 원기둥 모양의 통의 밑면인 원의 반지름의 길이는 3 cm, 높이는
12 cm이므로 원기둥 모양의 통의 부피는

$(\pi\times3^2)\times12=108\pi\,(\text{cm}^3)$

야구공 2개의 부피는

$\left(\dfrac{4}{3}\pi\times3^3\right)\times2=72\pi\,(\text{cm}^3)$

따라서 빈 공간의 부피는

$108\pi-72\pi=36\pi\,(\text{cm}^3)$

● **중단원 핵심유형 테스트**   73~75쪽

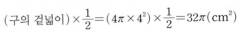

1 ③   **2** ④   **3** ②   **4** 26π cm³

5 $(200-32\pi)$ cm³   **6** 216π cm² **7** 105 cm²

8 52π cm² **9** 48π cm² **10** 70 cm³ **11** ⑤

12 112 cm³ **13** ①   **14** ③   **15** ②

16 117π cm²   **17** (1) 680 cm² (2) 1050 cm³

18 원기둥 모양의 용기

1 (밑넓이)$=\dfrac{1}{2}\times4\times3=6(\text{cm}^2)$

(옆넓이)$=(4+3+5)\times4=48(\text{cm}^2)$

따라서 삼각기둥의 겉넓이는

(겉넓이)$=6\times2+48=60(\text{cm}^2)$

2 (밑넓이)$=\dfrac{1}{2}\times8\times7+\dfrac{1}{2}\times8\times6=28+24=52(\text{cm}^2)$

따라서 사각기둥의 부피는

(부피)$=52\times5=260(\text{cm}^3)$

3 (밑넓이)$=(\pi\times2^2)\times\dfrac{1}{2}=2\pi(\text{cm}^2)$

이때 기둥의 부피가 10π cm^{3}이므로

$2\pi\times h=10\pi$에서 $h=5$

4 주어진 입체도형을 오른쪽 그림과 같이 나
누어 생각하면 윗부분은 밑면의 반지름의
길이가 2 cm, 높이가 5 cm인 원기둥의
절반이고, 아랫부분은 밑면의 반지름의 길
이가 2 cm, 높이가 4 cm인 원기둥이므로

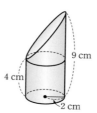

(부피)$=\{(\pi\times2^2)\times5\}\times\dfrac{1}{2}+(\pi\times2^2)\times4$

$\quad\quad\quad=10\pi+16\pi=26\pi(\text{cm}^3)$

5 (사각기둥의 부피)$=(5\times5)\times8=200(\text{cm}^3)$

(원기둥의 부피)$=(\pi\times2^2)\times8=32\pi(\text{cm}^3)$

따라서

(입체도형의 부피)$=$(사각기둥의 부피)$-$(원기둥의 부피)

$\quad\quad\quad\quad\quad\quad\quad=200-32\pi(\text{cm}^3)$

(밑넓이)$=5\times5-\pi\times2^2=25-4\pi(\text{cm}^2)$

따라서 (부피)$=(25-4\pi)\times8=200-32\pi(\text{cm}^3)$

6 주어진 직사각형을 직선 l을 회전축으
로 하여 1회전 시킬 때 생기는 회전체는
오른쪽 그림과 같다.

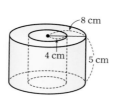

(밑넓이)$=\pi\times8^2-\pi\times4^2$

$\quad\quad\quad=64\pi-16\pi=48\pi(\text{cm}^2)$

(옆넓이)$=(2\pi\times8)\times5+(2\pi\times4)\times5$

$\quad\quad\quad=80\pi+40\pi=120\pi(\text{cm}^2)$

따라서 회전체의 겉넓이는

(겉넓이)$=48\pi\times2+120\pi$

$\quad\quad\quad=96\pi+120\pi=216\pi(\text{cm}^2)$

7 (밑넓이)$=5\times5=25(\text{cm}^2)$

(옆넓이)$=\left(\dfrac{1}{2}\times5\times8\right)\times4=80(\text{cm}^2)$

따라서 포장 상자의 겉넓이는

(겉넓이)$=25+80=105(\text{cm}^2)$

8 밑면인 원의 반지름의 길이를 r cm라 하면

$2\pi\times9\times\dfrac{160}{360}=2\pi\times r$에서 $r=4$

(밑넓이)$=\pi\times4^2=16\pi(\text{cm}^2)$

(옆넓이)$=\pi\times4\times9=36\pi(\text{cm}^2)$

따라서 입체도형의 겉넓이는

(겉넓이)$=16\pi+36\pi=52\pi(\text{cm}^2)$

9 원뿔을 2바퀴 굴리면 원래의 자리로 돌아오므로 원뿔의 모선의
길이를 l cm라 하면

$2\pi l=2\times(2\pi\times4)$에서 $l=8$

(밑넓이)$=\pi\times4^2=16\pi(\text{cm}^2)$

(옆넓이)$=\pi\times4\times8=32\pi(\text{cm}^2)$

따라서 (겉넓이)$=16\pi+32\pi=48\pi(\text{cm}^2)$

10 남아 있는 물의 부피는 삼각뿔의 부피와 같으므로

$\dfrac{1}{3}\times\left(\dfrac{1}{2}\times12\times7\right)\times5=70(\text{cm}^3)$

11 주어진 전개도로 만들어지는 입체도형은
오른쪽 그림과 같이 밑면이 직각삼각형
인 삼각뿔이다.

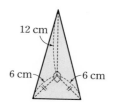

(밑넓이)$=\dfrac{1}{2}\times6\times6=18(\text{cm}^2)$

따라서 입체도형의 부피는

(부피)$=\dfrac{1}{3}\times18\times12=72(\text{cm}^3)$

12 (큰 사각뿔의 부피)$=\dfrac{1}{3}\times(6\times8)\times8=128(\text{cm}^3)$

(작은 사각뿔의 부피)$=\dfrac{1}{3}\times(3\times4)\times4=16(\text{cm}^3)$

따라서 사각뿔대의 부피는

(큰 사각뿔의 부피)$-$(작은 사각뿔의 부피)$=128-16$

$\quad\quad\quad\quad\quad\quad\quad\quad\quad\quad\quad\quad\quad=112(\text{cm}^3)$

13 주어진 사다리꼴을 직선 l을 회전축으로
하여 1회전 시킬 때 생기는 회전체는 오른
쪽 그림과 같은 원뿔대이다.

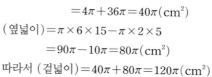

(밑넓이의 합)$=\pi\times2^2+\pi\times6^2$

$\quad\quad\quad\quad\quad=4\pi+36\pi=40\pi(\text{cm}^2)$

(옆넓이)$=\pi\times6\times15-\pi\times2\times5$

$\quad\quad\quad=90\pi-10\pi=80\pi(\text{cm}^2)$

따라서 (겉넓이)$=40\pi+80\pi=120\pi(\text{cm}^2)$

14 구의 중심을 지나는 평면으로 자른 단면의 반지름의 길이가 구의
반지름의 길이와 같다. 이때 구의 반지름의 길이를 r cm라 하면

$\pi\times r^2=9\pi$에서 $r^2=9$

이때 $r>0$이므로 $r=3$

따라서 구의 부피는 $\dfrac{4}{3}\pi\times3^3=36\pi(\text{cm}^3)$

15 반구의 반지름의 길이를 r cm라 하면 겉넓이가 108π cm²이므로

$4\pi r^2 \times \dfrac{1}{2} + \pi r^2 = 108\pi$에서 $3\pi r^2 = 108\pi$, $r^2 = 36$

이때 $r > 0$이므로 $r = 6$

따라서 반구와 반지름의 길이가 같은 구의 부피는

$\dfrac{4}{3}\pi \times 6^3 = 288\pi\,(\text{cm}^3)$

16 주어진 평면도형을 직선 l을 회전축으로 하여 1회전 시킬 때 생기는 회전체는 오른쪽 그림과 같다.

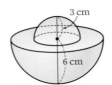

(작은 반구의 겉넓이) $= (4\pi \times 3^2) \times \dfrac{1}{2}$

$= 18\pi\,(\text{cm}^2)$

(큰 반구의 겉넓이) $= (4\pi \times 6^2) \times \dfrac{1}{2} = 72\pi\,(\text{cm}^2)$

(큰 원의 넓이) $-$ (작은 원의 넓이) $= \pi \times 6^2 - \pi \times 3^2$

$= 36\pi - 9\pi = 27\pi\,(\text{cm}^2)$

따라서 구하는 회전체의 겉넓이는

$18\pi + 72\pi + 27\pi = 117\pi\,(\text{cm}^2)$

17 (1) 주어진 입체도형의 겉넓이는 잘라 내기 전 직육면체의 겉넓이와 같다.

(밑넓이) $= 10 \times 10 = 100\,(\text{cm}^2)$

(옆넓이) $= (10 \times 4) \times 12 = 480\,(\text{cm}^2)$

따라서 (겉넓이) $= 100 \times 2 + 480 = 680\,(\text{cm}^2)$ …… ❶

(2) (큰 직육면체의 부피) $= 10 \times 10 \times 12 = 1200\,(\text{cm}^3)$

(작은 직육면체의 부피) $= 5 \times 5 \times 6 = 150\,(\text{cm}^3)$

따라서

(입체도형의 부피)

$=$ (큰 직육면체의 부피) $-$ (작은 직육면체의 부피)

$= 1200 - 150 = 1050\,(\text{cm}^3)$ …… ❷

채점 기준	비율
❶ 겉넓이 구하기	50 %
❷ 부피 구하기	50 %

18 구 모양의 용기의 부피는 $\dfrac{4}{3}\pi \times 3^3 = 36\pi\,(\text{cm}^3)$ …… ❶

원기둥 모양의 용기의 부피는 $(\pi \times 3^2) \times 5 = 45\pi\,(\text{cm}^3)$ …… ❷

원뿔 모양의 용기의 부피는

$\dfrac{1}{3} \times (\pi \times 3^2) \times 10 = 30\pi\,(\text{cm}^3)$ …… ❸

따라서 향수가 가장 많이 들어가는 용기는 원기둥 모양의 용기이다. …… ❹

채점 기준	비율
❶ 구 모양의 용기의 부피 구하기	30 %
❷ 원기둥 모양의 용기의 부피 구하기	30 %
❸ 원뿔 모양의 용기의 부피 구하기	30 %
❹ 향수가 가장 많이 들어가는 용기 구하기	10 %

7. 자료의 정리와 해석

1 대푯값

76~77쪽

유형 1 평균

1 ②　　　　2 A 농장　　3 ③

1 (평균) $= \dfrac{11+9+8+5+12+15+3}{7} = \dfrac{63}{7} = 9(회)$

2 A 농장에서 수확한 감 5개의 당도의 평균은

$\dfrac{19+16+12+16+18}{5} = \dfrac{81}{5} = 16.2\,(\text{Brix})$

B 농장에서 수확한 감 7개의 당도의 평균은

$\dfrac{13+19+11+16+21+15+17}{7} = \dfrac{112}{7} = 16\,(\text{Brix})$

따라서 감의 당도의 평균이 더 높은 농장은 A 농장이다.

3 $\dfrac{a+b+c}{3} = 3$이므로 $a+b+c = 9$

따라서 변량 $a+3$, $b+2$, $c+4$의 평균은

$\dfrac{(a+3)+(b+2)+(c+4)}{3} = \dfrac{a+b+c+9}{3} = \dfrac{9+9}{3} = 6$

유형 2 중앙값

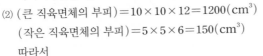
4 22시간　　5 ②　　　　6 10.5

4 주어진 변량의 개수는 짝수이므로 중앙값은

$\dfrac{21+23}{2} = 22\,(시간)$

5 각 변량을 작은 값부터 크기순으로 나열한 후 중앙값을 구하면 다음과 같다.

① 7, 14, 15, 19, 22 ➡ (중앙값) $= 15$

② 9, 11, 17, 21, 24 ➡ (중앙값) $= 17$

③ 1, 5, 10, 14, 16, 18 ➡ (중앙값) $= \dfrac{10+14}{2} = 12$

④ 8, 10, 14, 18, 34, 42 ➡ (중앙값) $= \dfrac{14+18}{2} = 16$

⑤ 8, 12, 14, 14, 16, 19, 51 ➡ (중앙값) $= 14$

따라서 중앙값이 가장 큰 것은 ②이다.

6 자료 (나)에서 a를 제외하고 작은 값부터 크기순으로 나열하면

8, 10, 12, 15

이때 중앙값이 11이므로 $a = 11$이다.

두 자료 전체의 변량을 작은 값부터 크기순으로 나열하면

7, 8, 9, 10, 10, 11, 11, 12, 14, 15

따라서 두 자료 전체의 중앙값은 $\dfrac{10+11}{2} = 10.5$이다.

7 솔   **8** 8점   **9** 22

7 솔이 네 번으로 가장 많이 나타나므로 최빈값은 솔이다.

8 8점이 6명으로 가장 많으므로 최빈값은 8점이다.

9 (평균)$=\dfrac{16+20+11+33+42+20+26+32}{8}$

$\qquad\quad =\dfrac{200}{8}=25(\mathrm{m}^3)$

변량을 작은 값부터 크기순으로 나열하면

11, 16, 20, 20, 26, 32, 33, 42

이므로 (중앙값)$=\dfrac{20+26}{2}=23(\mathrm{m}^3)$

20 m³가 두 번으로 가장 많이 나타나므로 최빈값은 20 m³이다.

따라서 $a=25$, $b=23$, $c=20$이므로   …… ❶

$a-b+c=25-23+20=22$ …… ❷

채점 기준	비율
❶ a, b, c의 값 각각 구하기	90 %
❷ $a-b+c$의 값 구하기	10 %

10 88점   **11** 1회   **12** ②

10 학생 B의 사회 성적을 x점이라 하면

$\dfrac{75+x+96+84+82}{5}=85$

$x+337=425$, $x=88$

따라서 학생 B의 사회 성적은 88점이다.

11 턱걸이 횟수의 평균이 7회이므로

$\dfrac{x+2+14+5+8+12+5+3}{8}=7$

$x+49=56$, $x=7$

이때 변량을 작은 값부터 크기순으로 나열하면

2, 3, 5, 5, 7, 8, 12, 14

따라서 중앙값은 $\dfrac{5+7}{2}=6$(회), 최빈값은 5회이므로 중앙값과

최빈값의 차는 $6-5=1$(회)

12 8이 세 번으로 가장 많이 나타나므로 최빈값은 8시간이고, 평균
과 최빈값이 서로 같으므로 평균도 8시간이다.

즉 $\dfrac{8+7+x+5+13+8+9+8}{8}=8$

$x+58=64$

따라서 $x=6$

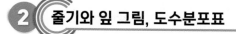

13 (1) 4 (2) 25   **14** 15 %   **15** 13

13 ⑴ 칭찬 스티커가 40개 이상인 학생은 40개, 43개, 44개, 46개
의 4명이다.

⑵ 전체 학생 수는 잎의 개수와 같으므로

$\qquad 6+8+7+4=25$

14 전체 학생 수는 $3+5+6+4+2=20$

윗몸 일으키기를 45회 이상한 학생은 45회, 50회, 53회의 3명이
므로

$\dfrac{3}{20}\times100=15(\%)$

15 취미 활동 시간이 20시간 이상인 남학생은 21시간, 21시간,
24시간, 27시간, 33시간, 34시간, 36시간의 7명이므로 $a=7$

취미 활동 시간이 15시간 미만인 여학생은 1시간, 2시간, 4시간,
6시간, 9시간, 12시간의 6명이므로 $b=6$

따라서 $a+b=7+6=13$

16 9   **17** ③, ⑤   **18** 6명

16 도수가 가장 큰 계급은 20개 이상 30개 미만이고 이 계급의 도수
는 8명이므로 $a=8$

도수가 가장 작은 계급은 50개 이상 60개 미만이고 이 계급의 도
수는 1명이므로 $b=1$

따라서 $a+b=8+1=9$

17 ① (계급의 크기)$=5-0=10-5=\cdots=25-20=5$(분)

② 연착 시간이 5분 이상 10분 미만인 횟수는 8이다.

③ 연착 시간이 15분 이상인 횟수는 $3+1=4$이다.

④ 연착 시간이 가장 긴 기차의 연착 시간은 알 수 없다.

⑤ 연착 시간이 10분 미만인 횟수는 $7+8=15$이므로

$\dfrac{15}{24}\times100=62.5(\%)$

따라서 옳은 것은 ③, ⑤이다.

18 운동 시간이 120분 이상인 학생은 4명,

운동 시간이 90분 이상인 학생은 $4+6=10$(명)

따라서 운동 시간이 5번째로 긴 학생이 속하는 계급은 90분 이상
120분 미만이고 그 계급의 도수는 6명이다.

19 6   **20** 11   **21** ③

19 키가 150 cm 이상 155 cm 미만인 학생 수는
$25-(3+9+5+2)=6$

20 $A=50-(4+6+12+9+5)=14$
$B=40-35=45-40=\cdots=65-60=5$
$C=5$
따라서 $BC-A=5\times5-14=11$

21 ② $A=20-(2+3+5+4)=6$
③ 도수가 가장 큰 계급은 90 mm 이상 120 mm 미만이다.
④ 강수량이 90 mm 이상인 지역은 $6+4=10$(개)
⑤ 강수량이 30 mm 미만인 지역은 2개,
강수량이 60 mm 미만인 지역은 $2+3=5$(개),
강수량이 90 mm 미만인 지역은 $2+3+5=10$(개)
따라서 강수량이 9번째로 적은 지역이 속하는 계급은
60 mm 이상 90 mm 미만이고 그 도수는 5개이다.
따라서 옳지 않은 것은 ③이다.

유형 8 도수분포표에서 특정 계급의 백분율

22 20 % **23** (1) 10 (2) 45 % **24** 60 %

22 전체 학생 수는
$4+15+13+6+2=40$
스마트폰 사용 시간이 90분 이상인 학생 수는 $6+2=8$이므로
$\frac{8}{40}\times100=20(\%)$

23 (1) $A=40-(5+8+7+6+4)=10$
(2) 영화를 관람한 횟수가 3회 이상 9회 미만인 학생 수는
$10+8=18$이므로
$\frac{18}{40}\times100=45(\%)$

24 전체 수화물의 개수를 x라 하면 무게가 20 kg 이상인 수화물이
전체의 8 %이므로
$x\times\frac{8}{100}=16,\ x=200$
따라서 전체 수화물의 개수는 200이다. ······ ❶
이때 $A=200-(36+57+28+16)=63$이므로 ······ ❷
무게가 5 kg 이상 15 kg 미만인 수화물의 개수는
$63+57=120$이다.
따라서 $\frac{120}{200}\times100=60(\%)$ ······ ❸

채점 기준	비율
❶ 전체 수화물의 개수 구하기	40 %
❷ A의 값 구하기	30 %
❸ 무게가 5 kg 이상 15 kg 미만인 수화물은 전체의 몇 % 인지 구하기	30 %

---

3 히스토그램과 도수분포다각형
80~82쪽

유형 9 히스토그램

25 ㄱ, ㄷ **26** 4명 **27** 12 %

25 ㄱ. (계급의 크기)$=40-35=45-40=\cdots=60-55$
$=5$(kg)
ㄴ. 계급의 개수는 직사각형의 개수와 같으므로 5이다.
ㄷ. 전체 학생 수는
$3+5+9+6+2=25$
ㄹ. 도수가 6명인 계급은 50 kg 이상 55 kg 미만이다.
따라서 옳은 것은 ㄱ, ㄷ이다.

26 기록이 35회 이상인 학생은 1명,
기록이 30회 이상인 학생은 $1+2=3$(명),
기록이 25회 이상인 학생은 $1+2+4=7$(명)
따라서 기록이 5번째로 많은 학생이 속하는 계급은 25회 이상
30회 미만이고 그 도수는 4명이다.

27 전체 학생 수는
$3+7+8+4+2+1=25$
따라서 하루 동안 마신 물의 양이 1.6 L 이상인 학생 수는
$2+1=3$이므로
$\frac{3}{25}\times100=12(\%)$

유형 10 히스토그램의 넓이

28 300 **29** 4배 **30** 13 : 10

28 (직사각형의 넓이의 합)
$=10\times(1+6+8+10+5)=300$

29 도수가 가장 큰 계급은 6시간 이상 7시간 미만이고 이 직사각형
의 넓이는
$1\times8=8$
8시간 이상 9시간 미만인 계급의 직사각형의 넓이는
$1\times2=2$
따라서 도수가 가장 큰 계급의 직사각형의 넓이는 8시간 이상 9
시간 미만인 계급의 직사각형의 넓이의 $8\div2=4$(배)이다.

30 히스토그램의 각 직사각형의 넓이는 도수에 정비례하므로 두 직
사각형 A, B의 넓이의 비는
$13 : 10$

유형 11 일부가 보이지 않는 히스토그램

31 4 **32** 7 **33** 15

31 전체 학생 수를 x라 하면 기록이 21 m 이상인 학생이 전체의 8 %이므로

$x \times \dfrac{8}{100} = 2$, $x = 25$

따라서 기록이 18 m 이상 21 m 미만인 학생 수는
$25 - (3 + 9 + 7 + 2) = 4$

32 키가 155 cm 이상 160 cm 미만인 학생이 전체의 20 %이므로
학생 수는 $20 \times \dfrac{20}{100} = 4$

따라서 키가 150 cm 이상 155 cm 미만인 학생 수는
$20 - (1 + 2 + 4 + 3 + 3) = 7$

33 걸린 시간이 4시간 이상 5시간 미만인 직원 수를 x라 하면 걸린 시간이 4시간 이상인 직원이 전체의 32 %이므로

$\dfrac{x + 5 + 4}{50} \times 100 = 32$

$x + 9 = 16$, $x = 7$ ...... ❶

따라서 걸린 시간이 3시간 이상 4시간 미만인 직원 수는
$50 - (8 + 11 + 7 + 5 + 4) = 15$ ...... ❷

채점 기준	비율
❶ 걸린 시간이 4시간 이상 5시간 미만인 직원 수 구하기	60 %
❷ 걸린 시간이 3시간 이상 4시간 미만인 직원 수 구하기	40 %

유형 ⑫ 도수분포다각형

34 28   **35** 3명   **36** ④

34 (계급의 크기) $= 5 - 4 = 6 - 5 = \cdots = 10 - 9 = 1$(점)이므로
$a = 1$
(도수의 총합) $= 1 + 2 + 5 + 6 + 9 + 4 = 27$(명)이므로
$b = 27$
따라서 $a + b = 1 + 27 = 28$

35 저금한 돈이 6만 원 이상인 학생은 2명,
저금한 돈이 5만 원 이상인 학생은 $2 + 3 = 5$(명)
따라서 저금한 돈이 3번째로 많은 학생이 속하는 계급은 5만 원 이상 6만 원 미만이고 그 도수는 3명이다.

36 ② 전체 학생 수는
$3 + 4 + 9 + 7 + 5 + 2 = 30$
③ 기록이 7초 미만인 학생은 3명이므로
$\dfrac{3}{30} \times 100 = 10(\%)$
④ 기록이 9.3초인 학생이 속하는 계급은 9초 이상 10초 미만이고 그 도수는 7명이다.
⑤ 계급의 크기는 1초이고 전체 학생 수는 30이므로 도수분포다각형과 가로축으로 둘러싸인 부분의 넓이는
$1 \times 30 = 30$
따라서 옳지 않은 것은 ④이다.

유형 ⑬ 일부가 보이지 않는 도수분포다각형

37 40 %   **38** 13   **39** 400

37 전체 학생 수가 30이므로 1년 동안 자란 키가 8 cm 이상 10 cm 미만인 학생 수는 $30 - (2 + 5 + 7 + 3 + 1) = 12$

따라서 $\dfrac{12}{30} \times 100 = 40(\%)$

38 전체 관람객 수를 x라 하면 관람 시간이 35분 이상인 관람객이 전체의 12 %이므로

$x \times \dfrac{12}{100} = 6$, $x = 50$ ...... ❶

따라서 관람 시간이 20분 이상 25분 미만인 관람객 수는
$50 - (6 + 8 + 10 + 7 + 6) = 13$ ...... ❷

채점 기준	비율
❶ 전체 관람객 수 구하기	60 %
❷ 관람 시간이 20분 이상 25분 미만인 관람객 수 구하기	40 %

39 삼각형 S의 넓이는 계급의 크기의 절반을 밑변으로 하고 세로 눈금 2칸을 높이로 하는 직각삼각형의 넓이이므로
세로축의 눈금 한 칸의 크기를 a라 하면

$\dfrac{1}{2} \times 5 \times 2a = 10$, $a = 2$

따라서 전체 학생 수는 $8 + 14 + 12 + 4 + 2 = 40$이므로
도수분포다각형과 가로축으로 둘러싸인 부분의 넓이는
$10 \times 40 = 400$

유형 ⑭ 두 도수분포다각형의 비교

40 ②, ③   **41** ②

40 ① 최고 기온이 가장 낮은 날은 어느 달에 있는지 알 수 없다.
③ 최고 기온이 28 ℃ 이상 30 ℃ 미만인 날은 7월에 8일, 8월에 6일이므로 7월이 8월보다 2일 더 많다.
④ 최고 기온이 32 ℃ 이상인 날은 7월에 4일, 8월에 $6 + 2 = 8$(일)이므로 모두 $4 + 8 = 12$(일)이다.
⑤ 8월의 그래프가 7월의 그래프보다 오른쪽으로 치우쳐 있으므로 8월이 7월보다 더운 편이다.
따라서 옳은 것은 ②, ③이다.

41 ㄱ. 남학생 수는 $1 + 3 + 7 + 9 + 3 + 2 = 25$
여학생 수는 $1 + 2 + 5 + 8 + 6 + 3 = 25$
ㄴ. 남학생의 그래프가 여학생의 그래프보다 왼쪽으로 치우쳐 있으므로 남학생의 기록이 여학생의 기록보다 좋은 편이다.
ㄷ. 12초 이상 13초 미만인 계급에 속하는 학생은 남학생뿐이므로 기록이 가장 좋은 학생은 남학생이다.
ㄹ. 여학생 중에서 3번째로 빠른 학생은 14초 이상 15초 미만인 계급에 속하므로 같은 계급에 속한 남학생은 7명이다.
따라서 옳은 것은 ㄱ, ㄷ이다.

4 상대도수와 그 그래프

83~85쪽

유형 15 상대도수

42 0.35　　**43** 0.24　　**44** 0.25

42 운동 시간이 2시간 이상 3시간 미만인 계급의 도수는 14명이므로 구하는 상대도수는 $\dfrac{14}{40}=0.35$

43 전체 학생 수는 $1+5+6+9+4=25$
도서관 이용 시간이 100분인 학생이 속하는 계급은 90분 이상 120분 미만이고 이 계급의 도수는 6명이므로 구하는 상대도수는
$\dfrac{6}{25}=0.24$

44 전체 학생 수는 $4+8+6+4+2=24$
기록이 11회 이상인 학생은 2명,
기록이 9회 이상인 학생은 $2+4=6(명)$,
기록이 7회 이상인 학생은 $2+4+6=12(명)$
따라서 팔 굽혀 펴기를 7번째로 많이 한 학생이 속하는 계급은
7회 이상 9회 미만이므로 구하는 상대도수는 $\dfrac{6}{24}=0.25$

유형 16 상대도수, 도수, 도수의 총합 사이의 관계

45 9　　**46** 30　　**47** 0.18

45 (계급의 도수)=(그 계급의 상대도수)×(도수의 총합)이므로
$0.15\times60=9$

46 (도수의 총합)$=\dfrac{(그\ 계급의\ 도수)}{(어떤\ 계급의\ 상대도수)}$이므로
전체 학생 수는 $\dfrac{6}{0.2}=30$

47 90점 이상 100점 미만인 남학생 수는 $0.15\times20=3$, 여학생 수는 $0.2\times30=6$이므로
90점 이상 100점 미만인 학생 수는 $3+6=9$
이때 전체 학생 수는 $20+30=50$이므로 구하는 상대도수는
$\dfrac{9}{50}=0.18$

유형 17 상대도수의 분포표

48 6　　**49** (1) $A=0.2$, $B=5$, $C=0.4$, $D=1$, $E=20$　(2) 0.4
50 5

48 미세 먼지 농도가 $60\ \mu\text{g/m}^3$ 이상인 계급의 상대도수의 합은
$0.05+0.1=0.15$
따라서 구하는 지역의 수는 $0.15\times40=6$

49 (1) 키가 155 cm 이상 160 cm 미만인 계급의 도수가 2명, 상대도수가 0.1이므로 전체 학생 수는
$\dfrac{2}{0.1}=20$, 즉 $E=20$
$A=\dfrac{4}{20}=0.2$, $B=0.25\times20=5$,
$C=\dfrac{8}{20}=0.4$, $D=0.05\times20=1$

(2) 키가 175 cm 이상인 학생은 1명,
키가 170 cm 이상인 학생은 $1+8=9(명)$
따라서 키가 7번째로 큰 학생이 속하는 계급은 170 cm 이상 175 cm 미만이므로 구하는 상대도수는 0.4이다.

50 음악 실기 점수가 40점 이상 50점 미만인 계급의 도수가 3명, 상대도수가 0.06이므로 전체 학생 수는
$\dfrac{3}{0.06}=50$
따라서 음악 실기 점수가 50점 이상 60점 미만인 학생 수는
$0.1\times50=5$

유형 18 상대도수의 분포를 나타낸 그래프

51 16　　**52** (1) 40　(2) 10회 이상 20회 미만　(3) 8
53 48 %

51 홈런 개수가 35개 이상 40개 미만인 계급의 상대도수는 0.4이고 전체 선수의 수는 40이므로 구하는 선수의 수는
$0.4\times40=16$

52 (1) 기록이 20회 이상 30회 미만인 계급의 도수가 10명, 상대도수가 0.25이므로 전체 학생 수는 $\dfrac{10}{0.25}=40$

(2) 도수가 4명인 계급의 상대도수는 $\dfrac{4}{40}=0.1$
따라서 상대도수가 0.1인 계급은 10회 이상 20회 미만이다.

(3) 기록이 40회 이상 50회 미만인 계급의 상대도수가 0.2이므로 구하는 학생 수는 $0.2\times40=8$

53 시청각실 사용 시간이 6시간 이상 10시간 미만인 계급의 상대도수의 합은 $0.18+0.3=0.48$
따라서 $0.48\times100=48(\%)$

유형 19 일부가 보이지 않는 상대도수의 분포를 나타낸 그래프

54 15　　**55** (1) 200　(2) 60　　**56** 6명

54 논술 점수가 60점 이상 70점 미만인 계급의 상대도수는
$1-(0.08+0.18+0.2+0.14+0.1)=0.3$
따라서 구하는 학생 수는
$0.3\times50=15$

55 (1) 전력 사용량이 250 kWh 이상 300 kWh 미만인 계급의 도수는 40가구, 상대도수는 0.2이므로 전체 가구 수는

$$\frac{40}{0.2}=200 \qquad\qquad \cdots\cdots\ ❶$$

(2) 전력 사용량이 200 kWh 이상 250 kWh 미만인 계급의 상대도수는

$$1-(0.02+0.14+0.18+0.2+0.16)=0.3$$

따라서 구하는 가구 수는

$$0.3\times200=60 \qquad\qquad \cdots\cdots\ ❷$$

	채점 기준	비율
(1)	❶ 전체 가구 수 구하기	40 %
(2)	❷ 전력 사용량이 200 kWh 이상 250 kWh 미만인 가구 수 구하기	60 %

56 수강 시간이 9시간 미만인 학생 수가 9이므로 9시간 미만인 계급의 상대도수의 합은

$$\frac{9}{20}=0.45$$

즉 6시간 이상 9시간 미만인 계급의 상대도수는

$$0.45-0.05=0.4$$

따라서 수강 시간이 9시간 이상 12시간 미만인 계급의 상대도수는

$$1-(0.05+0.4+0.15+0.1)=0.3$$

이므로 그 도수는

$$0.3\times20=6(명)$$

유형 ⑳ 도수의 총합이 다른 두 집단의 비교

57 105동   **58** A 동호회: 6, B 동호회: 8   **59** ⑤

57 각 동에서 A 후보의 득표율은 다음과 같다.

101동 : $\frac{21}{50}=0.42$, 102동 : $\frac{18}{45}=0.4$, 103동 : $\frac{15}{40}=0.375$,

104동 : $\frac{14}{35}=0.4$, 105동 : $\frac{12}{25}=0.48$

따라서 A 후보의 득표율이 가장 높은 동은 105동이다.

58 A 동호회에서 나이가 20세 이상 30세 미만인 계급의 상대도수는 0.1이므로 구하는 회원 수는 $0.1\times60=6$

B 동호회에서 나이가 20세 이상 30세 미만인 계급의 상대도수는 0.2이므로 구하는 회원 수는 $0.2\times40=8$

59 ① 여학생의 그래프가 남학생의 그래프보다 오른쪽으로 치우쳐 있으므로 여학생이 남학생보다 용돈이 많은 편이다.

② 상대도수가 가장 큰 계급이 도수도 가장 크므로 남학생에서 도수가 가장 큰 계급은 4만 원 이상 5만 원 미만이다.

③ 용돈이 5만 원 이상인 남학생의 비율은 $0.16+0.12=0.28$
용돈이 5만 원 이상인 여학생의 비율은 $0.22+0.18=0.4$
즉 용돈이 5만 원 이상인 비율은 여학생이 남학생보다 높다.

④ 여학생에서 용돈이 6만 원 이상인 계급의 상대도수가 0.18이므로 구하는 학생 수는 $0.18\times100=18$

---

⑤ 남학생에서 용돈이 3만 원 미만인 계급의 상대도수의 합은

$$0.12+0.14=0.26$$

따라서 $0.26\times100=26(\%)$

따라서 옳지 않은 것은 ⑤이다.

● 중단원 핵심유형 테스트   86~88쪽

1 17	**2** $a=2, b=10$		**3** 지원, 용재
4 6	**5** ①, ②	**6** 30 %	**7** (1) 2 (2) 9
8 ⑤	**9** 25 %	**10** A, B, E	**11** 30 **12** 10
13 36	**14** 0.2	**15** 40 %	**16** ③
17 (1) 1반: 25, 2반: 26 (2) 1반			**18** 16

1 변량을 작은 값부터 크기순으로 나열하면

1, 2, 3, 4, 5, 6, 7, 7, 9, 9, 9, 9, 10, 10, 11, 12

(중앙값)$=\frac{7+9}{2}=8$(월)이므로 $a=8$

9월이 네 번으로 가장 많이 나타나므로 최빈값은 9월이므로 $b=9$

따라서 $a+b=8+9=17$

2 중앙값이 10이므로 $b=10$

(평균)$=\dfrac{a+6+7+10+12+13+13}{7}=9$이므로

$a+61=63$, $a=2$

3 하진: (중앙값)$=\dfrac{265+270}{2}=267.5$(mm)

다솜: 가장 많이 팔린 운동화의 치수인 최빈값이 대푯값으로 가장 적절하다.

따라서 바르게 설명한 학생은 지원, 용재이다.

4 전체 학생 수는 잎의 개수와 같으므로

$2+5+3=10$

이때 평균이 84점이므로 잎이 □인 변량을 x점이라 하면

$$\frac{72+73+80+83+84+x+88+90+91+93}{10}=84$$

$754+x=840$, $x=86$

따라서 □ 안에 알맞은 수는 6이다.

5 ③ 턱걸이 기록이 많은 학생의 기록부터 차례로 나열하면

40회, 35회, 34회, …이므로 기록이 3번째로 많은 학생의 기록은 34회이다.

④ 턱걸이 기록이 10회 미만인 학생 수는 3회, 5회, 6회, 7회, 8회의 5이다.

⑤ 턱걸이 기록이 30회 이상인 학생 수는 32회, 34회, 35회, 40회의 4이므로

$$\frac{4}{20}\times100=20(\%)$$

6 무게가 340 g 이상 350 g 미만인 계급의 도수는
$50-(7+15+11+9)=8$(개)
따라서 350 g 미만인 복숭아는 $7+8=15$(개)이므로 판매할 수 없는 복숭아는 전체의 $\frac{15}{50}\times100=30(\%)$

7 (1) 키가 145 cm 이상 150 cm 미만인 학생 수는
$25\times\frac{8}{100}=2$
(2) 키가 160 cm 이상 165 cm 미만인 학생 수는
$25-(2+4+6+3+1)=9$

8 ① 계급의 크기는 $10-5=15-10=\cdots=35-30=5$(분)
② 전체 학생 수는 $3+5+8+10+7+2=35$
③ 통화 시간이 22분인 학생이 속하는 계급은 20분 이상 25분 미만이고 그 도수는 10명이다.
④ 통화 시간이 25분 이상 30분 미만인 학생 수는 7이므로
$\frac{7}{35}\times100=20(\%)$
⑤ 통화 시간이 10분 미만인 학생은 3명,
통화 시간이 15분 미만인 학생은 $3+5=8$(명)
따라서 통화 시간이 5번째로 짧은 학생이 속하는 계급은 10분 이상 15분 미만이고 그 도수는 5명이다.
따라서 옳지 않은 것은 ⑤이다.

9 전체 고객 수가 40이므로 대기 시간이 15분 이상 20분 미만인 고객 수는
$40-(5+7+8+6+4)=10$
따라서 $\frac{10}{40}\times100=25(\%)$

10 삼각형 A~F는 밑변의 길이가 계급의 크기의 $\frac{1}{2}$로 모두 같으므로 높이가 같으면 넓이가 같다.
따라서 삼각형 F와 넓이가 같은 것은 A, B, E이다.

11 기록이 30초 이상 40초 미만인 학생 수가 8이므로 40초 이상 50초 미만인 학생 수를 a라 하면
$8:a=2:3, 2a=24$
$a=12$
따라서 전체 학생 수는 $1+5+8+12+4=30$

12 전체 학생 수는 $\frac{16}{0.4}=40$
따라서 상대도수가 0.25인 계급의 학생 수는
$0.25\times40=10$

13 라디오 청취 시간이 10시간 이상인 계급의 상대도수의 합은
$0.12+0.06=0.18$이므로 구하는 사람 수는
$0.18\times200=36$

14 2반에서 이 계급에 속하는 학생 수는 $0.25\times36=9$

따라서 1반에서 이 계급에 속하는 학생 수도 9이므로 구하는 상대도수는 $\frac{9}{45}=0.2$

15 상대도수는 도수에 정비례하고 $a:b=4:1$이므로
(5 μg/m³ 이상 13 μg/m³ 미만인 계급의 상대도수) : 0.08$=4:1$
따라서 5 μg/m³ 이상 13 μg/m³ 미만인 계급의 상대도수는
$4\times0.08=0.32$
또 13 μg/m³ 이상 21 μg/m³ 미만인 계급의 상대도수는
$1-(0.32+0.28+0.08+0.08+0.04)=0.2$
이때 조사한 관측 지점의 전체 개수를 n이라 하면 미세 먼지 농도가 29 μg/m³ 미만으로 관측된 지점의 개수는
$0.32n+0.2n+0.28n=0.8n$
따라서 $\frac{0.32n}{0.8n}\times100=40(\%)$

16 ① 남학생의 그래프가 여학생의 그래프보다 왼쪽으로 치우쳐 있으므로 남학생의 기록이 여학생의 기록보다 좋은 편이다.
② 상대도수가 가장 큰 계급이 도수도 가장 크므로 남학생에서 도수가 가장 큰 계급은 16초 이상 18초 미만이다.
③ 여학생이 50명이면 기록이 14초 이상 16초 미만인 계급의 상대도수가 0.1이므로 구하는 여학생 수는 $0.1\times50=5$
④ 여학생에서 기록이 14초 미만인 계급의 상대도수는 0.04이므로 $0.04\times100=4(\%)$
⑤ 기록이 18초 이상 20초 미만인 남학생의 비율은 0.26, 여학생의 비율은 0.28이므로 여학생이 남학생보다 높다.
따라서 옳지 않은 것은 ③이다.

17 (1) 1반의 전체 학생 수는 $2+3+9+7+3+1=25$
2반의 전체 학생 수는 $1+2+5+9+6+3=26$ ……❶
(2) 1반의 그래프가 2반의 그래프보다 왼쪽으로 치우쳐 있으므로 1반 학생들의 키가 2반 학생들의 키보다 작은 편이다. ……❷

	채점 기준	비율
(1)	❶ 1반과 2반의 전체 학생 수 각각 구하기	60 %
(2)	❷ 어느 반 학생들의 키가 더 작은 편인지 구하기	40 %

18 걸린 시간이 1시간, 즉 60분 미만인 계급의 상대도수는 0.05이고 학생 수는 2이므로
(전체 학생 수)$=\frac{2}{0.05}=40$ ……❶
이때 90분 이상 120분 미만인 계급의 상대도수는
$1-(0.05+0.15+0.3+0.1)=0.4$ ……❷
따라서 걸린 시간이 90분 이상 120분 미만인 학생 수는
$0.4\times40=16$ ……❸

채점 기준	비율
❶ 전체 학생 수 구하기	40 %
❷ 90분 이상 120분 미만인 계급의 상대도수 구하기	30 %
❸ 90분 이상 120분 미만인 학생 수 구하기	30 %